엄청나게 매력적이다. 가장 어려운 주제를 명확하게, 통찰력을 담아, 홀리듯 풀어내는 벤키 라마크리슈난의 능력은 내게 경외감을 가득 불러일으킨다.
빌 브라이슨(《바디》 저자)

과학, 정치, 회고록, 의학을 쉽고 우아하고 명료하게 결합한 책은 찾기 어려운데, 불멸에 대한 과대광고와 희망이 극도로 과열된 시점에 등장한 라마크리슈난의 이 책은 이 모두를 이뤄냈다. 그러면서 죽음과 죽어감에 대한 과학, 미스터리, 형이상학을 둘러싼 알려진 것과 그렇지 않은 많은 것을 아우르는 놀라운 여정으로 독자를 안내한다. 여러 세대를 위한, 여러 세대에 관한 책이다.
싯다르타 무케르지(《세포의 노래》 저자)

희망과 재미, 비범한 연구로 가득 차 있으며, 모든 삶의 핵심에 있는 질문에 아름답게 대답한다. 우리가 왜 죽어야 하는지를 이해하면 우리가 어떻게 살아야 하는지를 아는 데 도움이 된다. 책을 읽으며 살아 있는 세계 전체에 대한 나의 관점, 무엇보다도 나 자신과 내게 남은 시간에 관한 관점이 바뀌었다.
크리스 반 툴루켄(《초가공된 인간》 저자)

지난 세기 인류는 조기 사망을 놀랍도록 성공적으로 정복했다. 여기서 더 나아가 수명을 연장할 수 있을까? 이 박식하고 섬세하며 통찰력 있는 책은 우리가 왜 늙고 죽는지에 대해 풍부한 발견 이야기를 들려주고, 그러면서 일부 사기꾼을 날카롭게 비판하며, 불멸에 대한 희미한 희망을 제공한다.
매트 리들리(《붉은 여왕》 저자)

죽음에 관한 책이지만 무척이나 활기가 있다. 읽기 쉽고, 권위 있고, 영향력 있는, 과학 글쓰기의 모범이다. 죽은 것을 연구하는 과학자인 나 역시 이 책을 읽으며 모든 유기체의 삶에서 피할 수 없는 노화에 대해 완전히 새로운 관점을 얻었다.
스티브 브루사테(《완전히 새로운 공룡의 역사》 저자)

거북이부터 텔로미어에 이르는 최신 장수 연구에 대한 솔직하고 광범위하며 과장 없는 조사. 벤키 라마크리슈난은 유쾌한 스토리텔링 재능으로 죽음의 생물학에 생명을 불어넣는다. 과학이 수명에 관해 무엇을 일러주는지 알고 싶은 이에게 필요한 유일한 책이다.
사피 바칼(《룬샷》 저자)

죽음, 그리고 죽음을 어떻게 패배시킬 수 있는지에 관해 매혹적이고 명료한 시선을 보여주는 무척 활기찬 책. 극단적 절식, 젊은 피 수혈 및 인체냉동보존술에 대한 연구부터 벌거숭이두더지쥐의 장수에 이르기까지, 수명이 얼마나 늘어날 수 있는지를 탐구하면서 특별한 캐릭터들을 소개한다.
로저 하이필드(《초협력자》 저자, 과학박물관그룹 디렉터)

노화와 죽음이 바로 과학이 넘어야 할 다음 경계가 아닐지 궁금해하는 우리 모두를 위한 책이다. 200세까지 살 운명을 지닌 첫 번째 사람은 이미 태어났을까? 과연 우리는 수명을 연장하고 또 연장하여 불멸에 이를 수 있을까? 이 책의 안내를 따라 노화와 죽음의 과학을 통과하는 스릴 넘치는 여행을 맛보면서 도중에 벌거숭이두더지쥐, 출아하는 효모, 소름 끼치는 사기꾼들을 만나보시길. 벤키 라마크리슈난은 노화와 죽음 뒤에 숨은 과학을 명확하고 재치 있고 샘날 만큼 재미있게 설명하는 탁월한 재능을 가지고 있다. 필독서다.

스티븐 프라이(《스티븐 프라이의 그리스 신화》 저자)

라마크리슈난은 이 실존적 주제를 다양한 각도에서 조명하는 이야기를 엮어낸다. 훌륭하다!

토머스 체크(노벨상 수상자, 전 하워드휴즈 의학연구소 소장)

노화 과정에 대해 현재 우리가 이해하고 있는 점들의 핵심을 훌륭하게 포착한다. 분자 및 세포 생물학을 즐겁게 살펴보면서, 윤리적 문제에 대한 생각을 자극한다.

린다 파트리지(막스플랑크 노화생물학연구소 소장)

인류의 거대한 주제 중 하나 뒤에 숨은 과학을 이해하기 쉽고 재미있게 설명한다. 탁월하다.

마이클 홀(TOR 발견자, 래스커상 및 생명과학 혁신상 수상자)

놀라운 책. 심오하게 철학적인 동시에, 재미있고 과학적이다.

이디스 허드(유럽 분자생물학연구소 소장)

우리가 나이를 먹어감에 따라 세포 내부에서 일어나는 변화, 이를 예방할 수 있는 가능성, 그리고 그렇게 할 때 발생할 수 있는 결과에 대해 폭넓게 살펴본다. 몰입해서 읽었다.

사라 길버트(옥스퍼드 아스트라제네카 백신 개발자)

라마크리슈난은 이 분야에 대한 지식이 풍부하면서도 이해관계에 얽혀 있지 않은 외부인이기 때문에 노화 과학을 객관적으로 평가하고 핵심 개념을 명쾌하게 설명할 수 있다. 낙관적이면서도 신중한 그는 의학 연구가 인간의 노화를 개선할 잠재력이 있으며, 사회적 불평등이 확대되지 않도록 하려면 발전된 기술이 어떻게 활용되는지 주의를 기울여야 한다고 믿는다. 노화의 생물학을 이해하는 아주 유익한 길이다.

〈사이언스〉

노화 과학에 대한 흥미롭고 접근하기 쉬운 개요이자, 불멸을 운운하는 사람들에 대한 날카로운 비판이며, 우리의 덧없는 존재에 대한 러브레터이기도 하다. 라마크리슈난은 명쾌한 설명에 능하며 깊은 과학적 통찰과 사회에 대한 사려 깊은 성찰을 결합하고, 노화 연구에서 가장 저명한 인물들에게 겉으로는 부드럽지만 따끔한 일침을 가한다.

〈뉴 스테이츠먼〉

몸과 마음의 쇠락을 저지하는 것이 가능한지를 묻는 책. 글은 쾌활하고 이해하기 쉽다. 필수 단백질들의 손상을 불협화음을 내는 오케스트라에 비유하고, 세포 안에서 에너지를 만들어내는 미토콘드리아가 시간이 지나면서 기능이 떨어지는 것을 설명하면서 이것들이 '안에서부터 녹슬고 있다'고 표현한다. 수명 연장은 상상력을 사로잡는 생각이지만 그렇게 되면 하루하루를 소중히 여겨야 할 긴박감이 사라져서 존재의 의미를 상실할 수 있다. 결국 인생이 덧없이 유한하다는 점이야말로 그 아름다움의 핵심일지 모른다.

〈이코노미스트〉

우리는 왜 죽는가

WHY WE DIE
by Venki Ramakrishnan

우리는 왜 죽는가

1판 1쇄 발행   2024. 5. 30.
1판 3쇄 발행   2024. 7. 26.

지은이 벤키 라마크리슈난
옮긴이 강병철

발행인 박강휘
편집 강영특 디자인 유상현 마케팅 고은미 홍보 박은경
발행처 김영사
등록 1979년 5월 17일(제406-2003-036호)
주소 경기도 파주시 문발로 197(문발동) 우편번호 10881
전화 마케팅부 031)955-3100, 편집부 031)955-3200 | 팩스 031)955-3111

값은 뒤표지에 있습니다.
ISBN 978-89-349-4274-0 03470

홈페이지 www.gimmyoung.com   블로그 blog.naver.com/gybook
인스타그램 instagram.com/gimmyoung   이메일 bestbook@gimmyoung.com

좋은 독자가 좋은 책을 만듭니다.
김영사는 독자 여러분의 의견에 항상 귀 기울이고 있습니다.

우리는 왜 죽는가

노화, 수명, 죽음에 관한 새로운 과학

벤키 라마크리슈난

강병철 옮김

WHY
WE
DIE

김영사

노화와 죽음을 반기는 사람이 있을까? 없으리라. 그런데 노화와 죽음이란 뭔가? 대개는 노안, 주름, 구부정한 자세와 장례식장, 사후세계 등을 떠올릴 것이다. 우리에게는 더욱 정교한 사유가 필요하다. 노화와 죽음을 피하거나 맞서 싸우는 것 이전에, 그것들의 본질 자체를 꿰뚫는 종류의 사유 말이다. 평균 수명이 90세에 달하고 항노화 산업이 호황을 누리는 시기이므로.

《우리는 왜 죽는가》는 노벨 화학상을 받은 분자생물학 분야의 대가가, 노화 및 죽음에 대한 매력적인 사유를 풀어내는 책이다. 왜 매력적이냐고? 노화와 죽음이라는 어려운 주제를 다루면서, 철학과 과학이라는 두 가지 접근을 하는 데 성공했기 때문이다. 서문에서 철학자 스티븐 케이브가 제시한 인간의 죽음 대처 전략 4가지를 소개할 때부터 심상치 않다 싶더니, 마지막 장인 12장에서 언어학자 가네시 데비로 끝나는 접근은 감탄이 나올 정도였다. 현재까지 밝혀진 노화 기전을 하나하나 짚어주면서, 현대 과학의 발전에 대해서는 냉정함을 잃지 않는다(그가 노벨상 수상자임을 고려하면 놀라운 일이다). 이로써 서문에서 그가 말한 '솔직하고 객관적으로 설명'하겠다는 다짐은 지켜졌다. 한마디로 이 책은 시간을 내어 진지하게 읽을 만한 가치가 있다.

_정희원(서울아산병원 노년내과 교수, 《느리게 나이 드는 습관》 저자)

수명 연장이라는 인간의 오랜 욕망을 이루려는 연구가 최근 생물학의 중요한 분야로 급격히 발달하고 있다. 그래서 노화 억제와 건강 수명 연장이란 꿈이 곧 현실화할 것이라는 희망적인 분위기가 가득하다. 하지만 정말 그렇게 될까?

이 책은 조심스럽게 노화 과학과 항노화 연구 분야에 대한 균형 잡힌 관점을 제시한다. 우리가 왜 늙어가는지를 세포와 단백질 수준에서 설명하고 지금 진행 중인 연구의 핵심 내용, 어려운 개념들을 탁월한 비유로 풀어내면서, 수명 연장 과학의 현재 상황을 그려낸다. DNA 손상 복구, 단백질 생성과 분해의 균형, 세포 자가포식, 세포자살, 면역억제 반응, 통합 스트레스 반응, 열량 제한과 수명, 후성유전적 관점을 통합하여 세포 노화의 핵심을 파악하게 해준다. 적절한 분량에 방대한 내용을 아우르며 중요한 발견의 역사를 두루 담아냈다.

특히 분자, 세포, 조직, 개체 수준에서 일어나는 단백질 생성과 분해의 통합적 상호 연관성을 세포 속 물질과 정보 흐름의 균형이란 관점에서 이해해야 한다는 점, 때문에 부작용 없이 노화를 늦추거나 되돌리는 일이 일나나 복합적이고 어려운 문제인지를 깨닫게 해준다. 그래서 이 책을 추천한다. 재독, 삼독할 이유가 충분한 책이라고 생각한다.

_박문호(박문호의 자연과학세상 이사장, 《박문호 박사의 빅히스토리 공부》 저자)

함께 나이 들어가는 나의 동반자
베라에게

차례

머리말   9

1장   불멸의 유전자와 일회용 신체   21

2장   굵고 짧게 살아라   43

3장   주 제어기의 파괴   73

4장   말단의 문제   103

5장   생물학적 시계 재조정   119

6장   쓰레기 재활용   153

7장   적은 것이 많은 것이다   181

8장   하찮은 벌레의 교훈   207

9장   우리 몸속의 밀항자   241

10장   동증과 뱀파이어의 피   263

11장   미치광이일까, 선지자일까?   283

12장   과연 영원히 살아야 할까?   319

감사의 말   347
주   350
옮긴이의 말   409
찾아보기   415

머리말

거의 정확히 100년 전, 영국인 하워드 카터가 이끄는 탐험대가 이집트 왕의 계곡Valley of Kings에서 오랜 세월 묻혀 있던 계단을 발굴했다. 계단을 따라 내려가니 왕의 문장紋章으로 봉인된 출입구가 나타났다. 파라오의 무덤이란 뜻이었다. 봉인이 뜯기지 않은 것으로 보아 3000년 넘게 아무도 그 문으로 드나든 적이 없었다. 문 안쪽에서 발견한 것들을 보고는 노련한 이집트 학자인 카터조차 놀라지 않을 수 없었다. 젊은 파라오 투탕카멘의 미라가 찬란한 장례용 황금 가면을 쓴 채 온갖 화려하고 아름다운 유물에 둘러싸여 수천 년간 그곳에 누워 있었다.[1] 무덤은 사람이 드나들지 못하게 단단히 봉해져 있었다. 이집트인들은 뭇 사람들이 절대로 보지 못할 물건들을 만드는 데 엄청난 노력을 기울인 것이다.

무덤의 화려함은 죽음을 초월하려는 정교한 의식의 일부였다. 보물실로 통하는 입구는 황금색과 검은색으로 채색된 아누비스Anubis 상이 지키고 있었다. 자칼의 머리를 한 사후 세계의 신이 어떤 역할을 하는지는《사자의 서The Egyptian Book of the Dead》에 잘 설명되어 있다. 이 책은 두루마리 형태로 파라오의 석관 속에 함께 놓이곤 한다. 많은 사람이 종교적인 책으로 생각하지만, 사실은 사후 세계의 험난한 여정을 잘 헤쳐나가 더없이 행복한 내세에 도달하기 위한 지침을 담은 여행 안내서에 가깝다.[2] 최후의 시험으로 아누비스는 망자의 심장과 깃털 한 개를 저울에 올려놓고 무게를 잰다. 심장이 더 무겁다면 순수하지 못한 것이므로 망자는 끔찍한 운명을 선고받는다. 반면 순수한 사람은 먹을 것, 마실 것, 섹스, 기타 삶의 쾌락이 가득한 아름다운 땅으로 들어간다.

영원한 내세라는 개념으로 죽음을 초월하려고 한 것은 이집트인만이 아니다. 왕족을 위해 정교한 기념물을 건설하지는 않았지만, 모든 문화가 죽음에 대한 나름의 믿음과 의식ritual을 갖고 있었다.

인류가 애초에 어떻게 자신의 유한성을 깨닫게 되었는지 생각해보는 것은 아주 흥미롭다. 죽음을 인식했다는 것 자체가 우연한 사고accident 비슷한 것이었으며, 그러기 위해서는 자기 인식이 가능한 뇌가 진화해야 했다. 일정 수준의 인지 능력과 일반화 능력은 물론, 그 개념을 다음 세대에 전달하기 위한 언어도 발달해야 했을 것이다. 단순한 생명체는 물론이고, 심지어 식물처럼 복잡한 생명체조차 죽음을 인식하지 않는다. 죽음이란 그냥 일어날 뿐이다. 동물과 기타 지각이 있는 존재라면 위험과 죽음을 본능적으로 두려워할 수는 있다. 무리 중 하나가 죽었다는 사실을 인식하며, 심지어 애도할 정도로 지각이 있는 동물도 있다.[3] 그러나 동물이 스스로의 유한성을 인식한다는 증거는 전혀 없다.[4] 폭력이나 사고나 예방 가능한 질병으로 인해 죽는 경우를 뜻하는 게 아니다. 죽음의 불가피성을 말하는 것이다.

어느 순간 인간은 삶이란 영원히 계속되는 축제와 같다는 것을 깨달았다. 우리는 태어나는 순간 그 축제에 합류한다. 그리고 만찬을 즐기면서 새로 도착한 사람과 자리를 떠나는 사람이 있음을 알아차린다. 언젠가는 우리가 떠날 차례도 돌아온다. 아직도 성대한 축제가 열리고 있는데 말이다. 우리는 추운 밤에 홀로 나가기를 두려워한다. 죽음이라는 현상이 있음을 아는 것 자체가 너무나 두려워서 대부분의 시간 동안 죽음을 부정하며 살아간다. 누군가 죽으면 그 사실을 있는 그대로 받아들이기 어려워서, "돌아가셨다"라거나 "떠났다" 같은 완곡한 표현을 사용한다. 죽음은 완전한 끝이 아니며 그저 다른 무언가로 전환될 뿐이라고 생각하려는 것이다.

인간이 자신의 유한성을 인식한다는 문제에 대처하기 위해 모든 문화권은 죽음이 완전한 끝임을 거부하는 믿음과 전략을 함께 발달시켰다. 철학자 스티븐 케이브는 불멸성의 추구야말로 인간 문명을 이끈 동력이라고 주장한다.[5] 그는 우리의 대처 전략을 네 가지로 분류한다. 플랜 A는 영원히, 또는 최대한 오래 살려고 노력하는 것이다. 그런 노력이 실패할 경우에 대비해 마련된 플랜 B는 죽은 뒤에 육체가 다시 태어나는 것이다. 플랜 C는 육체가 썩고 부활할 수 없더라도 우리의 정수는 영원히 죽지 않는 영혼으로 이어진다고 생각하는 것이다. 마지막 플랜 D는 우리가 남긴 작품이나 기념물이나 생물학적 자손, 즉 우리의 유산을 통해 계속 살아간다는 생각이다.

모든 인간은 언제나 플랜 A를 실천하면서 살아가지만, 다른 플랜을 어느 정도까지 받아들일지는 문화마다 크게 다르다. 내가 자란 인도에서 힌두교도와 불교도들은 플랜 C를 기꺼이 받아들인다. 모든 사람이 영원히 죽지 않는 영혼을 갖고 있으며, 죽은 후에는 그 영혼이 새로운 몸, 심지어 완전히 다른 생물종의 몸을 빌려 다시 태어난다고 믿는다. 유대교, 기독교, 이슬람교 등 아브라함 종교에서는 플랜 B와 플랜 C를 모두 받아들인다. 영원불멸하는 영혼을 믿지만, 동시에 우리는 죽은 자의 육신에서 다시 살아 일어나며 언젠가 심판을 받는다. 아마 이런 생각 때문에 전통적으로 화장을 금하고 신체를 손상되지 않은 상태로 매장해야 한다고 주장했을 것이다.

고대 이집트 등 몇몇 문명권에서는 네 가지 플랜을 모두 신념 체계에 통합했다. 위험 분산 전략이다. 장대한 무덤을 짓고 파라오의 시체를 미라로 만들어 내세에 그 육신 그대로 일어날 수 있도록 했다. 동시에 그들은 인간의 정수를 간직한 채 죽지 않고 영생하는 영혼, 즉 바Ba를 믿었다. 최초로 중국을 통일한 진시황 역시 다면적 전략을 구사해 영생을 얻으려 했다.[6] 수많은 나라를 전쟁으로 정복하면서 여러 번의 공격에서 살아남은 그는 권력을 굳건히 한 후 불로장생의 영약을 찾았다. 그런 것이 있다는 희미한 소문만 들려도 특사를 파견했다. 불로초를 찾지 못하면 처형당했으므로 많은 사람이 소식을 끊고 종적을 감추었다. 플랜 B와 D를 결합해 극단까지 밀어붙인 결과가 진시황릉이다. 황제는 무려 70만 명을 동원해 시안西安에 도시 하나 크기의 무덤을 건설했다. 무덤에서는 흙으로 만들어 구운 병사와 말 모형이 7000점이나 발견되었다. 황제가 다시 태어날 때까지 호위하기 위해서다. 진시황은 기원전 210년, 49세로 세상을 떠났다. 역설적이지만 수명을 연장하기 위해 먹은 온갖 독성 물질 때문에 천수를 누리지 못하고 일찍 죽었을지 모른다.

18세기 계몽주의와 현대적 과학의 시대가 열리면서 죽음에 대처하는 방식도 변했다. 여전히 많은 사람이 플랜 B와 C에 매달렸지만, 합리성과 회의주의가 힘을 얻으면서 마음 한구석에 의문이 일었던 것이다. '그것이 정말 대안일까?' 인류는 점차 오래 살 방법을 찾고, 죽은 뒤에 유산을 보전하는 데 집중했다.

언젠가 세상을 떠날 줄 알면서도 오래도록 기억되고 싶다는 강렬한 욕망을 느끼는 것은 인간 정신의 흥미로운 면이다. 오늘날 부유층은 무덤과 기념물을 건설하는 대신 자선사업을 벌인다. 죽은 뒤에도 오래도록 존속할 건물과 재단을 세워 기증한다. 시대를 막론하고 수많은 작가, 예술가, 음악가, 과학자가 작품과 연구를 통해 불멸을 추구했다. 하지만 결국 후세에 남긴 것을 통해 살아남는 방식은 완벽하게 만족스러운 대안이라고 할 수 없다.

강력한 군주나 억만장자, 또는 아인슈타인이 아니라고 해서 절망할 필요는 없다. 다른 방식으로 자신의 유산을 남기고 기억되는 길은 거의 모든 생물에게 열려 있다. 바로 자손을 통해 계속 삶을 이어가는 것이다. 생식 욕구는 지금까지 진화한 생물학적 본능 중 가장 강력하며, 생명 현상에 있어 너무나 중요하기 때문에 이 책에서 계속 논의할 것이다. 하지만 자녀와 손주들을 아무리 사랑하고 내가 세상을 떠난 뒤에도 그들이 살아갈 것임을 확신한다고 해도, 동시에 우리는 그들이 각자의 의식을 지닌 별개의 존재임을 뚜렷이 인식한다. 자손은 내가 아니다.

그럼에도 우리는 자신의 유한성에 대해 끊임없는 실존적 불안을 느끼며 살아가지는 않는다. 어쩌면 우리 뇌는 죽음에 대해 생각할 때 그것이 다른 사람에게 일어날 뿐 내게는 일어나지 않는다는 식의 보호기전을 진화시켰는지 모른다.[7] 죽어가는 사람을 격리하는 관행은 이런 망상을 더욱 강화한다. 주변에서 죽어가는 사람을 흔히 볼 수 있었던 과거와 달리, 오늘날에는 건강하게 살아가는 다수와 격리된 채 요양원이나 병원에서 죽는 사람이 많다. 우리 대부분, 특히 젊은이들은 불멸의 존재라도 되는양 행동하며 일상을 이어간다. 열심히 일하고, 취미를 추구하며, 장기적인 목표를 위해 땀 흘린다. 하나같이 언젠가 죽을 것이라는 걱정에서 주의를 다른 곳으로 분산하는 유용한 방법이다. 그러나 어떤 전략을 동원하든 유한성에 대한 인식을 완전히 벗어날 수는 없다.

결국 우리는 플랜 A로 돌아간다. 장구한 세월 동안 지각 있는 모든 존재가 공통적으로 추구했던 전략, 최대한 오래 살아남으려고 하는 것이다. 아주 어린 나이에도 우리는 사고, 포식자, 적, 질병을 본능적으로 회피한다. 이런 보편적 욕구 덕에 까마득한 옛날부터 공동체를 이루고 성을 쌓고 무기를 개발하고 군대를 양성해 적의 공격에서 스스로를 지켜왔다. 다른 한편으로는 신통한 약과 치료법을 추구해 결국 현대의학과 수술법을 개발했다.

인간의 기대수명은 오래도록 거의 변하지 않다가, 지난 150년간 두 배로 늘었다. 주된 이유는 질병의 원인과 전파 양상을 이해하고, 공중보건을 개선했기 때문이다. 이런 발전에 힘입어 평균수명이 크게 늘었는데, 그것은 대부분 유아 사망률이 줄어든 덕이다. 그러나 최대 수명, 즉 최상의 조건에서 기대할 수 있는 가장 긴 수명을 늘리는 것은 훨씬 어려운 문제다. 인간의 최대 수명은 한계가 있을까? 아니면 우리가 스스로의 생물학을 더 많이 알게 되면 노화를 늦추거나, 심지어 중단시킬 수도 있을까?

100년도 더 전에 유전자를 발견하면서 시작된 생물학 혁명으로 인해 오늘날 우리는 기로에 서 있다. 노화의 근본 원인에 대한 연구가 활기를 띠면서 사상 최초로 고령자의 건강을 향상하는 데서 그치는 것이 아니라, 최대 수명 자체를 연장할 수 있으리라는 기대가 높아지고 있는 것이다.

인구 구성이 크게 변하면서 세계 각국은 노화의 원인을 알아내고 경과를 개선하기 위해 비상한 노력을 기울이고 있다. 고령 인구가 계속 늘기 때문에 이들이 최대한 오래 건강을 유지하는 것이 시급해졌다. 오래도록 과학의 후미진 곳에 머물렀던 노화 연구(노화 과학)가 본격적으로 날아오르기 시작한 것이다.

지난 10년 사이에 노화에 관해 30만 건이 넘는 과학 논문이 발표되었다. 노화 문제를 다루는 스타트업 기업만 700곳이 넘으며, 투자액을 모두 더하면 수백억 달러에 이른다. 기존 거대 제약 기업들이 진행 중인 프로그램을 포함하지 않은 숫자가 이 정도다.

이런 엄청난 노력을 보면 질문이 꼬리에 꼬리를 문다. 결국 우리는 질병과 죽음을 따돌리고 아주 오래, 어쩌면 현재 평균 수명보다 몇 배 더 길게 살 수 있을까? 일부 과학자는 그렇게 주장한다. 그리고 자기 삶을 너무나 사랑하며 즐거운 파티가 언제까지나 이어지기를 바라는 캘리포니아의 억만장자들은 기꺼이 지갑을 열 준비가 되어 있다.

오늘날 불멸을 파는 상인들, 즉 수명을 무한 연장하기 위해 노력할 것을 제안하는 연구자들과 그들의 돈줄인 억만장자들은 실제로 고령과 죽음의 공포에서 해방된 길고 행복한 삶을 약속한다. 가히 고대 선지자들의 현대판이다. 누가 이런 삶을 누릴까? 비용을 낼 능력이 있는 극소수 부자들? 이런 목표를 성취하기 위해 인간을 치료하거나 개조할 때 지켜야 할 윤리는 무엇일까? 이런 기술이 널리 보급된다면 사회는 어떤 모습이 될까? 어쩌면 우리는 현재보다 훨씬 오래 살게 되었을 때 닥칠지 모를 사회적, 경제적, 정치적 결과들을 고려하지 않은 채 몽유병 환자처럼 미래를 향해 비척비척 걷고 있는 것은 아닐까? 노화 연구 분야의 최근 발전과 어마어마한 투자를 생각할 때 우리는 이 연구가 우리를 어디로 끌고 갈지, 인간의 한계에 대해 어떤 선택들을 제시할지 반드시 짚고 넘어가야 한다.

2019년 말 세계를 강타한 코로나바이러스 팬데믹은 자연이 인간의 계획 따위에는 전혀 개의치 않음을 냉혹하게 상기시켰다. 지구상 모든 생명은 진화의 지배를 받으며, 바이러스는 인간이 존재하기 훨씬 전부터 여기 살았고, 뛰어난 적응력으로 우리가 사라진 후에도 오래도록 여기서 살아갈 것임을 다시 한번 일깨워주었다. 과학과 기술로 죽음을 극복할 수 있다고 믿는 것은 오만이 아닐까? 그렇다면 우리는 어떤 목표를 추구해야 할까?

나는 오래도록 세포 속에서 단백질이 어떻게 만들어지는지 연구했다. 이 문제는 너무나 기본적인 생명 현상이라서 사실상 생물학의 모든 측면과 관련이 있다. 지난 수십 년간 밝혀진 사실은 노화의 많은 부분이 우리 몸에서 단백질의 생성과 파괴를 어떻게 조절하는지와 관련이 있다는 것이다. 하지만 이 분야에 처음 뛰어들었을 때 나는 내 연구가 늙고 죽는 문제와 연관되리라고는 꿈도 꾸지 못했다.

노화 연구가 폭발적으로 진행되면서 생명에 대한 이해에 몇 가지 혁명적인 변화가 일어났다. 나는 이 사실에 매혹되었지만, 동시에 엄청난 허위 광고가 판치며 진정한 과학과는 거의 무관한 치료법이 널리 마케팅되는 세태에 점점 불안을 느낀다. 그래도 이 분야는 번창 일로에 있다. 우리의 가장 깊은 두려움, 나도 언젠가는 늙고 병들고 죽으리라는 너무나 자연스러운 공포를 이용하기 때문이다.

그런 자연스러운 공포는 노화와 죽음에 관해 헤아릴 수 없이 많은 책이 쏟아져 나오는 이유이기도 하다. 이런 책들은 몇 가지 범주로 나눌 수 있다. 우선 건강하게 나이 드는 방법에 대한 실용적 조언을 제공하는 책들이 있다. 분별 있는 책도 있지만, 사기에 가까운 것도 많다. 어떻게 유한성을 받아들이고 품위 있게 최후를 맞을 것인지에 대한 책들도 있다. 철학적이며 도덕적인 명분을 동시에 추구하는 것이다. 마지막으로 노화의 생물학을 다룬 책들이 있다. 이를 다시 두 가지로 나눌 수 있을 것이다. 스스로 항노화 스타트업을 출범해 상당한 개인적 이해관계가 걸려 있는 기자나 과학자가 쓴 책과 그런 범주와 아무런 관계가 없는 책. 내 책은 후자에 속한다.

이 분야는 엄청난 속도로 발전하고, 공적 및 사적으로 엄청난 자금이 투자되며, 그로 인해 엄청난 거품이 끼어 있다. 지금이야 말로 나처럼 분자생물학 분야에 몸담고 있으면서 직접적인 이해관계가 없는 사람이 나서서 현재 우리가 노화와 죽음에 대해 무엇을 알고 있는지 솔직하고 객관적으로 설명해야 할 시점일 것이다. 이 분야의 많은 리더들을 개인적으로 알기에, 여러 차례 솔직한 대화를 통해 그들이 노화 연구를 어떻게 보는지 깊이 이해할 수 있었다. 뭔가 의도를 갖고 자기 입장을 밝힌 과학자들, 특히 상업적으로 노화에 접근하는 신생 기업과 관련된 사람들과는 대화를 피했지만, 그들의 관점이 대중적으로 널리 알려진 경우에는 이 책의 논의에 포함시켰다.

노화 분야는 너무나 발전 속도가 빨라 최근 연구에만 초점을 맞춘다면 어떤 책이든 출간하기도 전에 시대에 뒤떨어지고 말 것이다. 더욱이 어떤 과학 분야든 최근에 발견된 사실은 엄밀한 검증을 통과하지 못하는 수가 많다. 그래서 나는 몇 가지 기본 원칙에 집중하려고 했다. 이 원칙들은 시간의 시험을 견디고 살아남았을 뿐 아니라, 어떻게 우리가 노화에 관한 지식을 쌓아왔는지 독자들이 이해하는 데도 도움이 될 것이다. 또한 나는 현재의 지식을 이끌어낸 기본적 연구들의 역사적 배경에 대해서도 설명했다. 생물학 분야의 많은 지식이 완전히 다른 몇 가지 기본적인 문제를 연구하는 데서 출발했음을 깨닫는 것은 중요한 동시에 매혹적이다.

앞에서 나는 직접적인 이해관계가 없다고 했지만, 사실 이 문제에 이해관계가 없는 사람은 아무도 없다. 우리 모두 삶의 종말을 어떻게 맞을 것인가라는 문제에서 자유롭지 않다. 아직 젊고 영원히 살 것처럼 느끼는 사람은 어떨지 몰라도, 나처럼 71세가 되어 일상적인 일조차 버겁고, 10년이나 20년 전에는 쉽게 했던 일들을 아예 할 수 없는 나이기 되고 보면 이 문제가 말할 수 없이 중요하게 다가온다. 나이가 드는 것은 드넓은 저택에서 점점 작은 공간에 몸이 묶이는 것처럼 느껴진다. 하나하나 탐색해보기를 즐겨 마지않던 방들의 문이 서서히 닫히는 기분이랄까? 그러니 과학이 그 문들을 다시 열어젖히는 방법에 관해 무엇을 알아내고 있는지 궁금한 것도 당연하다.

노화는 수많은 생물학적 과정과 연관되므로, 이 책은 현대 분자생물학의 위대한 지식 사이를 즐겁게 거니는 분위기가 될 것이다. 노화와 죽음에 관해 이루어진 모든 중요한 발전들을 둘러보는 여행과 같다. 그 여정에서 우리는 유전자가 지배하는 생명의 프로그램이 어떻게 작동하는지, 나이가 들면 어떤 문제들이 생기는지 알아볼 것이다. 그런 문제가 세포와 조직, 개별자로서 우리에게 어떤 결과를 초래하는지도 살펴볼 것이다. 모든 생명체가 동일한 생물학적 법칙의 지배를 받는데도 왜 일부 생물종은 훨씬 오래 살까? 이런 흥미로운 질문을 통해 그런 현상이 인간에게 어떤 의미를 갖는지도 생각해볼 것이다. 최근 진행 중인 수명 연장 노력들을 감정에 치우치지 않고 바라보면서 과연 요란한 광고만큼 효과가 있는지도 들여다보려고 한다. 또한 나는 인간이 노년에 접어들어 최고의 성과를 올린다는 통념에 문제를 제기할 것이다. 마지막으로 모든 항노화 연구의 기저에 흐르는 윤리적 질문을 탐구한다. 할 수 있다고 해서 반드시 해야 할까?

자, 여행을 시작해보자. 죽음이란 정확히 무엇인가? 죽음은 어떤 방식으로 나타나는가? 도대체 우리는 왜 죽는가?

1장

불멸의 유전자와
일회용 신체

런던 거리를 걸을 때마다 도시라는 환경에 새삼 놀란다. 어떻게 수백만 시민이 그토록 매끄럽게 일하고, 돌아다니고, 어울릴 수 있을까? 이내 복잡하기 이를 데 없는 하부구조와 그것이 문제없이 작동하도록 협력하는 수많은 사람들이 떠오른다. 지하철과 버스는 우리를 도시 이곳저곳으로 실어 나른다. 우체국과 택배 서비스는 우편물과 상품을 정확히 배달한다. 슈퍼마켓들은 식품을 공급한다. 전력회사는 전기를 생산해 송전한다. 위생관리국은 도시를 깨끗하게 유지하고, 매일 쏟아지는 어마어마한 쓰레기를 처리한다. 하루하루 바쁘게 살다보면 소위 문명 사회라 불리는 이 놀라운 조직화의 위업을 당연한 것으로 받아들이기 쉽다.

생명의 기본 단위인 세포 역시 도시처럼 복잡한 협력과 조화에 의해 작동한다. 만들어질 때부터 세포는 도시를 구성하는 것과 비슷하게 정교한 구조물들을 형성한다. 세포가 기능을 유지하려면 헤아릴 수 없이 많은 과정이 정확한 시간에 맞춰 진행되어야 한다. 세포는 영양소를 받아들이고 노폐물을 내보낸다. 세포 내 수송체 분자들은 수많은 화물을 이곳저곳으로 운반한다. 도시는 고립되어 존재할 수 없다. 온갖 상품과 서비스와 사람을 주고받아야 한다. 세포 역시 주변 세포들과 소통하고 협력해야 한다. 다른 점이 있다면 도시는 때로 절제할 줄 모르고 팽창하는 반면, 세포는 언제 성장하고 분열해야 하는지, 언제 멈춰야 하는지 안다는 점이다.

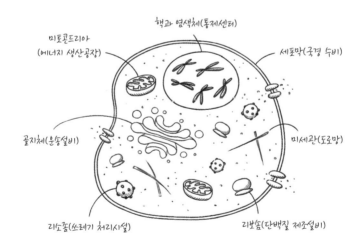

세포의 복잡한 구성은 도시와 비슷하다. 이 그림은 주요 구성 요소의 일부만 표현했으며, 명료성을 위해 크기 비율은 고려하지 않았다.

역사적으로 도시 거주민들은 자신들의 도시가 영원하리라 믿었다. 자기가 사는 도시가 언젠가 세상에 더 이상 존재하지 않으리라고 생각하며 사는 사람은 없다. 하지만 도시는 물론 사회 전체, 제국, 문명조차 하나의 세포와 마찬가지로 성장하고 사멸한다. 죽음에 관해 말할 때 우리는 이런 종류의 죽음에 관해서는 생각하지 않는다. 그저 한 개인으로서 각자에게 닥치는 죽음을 생각할 뿐이다. 하지만 탄생과 죽음이란 정확히 무슨 뜻인가? 그 이전에 한 개인이란 개념을 어떻게 정확히 정의할 것인가?[1]

우리가 죽음의 순간을 맞을 때, 정확히 무엇이 죽는 것인가? 죽는 순간에도 몸속 대부분의 세포는 여전히 살아 있다. 우리는 장기를 기증할 수 있으며, 그 장기는 적절한 시간 내에 이식하기만 하면 다른 사람의 몸속에서 아무 문제없이 기능을 계속한다. 우리 몸속에 인간 세포보다 더 많이 존재하는 수십조 단위의 세균들도 여전히 번성한다. 때로는 그 역도 성립한다. 사고로 한쪽 팔을 잃었다고 해보자. 분명 팔은 죽었지만, 그렇다고 우리가 자신이 죽었다고 생각하지는 않는다. '죽는다'고 할 때 우리가 진정으로 의미하는 것은 일관성 있는 전체로서 기능하기를 멈춘다는 것이다. 조직과 장기를 구성하는 세포들은 긴밀하게 소통하면서 우리가 자신을 의식하는 개체로 살아가도록 한다. 세포들이 이렇게 하나의 단위로서 협력하기를 멈추면, 우리는 죽는다.

죽음은 노화의 결과다. 노화를 생각하는 가장 간단한 방법은 오랜 시간에 걸쳐 우리를 구성하는 분자와 세포에 화학적 손상이 축적되는 현상으로 보는 것이다. 이런 손상으로 인해 신체적,

정신적 능력이 갈수록 줄고, 결국 개별적 존재로서 일관성 있게 기능하지 못한다. 그것이 죽음이다. 헤밍웨이의 《태양은 다시 떠오른다》에서 주인공은 어쩌다 파산했느냐는 질문에 이렇게 답한다. "두 가지 방식으로. 차츰차츰, 그러다 갑자기." 노화에 의한 쇠락은 차츰차츰 일어난다. 그러다 갑자기 죽음이 닥친다. 노화란 몸이라는 복잡한 시스템에 차츰차츰 작은 결함들이 생기는 것이다. 그러다 결함이 상당히 커지면 노년의 질병들이 나타난다. 결국 시스템 전체가 기능을 멈추면 죽음을 맞는다.

하지만 그때조차 정확히 언제 죽음이라는 사건이 일어났는지 정의하기는 어렵다. 한때는 심장이 멎는 것이 곧 죽음이라고 생각했지만, 이제 심폐소생술로 정지한 심장을 다시 뛰게 하는 일이 비일비재하다. 현재는 뇌 기능 상실을 보다 직접적인 죽음의 징후로 받아들이지만, 그조차 때때로 되돌릴 수 있다는 증거들이 보고된다.[2] 죽음을 정확히 어떻게 정의하는지는 법적으로 매우 중요한 문제다. 실제로 많은 것이 달라지기 때문이다. 미국이라면 법률이 다른 두 개 주에서 각기 죽음을 맞은 두 사람이 있다고 할 때, 이들의 장기를 구득하는 데 문제가 되기도 한다. 두 사람 모두 동일한 기준에 의해 죽은 것으로 간주된다고 해도, 한쪽 주에서는 완전히 적법한 행위이지만 다른 쪽 주에서는 살인으로 간주될 수 있다. 캘리포니아주 오클랜드에서 뇌사 선언을 받은 소녀가 가족이 사는 뉴저지주 법으로는 살아 있는 것으로 간주된 사건이 있다. 가족은 법원에 진정서를 냈으며, 결국 딸을 생명보조장치에 연결해 뉴저지로 데려왔다. 그녀는 몇 년 뒤에

야 죽음을 맞았다.[3]

출생 시점 또한 사망 시점만큼이나 정의하기 어렵다. 우리는 엄마의 자궁에서 나와 첫 호흡을 시작하기 전에도 존재한다. 많은 종교에서는 수태를 삶의 시작으로 보지만, 그 또한 모호한 용어다. 정자가 난자의 표면에 접촉한 후에도 일련의 사건이 일어나고서야 비로소 수정란의 유전적 프로그램이 작동하기 때문이다. 그 뒤로도 수정란은 며칠간 분열을 거듭한다. 배아(이 시점에는 배반포라고 한다)가 된 후에는 자궁벽에 스스로 착상해야 한다.[4] 그걸로 끝이 아니다. 심장이 뛰기 시작하는 것은 한참 뒤이며, 태아가 통증을 느끼는 것은 다시 한참이 지나 신경계와 뇌가 발달하고서부터다.

언제 삶이 시작되느냐는 질문은 과학적인 만큼 사회적이고 문화적이다. 낙태를 둘러싼 논쟁이 그치지 않는 것은 이런 측면을 잘 보여준다. 미국이나 영국을 비롯해 낙태가 합법인 많은 나라에서조차 연구 목적으로 14일 이상 배아를 기르는 것은 범죄다. 대략 원시선primitive streak이라는 홈이 생겨 배아를 왼쪽과 오른쪽으로 정의할 수 있는 시기에 해당한다. 이 단계가 지나면 배아는 더 이상 분리되어 일란성 쌍둥이가 될 수 없다.

우리는 출생과 죽음을 어떤 순간에 일어나는 사건으로 생각한다. 출생한 순간부터 존재하며, 죽는 순간부터 존재를 멈춘다고 보는 것이다. 하지만 삶의 양쪽 경계는 그리 선명하지 않다. 훨씬 큰 조직적 단위들도 마찬가지다. 한 도시가 언제부터 존재했고 언제 소멸했는지 정확한 시점을 콕 집어내기는 불가능하다.

죽음은 분자에서 국가에 이르기까지 모든 층위에서 일어나지만, 아무리 이질적인 존재라도 성장하고, 노화하고, 종말을 맞는 과정에는 공통적인 특징들이 있다.[5] 각 부분에 생긴 자잘한 문제 때문에 더 이상 전체가 유기적으로 기능할 수 없는 결정적인 순간이 찾아온다. 세포는 수많은 분자가 조화롭게 움직일 때 기능을 유지하지만, 분자 자체도 화학적 손상을 입거나 완전히 분해될 수 있다. 생명을 유지하는 데 결정적으로 중요한 분자들이 이렇게 되면, 세포 자체도 노화해 결국 죽고 만다. 더 큰 차원에서 보면 몸을 구성하는 수십조 개의 세포들이 각자 특화된 임무를 수행하면서 서로 소통하기 때문에 우리가 건강하게 살 수 있다. 몸속 어디선가는 끊임없이 세포들이 죽지만 큰 문제가 되지 않는다. 사실 배아가 자랄 때는 많은 세포가 정확히 정해진 시점에 죽도록 프로그램되어 있다. 이런 현상을 세포 자멸사apoptosis라고 한다. 하지만 심장이나 뇌 또는 주요 장기에서 필수적인 세포들이 어느 한계 이상 죽어버리면, 개인도 생명 기능을 잃고 죽는다. 인간도 세포와 크게 다르지 않다. 우리는 회사에서, 노시에서, 사회에서, 맡은 바 임무를 수행한다. 한 명의 직원이 떠나도 큰 회사의 기능에는 영향을 미치지 않는다. 도시나 국가라면 더욱 그렇다. 한 그루의 나무가 죽었다고 숲의 소멸을 걱정하지 않는 것과 같다. 하지만 최고 관리직 전체가 갑자기 떠난다면 당장의 경영은 물론, 기업의 미래까지도 위기를 맞는다.

수명은 시스템의 크기에 비례해 늘어난다는 것도 흥미롭다. 몸을 이루는 대부분의 세포는 우리가 살아 있는 동안 몇 번이나 죽어 없어지고 새로운 세포로 대체된다. 기업은 대부분 그들이 영업 활동을 영위하는 도시보다 수명이 훨씬 짧다. 대마불사大馬不死의 원칙은 생명체에서도, 사회에서도 진화의 원동력이다. 아마 생명은 스스로 복제하는 분자에서 시작되었을 것이다. 이런 분자들이 제한된 공간 내에서 조직화되어 우리가 세포라고 부르는 것을 형성했다. 그 뒤로 일부 세포들이 한데 모여 각각의 동물을 형성했다. 그 뒤로 동물들이 한데 모여 무리를 형성했다. 인간이라면 지역공동체, 도시, 국가를 만든 것이다. 조직화 수준이 한 단계 높아질 때마다 더 안전하고 상호의존성이 높은 세계가 탄생했다. 오늘날에는 그 누구도 혼자 힘으로 살아남기는 어렵다.

†

어쨌든 죽음에 대해 생각할 때, 우리는 대개 자신의 죽음을 생각한다. 의식을 지닌 존재, 즉 개인의 종말을 떠올리는 것이다. 그런 죽음에는 냉혹한 역설이 깃들어 있다. 개인이 죽어도 삶 자체는 계속된다. 가족, 지역공동체, 사회는 우리가 없어도 계속 굴러간다는 말을 하려는 게 아니다. 더 놀라운 사실이 있다. 오늘날 살아 있는 모든 생명체는 수십억 년 전에 존재했던 단 한 개의 조상 세포에서 유래했다. 그러니 장구한 세월에 걸쳐 아무리 진화하고 변했다 한들, 어떤 삶의 정수精髓는 우리 모두를 통해 수십억 년 동안 계속 살아왔다고 할 수 있다. 이런 사실은 지구상에 생명이 존재하는 한 변치 않을 것이다. 어느 날 우리가 완전히 인공적인 생명 형태를 창조하지 않는다면 말이다.

우리와 까마득한 조상들을 직접 이어주는 선이 존재한다면, 우리 각자에게는 절대로 죽지 않는 뭔가가 있어야 할 것이다. 그 것은 바로 다른 세포나 완전히 새로운 생명체를 만드는 방법에 관한 정보다. 이 책의 물리적 실체가 완전히 없어져도 그 속에 담긴 생각과 정보는 어떤 형태로든 이어질 수 있듯, 생명의 정 보 또한 태초에 그것을 품었던 존재가 죽은 뒤에도 계속 이어져 왔다. 생명을 계속 이어가는 데 관련된 정보는 두말할 것도 없이 우리 유전자 속에 있다. 각각의 유전자는 DNA 분절로 존재한 다. DNA는 염색체라는 형태로 저장되며, 염색체는 세포 속에 유전 물질을 따로 담아두는 특별한 구획, 즉 세포핵 속에 보관 된다. 대부분의 세포는 동일한 유전자들을 온전히 한 세트로 갖 추고 있는데, 이런 유전자 전체를 가리켜 게놈genome 이라고 한 다. 세포는 분열할 때마다 게놈 전체를 각각의 딸세포에게 고스 란히 물려준다. 세포의 절대다수는 그저 몸의 일부일 뿐이며, 우 리가 죽으면 함께 죽는다. 하지만 세포 중 일부는 우리의 소중한 자녀들, 다음 세대를 구성하는 새로운 사람들을 만듦으로써 우 리보다 더 오래 살아남는다. 왜 그럴까? 이런 세포들은 어떤 특 별한 점이 있기에 계속 살아갈 수 있는 것일까?

이 질문에 대한 답은 DNA는 물론 유전자라는 것이 있는지도 몰랐던 때부터 격렬한 논란을 불러일으켰다. 논란에 불을 댕긴 것은 생물종이 진화한다는 주장이었다. 19세기 초 프랑스의 장

바티스트 라마르크는 획득 형질이 유전될 수 있다는 이론을 제기했다. 예컨대 기린이 더 높은 곳에 있는 잎을 먹으려고 목을 계속 길게 늘인 결과 목이 길어졌고, 후손들은 긴 목을 물려받았다는 것이다. 이어서 영국의 생물학자 찰스 다윈과 앨프리드 월리스가 자연선택설을 주장했다. 이 가설에 따르면 기린은 원래 다양했다. 목이 긴 개체도 있고, 목이 짧은 개체도 있었다. 하지만 목이 긴 기린들은 먹이를 찾기가 더 쉬웠기 때문에 더 많이 살아남았고, 후손도 더 많이 남길 수 있었다. 이런 일이 세대를 거듭해 반복되자 점점 긴 목을 가진 이형異形 개체가 '선택'되었다.

1858년 35세였던 앨프리드 월리스는 당시 말레이 제도라고 불린 지역에서 연구하고 있었다. 학계에서 비교적 무명이었던 그는 다윈에게 편지를 보내 자신의 이론을 설명했다. 그는 몰랐지만 다윈은 이미 오래전에 나름의 연구를 통해 같은 결론에 도달해 있었다. 그 생각은 너무나 혁명적이라서 사회적, 종교적 파장이 작지 않을 것을 알았기에 그때까지도 다윈은 발표할 엄두를 내지 못했지만, 월리스와 편지를 주고받으며 행동을 취해야 함을 깨달았다. 다윈은 영국 과학계의 중심 인물이었다. 뻔뻔한 사람이었다면 월리스의 편지를 그냥 무시하고 서둘러 저서를 출간할 수도 있었을 것이다. 그랬다면 월리스의 이름은 지금까지도 전혀 알려지지 않았을지 모른다. 하지만 다윈은 1858년 7월 1일 런던의 린네 학회Linnean Society에서 월리스와 공동으로 자신들의 이론을 발표할 자리를 마련했다. 강연 자체는 별다른 반응을 끌어내지 못했다. 세상에 아무런 영향을 미치지 못한 것 같았다. 당시 린네 학회 회장의 연례 연설은 과학 역사상 최악의 선언 중 하나로 꼽힌다. "실로 올해는 혁명적이라고 할 만한, 말하자면 과학계가 현재 알고 있는 것을 뒤흔들 만한 두드러진 발견이 하나도 없었습니다." 하지만 그 강연은 이듬해 다윈의 저서《종의 기원On the Origin of Species》출간으로 이어졌고, 생물학을 영원히 바꿔놓았다.[6]

다윈의 기념비적 저서가 출간된 지 33년 후인 1892년, 독일 생물학자 아우구스트 바이스만은 라마르크의 학설에 결정적인 반박을 내놓았다. 인간은 섹스와 생식이 관련되어 있음을 오래전부터 알았지만, 이 과정의 시작이 정자와 난자의 결합임을 발견한 것은 불과 300년 전이다.[7] 수정에 의해 마치 기적처럼, 완전히 새로운 인간이 생겨난다. 그 인간은 모든 신체 기능을 수행하는 수십조 개의 세포로 이루어져 있으며, 그 세포들은 인간이 죽을 때 함께 죽는다. 이런 세포를 체세포라고 한다. 한편 정자와 난자는 생식세포라고 한다. 생식세포는 생식샘, 즉 고환과 난소 속에 있다. 생식세포야말로 유전 정보, 즉 유전자를 자손에게 전달하는 유일한 매개체다. 바이스만은 생식세포가 다음 세대의 체세포를 만들 수 있지만, 그 반대 현상은 절대로 일어날 수 없다고 주장했다. 체세포와 생식세포 사이의 이런 차이를 바이스만 장벽Weismann barrier이라고 한다. 기린이 계속 목을 늘인다면 목 근육과 피부를 구성하는 다양한 체세포에 영향을 미칠 수 있지만, 체세포는 후손에게 어떤 변화도 전달할 수 없다. 한편 생식샘 속에서 보호받는 생식세포는 기린이 어떤 활동을 하든,

기린의 목이 어떤 형질을 획득했든 아무런 영향을 받지 않는다.[8]

유전자를 전달하는 생식세포는 어떤 의미에서 불멸의 존재다. 아주 적은 일부로도 유성생식을 통해 다음 세대의 체세포와 생식세포를 모두 만들어낼 수 있으며, 그 순간 노화의 시계는 다시 처음으로 돌아간다. 각 세대에 속하는 개체의 몸은 유전자의 전달을 돕는 매개체일 뿐, 목표를 달성한 후에는 불필요한 존재가 된다. 동물이나 인간의 죽음은 매개체의 죽음에 불과하다.

†

도대체 죽음은 왜 존재할까? 그냥 영원히 살면 안 되나?

20세기 러시아 유전학자 테오도시우스 도브잔스키는 이렇게 썼다. "진화라는 관점으로 보지 않으면 생물학은 무엇 하나 말이 되지 않는다."[9] 생물학에서 '왜 뭔가가 일어나는가'라는 질문이 제기될 때 궁극적인 답은 언제나 '그런 식으로 진화했기 때문'이라는 것이다. '우리는 왜 죽는가'라는 질문을 처음 떠올렸을 때 나는 순진하게도 이렇게 생각했다. 어쩌면 죽음은 새로운 세대가 번영하고 자손을 이어갈 수 있도록 늙은 개체들이 쓸데없이 살아남아 자원을 두고 경쟁하지 않게 하려는, 그럼으로써 유전자의 생존을 확실히 하려는 자연의 방식이 아닐까? 나아가 새로운 세대의 각 개체는 부모와 다른 유전자 조합을 갖게 된다. 이렇듯 끊임없이 생명의 카드들을 뒤섞어 종 전체의 생존을 돕는 것이 아닐까?

이런 생각은 적어도 기원전 1세기에 살았던 로마 시인 루크레티우스 때부터 있었다. 그만큼 호소력이 있는 것이다. 하지만 틀렸다. 개체를 희생해 집단을 이롭게 하는 유전자는 집단 내에서 안정적으로 유지될 수 없다. 속임수 유전자cheater 때문이다. 진화에서 '속임수 유전자'란 집단을 희생해 개체를 이롭게 하는 돌연변이를 말한다. 예를 들어 노화를 촉진하는 유전자가 있다고 해보자. 이 유전자는 사람을 적절한 시점에 죽게 함으로써 집단에는 이익이 된다. 그런데 어떤 사람에게 이 유전자를 비활성화하는 돌연변이가 생겨 남보다 오래 산다면, 그는 집단에 도움이 되지 않아도 자손을 남길 기회를 더 많이 갖게 될 것이다.[10] 결국 이 돌연변이가 최종 승자가 된다.

인간과 달리 많은 곤충과 대부분의 곡류穀類 식물은 평생 단 한 번 자손을 남긴다. 유명한 예로 연어가 있지만, 흙속에 사는 예쁜꼬마선충Caenorhabditis elegans 같은 생물도 평생 단 한 번 수많은 자손을 남기며, 그 과정 중에 죽어서 자연이 자신의 몸을 재활용하게 한다.[11] 일종의 자살이다. 이런 생식 행동은 동계 교배 클론으로 살아가기 때문에 자손과 유전적으로 완전히 동일한 선충에게는 매우 합리적이다. 연어의 생식 행동은 독특한 생활사의 결과다. 연어는 바다에서 수천 킬로미터를 헤엄쳐 다니다가 기어이 태어난 곳으로 돌아와 알을 낳는다. 이런 대장정을 두 번이나 감당해야 한다면 살아남을 가능성이 거의 없기 때문에, 단 한 번의 산란에 모든 것을 쏟아붓는 편이 낫다. 그 과정에 모든 에너지와 심지어 생명까지 던져 넣어 수많은 후손을 낳는 방식으로 후손의 생존 가능성을 극대화한다. 인간이나 파리, 생쥐 등 여러 차례 자손을 남길 수 있는 생물종은 사정이 다르다. 자기와 50퍼센트밖에 닮지 않은 자손을 생산하는 도중에 죽는다는 것은 유전적으로 전혀 합리성이 없다. 일반적으로 자연선택은 생물종은 물론 집단의 이익에 부합하지 않는다. 자연은 그저 진화생물학자들이 적합성이라 부르는 것, 즉 한 개체가 자신의 유전자를 전달하는 능력을 선택할 뿐이다.

유전자를 후대에 물려주는 것이 목표라면 왜 진화는 애초에 노화를 막지 않았을까? 인간이 오래 살수록 자손을 남길 기회가 많아질 것 아닌가? 간단히 답하자면 생물종으로서 살아온 대부분의 시간 동안 우리 삶은 아주 짧았다. 대개 30세 생일을 맞기도 전에 사고, 질병, 포식자, 다른 인간에 의해 목숨을 잃었다. 진화 입장에서는 굳이 우리가 오래 사는 것을 선택할 이유가 없었다. 하지만 이제 세상을 우리에게 더 안전하고 건강한 곳으로 만들었으니 그냥 계속 살아갈 수는 없을까?

1930년대 영국 과학계의 엘리트였던 J. B. S. 홀데인과 로널드 피셔는 이 수수께끼를 탐구하기 시작했다. 홀데인은 매우 박식한 사람으로 효소의 작용기전에서 생명의 기원에 이르기까지 모든 것을 연구했다. 사회주의자로서 만년에 영국에 염증을 느끼고 인도로 이민 가 거기서 죽었다.[12] 피셔는 통계학의 발전에 크게 기여했다. 그의 연구 덕에 우리는 진화를 이해할 수 있었을 뿐 아니라, 무작위 임상시험을 개발해 신약이나 의학적 시술의 효능을 검증하고 수많은 사람의 생명을 구했다. 1962년에 세상을 떠났지만, 50년도 더 지나서 우생학과 인종에 관한 관점이 논란의 대상이 되었다. 그가 펠로로 재직했던 케임브리지 대학 곤빌 앤 키즈 칼리지Gonville and Caius College 측은 실험 설계에 관한 피셔의 핵심 개념을 그린 스테인드글라스 창을 최근에 철거했지만, 최종적으로 어떻게 처리했는지는 분명치 않다.[13]

피셔와 홀데인은 비슷한 시기에 각기 독립적으로 한 가지 혁명적인 아이디어를 떠올렸다. 생애 초기에 유해한 영향을 미치는 돌연변이는 자연선택의 강력한 힘에 의해 제거된다는 것이다. 그 돌연변이를 지닌 개체는 후손을 남기지 못하기 때문이다. 하지만 오직 노년에만 유해한 영향을 미치는 유전자는 다른 운명을 맞는다. 유해한 효과가 나타날 때쯤에는 이미 그 유전자를 후손에게 물려준 뒤이기 때문이다.[14] 생물종으로 살아온 대부분의 시간 동안 우리는 그 유해한 효과를 알아차리지도 못했다. 대부분의 인간은 그런 효과가 나타나기도 전에 죽음을 맞았다. 그런 돌연변이가 생애 후반에 어떤 해로운 효과를 나타내는지 깨닫게 된 것은 비교적 최근의 일이나. 예컨대 헌팅턴병은 주로 서른 살이 넘은 사람에게 나타나지만, 지금까지 존재했던 대부분의 인류는 그 전에 이미 자손을 남기고 세상을 떠났다.

피셔와 홀데인의 통찰은 왜 일부 유해한 유전자가 여전히 인류에게 남아 있는지 설명해준다. 하지만 그 통찰이 노화에 어떤 의미를 갖는지는 바로 눈에 들어오지 않는다. 우리는 역시 명석하고도 흥미진진한 인물이었던 영국 생물학자 피터 메더워 덕에 그 의미를 이해할 수 있었다.[15] 브라질에서 태어난 메더워는 면역계가 어떻게 이식 장기를 거부하고, 어떻게 면역 관용을 획득하는지에 관한 연구로 유명하다. 하지만 좁은 분야에 집중했던 많은 과학자들과 달리 그는 홀데인만큼이나 다양한 분야에 관심을 가졌으며, 깊은 학식과 품격 있는 문체로 유명한 저서를 여러 권 남기기도 했다. 우리 세대 과학자 중에는 자라면서 그가 쓴 《젊은 과학자에게Advice to a Young Scientist》(1981)를 읽은 사람이 많을 것이다. 나는 그 책을 읽으면서 잘난 척하고, 건방지고, 사려깊고, 매력적이며, 위트가 넘친다는 느낌을 동시에 받았다.

메더워는 소위 노화의 돌연변이 축적설을 주장했다. 젊은 시절에는 건강에 나쁜 영향을 미치는 돌연변이가 있어도 잘 드러나지 않지만, 그런 돌연변이가 여러 개 있다면 나이 든 후에 함께 작용해 만성적인 문제들을 일으키고 결국 노화를 야기한다는 것이다.

나아가 생물학자인 조지 윌리엄스는 자연이 유전적 이형을 선택하기 때문에 노화가 일어난다고 주장했다. 노년기에는 유해할지라도 삶의 초반에는 도움이 된다는 것이다. 이런 이론을 길항적 다면발현antagonistic pleiotropy이라고 한다. 여기서 다면발현이란 한 개의 유전자가 다양한 효과를 나타내는 현상을 멋지게 표현한 것뿐이다. 길항적 다면발현이란 동일한 유전자가 정반대 효과를 나타낼 수 있다는 뜻이다. 노화 관련 유전자의 영향은 시기에 따라 달라질 수 있다. 생애 초기에는 도움이 되지만, 나이 들어서는 문제를 일으킬 수 있다. 예컨대 생애 초기에 성장에 도움이 되는 유전자들은 나이 들어서 암이나 치매 등 연령 관련 위험을 높이는 쪽으로 작용한다.

1970년대에 생물학자 토머스 커크우드는 일회용 신체 가설disposable soma hypothesis을 주장했다.[16] 사용할 수 있는 자원이 제한적이라면 생명체는 그 자원을 초기 성장, 생식, 그리고 끊임없이 세포를 수리해가며 생명을 연장하는 과제에 적절히 배분해야 한다. 생물의 노화는 긴 수명을 포기하고 번식에 성공해 유전자를 전할 기회를 높이려는 진화적 거래의 산물이다.

이렇듯 노화에 대해서는 다양한 이론이 있다. 확실한 증거는 어디서 찾아야 할까? 과학자들은 초파리와 선충을 이용한 실험을 계속해왔다. 두 가지 동물을 선호하는 이유는 실험실에서 키우기 쉽고 한 세대가 짧기 때문이다. 앞서 설명한 이론들이 정확히 예측했듯이 수명을 연장하는 돌연변이는 생산력fecundity(한 생명체가 자손을 남기는 비율)을 감소시킨다.[17] 마찬가지로 이들 동물에게 제공하는 사료의 열량을 낮추면 수명이 길어지는 동시에 생산력이 낮아졌다.

인간실험의 윤리적 측면을 논외로 하더라도, 20~30년에 이르는 인간의 한 세대는 대부분의 학자가 평생을 바쳐 연구해도 의미 있는 결과를 얻어내기에 너무 길다. 하물며 불과 몇 년 안에 연구를 끝내야 하는 대학원생이나 연구원이라면 말할 것도 없다. 하지만 지난 1200년간에 걸쳐 영국의 귀족들을 분석한 독특한 연구 결과, 60대 이후까지 살았던 여성 중에는 자녀를 적게 출산한 사람들이 가장 장수했음이 드러났다(질병, 사고, 분만 중 사망 등의 요인은 적절히 배제했다).[18] 연구자들은 인간 역시 생산력과 긴 수명 사이에 역상관관계가 있다고 주장했다. 물론 자녀 때문에 고민해본 부모라면 누구나 알듯 자녀가 적을수록 기대수명이 늘어나는 이유는 무척 다양할 수 있겠다.

✝

지난 세기 내내 수명이 꾸준히 늘어난 덕에 이제 우리는 거의 인간에게만 나타나는 노화의 흥미로운 특징을 알게 되었다. 바로 폐경이다. 범고래 등 몇 가지 동물종을 제외하면 대부분의 동물에서 암컷은 거의 수명이 다할 때까지 새끼를 낳을 수 있다. 반면 인간 여성은 중년에 갑자기 생식력을 잃는다. 남성은 서서히 생식력이 저하되지만, 여성은 갑자기 그런 변화가 닥치는 현상 역시 매우 특이하다.

진화가 다음 세대에 유전자를 전달할 능력이 있는 개체를 선택한다면, 인간 역시 최대한 오래 자손을 낳을 수 있어야 할 것이다. 그런데 왜 여성은 비교적 젊은 나이에 생식이 중단될까?

어쩌면 질문 자체가 잘못되었을지 모른다. 우리의 가장 가까운 친척인 대형 유인원들은 모두 우리와 비슷한 연령, 즉 30대 후반에 출산을 중단한다. 차이가 있다면 곧 죽는다는 것이다. 사실 인류도 존재한 이래 대부분의 기간 동안 대부분의 여성이 폐경을 맞은 뒤에는 오래 살지 못하고 죽었다. 그러니 올바른 질문은 왜 폐경이 그토록 일찍 찾아오는가가 아니라, 왜 여성이 그 뒤로도 그토록 오래 사는가일 것이다.

인간은 가장 어린 자녀가 스스로 살아갈 수 있을 때까지는 생식(유전자를 전달한다는 의미에서)에 성공했는지 확신할 수 없다. 또한 인간은 부모에게 의존해야 하는 어린 시절이 매우 길다. 어쩌면 폐경은 여성이 너무 나이가 들어 아이를 낳아야 하는 위험을 감수하지 않도록, 그래서 충분히 오래 살면서 이미 낳은 아이들을 잘 돌보도록 하려는 생물학적 장치로 생겨났을지 모른다.[19] 이렇게 생각하면 분만의 위험을 겪지 않는 남성이 훨씬 늦은 시기까지 생식력을 유지하는 이유도 설명할 수 있다. 정리하면, 폐경은 여성이 자녀를 키울 기회를 최대화해 자신의 유전자를 퍼뜨리려는 적응기전으로 생겼을지 모른다. 소위 좋은 엄마 가설 good mother hypothesis이다. 실제로 암컷이 생식 연령을 지나서도 오래 살아남는 몇몇 생물종은 모두 새끼가 오래도록 엄마의 보살핌을 필요로 한다. 그러나 이 생물종에서도 생식력은 폐경과 함께 갑자기 없어지는 것이 아니라 서서히 감소한다. 예컨대 코끼리도 나이가 들면서 생식력이 낮아지지만, 인간과 달리 아주 고령이라도 계속 새끼를 낳을 수 있다.[20] 침팬지도 가임 연령이 한참 지난 뒤까지 생존하는 경우가 있지만, 이때도 거의 수명이 다해서야 폐경을 맞는다.[21]

폐경의 기원에 관한 할머니 가설grandmother hypothesis은 비슷한 개념을 한 세대 위에 적용한다.[22] 인류학자인 크리스틴 호크스가 제안한 이 학설은 여성이 손주들을 돌보는 데 참여함으로써 생존 가능성과 생식능력을 향상시킬 수 있어야 오래 사는 것이 의미를 갖는다고 주장한다. 반론도 있다. 유전자의 4분의 1

만 물려받은 손주의 생존 가능성을 높이기 위해 유전자의 절반을 물려주는 자녀 낳기를 포기하는 것이 더 좋은 선택일 수 있을까?

범고래는 인간처럼 진정한 폐경을 겪으며 집단생활을 하는 소수의 동물종 중 하나다. 범고래 연구를 기반으로 한 학설은 폐경이 세대 간 갈등을 회피하는 방법이라고 주장한다.[23] 집단으로 새끼를 기르는 일부 동물종에서는 나이 든 암컷이 새끼를 낳으며, 젊은 암컷들은 그들을 돕기 위해 생식이 억제된다. 하지만 인간에서는 이런 세대 간 중첩이 거의 발생하지 않는다. 여성은 다음 세대가 아기를 낳기 시작하면 더 이상 아기를 낳지 않는다. 인간 여성은 시어머니가 더 많은 자녀를 낳도록 돕는 데는 아무런 관심이 없다. 그 자녀들에게는 자신의 유전자가 조금도 섞이지 않기 때문이다. 하지만 며느리가 자식을 낳도록 돕는 여성은 유전자의 4분의 1을 손주에게 물려줄 수 있다. 따라서 최선의 전략은 스스로 아이 낳기를 중단하고, 며느리가 아기를 낳도록 돕는 것이다.

어쩌면 자연 상태에서 여성이 지닌 난자 수는 평균 수명에 비례하도록 진화했을지 모른다.[24] 앨라배마 대학 버밍햄 캠퍼스의 스티븐 오스태드는 엄마 역할이나 할머니 역할에 도움이 된다는 의미에서 보면 폐경은 전혀 적응적이지 않을 수 있다고 지적한다. 우리가 네안데르탈인이나 침팬지보다 훨씬 오래 살게 된 것은 불과 4만 년 전이다. 따라서 인간 난소의 노화는 늘어난 수명에 적응하기에 아직 시간이 충분치 않았을지 모른다.[25] 확고

한 실험적 증거가 없는 상태에서 과학자들, 특히 진화생물학자들은 무엇이든 주장하기를 좋아한다.

✝

이처럼 왜 우리가 노화하는지에 관한 이론들은 몸이란 나이 들어 죽기 전에 유전자를 전달하는 수단일 뿐, 사실은 일회용에 불과하다고 생각한다. 그렇게 함으로써 세대를 거듭할 때마다 노화의 시계를 되돌리는 것이다. 이런 이론은 부모와 자손을 뚜렷이 구별할 수 있는 생물에게만 적용된다. 물론 모든 유성생식에서는 그런 구분이 뚜렷하다. 성이 진화한 이유는 각 부모에게서 유래한 유전자들을 다양한 방식으로 조합해 자손의 유전적 변이를 이끌어내고, 이를 통해 생물이 변화하는 환경에 적응할 수 있기 때문이다. 어떤 의미에서 죽음은 우리가 성별을 갖게 된 결과 치르는 대가라고도 할 수 있다! 멋진 말이지만, 생식세포와 체세포를 구분할 수 있는 모든 동물이 유성생식을 하는 것은 아니다. 더욱이 모세포와 딸세포를 뚜렷이 구분할 수만 있다면 효모나 세균 같은 단세포 생물에서도 노화와 죽음을 관찰할 수 있다.[26]

진화의 법칙은 모든 생물종에 적용되며, 모든 생물은 동일한 물질로 구성된다. 다윈 이후 생물학자들은 진화가 그저 환경에 적합한 생물을 선택했을 뿐인데도 지구상에 그토록 다양한 생명체가 나타났다는 데, 그리고 각 생물종이 유전자를 그토록 효율적으로 다음 세대에 물려준다는 데 놀라움을 금치 못했다. 그런 다양성 속에는 수명도 포함된다. 불과 몇 시간만 살고 죽는 생물이 있는가 하면, 한 세기가 넘을 정도로 긴 수명을 지닌 생물도 있다. 자신이 누리는 수명의 잠재적 한계를 이해하려는 인간이라면 동물계의 수많은 종들에게서 놀라운 교훈을 얻을 수 있을 것이다.

2장

굵고 짧게
살아라

봄이 오면 아내와 나는 케임브리지 근처 하드윅 숲을 산책하
곤 한다. 숲 바닥을 온통 뒤덮고 피어오르는 실잔대bluebell의 향
연을 보려는 것이다. 한번은 숲속으로 난 길을 따라 걷다가 올
리버 존 하디먼트라는 청년을 기리는 비석을 보았다. 2006년에
25세로 세상을 떠난 그의 이름 아래 인도의 시인 라빈드라나드
타고르의 시구가 적혀 있었다. "나비는 순간을 살다 갈 뿐이지
만 삶의 짧음을 탓하지 않는다(The butterfly counts not months but
moments and has time enough)."

　나비의 수명은 대개 한 달 미만이다. 짧게 사는 종은 일주일에
불과하다. 덧없이 짧은 나비의 수명에 대해 생각하다가, 한때 나
를 매혹했던 다른 것과의 극명한 대비를 떠올렸다. 나는 뉴욕의
미국 자연사박물관을 자주 찾는다. 거기에 세쿼이아의 거대한

둥치가 전시되어 있다. 1891년 벌목되었을 때 그 나무의 나이는 1300살이 넘었다. 영국에는 3000년 넘게 산 것으로 추정되는 주목yew도 몇 그루 있다.

물론 나무는 재생능력이 있다는 점에서 우리와 근본적으로 다르다. 케임브리지 대학 식물원에는 사과나무가 하나 있다. 몇 백 년 전 160킬로미터 떨어진 뉴턴가家의 울소프 저택에서 젊은 아이작 뉴턴이 그 아래에 앉았던 나무에서 잘라낸 가지에서 다시 자라난 나무다. 사실 '뉴턴' 나무는 이것 말고도 몇 그루 더 있다. 모두 뉴턴이 중력의 법칙을 발견하는 데 영감을 주었다는 유명한 사과나무의 가지에서 자란 것들이다. 이 나무들의 수명을 따질 때 원래 나무의 근계根系까지 거슬러 올라가야 할지는 흥미로운 문제이지만, 어쨌든 동물의 수명을 생각할 때와는 사뭇 다른 사고방식이다.

동물계에도 나무와 비슷한 특징을 지닌 몇몇 종이 있다. 불가사리의 팔을 잘라내면 바로 새로운 팔이 자란다. 작은 수생동물인 히드라는 더욱 놀랍다.[1] 계속 조직을 재생해가며 전혀 나이를 먹는 것처럼 보이지 않는다. 사실 이것은 복잡한 과정이다.[2] 연구에 따르면 히드라의 머리를 재생하는 데만도 엄청나게 많은 유전자가 관여한다. 길이로 따져 1센티미터 남짓한 생물이 이 모든 재생 유전자를 갖고 있다.

히드라의 놀라운 능력은 나이를 거꾸로 먹는 또 다른 수생동물과 관련이 있다. 적어도 비유적인 의미로는 확실히 그렇다. 불사不死 해파리라고도 불리는 홍해파리Turritopsis dohrnii는 다치거나 스트레스를 받으면 변태를 거쳐 발달 초기 단계로 되돌아간다. 다시 삶을 시작하는 것이다. 나비가 다쳤을 때 변태 과정을 거슬러 올라가 다시 애벌레로 돌아간다고 생각해보라.[3]

히드라와 불사 해파리는 뚜렷한 노화 징후를 나타내지 않기 때문에 종종 불사의 생물이라고 불린다. 아예 죽지 않는다는 뜻은 아니다. 이들도 죽을 수 있으며, 죽어야 할 온갖 이유를 갖고 있다. 이들 역시 포식자를 두려워하며, 살아가기 위해 충분한 먹이를 구해야 한다. 생물학적으로 죽을 수 없는 것도 아니다. 하지만 대부분의 동물과 달리 나이가 든다고 해서 죽을 가능성이 높아지지는 않는다.

노화 과학자들은 히드라와 불사 해파리 같은 생물종에 흥분을 감추지 못한다. 노화 과정을 물리칠 단서가 있으리라 생각하기 때문이다. 하지만 내가 보기에 신체 일부, 심지어 개체 자체를 재생할 수 있다는 특징은 우리보다 나무에 더 가까운 것 같다. 나이를 먹지 않는 것처럼 보이므로 뭔가 매우 흥미로운 것을 알아낼 수 있을지도 모르지만, 그런 소견이 인간의 노화와 얼마나 관련이 있을지는 미지수다. 때때로 생물학은 매우 보편적이다. 가장 기본적인 생명 현상과 관련되는 경우에 특히 그렇다. 하지만 같은 포유동물이며 생물학적으로 우리와 훨씬 가까운 래트나 마우스에서 관찰된 현상조차 인간에게 적용하기 어려운 경우도 있다. 히드라나 해파리에서 단편적으로 관찰된 소견이 우리에게 유용해질 때까지는 오랜 시간이 걸릴지도 모른다.

†

그렇다면 우리와 더 밀접하게 관련된 생물종을 들여다봐야 할까? 포유동물, 적어도 척추동물 같은 것들 말이다. 곤충에서 나무에 이르기까지 관찰되는 것만큼 천차만별은 아니지만, 여기속하는 동물의 수명도 상당히 큰 차이를 보인다. 일부 작은 물고기는 수명이 몇 개월에 불과하지만, 북극고래bowhead whale는 200년을 넘게 살며, 그린란드 상어는 거의 400년을 산다고 추정한다.

포유동물처럼 특정한 범주에 속하는 동물들조차 이처럼 수명이 큰 차이를 보이는 이유는 무엇일까? 몇 가지 전반적인 특징을 단서로 이들에게서 어떤 패턴을 발견할 수 있을까? 과학자들은 오랫동안 그런 경향을 찾고 있다. 특히 물리학자들은 매우이질적인 소견을 하나로 관통하는 일반법칙을 추구한다. 샌타페이 연구소Santa Fe Institute에서 노화를 비롯해 복잡계를 연구하는 제프리 웨스트도 그런 물리학자 중 하나다. 웨스트는 거시적 관점에서 도시와 회사는 물론, 모든 생명체가 어떻게 성장하고 노화하고 사멸하는지 분석한다. 그런 연구의 일환으로 다양한 몸의 크기와 수명에 따라 동물의 특징이 어떻게 변하는지도 탐구한다.[4]

일반적으로 포유동물은 몸이 클수록 수명도 길다. 이 사실은 진화 관점에서 볼 때 합리적이다. 작은 동물은 포식자에게 잡아 먹히기 쉽다. 수명이 아무리 길다 한들, 노화가 일어나기 훨씬 전에 잡아 먹힌다면 아무 소용없다. 하지만 몸의 크기와 수명이 비례하는 더 근본적인 이유는 대사율과 관련이 있다. 일반적으로 대사율은 동물이 생명 기능을 수행하는 데 필요한 에너지를 얻기 위해 먹이라는 형태로 연료를 태우는 속도를 말한다. 작은 포유동물은 크기에 비해 표면적이 넓으므로 열을 더 쉽게 잃는다. 이를 보상하기 위해 더 많은 열을 생산해야 하므로 대사율을 높게 유지해야 하고, 체중에 비해 더 많은 먹이를 먹어야 한다. 동물이 시간당 소모하는 총열량은 몸무게가 늘어나는 것보다 더 천천히 늘어난다. 몸이 열 배 큰 동물이라도 시간당 소모하는 열량은 4~5배에 그친다. 결국 몸무게가 가벼운 동물이 무거운 동물보다 더 많은 열량을 소모한다. 동물의 열량 소모율과 몸무게 사이의 이런 관계를 클라이버 법칙이라고 한다. 1930년대에 동물의 대사율이 몸무게의 3/4제곱에 비례한다는 사실을 밝힌 막스 클라이버의 이름을 딴 것이다. 정확한 비율은 논란이 있으며, 포유동물에서는 몸무게의 2/3제곱이 데이터와 더 잘 맞는다고 주장하는 사람도 있다.

심박수 역시 대사율에 따라 변한다. 햄스터에서 고래에 이르기까지 다양한 크기의 포유동물이 있지만, 어떤 동물이든 평생 심박수는 약 15억 회로 거의 같다. 현재 인간의 평생 심박수는 이 수치의 약 두 배에 이르지만, 그것은 우리의 기대수명이 지난 100년간 두 배 길어졌기 때문이다. 자동차의 수명이 대략 15만 마일(24만 킬로미터)이듯, 포유동물도 심장이 정해진 횟수를 뛰고 나면 죽도록 설계된 것처럼 느껴질 정도다. 웨스트는 15억이라는 숫자가 자동차가 기대수명에 도달할 때까지 엔진이 회전하는 횟수와 거의 같다고 지적하면서, 농담처럼 덧붙인다. "이건 단순한 우연일까, 아니면 노화의 공통 기전과 뭔가 관련이 있을까?"

이런 관계는 수명에 자연적인 한계가 있음을 시사한다. 몸의 크기와 대사율은 일정한 범위 내에서만 변할 수 있기 때문이다. 예컨대 동물은 무한정 커질 수 없다. 자신의 무게에 짓눌리기 때문이다. 모든 세포에 산소를 공급하는 데도 큰 어려움을 겪을 것이다. 먹이를 구하기 위해 움직이려면 대사 속도도 빨라야 한다. 그런데 아무리 작은 동물이라도 실제로 달성할 수 있는 대사 속도에는 생물학적 한계가 있다. 큰 동물이라면 말할 것도 없다. 하지만 일정한 범위 내에서 이런 법칙은 놀랄 정도로 잘 들어맞는다. 제프리 웨스트는 어떤 포유동물의 신체 크기만 알면 비례 법칙을 이용해 먹이 섭취량에서 심박수와 수명에 이르기까지 거의 모든 것을 추정할 수 있다고 장담한다.

놀라운 일이 아닐 수 없다. 물론 평균적인 수치를 말하는 것이지만, 수명의 한계에 관해 민고불변의 법칙이 있다는 것처럼 들리지 않는가? 하지만 지난 세기 인간의 수명이 크게 늘어난 것은 어떻게 설명할 것인가? 웨스트에 따르면 이것은 수명을 어떻게 정의할 것인가에 관한 문제다. 우리는 지난 100년간 기대수명이 거의 두 배 길어졌지만, 최대 수명은 변함없이 120세에 머물러 있다. 그는 여러 가지 증거로 볼 때 노화와 죽음은 살아가면서 생기는 손상과 마모 때문이라고 주장한다. 전체 계system의 무질서도는 항상 증가한다는 엔트로피의 법칙은 계속 무질서와

붕괴를 일으키면서 불멸이라는 꿈을 사정없이 밀어붙인다. 자동차는 부품이 닳으면 새것으로 교체할 수 있지만, 우리는 몸의 구성요소를 새것으로 갈아가며 무한정 생명을 이어갈 수 없다.

†

신체 크기, 대사, 수명 사이에 존재하는 이런 경험법칙은 매우 흥미롭지만, 생물학자들은 예외에 더 흥미를 갖는 경향이 있다. 노화의 근본적인 기전에 대해 뭔가 알 수 있으리라는 희망으로, 시스템을 거스르는 생물종을 연구하는 것이다. 중요한 질문은 '이론적 최대 수명'이 과연 존재하느냐는 것이다. 앞에서 히드라나 해파리처럼 노화하지 않는 것처럼 보이며, 마모된 부분을 끊임없이 교체하는 생물종들을 살펴보았다. 생물학자들도 열역학 제2법칙을 잘 알지만('모든 자연적 과정에서 무질서도, 즉 엔트로피는 시간이 지날수록 증가한다'), 이 법칙이 노화와 죽음에도 포괄적으로 적용된다는 데는 대부분 동의하지 않을 것이다. 살아 있는 생물체는 열역학 제2법칙에서 정의하는 닫힌 시스템이 아니며, 존재하기 위해 끊임없이 에너지가 흘러 들어와야 하기 때문이다. 사실 에너지를 충분히 사용한다면 다락방을 청소하거나 하드디스크를 정리할 때 엔트로피를 감소시킬 수 있다. 대부분의 사람이 그저 그럴 만한 가치가 있다고 느끼지 않을 뿐이다.

따라서 생물학자들은 노화가 불가피하다고 보지 않는다.[5] 그보다 모든 진화는 적합도와 관계가 있다는 데 주목한다. 유전자를 효율적으로 물려주는 능력이 중요하다는 것이다. 오래 산다는 것은 노화가 일어나기 훨씬 전에 잡아 먹히거나, 질병 또는 사고로 죽지 않았을 때만 의미가 있다. 신체 크기가 비슷해도 포식자가 다가왔을 때 멀리 날아가 공격을 피할 수 있는 조류가 육상동물보다 일반적으로 오래 산다. 운 좋게도 포식자를 크게 두려워할 필요가 없는 동물은 오래 살수록 짝을 찾고 자손을 남길 시간이 더 길어진다. 이런 조건이라면 매일 많은 먹이를 구할 필요가 없도록 대사를 늦추는 것은 단순히 오래 살아남을 확률을 높이는 방법일 수 있다. 각각의 경우에 수명은 그저 진화에 의해 각 생물종의 적합도가 어떻게 최적화되었는지를 반영하는 것이다.

스티븐 오스태드는 노화 연구를 이끄는 학자다. 흔치 않은 동물들을 연구하는데, 그것들의 수명은 천차만별이다. 그는 과학자치고 배경이 매우 특이하다. 위대한 미국 소설을 쓰겠다는 포부를 안고 UCLA에서 영문학을 전공했다. 그래서 어떻게 되었냐고 물었더니 뻔한 것 이니냐고 농담을 던졌다. "위대한 미국 소설 따위가 있다는 소리 들어보셨어요?" 졸업 후에는 소설을 쓰는 대신 택시를 몰면서 신문기자로 일하다가, 몇 년간 영화산업계를 위해 사자, 호랑이, 기타 야생 동물을 훈련시키기도 했다. 그때 과학에 흥미를 느끼고 동물 행동을 공부하기 위해 대학으로 돌아갔다. 그리고 왜 동물의 노화 속도가 서로 다른지에 관심을 갖게 되었다.[6]

1991년 그는 대학원생 캐슬린 피셔와 함께 수백 가지 동물종의 수명을 조사했다. 그들은 체중 1킬로그램이라는 역치 아래서는 포유동물의 크기와 수명 사이의 관계가 사라진다는 사실을 발견했다. 생물학자의 본능이 발동한 그들은 비례법칙에서 가장 많이 벗어난 동물종이 무엇인지 연구하면서, 수명지수longevity quotient(LQ)란 개념을 제안했다. 수명지수란 동물종의 평균수명과 비례법칙에 따랐을 때 예측되는 수명의 비율을 말한다.[7] 이런 개념을 이용하면 몸의 크기로 예상한 수명보다 훨씬 길거나 짧게 사는 동물종에 초점을 맞출 수 있다.

알고 보면 인간은 이미 꽤 우수한 축에 든다. 우리의 LQ는 5정도다. 기대수명보다 5배 더 산다는 뜻이다. 우리보다 성적이 좋은 포유동물은 19개 종뿐이다. 18종은 박쥐고, 나머지 하나는 벌거숭이두더지쥐다. 오스태드는 꽤 오랫동안 평균에서 멀리 떨어진 이 동물종들을 연구했다. 그리고 영문학 전공자답게 다채로운 산문으로 그 결과를 기술했다.[8] 그는 도발적인 질문을 던진다. 이렇게 예외적인 동물종이 많은데 왜 노화 연구자들은 LQ가 0.7에 불과한 마우스와 래트만 쳐다볼까? 연구 모델로 특정 동물을 선택하는 데는 많은 이유가 있다. 특히 교배 및 사육이 쉽고, 유전학적 연구를 할 만한 역량이 축적되어 있어야 한다. 우리는 수십 년간 마우스와 래트의 생물학에 대해 엄청난 지식을 쌓았다. 노화 속도는 차이가 있을지라도 노화의 근본적인 기전은 동일할 가능성이 높고, 수명이 짧은 동물을 연구하면 그만큼 실험 속도를 높일 수 있으므로, 노화 과학자들이 서둘러 오스태드의 조언에 따를 것 같지는 않다. 하지만 그런 연구자들이 많아

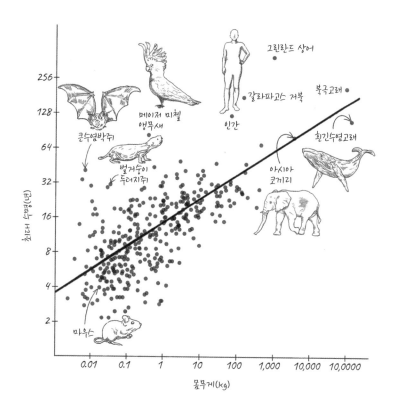

일반적으로 동물의 수명은 몸의 크기에 비례한다. 일반적인 경향을 나타낸 선을 따라 포유동물의 최대 수명 수정치를 표시했다. 메이저 미첼 앵무새, 갈라파고스 거북, 그린란드 상어에 해당하는 점도 따로 표시했다. 데이터는 언에이지(AnAge)에서 인용했다(https://genomics.senescence.info/species/index.html).

져서 이례적으로 오래 사는 특이한 동물들이 어떻게 해서 그토록 노화 속도가 다른 방향으로 진화했는지 밝혀졌으면 한다.

오스태드가 기술한 동물 중 육상 척추동물로서 수명이 가장 긴 것은 갈라파고스 거북 등 코끼리거북류다. 이 녀석들은 200년을 산다. 어쩌면 1831년부터 1836년까지 5년간 영국 해군 군함 비글호HMS Beagle를 타고 항해하면서 다윈이 목격했던 갈라파고스 거북 중 아직도 살아 있는 녀석이 있을지 모른다. 오래 사는 동물답게 이 거북들에게는 암 등의 질병도 놀랄 정도로 드물다. 그러나 이들의 LQ를 측정하기는 쉬운 일이 아니다. 우선 정확한 나이를 알기 어렵다. 개체가 태어나 살아온 과정이 기록으로 남아 있을 리 없고, 흔히 지나치게 과장된다. 더욱 골치 아픈 문제는 거북의 진정한 몸무게가 얼마인지 정하는 것이다. 거북은 보호 작용을 하는 등껍질이 몸무게의 상당 부분을 차지하는데, 이것은 활성 조직이라기보다 우리의 머리카락이나 손톱과 비슷하다. 따라서 다른 동물과 단순 비교하면 잘못된 결론에 도달할 수 있다.

코끼리거북만 오래 사는 것은 아니다. 다양한 거북과 기타 파충류 및 양서류의 생존 데이터를 조사한 두 건의 연구에 따르면 많은 거북과 기타 동물종이 노화 징후를 거의 나타내지 않는다.[9] 생물학자들이 **노화 징후를 거의 나타내지 않는다**고 할 때는 사망률이 거의 또는 전혀 늘지 않는다는 뜻이다. 흔히 '영원한 삶'을 의미한다고 해석되지만, 그건 약간 부적절한 생각이다. 정확한 의미는 사망률, 즉 사망 가능성이 나이에 비례해 높아지지 않는다는 뜻이다.

1825년 독학으로 수학자가 된 영국의 벤저민 곰퍼츠는 사망률과 연령 사이의 관계를 연구했다. 보험회사의 의뢰로 수행된 연구였으므로 당연히 보험 상품을 구입하려는 사람이 언제 죽을 것인지에 초점을 맞추었다. 사망 기록을 광범위하게 조사한 결과 그는 20세 후반부터 사망 위험이 매년 지수적으로 증가한다는 사실을 알아냈다. 사망 위험은 대략 7년마다 두 배가 되었다. 25세인 사람이 다음 1년 사이에 사망할 확률은 0.1퍼센트에 불과하다. 그러나 이 수치는 60세에 1퍼센트, 80세에는 6퍼센트, 100세가 되면 16퍼센트로 뛰어오른다. 108세가 된 사람이 1년을 더 살 수 있을 가능성은 50퍼센트밖에 안 된다.[10]

노화의 징후를 거의 나타내지 않는다는 말은 사망 가능성이 연령에 따라 지수적으로 증가하는 것이 아니라 거의 일정하다는 뜻으로, 곰퍼츠의 법칙에 맞지 않는다. 하지만 노화의 징후가 거의 나타나지 않는다고 해도 여전히 감염이나 사고로 죽을 수는 있으며, 그와 별개로 매년 연령 관련 질병으로 죽을 가능성 또한 존재한다. 노화는 연령에 따라 사망률이 늘어나는 것만 관련이 있는 것이 아니다. 동물의 생리학적 기능도 크게 달라진다. 오래 산 거북들은 뚜렷한 노화 징후를 드러낸다.[11] 백내장이 생기거나, 사람이 손으로 먹여줘야 할 정도로 쇠약해지는 것이다. 이들 역시 나이를 먹는다. 그저 속도가 느릴 뿐이다.

게다가 거북은 생물학적 시간이 매우 다르다. 삶의 모든 것이 느리게 진행된다. 거북은 온혈 포유동물이 아니다. 움직임도 느리고 번식 속도도 느리다. 야생에서는 사춘기에 도달하는 데 수십 년이 걸리는 경우도 많다. 심장은 10초에 한 번씩 뛰며, 호흡도 느리다. 시간적으로는 오래 살지만, 수명에 관한 대사율 이론에서 벗어나지 않는다.

물속 생물 중에도 큰철갑상어나 그린란드 상어 등 오래 사는 종이 있다. 이들도 거북처럼 전혀 서두르지 않는다. 그린란드 상어가 헤엄치는 속도는 8세 어린이가 걷는 속도보다 느리다. 따라서 포식자라기보다 청소부 역할을 한다. 그린란드 상어보다 더 특이한 동물은 북극고래다. 수염고래의 일종으로 차디찬 북극의 바다에서 살지만, 엄연히 온혈 포유류다. 심부체온은 대부분의 포유동물보다 불과 몇 도 낮을 뿐이다. 게다가 과거에 추정했던 것보다 세 배나 많이 먹는다. 대사율이 예상보다 세 배나 높다는 뜻이다. 이런 동물이 어떻게 250년이나 사는지는 여전히 수수께끼다.

그린란드 상어와 북극고래는 대형 수생 척추동물이지만 훨씬 작은 육상동물 중에도 평균을 멀찍이 벗어난 것들이 있다. 메이저 미첼 앵무새는 특히 흥미롭다. 몸은 하얗고 얼굴은 분홍색이며, 볏은 밝고 강렬한 빨강과 노랑이 어우러져 이글거리는 태양을 연상시키는 이 새는 동물원에서 83년을 살았다는 기록이 있다. 인간도 83세까지 사는 경우는 많지만, 이 앵무새는 우리보다 훨씬 작다. 몸의 크기, 대사율, 수명 사이의 일반 법칙에 전혀 맞지 않는다.

포유동물에서 몸무게와 수명 사이의 관계가 1킬로그램 미만에서는 사라진다고 한 것을 기억하는가? 대부분 박쥐 때문이다. 박쥐는 메이저 미첼 앵무새처럼 오래 살지는 않지만, 비슷한 크기의 날지 못하는 포유동물보다 오래 산다.[12] 진화 이론으로 예측한 것과 정확히 일치한다. 날 수 있으면 포식자를 비교적 쉽게 따돌릴 수 있다. 또한 박쥐는 동굴에 살지 않는 동물보다 거의 5년을 더 산다. 동굴 속에 거꾸로 매달려 사는 덕에 포식자의 접근이 한층 어렵기 때문이다. 가장 오래 사는 종은 큰수염박쥐다. 갈색을 띤 이 박쥐는 한 손으로 움켜잡을 수 있을 정도로 작다. 식별 밴드를 부착한 수컷 한 마리가 41년 뒤에 야생 상태로 다시 포획된 기록이 있다. 오스태드는 이 박쥐의 LQ가 약 10으로 모든 포유동물 중에서 가장 높으며, 인간의 약 두 배에 이른다고 추정한다.[13]

박쥐가 오래 사는 또 다른 이유는 긴 동면 중 대사 속도를 늦추기 때문이라고 생각한다. 동면하는 박쥐는 평균 6년을 더 산다. 하지만 동면하지 않는 박쥐도 크기에 비해 훨씬 오래 살므로 대사율이 장수의 유일한 이유가 아님은 분명하다.[14] 노화를 막아주는 특별한 기전이 있을 가능성이 높다.[15]

기록상 가장 오래 산 큰수염박쥐가 수컷이라는 점은 흥미롭다. 분명 인간과 다르다. 오스태드는 암컷 박쥐가 수컷보다 원래 잽싸게 날지 못하는 데다 새끼를 배면 몸무게의 4분의 1이 넘는 무게가 더해지기 때문에 포식자에게 더 많이 잡아 먹힐 것이라고 추정한다. 또한 암컷은 새끼를 먹이기 위해 훨씬 많은 에너지가 필요하다.

마지막으로 눈에 띌 정도로 추하게 생긴 데다, 털이라고는 거의 찾아볼 수 없는 설치류를 언급하지 않는다면 장수 동물에 대해 제대로 논의했다고 할 수 없을 것이다. 노화 연구계의 마스코트 격인 벌거숭이두더지쥐다. 동아프리카 적도 지역 토착 설치

류인 벌거숭이두더지쥐는 이름과 달리 두더지도 쥐도 아니다. 몸의 크기는 생쥐와 거의 같지만, 생쥐의 수명이 2년 남짓인 반면 벌거숭이두더지쥐는 30년을 넘게 살 수 있다. LQ로 따지면 6.7이다. 큰수염박쥐만은 못하지만 날지 않는 육상 포유류 중 단연 으뜸이다. 어떻게 그렇게 오래 살까?

일리노이 대학 시카고 캠퍼스의 로셸 부펜슈타인은 벌거숭이두더지쥐의 노화생물학을 이해하기 위해 어느 누구보다 많은 연구를 했을 것이다.[16] 그녀를 비롯한 많은 학자들의 노력으로 벌거숭이두더지쥐가 몇 안 되는 진眞사회성 포유동물 중 하나임이 밝혀졌다. 녀석들은 여왕을 중심으로 땅속에서 군집을 이루고 산다. 개미와 비슷하다. 이미 예상한 사람도 있겠지만 대사율이 매우 낮으며, 생쥐나 사람 같으면 살 수 없을 정도로 낮은 산소 농도에서도 견딘다. 야생 상태에서 벌거숭이두더지쥐 여왕은 수명이 17년에 이르러 2~3년밖에 못 사는 일꾼들보다 훨씬 오래 산다. 하지만 편안하고 먹을 것이 풍부한 데다, 건강을 돌봐주고 포식자가 없는 실험실 환경에서는 수명 차이가 그 정도로 두드러지지는 않는다.

놀랄 일도 아니지만 벌거숭이두더지쥐는 나이에 관계없이 암 저항성이 매우 높다. 역시 마우스와 크게 다른 점이다. 놀라운 사실은 부펜슈타인 연구팀에서 동물에게 암을 유도하는 표준 기법을 사용해 벌거숭이두더지쥐의 피부 세포에서 암을 유발하려고 했지만 실패했다는 점이다. 그들의 2010년 연구에 따르면 벌거숭이두더지쥐의 세포는 암세포로 변해 증식하는 대신 말기 상태에 접어들어 그대로 소멸했다.[17] 발암 유전자에 대한 반응이 매우 다른 것이다.

한층 놀라운 뉴스도 있다. 벌거숭이두더지쥐는 곰퍼츠 법칙을 거스른다.[18] 나이가 들어도 죽을 위험이 높아지지 않는 것 같다. 이런 소견이 보고되자 대중매체와 과학 저널 할 것 없이 노화를 막으려는 인간의 노력에 엄청난 돌파구가 마련되었다고 대서특필했다. 벌거숭이두더지쥐는 그 어떤 동물보다 매체에 많이 오르내린 동물이 되었다. 일부 과학자는 이런 반응이 지나치다고 지적하면서, 벌거숭이두더지쥐도 몸 크기로 예상한 것보다 더 느릴 뿐 노화하지 않는 것은 아니라고 강조했다.[19] 오래 산 거북과 마찬가지로 이들 역시 피부가 얇아지고 탄력성이 떨어져 양피지처럼 변한 것을 비롯해 근육량이 감소하고 백내장이 생기는 등 노화 징후를 나타냈다.[20] 어렵지 않게 스스로를 재생하는 히드라나 불사 해파리와는 다르다. 그렇더라도 특이할 정도로 오래 사는 포유동물로서 인간의 노화 과정을 이해하는 데 중요한 단서를 제공할 수 있을 것이다.

✝

이제 특이할 정도로 오래 사는 동물종을 잠시 한쪽에 밀어두고 우리가 가장 관심 있는 종에 초점을 맞춰보자. 바로 인간이다. 가장 중요한 질문은 이렇다. 도대체 인간은 얼마나 오래 살 수 있을까? 한계가 정해져 있는가, 아니면 변하는가?

인간이 살아온 대부분의 기간 동안 기대수명은 30세를 조금 넘는 정도였다. 하지만 오늘날 선진국에서 인간의 수명은 80대 중반에 진입했다. 가난한 국가라 해도 오늘날 출생하는 아기는 가장 부유한 국가의 할아버지 세대보다 더 오래 살 것이다. 과학 저술가 스티븐 존슨은 우리 각자가 완전히 삶을 한 번 더 얻는 것과 같다고 주장한다.[21]

기대수명이란 출생 시 기대수명, 즉 현재의 사망률이 그대로 유지되었을 때 갓 태어난 신생아가 평균 몇 년을 살지를 의미한다. 쉽게 예상할 수 있듯 이 수치는 유아 사망률에 따라 크게 달라진다. 기대수명이 40세에 불과했던 19세기에도 일단 성인 연령에 도달하면 60세를 넘길 가능성이 상당히 높았다. 기대수명이 늘어난 것은 대부분 의학 분야의 혁명적인 진보 때문이 아니라 공중보건이 향상된 덕이다. 존슨은 기대수명 연장에 가장 크게 기여한 세 가지 요소로 현대적 위생과 백신(두 가지 모두 감염병의 확산을 막아주었다), 화학비료를 꼽는다. 그 밖에도 중요한 혁신으로 항생제, 수혈(사고 및 수술 시 생명을 살리는 데 결정적이다), 염소처리와 저온 살균법에 의한 음식과 물의 멸균을 들 수 있다.

화학비료를 포함시킨 데 대해 놀라는 사람도 있겠지만, 지금처럼 어디서나 쉽게 음식을 구할 수 있게 되기 전까지(물론 이런 변화는 비만, 당뇨병, 심혈관질환 등의 문제를 일으키긴 했지만) 인간은 생존에 필요한 음식을 구하기 위해 끊임없이 애써야 했다. 화학비료에는 질소화합물이 들어 있어 농산물 생산량을 몇 곱절 늘려주었다. 1918년 프리츠 하버는 공기 중의 질소를 화학적으로 포집하는 방법을 발견한 공로로 노벨상을 수상했다. 이 기술 덕에 인류는 손쉽게 화학비료를 합성할 수 있었고, 이후 세계 인구는 갑절로 늘었다.[22] 흥미롭게도 우리 몸속에 존재하는 질소 원자 중 거의 절반은 대기 중 질소를 암모니아로 변환하는 하버-보슈Haber-Bosch 고압증기실에서 화학비료가 되었다가 음식을 통해 몸에 들어온 것이다.

하버는 비극적인 삶을 살았다. 독일계 유대인이었던 그는 제1차 세계대전 중 독일에 열렬한 충성을 바쳤다. 독일군은 칠레에서 질산염을 수입했는데, 연합군의 전시 봉쇄로 인해 그 길이 막혔다. 하지만 질소를 고정해 암모니아를 생산하는 하버의 방법 덕분에 독일은 독자적으로 폭약을 생산해 전쟁을 길게 끌어갔다. 또한 그는 연합군을 상대로 화학전을 개시한 혐의를 받아 전쟁이 끝난 후 전범으로 고발되기도 했다. 그러나 그가 유대인이라는 사실 앞에서 독일에 대한 충성은 아무 소용이 없었다. 1933년 나치가 집권하자 그는 세계적인 과학자이자 베를린의 명망 있는 연구소 소장이었음에도 독일에서 탈출해야만 했다. 잠시 영국에 체류했다가 현재 이스라엘 땅인 레호보트로 떠났으나, 여행 중 심부전으로 스위스 바젤의 한 호텔에서 세상을 떠났다.

다시 기대수명으로 돌아가보자. 감염병을 예방할 수 있게 되자 유아 사망률이 크게 감소했다. 현재 유아 사망률은 선진국에서 1퍼센트 수준까지 떨어졌으며, 전 세계적으로도 3~4퍼센트에 불과하다. 유아기를 제외해도 노화곡선 전체에 걸쳐 발전적 변화가 일어났다. 안전성을 높이기 위한 공중보건 조치, 금연 관련 법규, 심혈관질환과 암 등 생명을 위협하는 질병에 대한 치료법의 발달로 인해 기대수명은 60세를 넘어 느리지만 꾸준히 늘어났다. 이런 현상은 언제까지 계속될까? 인류의 기대수명은 무한정 늘어날까?

스스로의 유한성을 자각한 뒤로, 우리는 우리의 수명에 고정된 한계가 있는지 항상 궁금해했다. 과학자들 역시 확실히 답하지 못한다.

일리노이 대학 시카고 캠퍼스의 제이 올샨스키는 한계가 있다고 믿는다. 그는 암, 심장병, 기타 흔한 사망 원인을 해결할 수 있다면 얼마나 이익이 될지 조사했다. 통계적 계산을 근거로 기대수명이 크게 늘어나려면 모든 원인을 합친 사망률을 55퍼센트 줄여야 하며, 고령층에서는 훨씬 많이 줄여야 한다. 그의 연구팀은 평균 기대수명이 85세를 넘지 못할 가능성이 높으며, 오늘날 살아 있는 모든 사람이 죽을 때까지는 100세를 넘기 힘들다고 내다보았다.[23] 모든 암을 완치해도 수명은 평균 4~5년 늘어나는 데 그친다는 것이다.

대척점에 서 있는 사람이 고故 제임스 보펠이다. 그는 수명이 매우 탄력적이라고 주장했다. 진화 이론이 모두 옳다면 자연 상태에서 우리의 최대 수명은 삶에 적응해야 하므로 30~40세를 크게 벗어나기 어려울 것이다. 하지만 기대수명은 이미 두 배 이상 늘었다. 더욱이 일부 거북, 파충류, 물고기 등 특정 동물종은 아마도 신체가 커지면서 굶주림, 포식자, 질병에 더 잘 대처하게 된 덕분에 실제로 사망률이 떨어졌고, 계속 그 수준을 유지하고 있다. 결국 노화란 불가피한 현상이 아니다.[24]

보펠이 올샨스키의 관찰을 "권위로 밀어붙여 근근이 유지하는 유해한 신념"[25]이라고 공격하면서 그가 참여하는 어떤 학회에도 나가지 않겠다고 선언하자, 양쪽 진영의 의견차는 일종의 과학적 혈투로 번졌다.[26] 올샨스키는 올샨스키대로 오로지 통계에만 의존하는 인구통계학자들은 생물학에 무지한 인간들이라고 받아쳤다. 그의 말마따나 영장류의 수명을 분석한 결과는 인간의 노화 속도를 늦추는 데 생물학적 한계가 존재함을 시사한다.[27]

물론 출생 시 기대수명은 가능한 최대 수명과는 다르다. 우리는 대개 평균보다 최대치에 관심이 있다. 이론적으로 몇 살까지 살 수 있는지 알고 싶은 것이다. 대부분의 문화권에는 수백 년간 살았다는 예언자나 현자에 대한 기록이 있다. 서구 문화권에서 므두셀라란 이름은 장수와 동의어다. 그는 성경에 나오는 예언지로 800살까지 살았다고 전해진다(창세기에는 187세에 아들 라멕을 낳고 782년을 더 살다가 969세에 죽은 것으로 되어 있다 – 옮긴이). 보다 최근의 예로 영국의 톰 파Tom Parr라는 사람은 1635년 사망 당시 152세였다는 설이 있었지만, 완전히 잘못된 기록임이 드러났다. 대부분의 사람은 어린 시절을 가장 잘 기억하는 데 반해, '올드 톰'은 젊은 시절을 전혀 기억하지 못했다.[28]

믿을 만한 기록이 남아 있는 사람으로는 1997년 122세로 세상을 떠난 잔 칼망이 있다. 그녀는 고흐가 생의 마지막 시기를 보냈던 남프랑스의 소도시 아를에서 살았다. 실제로 삶의 온갖 문제를 안고 있던 고흐를 10대 시절에 만나기도 했다. "매우 못생기고, 불친절하며, 무례하고, 늘 아팠다"라고 묘사하긴 했지만. 칼망은 예리한 유머감각이 있었던 모양이다. 나이가 들수록 생일을 맞을 때마다 점점 많은 기자들이 모여들었다. 한 기자가 떠나면서 "내년에도 다시 뵙겠지요, 어쩌면"이라고 인사를 건네자 이렇게 쏘아붙였다. "왜 안 되겠어! 내가 보기에 자네는 아직 쌩쌩한걸."[29]

칼망은 평생 아주 건강했다. 100세가 되어서도 자전거를 탈 정도였다. 유전 외에 어떤 요인 덕분에 그렇게 오래 살 수 있었는지는 알기 어렵다. 그녀는 생애 마지막 5년을 빼고는 줄곧 담배를 피웠다. 흡연은 그녀의 생활방식 중에 절대 따라 해서는 안 될 부분이지만, 매주 초콜릿을 1킬로그램 정도 먹는 습관은 많은 사람이 따르고픈 유혹을 느낄 것이다. 칼망이 생애 후반까지 신체적 건강을 유지했다는 점은 놀랍지만, 그렇다고 노화를 겪지 않은 것은 아니다. 예컨대 만년에 접어들어서는 상당히 오랫동안 시력과 청력을 잃은 상태로 지냈다.

칼망은 기록 보유자일 뿐 아니라, 거의 150년 전인 1875년에 태어났다. 항생제를 비롯해 현대의학의 혁신들이 일어나기 전에 태어난 사람이 그토록 오래 살았다는 것은 기적에 가깝다. 그 뒤로 놀라운 발전이 있었다고 해서, 오늘날의 인간이 훨씬 오래 살 수 있을까?

수년 전 뉴욕시 알버트 아인슈타인 의과대학의 얀 비지 연구팀은 몇몇 국가의 인구통계 데이터를 분석해 연령군별 인구변동을 조사했다. 기대수명이 늘면서 인구가 가장 빨리 늘어나는 집단은 대개 가장 높은 연령군이었다. 이전보다 훨씬 많은 사람이 기준 연령을 넘어 그 연령군에 편입되기 때문이다. 예컨대 1920년대 프랑스에서는 85세 여성군이 가장 빨리 늘어나는 집단이었지만, 1990년대 들어서는 102세 연령군이 가장 빨리 늘어났다. 앞으로는 이런 추세가 더 높은 연령군으로 이동할까? 하지만 이 연구에 따르면 생존율 개선 효과는 100세가 지나면 감소하며, 가장 나이가 많은 사람의 연령은 1990년대 이후 전혀 늘지 않았다. 비지는 인간 수명의 자연적 한계를 115세 정도로 예상했다.[30] 잔 칼망처럼 때때로 평균을 훨씬 벗어나는 사람도 있지만, 비지의 계산에 따르면 특정 연도에 125세를 넘는 사람이 존재할 확률은 1만분의 1 미만이다.

그의 결론은 몇 년 뒤 이탈리아에서 수행된 연구에 의해 반박되었다. 2009년에서 2015년 사이에 105세에 도달한 남녀의 기록을 조사한 이 연구에서는 사망률이 105세 이후에 정체되는 것으로 나타나 곰퍼츠 법칙에 들어맞지 않는 것 같았다. 연구자들은 수명의 한계가 "있다고 해도, 아직 거기에 도달하지 않았다"[31]라고 했다. 비지 연구의 저자 중 한 명이 다시 반박하고 나섰다.[32] 사망 확률이 생애 대부분의 기간 동안 지수적으로 증가한 후 극히 고령에 이르러 정체된다는 결론은 좀 억지스럽다고 느꼈던 것이다. 다른 연구자들도 연구 대상자 대부분이 곰퍼츠 법칙에 잘 들어맞으며, 정체 현상이 관찰된 것은 사망률 데이터의 5퍼센트 미만에 불과하다고 지적했다.[33] 사망률이 실제로 105세 이후에 정체기에 도달한다고 해도, 대단한 생의학적 진보가 이루어지지 않는 한 누군가 잔 칼망이 도달한 122세를 훨씬 넘겨서까지 살 가능성은 거의 없다고도 주장했다. 이것은 통계적 문제다. 오늘날의 사망률로 본다면 105세가 지나면 1년 더 생존할 가능성은 매년 50퍼센트에 불과하다. 잔 칼망의 122세 기록을 깰 확률은 열일곱 번 동전을 던져 한 번도 빠짐없이 앞면이 나올 확률과 같다. 대략 13만분의 1 정도 된다.

최근 데이터는 비지와 올샨스키를 비롯해 최대 수명의 한계가 있다고 믿는 쪽을 지지한다. 연간 기대수명 증가 속도는 지난 150년간 꾸준히 증가한 끝에 2011년 전후로 느려지기 시작해 그 전 수십 년과 비교가 안 될 정도로 떨어졌다가, 2015~2019년에 정체기를 맞은 후 코로나 팬데믹으로 인해 급격히 감소했다.[34] 이번 팬데믹은 1918~1919년 세계적으로 약 5000만 명의 사망자를 냈다고 추정되는 독감 유행과 마찬가지로 예외적인 상황이다. 하지만 우리는 팬데믹 전에도 수년간 아무런 진전을 보지 못했다. 이유는 분명치 않다. 어쩌면 비만이 갈수록 유행하면서 제2형 당뇨병이나 심혈관질환 등의 질병이 계속 늘었기 때문일지 모른다. 사람들이 점점 오래 살면서 알츠하이머병과 기타 신경변성 질환으로 사망하는 비율이 계속 늘고 있으며, 아직까지 뚜렷한 치료 방법이 없는 실정이기도 하다.

어찌되었든 100세까지 사는 사람은 계속 늘고 있지만, 칼망이 사망한 후 25년간 122세란 기록을 깬 사람은 아무도 없다. 그다음으로 장수한 사람은 다나카 카네라는 일본 여성으로 2022년 119세로 세상을 떠났다. 이 글을 쓰는 시점을 기준으로 세계 최고령자는 116세인 스페인의 마리아 브라니아스 모레라이다.[35] 이렇게 극히 오래 산 사람들의 눈에 띄는 특징은 모두 여성이라는 점이다. 분만으로 인한 사망률이 크게 감소한 현재, 여성의 기대수명은 거의 모든 나라에서 남성보다 높다.

가까운 시일 내에 칼망의 기록을 깰 사람은 없다고 해도, 왜 어떤 사람은 그렇게까지 오래 사느냐는 질문은 여전히 흥미롭다. 뉴잉글랜드 백세인 연구Centenarian Study를 이끄는 토머스 펄스는 수십 년간 100세 넘게 산 사람들을 조사하고 있다. 노화 전문의로서 환자들을 통해 매일 노화의 현실을 마주하는 그는 백세인들의 건강력, 개인 습관, 생활 스타일, 가족력과 유전적 요소를 조사한다. 한 대규모 연구에서 펄스는 백세인들이 세 가지 범주 중 하나에 속한다고 결론 내렸다. 약 38퍼센트는 80세 이전에 한 가지 이상의 연령 관련 질병으로 진단받았다. 그는 이들을 생존자Survivors라고 부른다. 또 다른 43퍼센트는 지연자Delayers, 즉 80세 이후에 그런 질병을 진단받은 사람들이다. 마지막 범주는 회피자Escapers로, 100세가 될 때까지 가장 흔한 연령 관련 질병 열 가지 중 한 가지도 진단받지 않은 19퍼센트를 가리킨다. 사실 백세인의 약 절반이 피부암을 제외한 암, 심장병, 뇌졸중에 걸리지 않고 100세 생일을 맞는다.[36] 놀라운 일이 아닐 수 없다.

펄스에 따르면 백세인들은 대개 90세 초중반까지 독립성을 유지한다. 105세가 넘게 사는 사람들은 100세까지도 독립적으로 산다. 따라서 백세인들은 노년에 흔히 생기는 질병을 오랫동안 앓지 않고, 대부분의 사람보다 더 길게 건강을 유지한 덕에 그토록 오래 사는 것 같다. 또한 펄스는 100~103세까지 사는 사람들은 분명 늘었으며 이는 지난 수십 년간 이루어진 의학의 발달과 생활 스타일의 개선 덕일 가능성이 높지만, 그보다 더 오래 사는 사람은 늘지 않았으며 이는 아마 그 정도까지 오래 사는 데는 유전이 중요한 역할을 하기 때문일 것이라고 내게 말했다. 우리의 수명에 자연적인 한계가 있다는 올샨스키의 관점에 동의하는 것이다.[37]

현재 펄스를 비롯한 연구자들은 백세인의 게놈을 분석하고 있다. 또한 나이가 들면서 DNA에 축적되는 변화를 연구할 계획이다. 이런 연구들을 통해 매우 오래 사는 사람들의 근본적인 생물학이 밝혀지면 모두에게 큰 도움이 될 것이다. 지금까지 알아낸 것을 근거로 펄스는 livingto100.com이라는 웹사이트를 열었다. 여기서는 방문자에게 몇 가지 질문을 한 후, 추정 수명을 알려주고 더 오래 살기 위한 방법을 제안하기도 한다. 몇 가지 사실에 놀랄 사람도 있을 것이다. 예컨대 커피보다 차를 권한다든지, 철분 섭취량을 줄이라든지(철분은 종합비타민제에 들어 있는 경우가 많다), 규칙적으로 치실을 사용하라는 것 등이다. 하지만 웹사이트에서 제안하는 많은 것이 이미 익숙하다. 건강한 음식을 골라 적당한 양을 먹고 패스트푸드와 가공육과 지나친 탄수화물 섭취를 피할 것, 규칙적으로 운동하고 적정 체중을 유지할 것, 충분한 수면을 취할 것, 스트레스를 피할 것, 활발한 정신활동을 유지할 것, 낙관적인 전망을 가질 것 등은 모를 사람이 없을 것이다. 당뇨병에 걸리지 않고, 가까운 가족 중에 90세 넘게 산 사람이 있으면 큰 도움이 된다. 97세인 내 아버지는 아직까지도 당신 옷을 직접 빨고, 장을 보러 다니며, 복잡한 인도 음식은 물론 아이스크림도 직접 만들어 드시므로 나도 운 좋은 측에 들 것으로 본다.

인간의 수명에 제한이 있느냐를 둘러싼 논쟁 때문에 유명한 내기가 벌어지기도 했다. 2001년 열린 학회에서 한 기자가 스티븐 오스태드에게 언제쯤 150세를 넘는 사람이 나올지 물었다. 아무도 위험을 감수하지 않으려는 분위기였지만 오스태드는 퉁명스럽게 내뱉었다. "내 생각에 지금 살아 있는 사람들 중에서 나올 것 같소." 수명이 어느 정도 이상 늘어날 수 있다는 데 여전히 회의적이었던 올샨스키는 이 기사를 읽고 오스태드에게 전화해 우정 어린 내기를 제안했다. 승패가 가려지기 전에 두 사람다 죽을 가능성이 높으므로 어쩌면 안전한 내기라고 생각할 사람도 있을지 모르지만, 그들은 그것까지 고려했다. 150년간 각자 150달러씩 펀드에 넣기로 한 것이다. 오스태드가 지적했듯 멋진 대칭을 이룬 내기다. 올샨스키가 어림잡은 바로는 150년간 150달러를 예치한다면 승자 또는 승자의 후손이 받을 금액은 5억 달러에 이른다. 그 뒤로 10년이 넘도록 아직까지 잔 칼망의 나이에 가까워진 사람도 없지만, 두 사람 모두 여전히 자신만만하다. 사실 너무 자신만만한 나머지 판돈을 두 배로 올려 150달러를 더 넣기로 했다. 150년 후 총액은 10억 달러가 될 것이다. 그때 10억 달러로 무엇을 살 수 있을지는 알 수 없지만 말이다.[38]

오스태드는 왜 이런 내기를 했을까? 암, 뇌졸중, 치매 등 고령 관련 질병의 치료가 점점 개선되고 있다는 이유만으로 장차 사람들이 칼망보다 30년이나 더 살 것이라고 믿는 것 같지는 않다. 사실 그 점에 대해서라면 올샨스키와 의견이 일치한다. 오스태드는 그보다 노화에 관한 연구가 판도를 완전히 뒤바꿀 의학적 혁신을 이루어내리라 믿는 쪽이다. 과학자들의 의견이 갈리는 주된 지점은 이런 혁신이 얼마나 빨리 일어날 것인가에 있다.

지금까지 진화 이론을 통해 왜 애초에 죽음이란 것이 존재하는지, 진화에 의한 적합도 최적화가 어떻게 생물종의 수명을 그토록 다양하게 만들었는지 알아보았다. 또한 인간의 수명에 생물학적 한계가 있는지도 생각해보았다. 하지만 이런 이론들은 어떻게 노화가 일어나는지, 그리고 어떻게 죽음으로 이어지는지를 설명해주지는 않는다.

노화와 죽음을 정복하려는 시도는 까마득히 오래전부터 이어졌지만, 지난 50년간 현대 생물학이 거둔 성과에 의해 이제 우리는 나이가 들 때 몸속에서 정확히 어떤 일이 일어나는지에 대해 훨씬 많은 것을 안다. 앞서 언급했듯, 노화란 다양한 원인에 의해 분자, 세포, 조직이 입은 손상이 축적되어 점점 쇠약해지고 결국 죽음을 맞는 현상이다. 늙어가는 몸속에서는 너무나 많은 변화가 일어나기 때문에 정확히 무엇이 노화를 일으키며 무엇이 그 결과인지 구분하기가 쉽지 않다. 하지만 과학자들은 노화의 몇 가지 특징적인 현상에 주목한다.[39] 노화의 특징이라고 하려면 세 가지 요소를 갖추어야 한다. 첫째, 늙어가는 몸에 나타나야 한다. 둘째, 그 특징이 늘어날수록 노화가 빨라져야 한다. 셋째, 그 특징을 감소시키거나 없애면 노화가 늦어져야 한다.

이런 특징은 분자에서 세포와 조직을 거쳐 몸이라는 상호 연결된 시스템에 이르기까지 모든 수준에 존재한다. 어떤 특징도 고립되어 나타나지 않는다. 모두 영향을 주고받는다. 따라서 노화는 단 하나 또는 몇 가지의 독립적 원인을 갖는 것이 아니라, 매우 섬세하고 상호 연결된 과정이다.

그 의미를 가장 쉽게 알아보려면 복잡성의 가장 기본적인 단계에서 시작해야 할 것이다. 세포의 궁극적인 사령탑이자 통제 센터인 분자로 가보자.

3장

주 제어기의
파괴

인도 남부의 고대 유적지 함피Hampi는 북적거리는 대도시인 런던과 현저한 대조를 이룬다. 이 장대한 도시는 1천 년 이상 명맥을 유지했으며 전성기인 16세기 초에는 전 세계에서 베이징 다음으로 부유했다. 하지만 이제는 가장 가까운 기차역에서 약 25킬로미터 떨어진 곳에 잘 보존된 화강암 유적으로만 존재한다. 한때 북적거렸을 시장과 섬세하게 장식된 사원이며 궁전에 살아 돌아다니는 것이라곤 카메라를 멘 관광객들뿐이다. 이 도시도 한때는 런던 못지않았다. 제국의 수도이자 무역과 문화의 중심지로 번영을 구가했다. 런던에 있을 때 나는 런던이 지상에 존재하지 않는 날이 오리라고는 상상조차 할 수 없다. 함피 사람들도 틀림없이 그랬을 것이다. 이런 상상력의 빈곤은 자신이라는 개별적 존재에게도 확장된다. 언젠가는 나이가 들고 죽으리라는 것을 알면서도, 말기 질환에 시달리지 않는 한 우리는 모두 불멸의 존재인 것처럼 일상을 살아간다.

그토록 번영했던 함피 같은 도시가 어떻게 조각조각 무너져 더 이상 존재하지 않게 되었을까? 역사를 살펴보면 사회는 민중 소요나 전쟁으로 인해 정부가 통제를 잃고 법과 질서가 무너질 때 가장 빨리 사라진다. 생물도 그렇다. 통제와 조절 기능을 잃으면 부패하고 죽음을 맞는다. 세포도, 생물체도 마찬가지다.

정부가 다스리는 기능적 사회와는 달리, 세포 속에는 수많은 구성 요소가 맡은 바 일을 제대로 하는지 감독하는 중앙관청이 없다. 그렇다면 지휘 통제센터에 준하는 것이라도 있어야 하지 않을까? 가장 가까운 것은 유전자일 것이다. DNA에 간직된 유전 정보와 그것이 시간이 지나면서 변질되는 과정이야말로 노화와 죽음을 이해하는 데 가장 중요하다.

19세기 후반까지 우리는 유전자란 것이 있는지조차 몰랐다. 대부분의 사람은 유전자란 부모로부터 물려받아 자식에게 물려주는 특성이라고 생각한다. 좋은 유전자는 긍정적인 특성으로 나타나고, 나쁜 유전자는 질병이나 장애를 일으킨다고 생각하는 사람도 있을 것이다. 하지만 유전자는 정보의 단위라고 보는 것이 더 올바른 생각이다. 유전자 속에는 생명체를 어떻게 재생산하고 형질들을 물려줄 것인지에 관한 정보뿐 아니라, 어떻게 단 한 개의 세포에서 출발해 생명체 전체를 만들고 계속 기능을 유지할 것인지에 대한 정보도 들어 있다.

유전자에 기록된 가장 중요한 정보는 단백질을 만드는 방법에 관한 것들이다. 보통 단백질이라고 하면 음식의 필수영양소를 떠올리며, 근육을 만드는 데 쓰인다고 생각한다. 사실 몸속에는 헤아릴 수 없이 많은 단백질이 있다. 단백질은 신체 형태를 구성하고 힘을 부여할 뿐 아니라, 생명을 유지하는 데 필요한 대부분의 화학반응을 수행한다. 세포 안팎으로 드나드는 온갖 분자의 흐름을 조절하기도 한다. 단백질 덕분에 세포는 서로 소통할 수 있다. 우리도 마찬가지다. 단백질 덕분에 빛과 냄새와 촉감과 열을 느낀다. 신경계가 신호를 전달하고 심지어 뭔가를 기억하는 것도 단백질 덕분이다. 감염과 싸우는 항체도 단백질이다. 세포는 단백질을 이용해 지방, 탄수화물, 비타민, 호르몬 등 필요한 모든 분자를 만들며, 결국 다시 유전자를 만들어 거대한 순환을 완성한다. 단백질은 어디에나 있다. 그리고 모든 단백질은 유전자에 기록된 지침에 따라 만들어진다.

정확히 어떻게 유전 정보가 저장되고 사용되는지는 비교적 최근까지 거대한 수수께끼였다. 1940년대까지도 과학자들은 유전자의 분자적 본질을 이해하지 못했다. 오늘날 우리는 인간 유전자가 DNA 속에 들어 있음을 안다.[1] DNA는 기다란 두 가닥의 사슬이 서로를 감싸고 돌며 이중나선 구조를 이루는 분자다. 디옥시리보스라는 당과 인산염이 번갈아가며 늘어서 각 DNA 가닥의 골격을 이룬다. 그것이 전부라면 DNA는 폴리에틸렌이나 다른 플라스틱처럼 그저 반복중합체에 불과해 정보를 전달할 수 없을 것이다. 하지만 DNA 골격을 구성하는 각각의 당 분자는 염기라고 불리는 네 가지 화학적 분자 중 하나와 결합해 정보를 부호화한다. 네 가지 염기는 아데닌(A), 구아닌(G), 티민(T), 시토신(C)이다. DNA의 기본적 구성 단위인 인산염-당-염기 복합체를 뉴클레오티드라고 한다.

각각의 구성 단위를 한 글자로 생각하면 DNA 사슬은 네 글자를 이용해 쓰인 기나긴 문장이 된다. 문자들을 특정한 순서로 늘어놓으면 문장이 되어 의미와 정보를 전달한다. DNA도 그렇게 할 수 있다는 사실이 밝혀졌지만, 당장 모든 것이 명확히 이해되지는 않았다. 상황이 급변한 것은 1953년 제임스 왓슨과 프랜시스 크릭이 DNA의 삼차원 구조를 밝혀내면서부터다. 대개 어떤 분자의 구조를 안다고 해도 그 분자가 어떻게 기능하는지는 희미하게 유추할 수 있을 뿐이지만, DNA는 달랐다. 구조가 밝혀지자마자 즉시 염기의 순서가 어떻게 정보를 전달하는지 알 수 있었다. 이로써 유전에 관한 인류의 이해가 결정적인 전환점을 맞았고, 현재의 분자생물학 혁명이 일어났다. 이런 지식이 없다면 우리는 생명의 작동 방식을 이해하거나 노화의 비밀을 풀 엄두노 내지 못할 것이다.

DNA의 두 가닥은 이중나선 구조 속에서 서로를 감싸 안듯 반대 방향으로 달린다. 한 가닥에 속한 염기는 반대편에 위치한 염기와 매우 특이적인 방식으로 화학 결합해 염기쌍을 이룬다. '특이적'이란 A는 T와만 결합하고, C는 G와만 결합한다는 뜻이다. 여기서 DNA의 마법이 탄생한다. 두 가닥 중 한 가닥의 염기서열을 알면 다른 가닥의 염기서열도 알 수 있는 것이다. 두 가닥을 분리해도 각각이 다른 한쪽의 정보를 그대로 갖고 있기

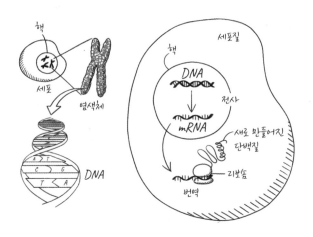

염색체 속에 DNA 형태로 저장된 유전 정보는 핵 속에서 mRNA로 복사(전사)된다. 그 후 mRNA는 세포질로 옮겨간다. 세포질에서는 리보솜이 mRNA를 판독해 단백질을 만든다.

때문에 원본만 있으면 두 개의 동일한 복사본을 만들 수 있다. 오랜 세월 풀리지 않던 수수께끼가 일순간에 해결된 셈이다. 어떻게 해서 한 개의 부모세포와 정확히 똑같은 유전 정보를 지닌 두 개의 딸세포가 생길까? 이 의문이 해소되면서 유전학은 화학이 되었다. 분자 수준에서 어떻게 유전 정보가 복사되고 새로운 세대에 전달되는지 이해하게 된 것이다.

　두 번째 질문이 남는다. DNA의 유전 정보는 어떻게 단백질을 부호화할까? DNA에서 유전자를 부호화한 부분이 복제되어 리보핵산 ribonucleic acid(RNA)이라는 중간체 분자가 만들어진다. RNA는 DNA와 비슷하지만 몇 가지 중요한 차이가 있다. 우선 DNA와 달리 한 가닥이며, 디옥시리보스가 아닌 리보스라는 당

78

으로 구성된다. 또한 RNA는 티민(T) 대신 우라실(U)이라는 염기를 사용한다. 우라실은 화학적으로 약간 다르지만 T와 마찬가지로 A와만 결합한다.

DNA가 우리의 모든 유전자를 한데 모아놓은 것이라고 생각해보자. 한 나라 안에서 출간된 책을 모두 모아놓은 국립도서관과 비슷하다고 할 수 있다. 이 도서관에는 18세기에 출간된 아주 귀중한 희귀본이 한 권 있다. 그 책을 아무나 심심풀이로 읽으라고 쉽게 대출해줄 리 만무하다. 아마 도서관에서는 복사본을 만들어 원하는 사람에게 대출해줄 것이다. RNA도 이와 같다. 세포가 유전자에 수록된 정보를 이용하려고 할 때 쓸모 있는 복사본 노릇을 하는 것이다.

RNA로 복사된 DNA의 모든 부분이 단백질을 부호화하는 것은 아니다. 일부 RNA는 단백질을 만드는 기계 장치의 부품 역할을 한다. 심지어 일부 유전자의 활성을 켜고 끄듯 조절하는 RNA도 있다. 이들과 구별하기 위해 단백질을 부호화한 유전자에서 만들어진 RNA를 선령 RNAmessenger RNA(mRNA)라고 한다. 어떻게 그 단백질을 만들 것인지에 관련된 유전적 메시지를 전달하기 때문이다. 최근 들어 코로나19 백신과 관련해 mRNA라는 말을 들어본 사람이 많을 것이다. 이 백신들은 코로나19 바이러스 표면에 있는 스파이크 단백질 제조 방법에 관한 정보를 담고 있는 mRNA를 이용해 만든다. 이 mRNA 분자를 몸속에 주사하면, 세포는 거기 수록된 지침을 읽고 스파이크 단백질을 만들어낸다. 이 단백질이 면역계를 훈련시켜 진짜 코로나19

바이러스와 맞서 싸울 준비를 갖추는 것이다.

원리는 간단하지만 실제로 mRNA에 수록된 지침을 어떻게 읽어서 단백질을 만들어내는지도 수십 년간 풀리지 않은 수수께끼였다.[2] 과학자들을 괴롭힌 문제는 단백질 역시 긴 사슬 모양이지만 아미노산이라는 완전히 다른 종류의 구성 단위로 되어 있다는 점이었다. 네 가지 염기만 이용하는 DNA나 RNA와 달리, 아미노산은 최소한 스무 가지가 있다. 단백질이 스무 개의 자음과 모음을 이용해 쓰인 문장이라면, 어떻게 그 문장을 네 가지 자음과 모음밖에 없는 유전자라는 언어로 번역할 수 있단 말인가? 자연이 이 문제를 해결한 방식은 mRNA 속 염기(자음과 모음)를 세 개씩 한 단위로 묶어 암호 단어(코돈)로 사용하는 것이다. 각 암호 단어는 한 가지 아미노산을 가리킨다. 이 모든 과정이 일어나는 장소가 리보솜이다. 리보솜은 50만 개에 이르는 원자로 구성된 거대한 분자 기계로 엄청나게 오랜 진화의 역사를 갖고 있다.

나는 오래도록 리보솜이 어떻게 mRNA를 판독해 단백질을 합성하는지 연구했다.[3] 리보솜에서 새로운 단백질 사슬이 만들어질 때, 아미노산 서열 속에 그 단백질 자체가 고유의 기능을 수행하기 위해 특정한 형태로 접히는 데 필요한 정보가 들어 있다는 것은 기적에 가까운 일이다. 마치 종잇조각마다 서로 다른 문장을 쓰면 그 문장의 내용에 따라 종잇조각이 스스로 착착 접혀 독특한 형태를 띠는 것과 같다. 이처럼 단백질 사슬이 스스로 접히는 능력을 갖추었다는 것이야말로 유전자 속에 들어 있는 일차원 정보를 이용해 세포를 구성하고, 궁극적으로 우리 자신을 구성하는 복잡한 삼차원 구조물을 만들 수 있는 이유다.

유전자에는 단백질을 만드는 방법에 관한 정보만 들어 있는 것이 아니다. 구체적인 제조법이 담겨 있는 부위는 부호화 서열coding sequence이라고 하지만, 거기에 인접해 언제 그 단백질을 만들지, 언제 중단할지, 심지어 빨리 만들지 천천히 만들지, 잠깐 만들고 말지 장기간 계속 만들지까지 알려주는 영역들이 있다(비부호화 서열). 이 신호들은 주변에 존재하는 화학물질 또는 다른 유전자들에 의해 켜지거나 꺼진다. 다시 말해서 유전자는 혼자 행동하지 않는다. 수많은 다른 유전자는 물론, 주변 환경과 연결된 거대 네트워크를 구성한다. 바로 이것이 어떤 단백질은 모든 세포에서 만들어지지만, 어떤 단백질은 피부 세포나 뉴런 등 특정 세포에서만 만들어지는 이유다. 어떤 단백질은 단 한 개의 세포가 완전한 인간으로 발달하는 과정 중 특정 단계에서만 만들어지는 이유이기도 하다. 수천 가지 유전자가 참여하는 네트워크를 조화롭게 조절하는 것이야말로 생명을 가능케 하는 힘이다.

생명이란 과정은 DNA가 제공한 청사진을 이용해 스스로 활성화하는 거대한 프로그램이라고 생각할 수 있다. 여기서 설계도라는 말은 편리한 비유이지만 지나치게 문자 그대로 받아들이면 곤란하다. 설계도란 엄격하게 정의된 제품을 생산하는 융통성 없는 제조 과정을 의미하기 때문이다. 두말할 것도 없이 DNA는 세포라는 프로그램의 통제 센터다. 하지만 나는 세포가 독재보다 민주주의에 가깝다고 생각한다. 이상적인 정부라면 시간에 따라 변하는 민중의 필요에 예민하게 반응한다. DNA 역시 생명 과정 전체를 일일이 지시하고 명령을 내리지는 않는다. DNA의 어떤 부분을 사용할 것인지는 물론, 언제, 얼마나 자주 사용할 것인지 결정하는 것은 세포 내부의 다양한 조건과 세포 주변 환경에 달려 있다.

†

유전의 분자적 기초를 이해하자 현대 생물학의 모습이 완전히 바뀌었다. 하지만, 그것은 노화와 어떤 관계일까? 우리 DNA 속 유전자들이 세포의 프로그램을 구체적으로 규정한다면, 왜 그 프로그램은 영원히 지속되지 않을까? 문제는 시간이 흐르면서 DNA 자체가 변하고 손상된다는 것이다.

　물론 우리는 DNA에 관해 알기 훨씬 전부터 유전자와 돌연변이를 연구했다. DNA라는 존재가 밝혀지기 전에 어떤 생물이 유전적 돌연변이를 갖고 있는지 판단하는 유일한 방법은 관찰 가능한 형질이 변할 때뿐이었다. 이제 우리는 돌연변이란 DNA의 염기가 변하는 것임을 알고 있다. DNA의 염기가 변한다는 것은 한 문장 안에서 글자들이 변하는 것과 같다. '때때루'라고 써도 의미를 알 수 있지만, 그저 한 글자만 바뀌었는데도 무슨 말인지 혼란스럽거나 심지어 '간과하다'와 '간파하다'처럼 반대의 뜻을 갖는 경우도 있다.

이제 우리는 DNA의 염기서열을 분석할 수 있다. DNA의 어느 부위든 그 안에 존재하는 염기들의 정확한 순서를 알 수 있다. 그 결과 돌연변이가 한시도 쉬지 않고 일어남을 알게 되었다. 많은 돌연변이는 관찰 가능한 효과를 나타내지 않는다. DNA가 변한다고 해도 변화된 유전자가 전과 조금도 다름없이 기능을 수행하거나, 생물 자체가 여유분 유전자를 갖고 있어서 문제가 생겨도 다른 유전자가 그 기능을 보완하기 때문이다. 물론 유해한 돌연변이도 있다. 돌연변이로 인해 결함이 있는 단백질이 만들어지거나, 엉뚱한 시점에 단백질이 너무 많이 또는 너무 적게 만들어지면 유해한 효과가 나타난다.

때때로 돌연변이는 이익이 되기도 한다. 예컨대 생식세포에 돌연변이가 생기면 자손이 생존하는 데 도움이 되는 형질을 갖고 태어나는 경우가 있다. 네덜란드느릅나무병에 취약한 나무들처럼 지나치게 균질한 종은 질병을 견디지 못하고 완전히 사라진다. 기후나 지리적 요소가 갑자기 변할 때도 마찬가지다. 돌연변이는 한 집단에 유전적 다양성을 부여해 주변 조건이 변했을 때 일부 하위 집단이 생존할 가능성을 높일 수 있다. 생물종 자체의 회복 탄력성이 커지는 것이다. 돌연변이가 없다면 진화도 없다. 우리도 원시 분자로부터 생겨나지 못했을 것이다. 따라서 세포는 미묘한 균형을 유지해야 한다. 생식세포의 돌연변이를 이겨내 다양성과 진화를 허용하면서, 체세포에 너무 많은 돌연변이가 일어나 생명이라는 복잡한 과정 자체가 무너져 내리지 않도록 해야 한다.

사회적으로 법 질서가 무너지면 극도의 혼란 상태나 기아, 심지어 도시나 문명 전체의 멸절이 초래될 수 있다. 최악의 범죄자들은 종종 이런 혼란을 틈타 권력을 차지하고 모든 사람의 삶을 비참하게 만든다. 마찬가지로 생물체도 통제 불능 상태가 되면 신체 기능이 떨어지고 수많은 질병에 시달리며 때로 죽음에 이른다. 세포가 올바로 행동하지 못해 최악의 상황을 맞는 예가 바로 암이다. 이때는 정상에서 일탈한 일부 세포를 주변 세포들이 더 이상 막지 못해 비정상 세포가 분열을 거듭하고 결국 조직과 장기를 완전히 장악해 기능을 방해한다. 그런 의미에서 암과 노화는 밀접한 관련이 있다. 두 가지 모두 생물학적 통제 불능 상태에서 생겨나며, DNA의 변화로 인해 유전자에 돌연변이가 일어난 것이 근본 원인일 경우가 많다.

†

　　DNA의 존재를 알기 훨씬 전부터 환경적 요소가 현재 유전적 돌연변이라고 부르는 현상을 일으킨다는 징후들이 있었다. 이미 18세기에 영국 외과의사 퍼시벌 포트는 굴뚝 청소부의 고환암 발생률이 매우 높음을 발견했다.[4] 굴뚝 청소부 중 많은 수가 어린이였다. 포트는 석탄을 태울 때 나오는 검댕과 타르에 장기간 과도 노출된 탓에 고환암이 생긴다고 설명했다. 1915년 도쿄제국대학Tokyo Imperial University 병리학 교수 야마기와 가쓰사부로는 콜타르를 토끼의 귀에 바르면 피부암이 생긴다는 사실을 입증했다. 석탄을 태울 때 발생하는 이 물질은 나중에 발암성이 입증되었다. 하지만 포트가 관찰 소견을 발표할 때는 어느 누구도 암이 무엇인지조차 몰랐고, 암과 유전적 돌연변이 사이의 관계는 심지어 가쓰사부로가 연구 결과를 발표한 후에도 수십 년이 지나서야 밝혀졌다.

환경적 요인과 돌연변이가 관련이 있다는 첫 번째 직접적인 증거를 발견한 인물은 놀랄 만큼 유랑하는 삶을 살았던 과학자다. 허먼 멀러는 이민 3세대 미국인이었다. 뉴욕에서 자라 불과 열여섯 살의 나이로 컬럼비아 칼리지(현재 컬럼비아 대학)에 입학해 1910년에 졸업했다. 초파리 실험으로 유전자가 염색체상에 존재함을 입증한 유전학자 토머스 모건 밑에서 박사학위를 받았다.[5]

나중에 멀러는 텍사스 대학으로 옮겨 1926년 초파리를 X선에 노출하는 유명한 실험을 수행한다. 방사선량을 점차 늘리자 치명적인 돌연변이 발생 빈도가 급격히 늘어났다. X선을 조금만 쬐어도 자연 발생 빈도의 3만 5000배에 달하는 돌연변이가 생겼다.[6] 멀러의 연구는 쉽게 돌연변이를 일으키는 방법을 소개함으로써 유전학을 크게 발전시킨 동시에, X선과 기타 방사선의 위험에 대한 인식을 높였다. 그때만 해도 사람들은 위험을 인식하지 못한 채 무분별하게 X선을 사용했다. 신발을 사러 가면 마음에 드는 신발을 신은 채 발의 X선 사진을 찍는 것이 일종의 유행이었다. 20세기 초에 활동했던 많은 유전학자들처럼 멀러도 그것이 인류라는 생물종을 개선하는 방법이라고 생각해 오래도록 우생학을 지지했다. 하지만 우생학자로서는 특이하게도 그는 강경한 좌파였다. 대공황이 휩쓸고 지나간 후 자본주의에 환멸을 느꼈던 것이다. 실험실 연구원을 소련에서 모집하는가 하면, 자문 교수 자격으로 〈더 스파크The Spark〉라는 좌파 학생 신문의 편집과 보급을 돕다가 FBI의 조사를 받기도 했다.

부분적으로는 그 때문에 1932년 멀러는 미국을 떠나 베를린으로 자리를 옮겼다. 하지만 히틀러의 집권에 실망한 그는 이듬해 자신의 좌파적 관점에 맞는 사회 환경을 기대하고 소련으로 향했다. 레닌그라드에서 1년을 보낸 후 모스크바로 옮겨 몇 년 더 살았지만, 트로핌 리센코가 득세하는 것을 대수롭게 여기지 않았다. 리센코는 소련의 생물학자이자 유명한 사기꾼으로 스탈린의 환심을 샀다. 그는 유전학이 사회주의와 모순된다고 생각해 농업 분야에서 터무니없는 생각들을 밀어붙이는 동시에, 이의를 제기하는 생물학자들을 무자비하게 탄압했다. 그 결과 대기근이 일어나 수백만 명이 굶어 죽었을 뿐 아니라, 소련의 생물학이 수십 년 퇴보했다. 멀러와 다른 유전학자들은 어떻게든 리센코를 막아보려고 했으나, 결국 멀러는 유전학과 우생학에 관한 관점이 스탈린의 분노를 사는 바람에 도피해야만 했다.

미국에서는 여전히 FBI가 쫓고 있었기에 멀러는 1937년 에든버러 대학 동물유전학 연구소에 자리를 잡았다. 거기서 그는 또다른 중요한 발견의 산파 노릇을 한다. 선구적인 의학 유전학자 프랜시스 크루가 이끄는 과학자들의 모임에 합류했는데, 많은 사람이 전체주의 정권을 피해 망명한 처지였다.

크루의 공동 연구자 중 핵심이었던 하를로테 아우에르바흐는 독일 크레펠트의 유대인 학자 가문 출신이었다.[7] 로테Lotte라는 애칭으로 알려진 그녀는 매우 독립적인 사고를 지닌 사람으로 남이 이래라저래라 하는 말을 듣지 않았다. 베를린에서 박사과정에 있을 때 연구 프로젝트를 바꿔달라는 요청을 지도교수가 거부하자 바로 학위를 포기하고 고등학교 교사가 될 정도였다. 하지만 한창때 아이들의 질서를 잡아가며 가르치기는 진이 빠지는 일이었다. 어쩌면 당시 고조되던 반유대주의의 영향도 있었을 것이다. 1933년 34세가 된 그녀는 유대인이라는 이유로 즉결 해고되었는데, 이 일이 오히려 뜻밖의 좋은 결과로 이어졌다. 어머니의 조언에 따라 그녀는 독일을 떠났고, 가족과 알고 지내던 사람들의 도움으로 동물유전학 연구소에서 박사학위를 마칠 수 있었다. 그때 크루와의 인연이 시작되었다. 1939년 그녀는 영국 시민이 되었다. 그해 말 어머니가 돈 한푼 없이 에든버러에 나타났다. 제2차 세계대전이 발발하기 불과 2주 전에 독일을 탈출하는 데 성공한 것이었다.

처음에 크루는 아우에르바흐와 멀러가 함께 일하기를 원했으나, 일이 잘 풀리지 않았다. 그녀를 멀러에게 소개하면서 이렇게 말한 것이 화근이었다. "여기는 로테야. 자네를 위해 세포학 연구를 해줄 걸세." 아우에르바흐는 몇 시간씩 현미경을 들여다보면서 멀러가 연구하는 세포들의 특징을 밝히는 일에는 아무 관심이 없었다. 항상 독립적으로 생각하고 행동하는 사람답게 한마디로 거절해버렸다. 그리고 멀러에게 자신이 정말 관심 있는 분야는 유전자가 어떻게 발달을 이끌어내는지 밝히는 것이라고 했다. 현명하게도 멀러는 연구 주제에 아무 관심도 없는 사람이 자기를 위해 일해주리라고는 꿈도 꾸지 않는다고 대답했다. 그러나 발달 과정에서 유전자의 역할을 알고 싶다면 먼저 돌연변이를 일으켜 그 효과를 관찰해야 할 것이라고 설득했다.

그 즈음 그녀의 동료인 앨프리드 클라크는 제1차 세계대전 중 머스터드 가스에 노출된 병사들에게 X선에 노출된 것과 비슷한 병변과 궤양이 나타난다는 사실을 발견했다. 아우에르바흐는 클라크 연구팀과 함께 초파리를 머스터드 가스에 노출시킨 후 멀러가 개발한 방법으로 돌연변이가 생겼는지 확인했다. 그들은 헌신적으로 연구에 임했다. 바람이 거세고 비가 내리는 에든버러의 추운 날씨에도 약리학부 건물 옥상에서 수많은 실험을 수행했다. 그들의 실험 환경은 오늘날 같으면 직장 보건 및 안전성 점검을 절대 통과하지 못할 것이다. 초파리를 유리병에 담아 머스터드 가스에 노출시킨 뒤 손으로 꺼내서 작업한 탓에 심각한 화상을 입곤 했다. 연구 결과는 명백했다. 머스터드 가스에 노출되면 치명적인 유전적 돌연변이가 열 배나 더 많이 생긴다. 화학물질 역시 방사선과 마찬가지로 돌연변이를 일으키는 것이다.

✝

멀러와 아우에르바흐의 연구 덕에 우리는 유전적 설계도가 방사선이나 화학물질 등 환경인자에 의해 손상될 수 있음을 알았다. 당시에는 DNA가 유전 물질인 줄도 몰랐다. DNA가 전달하는 정보가 변질될 수 있다는 사실은 말할 것조차 없다. 하지만 왓슨과 크릭이 이중나선 구조를 밝히자, 환경인자가 정확히 어떻게 DNA를 변화시켜 돌연변이를 일으키는가라는 질문이 자연스럽게 제기되었다.[8]

제2차 세계대전 이전에 방사선의 생물학적 효과를 연구하는 것은 생명과학 내에서 말하자면 의붓자식 취급을 받았다. 하지만 1945년 8월 일본에 떨어진 두 개의 원자폭탄이 방사선의 끔찍한 효과를 전 세계에 생생히 알리자, 미국 정부는 깊은 잠에 빠져 있던 이 분야에 큰 관심을 갖게 되었다. 전쟁이 끝난 후 맨해튼 프로젝트에서 핵무기 개발에 사용했던 많은 장소가 방사선 생물학 연구센터로 바뀌었다. 테네시주 오크리지 국립연구소Oak Ridge National Laboratory는 원래 히로시마에 떨어진 최초의 원자폭탄에 사용할 우라늄 동위원소를 대량 생산하는 장소였다. 미국 북동부 및 서해안의 대규모 학술기관에서 멀리 떨어져 컴벌랜드와 그레이트스모기산맥이라는 웅장한 자연 속에 아늑하게 자리잡고 있다. 이런 환경과 넉넉한 정부 연구 자금 덕에 당대 최고의 방사선 생물학자 알렉산더 홀렌더는 딕과 제인 세틀로우를 비롯해 탁월한 과학자들을 불러모을 수 있었다. 딕과 제인은 1940년대에 스와스모어 대학Swarthmore College 학부생 때 만나 곧 결혼했다. 1960년경 홀렌더가 연락했을 때 딕은 예일 대학 생물물리학과 교수였다. 미국에서 가장 오래된 생물물리학과 프로그램으로 유명했지만, 홀렌더는 상황을 파악하고 기민하게 움직여 딕을 꾀어냈다. 다른 연구 기관에서 임시직으로 일하고 있던 제인에게도 정규직을 제안했던 것이다. 당시에는 대학원을 마치고 학위를 딴 여성조차 남성과 동등한 자격을 누리는 일이 드물었다. 여성은 결국 남성 과학자, 주로 남편의 연구를 보조하는 자리에 만족해야 했다. 홀렌더의 예상은 적중했다. 딕과 제인은 공동 연구도 했지만 독립적인 연구도 활발하게 수행하면서 이 분야를 이끄는 전문가가 되었다. 네 자녀를 두었고, 15년쯤 뒤 롱아일랜드의 국립 브룩헤이븐 연구소Brookha-ven National Laboratory로 옮길 때까지 오크리지 일대의 산을 누비며 하이킹과 화석 수집에 열을 올렸다.

나는 1982년 국립 브룩헤이븐 연구소에서 그들을 처음 만났다. 딕은 나를 고용한 부서 책임자였다. 오크리지 연구소에서 내게 약속한 자원을 제공해주지 않아 불과 15개월 만에 절박하게 그곳을 떠나려고 했다는 사실이 브룩헤이븐에서 나를 받기로 결정한 데 도움이 되었을지 모른다. 똑같은 곳을 거쳐온 딕은 내 처지에 공감했다. 나는 서른한 살이었고, 그들은 예순 살 정도에 불과했지만 내 눈에는 그들이 수집한 고대의 화석과 별반 달라 보이지 않았다. 일부 주류 분자생물학자들처럼 나 역시 그들 연구의 중요성을 터무니없이 과소평가했다. 지금 생각하면 기회가 있을 때 그들의 발견에 대해 많은 이야기를 나누지 않은 것이 몹시 후회된다. 그 사실을 떠올릴 때마다 나는 대부분의 과학자들이 얼마나 고립된 존재인지, 협소한 전문 분야 밖에서 어떤 일이 벌어지는지에 얼마나 무관심한지 새삼 느끼곤 한다.

X선이 발견되기 전에도 인류는 다른 형태의 방사선을 알고 있었다. 이미 1877년에 영국의 과학자 아서 다운스와 토머스 블런트가 태양광을 쬐면 세균이 죽는다는 것을 발견했다.[9] 20세기 초 프레더릭 게이츠는 태양광 중에도 파장이 짧은 자외선에 살균 효과가 있음을 입증했다. 멀러가 X선이 유전적 돌연변이를 일으킴을 입증하자 모두 앞다투어 자외선을 연구하기 시작했다. 자외선은 발생시키기 쉽고 다루기에도 안전했다. 알고 보니 특정 선량에서 자외선은 훨씬 많은 돌연변이를 일으켰다. 오크리지 연구소의 딕과 제인은 자외선이 정확히 어떻게 돌연변이를 일으키는지 연구하기 시작했다. 흥미로운 사실은 자외선이 DNA에서 두 개의 인접한 티민(T)을 서로 연결한다는 점이었다. 두 개의 티민이 인접하는 경우는 어떤 DNA 서열에서든 쉽게 볼 수 있다. 여기에 자외선을 쬐면 두 개의 염기는 더 이상 독립적으로 행동하지 않고, 한데 묶여 하나의 단위처럼 움직인다. 이것을 티민 이량체, 또는 티민에 연결된 당까지 포함해 더 큰 단위를 지칭할 때는 티미딘 이량체라고 부른다. 자외선이 DNA를 비활성화하고 세균을 죽이는 것은 이런 현상 때문일까?

딕과 제인은 세균에 외부 DNA를 삽입해보았다. 필요한 영양소가 없는 환경에서도 자란다든지, 항생제에 내성을 띠는 등 새로운 특성을 나타내는 유전자를 도입한 것이다. 하지만 티민 이량체가 포함된 DNA를 사용하면 DNA를 비활성화한 것 같은 결과가 나타났다.[10] 나아가 딕은 티민 이량체가 있으면 DNA 복제가 차단돼 새로운 DNA가 만들어지지 않는다는 점도 입증했다.

　다음 단계는 더욱 놀라웠다. 계속 자외선에 노출시키면 얼마 후 티민 이량체가 모두 사라졌던 것이다.[11] 이량체는 염기에 당과 인산염이 결합한 상태 그대로 DNA에서 빠져나가고, 그 자리는 DNA가 복제될 때처럼 다른 쪽 사슬을 주형 삼아 다시 채워졌다. 과학적 발견은 진공 상태에서 이루어지지 않는다. 지식이 모여 다음 단계로 도약할 환경이 무르익으면, 종종 저절로 새로운 혁신이 일어난다. 딕이 이 발견을 학계에 보고한 1964년, 폴 하워드 플랜더스와 필립 해너월트가 이끄는 두 연구팀에서 독립적으로 비슷한 현상을 관찰했다.[12] 그들의 보고에 따르면 분명 세포는 티민 이량체를 인식할 뿐 아니라, 절제 수선excision repair이라는 손상 복구 기전을 갖고 있었다.

　절제 수선은 다른 맥락에서도 발견되었다. 심지어 1940년대에도 과학자들은 세균을 가시광선에 노출하면 자외선의 효과를 되돌릴 수 있음을 알고 있었다. 증식을 중단했던 세균들이 다시 자라기 시작했다. 가시광선에 노출한 세균 추출물을 이용해 손상된 DNA를 복구할 수도 있었다. 어떻게 이런 일이 가능한지는 수수께끼였지만, 마침내 튀르키예의 의사이자 과학자인 아지즈 산자르가 기전을 밝혀냈다.[13] 역시 다른 효소를 이용해 티민 이량체를 복구하는 과정과 관련이 있었다. 희한하게도 딕 세틀로우가 같은 종류의 복구 현상을 관찰했던 인플루엔자균He-mophilus influenzae에는 이런 기전이 없다(우리 인간도 마찬가지다). 인플루엔자균이 이런 기전을 갖고 있었다면 그는 놀라운 발견을 하지 못했을지 모른다. 자연이 티미딘 이량체를 제거하는 완전히 다른 두 가지 기전을 진화시켰다는 사실만 봐도 이 부분을 복구하는 것이 얼마나 중요한지 알 수 있다.

이제 세포가 손상된 DNA를 복구한다는 사실이 확실히 입증되었다. 하지만 우리가 고선량의 X선에 노출되는 일은 매우 드물다. 또한 우리의 옷과 함께 피부에 존재하는 멜라닌 색소가 과도한 자외선 노출을 막아준다. 머스터드 가스, 콜타르, 기타 독성 화학물질에 접촉해서는 안 된다는 것을 모르는 사람은 없다. 더욱이 선사시대에 자연적으로 이런 물질에 노출된 사람은 없었을 것이다. 그럼에도 손상된 DNA 복구 기전은 수십억 년 전에 진화해 모든 생명체에 깃들어 있다.

그 뒤로 DNA가 유독한 화학물질이나 방사선에 노출되지 않아도 살아가는 중에 끊임없이 공격받는다는 사실이 밝혀졌다. 이 사실을 알아내는 데 누구보다 큰 공을 세운 사람은 스웨덴 과학자인 토마스 린달이다. 프린스턴 대학 박사후 연구원 시절, 그는 비교적 작은 RNA 분자를 연구했다. 짜증스럽게도 그 분자는 계속 붕괴를 일으켰다.

앞서 보았듯 RNA 분자는 DNA처럼 디옥시리보스를 사용하지 않고 리보스라는 당을 사용한다. 리보스가 디옥시리보스와 다른 점은 산소 원자를 한 개 더 갖고 있다는 것뿐이다. 이 산소 때문에 RNA는 훨씬 불안정하지만, 동시에 복잡한 삼차원 구조를 형성해 화학반응을 수행할 수 있다. 바로 이런 특성 때문에 태곳적에 생겨난 원시 생명체는 RNA를 이용해 유전 정보를 저장하는 동시에 화학반응을 수행했다고 믿는다. 그 뒤로 생명체가 진화를 거듭해 점점 복잡해지자 크기가 커진 게놈을 불안정한 분자에 저장하기 어려워 더 안정적인 DNA에 유전 정보를 저장하게 되었다.

린달도 DNA가 RNA보다 더 안정적임은 알았지만, 얼마나 더 안정적인지 알고 싶었다. 분명 귀중한 유전 정보를 다음 세대에 전달하면서도 그리 많은 변화가 일어나지 않을 정도로 안정적이어야 했다. 단 한 개의 세포가 완전한 생명체로 발달할 때까지 수십억 번 분열하는 동안에도 안정성을 유지해야 하는 것이다. 실로 매우 긴 시간이다.[14]

린달은 다양한 조건에서 DNA를 연구해 시간이 지나면서 일부 염기가 변한다는 사실을 알아냈다. 가장 흔한 변화는 시토신(C)이 우라실(U)로 바뀌는 것이다. 우라실(U)은 티민(T) 대신 RNA에 사용되는 염기다. 문제는 U가 T와 마찬가지로 A와 결합하는 반면, C는 G와 결합한다는 것이다. 이런 변화는 DNA라는 문장에서 한 글자가 바뀌는 것과 같다. 그러나 게놈 전체에 이런 변화가 너무 많이 일어나면 부호화된 지침이 크게 변해 의미가 통하지 않는다.

린달은 C가 U로 변하는 현상이 단순히 물에 노출되는 것만으로도 일어날 수 있음을 밝혔다. 물은 모든 세포 속 분자가 늘 접촉하는 물질이므로, 불과 하루 만에 한 개의 세포 속에서 1만 곳의 DNA 부위를 변화시킬 수 있다. 린달은 모든 자발적 DNA 손상을 고려할 때, 매일 모든 세포 하나하나마다 약 10만 번의

DNA 손상이 일어난다고 추정했다.[15] 지침이 그토록 빨리 변하는데 어떻게 생명체가 살아남을 수 있을까? 분명 오류를 바로잡는 기전이 있어야 했다. 이후 수십 년간 린달은 물론 많은 과학자들이 DNA 오류가 어떻게 복구되는지 밝히는 연구에 매달렸다.

DNA는 훨씬 심하게 손상될 수도 있다. 두 가닥이 모두 동강나 두 조각씩 하나로 이어야 하는 경우다. 이런 일이 벌어지면 염색체의 절반이 다른 염색체의 절반과 결합하거나, 동강난 조각이 반대 방향으로 재연결되는 난장판이 벌어질 수 있다. 다시한번 DNA를 문장들로 구성된 문서라고 생각해보자. 각각의 염기가 변하는 것은 오자誤字와 같다. 의미가 혼란스러울 수 있지만, 그래도 무슨 뜻인지는 알 수 있는 경우가 많다. 하지만 동강난 것을 부정확하게 복구한다는 것은 긴 글에서 여러 개의 문장이나 아예 문단 전체를 잘라낸 후 무작위로 다시 끼워 넣는 것과 같다. 뜻이 통하는 부분이 있을지 모르지만, 완전히 횡설수설 뒤죽박죽이 될 수도 있다. 따라서 세포 입장에서는 DNA가 절단되었을 때 최대한 빨리 인지하는 것이 무엇보다 중요하다. 다른 곳이 또 절단되기 전에 안다면 더욱 좋을 것이다. 실제로 세포 안에는 특수한 단백질들이 있어서 절단 부위를 인식하고 다시 연결해 온전한 DNA 분자를 유지한다. 하지만 어느 순간 세포 내에서 두 군데 이상이 절단된다면 언제라도 잘못된 조각끼리 연결될 수 있다. 게놈이 이런 식으로 마구 뒤섞이면 전혀 차원이 다른 문제가 생길 수 있다. 첫째, 기능을 잃는다. 세포가 해야 할 일을 효율적으로 하지 못하거나 아예 하지 못한다. 둘째,

유전자들을 조절하는 신호가 변질되거나 아예 없어진다. 이렇게 되면 세포가 걷잡을 수 없이 증식해 결국 암이 생긴다.

인간은 소위 배수체diploid 생물이다. 각 염색체를 두 개씩 갖고 있다는 뜻이다. 우리 몸이 이중 가닥 절단을 복구하는 가장 흔하고 정확한 방법은 다른 쪽 염색체에 있는 손상되지 않은 DNA를 참고하는 것이다. 세균 같은 생물조차 세포가 분열하고 DNA가 복제될 때는 두 번째 복제본을 만드는 경우가 많다. 어쨌든 세포는 온전한 DNA 가닥의 해당 부위를 참고해 잘려나간 양쪽 끝을 이어 붙인다. 이때는 네 가닥의 DNA가 서로 얽힌 복잡한 구조물이 형성되지만, 그렇게 하는 것이 절단된 양쪽 끝을 무작위로 골라잡아 연결하는 것보다 훨씬 정확하다. 정말 연결 부위가 맞는지 확인하는 과정을 거치기 때문이다. 이런 복구 기전을 통해 세포는 절단 부위의 모든 간극을 메우고 게놈의 온전성을 회복한다.

화학적 손상 말고도 돌연변이가 게놈을 파고드는 방법이 있다. 세포가 분열할 때마다 게놈은 전체가 복제된다. 30억 개의 문자로 이루어진 문서를 필사하는 것과 같다. 하지만 생물학에서는 어떤 과정도 완전히 정확하지는 않다. 글을 쓰든 타이핑을 하든 뭔가를 빨리 필사하려고 하면 그만큼 실수하기도 쉽다. DNA를 복제하는 중합효소는 놀랄 정도로 정확하다. 작업하면서 교정까지 본다. 필사하는 동시에 틀린 곳을 바로잡는다. 이런 중합효소조차 100만 자를 필사할 때마다 한 자꼴로 오류를 낸다. 게놈은 수십억 개의 문자로 되어 있으므로 세포가 분열할 때마다 줄잡아 수천 개의 오류가 나는 셈이다. 그렇다고 세포 분열에 무한정 시간을 들일 수도 없다. 결국 산다는 것은 속도와 정확성 사이에서 끊임없이 균형을 잡는 일이다. 당연한 말이지만 세포는 이런 오류를 바로잡는 정교한 기전을 진화시켰다.[16]

몇 가지 매우 영리한 실험을 통해 폴 모드리치는 세균 속 효소들이 어떻게 일치하지 않는 부분을 인식하고, 새로 만들어진 가닥에서 오류가 난 부분을 잘라내고, 올바른 서열로 다시 채워 넣는지 알아냈다.[17] 이제 세균에서는 이 기전을 완전히 이해했지만, 인간처럼 더 고등한 생물에서 정확히 어떻게 이런 종류의 오류가 수정되는지에 관해서는 아직도 논쟁 중이다.

과학이 DNA 손상과 복구의 중요성을 깨닫는 데는 오랜 시간이 걸렸다. 멀러는 1946년에 노벨상을 수상했다. X선이 돌연변이를 일으킨다는 사실을 발견하고 만 20년이 지나서였다. 하지만 2015년 린달, 산자르, 모드리치가 노벨 화학상을 수상했을 때, DNA 복구 연구 분야는 과학의 후미진 곳에서 벗어난 지 오래였다. 이제 이 분야는 생명 유지뿐 아니라, 암과 노화를 이해하는 데도 필수적이라고 인정된다. 언제나 그렇듯 전 세계 수많은 연구소에서 수많은 과학자가 땀 흘린 결과 이런 발견을 이루었지만, 노벨상은 한 번에 세 명까지만 받을 수 있다. 위원회는 가장 중요한 업적을 쌓은 세 명을 가려내는 골치 아픈 일을 떠맡는다. 종종 수상자를 두고 논란이 벌어지는 것도 그 때문이다. 또한 노벨상은 사후에 수상할 수 없기에, 안타깝게도 수상자가 발표되기 몇 개월 전에 94세로 세상을 떠난 딕 세틀로우는 제외

되었다.[18]

오랜 세월 과학자들은 다양한 복구 효소를 분리했다. 많은 복구 효소가 세균에서 인간에 이르기까지 모든 생명체에서 사실상 동일하다. DNA 복구는 생명을 유지하는 데 반드시 필요하기 때문에 수십억 년 전, 세균에서 더 고등한 생물이 아직 갈라지지 않았던 때에 생겨났다. 게놈과 그 지침의 안정성을 유지하는 것은 세포에게 너무나 중요하므로 끊임없는 감시와 복구가 필요한 것이다. 그러니 복구 효소들을 '게놈의 파수꾼'이라고 생각할 수도 있겠다.

DNA 손상은 잠시도 쉬지 않고 일어나므로, 복구 기전 자체에 결함이 생기면 매우 위험하다. DNA 손상이 빠른 속도로 축적되기 때문이다. 그러니 복구 기전에 돌연변이가 생기면 종종 암이 발생한다. 예컨대 BRCA1 유전자에 돌연변이가 생긴 여성은 유방암과 난소암에 걸리기 쉽다. 복구 기전의 결함은 노화의 원인이 되기도 한다. 하지만 나이가 들수록 암이 생기기도 쉽기 때문에 두 가지 효과를 정확히 분리하기는 어렵다. 네덜란드의 얀 후에이마커르스는 DNA 복구 기전의 결함이 어떻게 조기 노화를 일으키는지에 대해 어느 누구보다도 폭넓게 연구했을 것이다. 그는 코케인 증후군Cockayne syndrome에 주목했다.[19] 신경변성, 동맥경화, 골다공증 등 노화 관련 증상이 나타나는 병이다. 여성에서 DNA 손상 복구 기전에 결함이 생기면 폐경 시작 연령이 빨라질 수 있다.[20] 일반적으로 몸이 DNA 손상을 효과적으로 복구할수록 노화에 대한 저항성도 높아진다.

中대한 DNA 손상을 감지하면 세포는 'DNA 손상 대응'에 나선다. 전적으로 좋은 뉴스라고는 할 수 없다. 손상 자체보다 손상 대응 과정이 노화를 촉진하는 경우가 많기 때문이다. 때때로 세포는 노쇠senescence 라는 상태에 접어든다. 이렇게 되면 더 이상 세포 분열이 일어나지 않으며, 극단적인 경우에는 세포 자멸사가 일어나기도 한다.[21] 생명체가 스스로의 세포를 죽이는 기전을 진화시켰다면 기이하게 들릴 수도 있지만, 수십억 개의 세포 중 한두 개쯤은 얼마든지 희생할 수 있다. 그 일을 미루다가 DNA 손상 때문에 암세포가 생기면 무한 증식을 반복해 결국 생명체 자체가 죽고 말 것이다. 세포 자멸사와 세포 노쇠는 노화의 중요한 요소다. 특히 후자가 중요한데, 뒤에서 더 자세히 알아볼 것이다. 우선 DNA 손상 대응 과정이 암 발생 위험과 노화 사이에 균형을 잡기 위해 진화했다는 것만 알아두면 족하다. 유전자를 후손에게 전한 뒤에 대가를 치르더라도, 생애 초기에 도움이 되는 방향으로 진화한 또 하나의 기전이다.

손상 대응의 핵심은 p53이라는 단백질로, TP53이라는 종양 억제 유전자의 산물이다. 이 단백질은 너무나 중요해서 '게놈의 수호자'라고 불릴 정도다. 모든 암의 거의 50퍼센트에서 p53 돌연변이가 나타난다. 일부 암에서는 그 비율이 70퍼센트에 이른다. 정상적인 상태에서 p53은 동반자 단백질partner protein 과 결합해 비활성화되어 있다. 또한 세포 내에서 항상 새로 만들어지고 분해되므로 매우 빨리 교체된다. DNA 손상을 감지하면 p53은 즉시 세포 내에 축적된다. 동시에 동반자 단백질과 떨어져 활성화된다. 활성화된 p53은 많은 유전자의 '스위치를 올린다'. 유전자를 발현시킨다는 뜻이다. 여기서 발현이란 유전자에 부호화된 정보를 이용해 특정 기능을 지닌 단백질을 만들어낸다는 뜻이다. 그중 일부는 DNA 복구 단백질 유전자다. 다른 일부는 세포 분열을 중단시켜 DNA 복구 유전자에게 능력을 발휘할 기회를 마련한다. 손상이 광범위하면 p53은 세포 자멸사 유전자의 스위치를 켜기도 한다.[22]

어쩌면 p53은 피토Peto의 역설을 푸는 열쇠일지도 모른다. 1970년대에 영국의 역학자 리처드 피토는 특이한 현상을 관찰했다. 코끼리나 고래처럼 큰 동물은 우리보다 훨씬 많은 세포를 갖고 있다. 대사가 매우 느리다고 해도 세포 수가 이렇게 많으면 그중 하나가 돌연변이를 일으켜 암세포가 될 확률도 훨씬 높다. 하지만 큰 동물들은 놀랄 정도로 암에 걸리지 않으며, 수명도 우리와 비슷하거나 우리보다 훨씬 길다. 알고 보니 인간은 양쪽 부모에게서 각각 한 개씩 p53 유전자를 물려받지만, 코끼리는 무려 20개를 물려받았다.[23] 따라서 코끼리 세포는 DNA 손상을 훨씬 민감하게 감지해 즉시 세포 자멸사에 돌입한다. 과학자들은 다른 생물에서 복구 유전자를 증가시키면 어떤 일이 일어나는지 알아보았다. 흥미롭게도 초파리에서 복구 유전자를 과발현시키면 실제로 수명이 늘어났다. 하지만 그 효과는 초파리가 살아 있는 내내 유전자가 활성화된 경우에만 나타났다.[24] 복구 유전자가 성체가 될 때까지 활성화되지 않으면 수명 연장 효과도 나타나지 않았다.

특정 고래와 코끼리거북류 등 2장에서 보았던 수명이 긴 동물 종들도 종양 억제 유전자의 수와 유형이 다른 동물과 크게 달랐다.[25] 이런 장치가 없다면 이들은 훨씬 이른 시기에 암으로 죽을지 모른다. 일반적으로 강력한 DNA 복구 유전자와 수명 사이에는 강한 상관관계가 있는 것 같다. 최대 120살까지 사는 인간과 30살까지 사는 벌거숭이두더지쥐는 3~4년밖에 못 사는 생쥐보다 DNA 복구 유전자와 그 경로의 발현율이 훨씬 높다.[26] 매우 장수한 사람들이 특히 효율적인 DNA 복구 기전을 갖고 있는지는 앞으로 연구해봐야 할 과제다.

역설적이지만 새로운 암 치료법 중에는 DNA 복구 경로를 억제하는 것이 많다.[27] 암세포는 일부 복구 기전에 결함이 있으므로 다른 복구 경로를 억제하면 궁지에 몰린다. 스스로 DNA를 복구할 수 없게 된 암세포는 그대로 사멸한다. 그러나 이것은 공격적인 암에 대한 단기 해결책에 불과하다. DNA 복구 기전을 오랜 기간 차단하면 암 발생 위험이 높아지는 것은 물론 노화도 빨라진다. 이처럼 노화와 암은 서로 미묘한 영향을 미치기 때문에 DNA 손상과 복구에 대한 지식을 이용해 노화를 해결하려는 전략은 성공하기가 쉽지 않다.

DNA 복구를 이용해 직접 수명을 연장하기는 어렵다고 해도, 이런 지식은 노화 과정을 이해하는 기초가 된다. 결국 모든 생명 과정은 유전자가 조절한다. 유전자가 세포가 언제 어떤 단백질을 얼마나 많이 만들지, 계속 살아갈지 아니면 분열을 중단할지, 주변에 존재하는 영양소를 얼마나 잘 감지하고 반응할지, 어떤 분자나 세포와 신호를 주고받을지를 결정한다. 또한 유전자는 면역계가 섬세한 균형을 유지하면서 만성 염증을 일으키지 않고 병원체에 대응하는 과정도 통제한다.

DNA의 직접적인 손상과 언뜻 모순돼 보이는 세포의 대응은 노화와 관련해 유전적 프로그램이 변하는 방식 중 한 가지에 불과하다. DNA는 두 가지 특이한 점이 있다. 첫째, 양쪽 끝이 매우 특별하며, 따라서 철저히 보호받는다. 여기에 문제가 생기면 심각한 결과가 빚어진다. 둘째, 게놈을 사용하는 방식은 DNA의 염기서열 자체에만 의존하지 않는다. DNA는 히스톤이라는 아주 오래된 단백질과 단단히 결합된 상태로 존재한다. 또한 DNA와 동반자 단백질은 모두 환경의 영향을 받아 변하며, 그 변화는 유전자 사용 방식에 영향을 미친다. 게놈은 돌에 새겨진 문자가 아니다. 그때그때 상황에 따라 유연하게 변한다.

4장

말단의 문제

120년쯤 전 뉴욕의 한 연구소. 알렉시 카렐은 플라스크에 배양한 세포들을 들여다보며 생각에 잠겼다. '내가 불멸성의 비밀을 밝힐 수 있을까?'

프랑스 출신 외과의사인 그는 사고나 폭력으로 절단된 혈관을 재연결하는 기법을 개척한 것으로 이미 유명했다. 거의 보이지 않을 정도로 가는 봉합사를 이용해 잘린 혈관을 이어 붙이는 기법은 수술에 혁신을 일으켰고, 장기이식의 기초를 놓았다. 1904년 카렐은 프랑스를 떠나 몬트리올을 거쳐 시카고로 갔다. 2년 후에는 뉴욕시에 정착해 당시 막 세워진 록펠러 의학연구소(현재 록펠러 대학)에 합류했다. 야심 찬 과학자들에게 최고의 장비와 풍족한 자금 등 어디서도 찾아보기 힘든 환경을 제공하는 곳이었다. 야심으로 말하자면 당시 33세였던 카렐은 누구에게도 뒤지지 않았다.

　외과의사로서 카렐은 조직을 몸 밖에서도 계속 살아 있게 만드는 것이 꿈이었다. 실험실에서는 세균이나 효모를 언제까지고 배양할 수 있다. 개별적인 세균이나 효모는 노화하고 죽지만, 배양 상태의 군집은 끊임없이 증식한다. 어떤 의미로는 불멸의 존재다. 하지만 인간처럼 고등한 생물의 세포와 조직도 그렇게 될 수 있을까?

　록펠러 연구소에서 카렐은 조직에서 채취한 배양세포를 무한정 살리는 실험을 계속했다. 특수 제작한 플라스크에 닭 배아 심장 세포를 넣은 후 영양소를 공급하는 실험을 꾸준히 계속한 끝에 카렐은 엄청난 결과를 얻었다. 배양 세포가 몇 년간 살아 있는 상태를 유지했던 것이다. 그는 이 세포가 불멸이라고 주장했다.

　언론은 환호했다. 조직에서 채취한 세포를 불멸의 존재로 만들 수 있다면, 조직 전체, 나아가 인간 자체도 그렇게 될 수 있을 것인가? 1921년 7월호 〈사이언티픽 아메리칸Scientific American〉에 실린 논평은 열광의 분위기를 그대로 드러낸다. "어쩌면 대부분의 사람이 100년쯤 살리라고 합리적인 기대를 할 수 있는 날이 멀지 않을 것이다. 100년이 가능하다면, 1000년인들 안 되겠는가?"[1]

　하지만 카렐은 틀렸다.

　처음에는 그의 권위에 눌려 아무도 이의를 제기하지 못했다. 몇 년이 지나자 배양 세포는 불멸의 존재라는 믿음이 일종의 도

그마가 되었다. 30년 후 필라델피아 위스타 연구소Wistar Institute 의 젊은 과학자 레너드 헤이플릭은 세포를 암세포 추출물에 노출하면 어떤 변화가 일어나는지 알아보았다. 그는 카렐의 방법을 이용해 인간 배아 세포를 배양했다. 실망스럽게도 세포를 무한정 배양할 수는 없었다. 이제 막 의학미생물학medical microbiology과 화학 박사학위를 취득한 헤이플릭은 자기가 잘못했을 거라고 생각했다. 영양액을 올바로 제조하지 못했거나, 유리관을 제대로 세척하지 않았으리라. 하지만 이후 3년간 모든 기술적 문제를 세심하게 배제한 끝에 그는 과학계를 지배하는 이론이 틀렸다는 결론을 내렸다. 정상적인 인간 세포는 배양액 속에서 무한정 증식하지 않는다. 즉, 불멸의 존재가 아니다.[2]

세포는 일정 횟수 뒤에 분열을 멈추었다. 헤이플릭은 동료 폴 무어헤드와 함께 기발한 실험을 구상했다. 이미 여러 번 분열한 남성 세포와 몇 번밖에 분열하지 않은 여성 세포를 섞어본 것이다. 남성 세포들은 곧 한계 횟수에 도달해 분열을 중단한 반면, 여성 세포들은 분열을 계속해 결국 배양 세포의 대부분을 차지했다. 어찌된 셈인지 늙은 세포는 젊은 세포로 둘러싸여 있어도 자신이 늙었음을 기억했던 것이다. 젊은 세포와 인접해 있다고 해서 다시 젊어지지 않았으며, 주변 환경이 화학물질이나 바이러스로 오염되었다고 해서 분열을 멈추지도 않았다. 헤이플릭과 무어헤드는 이처럼 세포가 모든 활동을 중단하고 더 이상 분열하지 않는 상태를 가리키는 새로운 용어를 만들었다. 바로 세포 노쇠senescence다.

새내기 과학자가 널리 인정되는 통념에 도전하기란 결코 쉽지 않았겠지만, 헤이플릭은 자신만만했다. 그는 무어헤드와 함께 연구 결과를 37쪽에 걸쳐 자세히 적은 후, 카렐이 원래 소견을 발표했던 바로 그 저널에 투고했다. 당대를 지배했던 도그마에 도전한 데다, 어쩌면 편집자가 카렐의 동료라서 이름 없는 젊은 과학자를 믿지 않았던지 논문은 게재를 거부당했지만, 결국 1961년에 〈실험세포연구Experimental Cell Research〉지를 통해 빛을 보았다. 지금까지도 이 논문은 고전으로 손꼽힌다.[3] 이제는 특정 유형의 세포가 분열할 수 있는 최대 횟수를 헤이플릭 한계Hayflick limit라고 부를 정도다.

어쩌다 카렐은 그런 실수를 저질렀을까? 한 가지 가능성은 헤이플릭이 직접 지적했듯 세포 배양기에 영양액을 보충할 때마다 부주의로 신선한 세포를 섞었다는 것이다. 심지어 일부러 새로운 세포를 섞었을 거라고 주장하는 사람도 있다.[4] 만에 하나 그랬다면 연구 윤리에 위배되는 악질적인 행위이자 스스로 학문의 길을 포기한 처사라고 하지 않을 수 없다.

왠지 나는 세포 배양 실험을 할 때쯤 카렐의 머릿속에 명성과 권력에 대한 욕망이 가득 찬 나머지 교만하고 자기비판 능력이 떨어졌을 것이라는 생각이 자꾸 든다. 이런 태도는 다른 곳에서도 드러난다. 1935년 그는 《인간, 그 미지의 존재Man, the Unknown》라는 책을 출간해 사회에 부적합한 사람들에게 불임시술을 시행하고 범죄자와 정신 이상자들을 가스실로 보내야 한다고 주장했다. 남유럽인보다 북유럽인이 우월하다고도 했다.

1936년에 출간된 독일어판 서문에서는 새로운 우생학 프로그램을 도입한 데 대해 아돌프 히틀러의 나치 정권을 찬양하기까지 했다. 당시 카렐의 위치를 생각할 때 나치는 그의 주장을 인종학살을 정당화하는 근거로 삼았을 가능성이 높다.[5] 록펠러 대학은 이런 점을 고려해 최근 그의 명판을 수정했다.

현재 바로 그 록펠러 대학에 재직 중인 유명한 생물학자 티티아 더랭어는 훨씬 단순하게 설명한다. 카렐의 연구실 바로 옆방에서는 집에서 기르는 닭의 악성 종양을 연구했는데, 악성 세포들이 가까운 곳에 있던 카렐의 배양 세포를 오염시켰을 가능성이 있다는 것이다.[6] 암세포는 헤이플릭 한계가 적용되지 않는다. 특정한 횟수를 분열한 후에도 분열을 멈추지 않는다. 통제를 벗어난 증식이야말로 암이 우리 몸을 파괴하는 이유다.

왜 그럴까? 왜 암세포는 정상 세포와 달리 증식을 멈추지 않을까? 정상 세포는 어떻게 지금까지 몇 번 분열했는지, 언제 분열을 멈춰야 하는지 알까?

세포가 분열할 때는 염색체 속에 있는 모든 DNA 분자가 복제되어야 한다. 게놈이 원형 DNA로 구성된 세균과 달리, 46개의 염색체 속에 들어 있는 인간의 DNA는 모두 선형이다. 이중나선을 이루는 DNA 분자에서 각각의 가닥은 마치 화살처럼 일정한 방향으로 달리며, 두 가닥은 서로 반대 방향을 향한다. DNA 분자를 복제하는 복잡한 세포 내 장치는 각각의 가닥을 주형으로 삼아 '상보적' 가닥을 만들지만, 이 과정 역시 오직 한 방향으로만 진행된다. 1970년대 초 DNA로 유명한 제임스 왓슨과 알렉세이 올로브니코프라는 러시아의 분자생물학자가 각기 거의 비슷한 시점에 세포의 DNA 복제 기전이 각 분자의 맨 끝에 이르면 문제가 생길 것이라는 데 생각이 미쳤다.

어느 날 올로브니코프는 모스크바 기차역 플랫폼에 서 있다가 갑자기 생각에 사로잡혔다. 눈앞에 있는 열차를 DNA 중합효소로, 선로를 복제 중인 DNA로 상상했던 것이다. 그는 문득 열차가 앞에 놓인 선로는 복제할 수 있지만, 바로 아래 놓인 선로는 복제할 수 없음을 깨달았다.[7] 그리고 열차는 선로의 맨 끝에서 출발해 오직 한 방향으로만 달리기 때문에, 열차 바로 아래에 있어 복제가 불가능한 부분이 항상 생길 것이었다. 이처럼 DNA의 맨 끝을 복제할 수 없다면, 새로 만들어진 가닥은 언제나 원래 가닥보다 약간 짧을 것이다. 세포가 분열을 거듭할수록 염색체는 점차 짧아지다가 결국 필수적인 유전자들을 잃고 더 이상 분열할 수 없게 될 것이다. 바로 이것이 헤이플릭 한계가 존재하는 이유다. 이를 '말단 복제 문제end replication problem'라고 한다. 이로써 저어도 원칙적으로는 왜 세포가 분열을 중난하는지 설명할 수 있었다. 하지만 진정한 답은 훨씬 복잡했다.

✝

또 다른 수수께끼는 그때까지도 답을 찾지 못하고 있었다. 왜 세포는 염색체의 말단부에서 DNA가 끊어졌다고 생각하지 않을까? 왜 DNA 손상 대응에 나서 서로 연결하지 않는 것일까?

1930년대와 1940년대에 허먼 멀러가 어떻게 X선이 염색체에 손상을 입히는지 조사하고 있을 무렵, 바버라 매클린톡이라는 젊은 과학자가 옥수수의 유전학을 연구했다. 실험 중 그녀는 '점 핑 유전자'라는 현상을 발견했다. 이 유전자들은 DNA상 원래 의 위치에서 완전히 다른 위치로, 심지어 다른 염색체로 마치 그 사이를 껑충껑충 건너뛰듯 옮겨 다녔다.[8]

1930년대에 이미 멀러와 매클린톡은 서로 독립적으로 염색 체 말단에 뭔가 특별한 점이 있음을 알고 있었다. 어떤 원인으로 든 염색체가 끊어지면 바로 다시 연결되었지만, 온전한 염색체 말단은 다른 염색체 말단과 연결되지 않고 분리 상태를 유지했 던 것이다. 멀러는 자연적인 염색체 말단에 텔로미어telomere란 이름을 붙였다. 그와 매클린톡은 세포가 염색체 말단을 DNA가 끊어진 것으로 생각하고 서로 이어 붙이지 않는 이유가 텔로미 어에 뭔가 특별한 성질이 있기 때문이라고 주장했다. 이런 성질 때문에 염색체는 세포 내에서 서로 무작위적으로 결합하지 않 고 독립된 존재로서 안정 상태를 유지한다는 것이었다. 그렇다 면 텔로미어의 이런 특성은 어디서 오는 것일까?

엘리자베스 블랙번은 호주 태즈메이니아 북쪽 해안의 소도시 론서스턴에서 일곱 형제 자매와 함께 자랐다. 집은 온갖 반려동 물로 가득해 웬만한 동물원은 저리 가라 할 정도였다. 그녀는 멜 버른 대학에서 생화학을 전공했는데, 거기서 운 좋게도 마침 호 주를 방문했던 영국의 유명한 생화학자 프레드 생어를 만났다. 우연한 만남에 용기를 얻은 블랙번은 여성 분자생물학자가 거의 없던 시대에 케임브리지 대학 생어 연구실에서 박사 과정을 시작했다. 그렇게 때가 맞아떨어지기도 어려웠을 것이다. 생어는 DNA 염기서열 분석법을 막 알아냈던 것이다. 그리고 두 번째 행운이 찾아왔다. 케임브리지에서 그녀는 미래의 남편이 될 존 세다트를 만났다. 세다트는 곧 예일 대학에서 교수 자리를 얻어, 그녀는 조지프 골의 연구실에서 박사후 과정을 시작할 수 있었다. 골은 확고한 명성을 누리던 세포 생물학자로 염색체 구조에 관심이 있었다. 그리고 블랙번은 생어 밑에서 DNA 염기서열 분석법을 배운 터였다. 그들은 각기 전문성을 살려 염색체 텔로미어의 DNA 염기서열을 밝혀냈다. 인간은 세포마다 92개의 텔로미어를 갖고 있다. 46개의 염색체당 두 개씩이다. 그들은 재료가 충분치 않음을 깨달았다. 그래서 영리하게도 단세포 생물인 테트라히메나Tetrahymena를 연구 대상으로 선택했다. 이 동물은 생활사의 한 단계에서 최대 1만 개의 작은 염색체를 만든다. 연구 결과 텔로미어의 DNA 염기서열은 염색체의 다른 어떤 부위와도 달랐을 뿐 아니라, 두 사람이 보았던 어떤 염기서열과도 달랐다. TTGGGG(반대쪽 가닥에서는 상보적 서열인 CCCCAA)가 20~70회 반복되었던 것이다.[9]

텔로미어의 특징적인 반복 서열을 밝힌 후 얼마 안 있어 블랙번은 하버드 의과대학에서 인공 염색체를 효모에 삽입하려고 시도 중이던 잭 쇼스타크를 우연히 만났다. 그의 아이디어는 인공 염색체를 통해 새로운 유전자를 삽입하면, 효모의 염색체가 복제될 때 함께 복제되리라는 것이었다. 하지만 무슨 까닭

인지 인공 염색체는 불안정했다. 효모 세포는 인공 DNA 분자의 말단을 손상되어 끊어진 것으로 간주하고 대응에 나섰다. 쇼스타크와 블랙번은 인공 염색체 말단에 테트라히메나 염색체의 텔로미어 염기서열을 붙이면 어떻게 되는지 알아보았다. 마법 같았다. 변형시킨 인공 염색체는 효모 속에서도 안정적으로 유지되었다.[10] 쇼스타크는 한발 더 나아가 효모 자체의 텔로미어 DNA를 분석했다. 희한하게도 테트라히메나와 비슷하게 반복 염기서열이 존재했다. TTGGGG가 아니라 TG, TGG, TGGG가 조합된 서열이란 점이 다를 뿐이었다. 후속 연구를 통해 현재는 인간을 비롯한 포유동물의 텔로미어 반복 서열이 TTAGGG임을 알게 되었다.

정확한 이유는 몰라도 이 짧은 텔로미어 염기서열이야말로 세포에게 자신이 특별하며, DNA가 절단되어 생긴 말단으로 취급해서는 안 된다고 알려주는 것이다. 놀랍게도 테트라히메나와 효모는 진화 역사상 10억 년도 넘게 떨어져 있지만, 텔로미어 반복서열은 크게 다르지 않다. 이 사실은 반복서열로 염색체의 텔로미어를 보호하는 기전이 매우 보편적임을 시사한다.

텔로미어 반복서열은 염색체 말단에 꼬리표처럼 붙어 있는, 일종의 남아도는 염기이며 없어도 무방하다고 생각할 사람이 있을지 모른다. 실제로 염색체가 복제될 때마다 일부 반복서열이 사라진다. 하지만 이 반복서열이 모두 사라지고, 이어서 염색체 말단 부근에 있는 중요한 유전자들이 사라지기 시작하면 문제는 심각해진다. 결국 텔로미어는 왜 세포가 정해진 횟수만큼

만 분열하며, 헤이플릭 한계에 도달하면 분열을 멈추는지 설명해준다.

이렇게 기본적인 사실을 설명한 후에도 여전히 몇 가지 의문이 남는다. 텔로미어 염기서열은 어떻게 생겨났을까? 암세포나 정상적인 생식세포 등 일부 세포는 어떻게 헤이플릭 한계보다 훨씬 많은 횟수를 분열할 수 있을까?

이 의문을 해소하는 데 큰 진전을 본 것은 캘리포니아 주립대학 샌프란시스코 캠퍼스UCSF에서 연구실을 운영하게 된 블랙번이 캐럴 그라이더라는 대학원생을 만나면서였다. 두 사람은 염색체 끝의 텔로미어 반복서열을 연장하는 효소를 발견했다.[11] 이 효소의 이름이 텔로머라아제다.

대부분의 세포는 텔로머라아제를 거의 또는 아예 만들지 않지만, 생식세포 등 일부 특수한 세포와 암세포는 예외다. 텔로머라아제가 없으면 나이가 들수록 텔로미어가 짧아지며, 결국 세포는 노쇠 단계에 들어가 분열을 멈춘다.[12] 반면 텔로머라아제를 지닌 세포는 분열할 때마다 텔로미어를 다시 만들어 무한정 분열할 수 있다. 심지어 정상 세포에 텔로머라아제를 넣어주면 세포 수명을 연장할 수도 있다.[13]

물론 생물학의 모든 분야가 그렇듯 단순하지만은 않다. 세포는 분열할 때마다 왓슨과 올로브니코프가 예상한 것보다 훨씬 많은 DNA를 잃는다. 또한 텔로미어가 완전히 사라지기 전에 분열을 중단하기도 한다. 마지막으로 텔로미어에 특수한 염기서열이 존재하기는 하지만, 왜 세포가 이 부분을 DNA 절단부로 생각해 손상 대응 반응을 일으키지 않는지는 아직도 분명하지 않다.

그 뒤로 밝혀진 바에 따르면 텔로미어의 구조는 특별한 데가 있다. DNA 가닥 중 하나가 다른 가닥보다 더 길게 뻗어 있다.[14] 이렇게 긴 가닥은 고리처럼 되돌아오면서 특수한 단백질의 도움을 받아 특이한 구조를 이루는데, 이 단백질들을 통칭해 셸터린shelterin이라고 한다.[15] DNA 말단을 보호하므로 영어로 '대피처'를 뜻하는 '셸터shelter'란 단어를 이용해 명명한 것이다. 세포가 염색체 말단을 이중나선이 끊어졌다고 인식하지 않는 것은 이 중요한 구조 덕분이다.[16] 셸터린이 없거나 부족하면 치명적이다. 텔로미어 길이가 정상이라도 셸터린에 약간만 결함이 있으면 염색체 이상과 조기 노화가 일어날 수 있다.

텔로미어 DNA가 어느 정도 이상 소실되면 이런 특수 구조가 만들어질 수 없다. 이제 세포는 보호받지 못하는 DNA 말단을 손상된 것으로 인식하고 대응에 나서 스스로에게 죽거나 노쇠 단계에 진입하라는 명령을 내린다.[17] 왜, 그리고 어떻게 일부 세포는 레너드 헤이플릭의 연구에서처럼 노쇠 단계에 진입하고, 다른 세포는 자멸사를 선택하는지는 아직 밝혀지지 않았다. 어쩌면 줄기세포처럼 조직을 유지하거나 재생하는 데 특히 중요한 세포는 딸세포에 손상된 DNA를 전달하지 않기 위해 세포 자멸사를 선택하는지도 모른다.

지금까지 설명한 과정은 배양세포에서 일어나는 현상을 이해하는 데 큰 도움이 되지만, 노화와도 관련이 있을까? 수명과도 관련이 있을까? 왜 대부분의 세포에서는 텔로머라아제를 활성화하는 스위치가 꺼져 있을까? 그 스위치를 올릴 수만 있다면 우리는 늙지 않을까?

텔로머라아제에 결함이 있거나, 양적으로 부족한 사람은 이른 나이에 노화와 관련된 질병에 시달린다.[18] 살면서 스트레스를 많이 받은 사람도 훨씬 빨리 나이 들어 보인다. 얼굴이 초췌해지고, 머리카락도 일찍 세서 백발이 되기도 한다. 또한 스트레스는 노화 관련 질병을 일으킨다. 이처럼 스트레스는 몸의 생리적 기능에 큰 영향을 미치지만, 정확히 어떻게 노화 과정에 관여하는지는 이해하기가 쉽지 않다. 매우 복잡하기 때문이다. 텔로미어를 빠른 속도로 단축시키는 것은 분명하다. 스트레스를 받으면 코르티솔(스트레스 호르몬)이 대량 분비되는데, 이로 인해 텔로머라아제 활성이 저하되기 때문이다.[19]

텔로미어가 원래부터 긴 생물종은 더 오래 살까? 생쥐는 우리보다 텔로미어가 훨씬 길지만 수명은 실험실 환경에서 2년에 불과하며, 야생에서는 그보다도 훨씬 짧다. 따라서 생쥐의 텔로미어는 우리보다 훨씬 빨리 짧아질 것이다.[20] 그러나 텔로머라아제가 부족한 생쥐도 텔로머라아제를 재활성화하면 노화로 인한 조직 변성을 되돌릴 수 있다. 유전공학적으로 텔로미어를 훨씬 길게 만든 생쥐는 노화 증상이 덜 나타나며 더 오래 산다.[21] 짐작건대 애초에 훨씬 긴 텔로머라아제를 지닌 덕에, 빠른 속도로 짧아져도 이를 상쇄하는 것 같다.

많은 생명공학 회사에서 텔로머라아제 유전자를 세포 속에 넣어주는 방법이나 원래 존재하는 텔로머라아제 유전자를 활성화하는 약물을 개발하고 있다. 일부는 효소를 일시적으로 활성화하는 데 초점을 맞춘다. 영구적으로 활성화하면 암을 유발할 가능성이 있기 때문이다. 애초에 이런 실험들은 텔로미어가 비정상적으로 짧아서 생기는 질병에 초점을 맞추었다. 하지만 이런 전략의 효과와 장기적 결과는 여전히 미지수다.

텔로머라아제가 발견되었을 때 암 연구자들은 엄청난 흥분에 사로잡혔다. 항암치료의 새로운 표적이 발견되었다고 생각했던 것이다. 암세포는 텔로머라아제를 활성화한다. 텔로머라아제를 억제하거나 비활성화할 수 있다면 암세포를 죽일 수 있지 않을까? 반면 텔로머라아제를 비활성화하면 텔로미어 단축이 빨라져 조기 노화나 질병이 생길 뿐 아니라, 텔로미어 자체가 붕괴되어 염색체 재배열이 일어나면 오히려 암을 일으킬 가능성도 있다. 한쪽에는 텔로미어 단축과 노화, 다른 쪽에는 암 위험 상승이라는 두 가지 가능성이 팽팽하게 맞선 채 섬세한 균형을 유지하는 것이다.[22] 어쩌면 이른 나이에는 대부분의 세포에서 텔로머라아제가 비활성화되어 있기 때문에 암에 걸리지 않는지도 모른다. 이런 균형은 텔로미어가 짧은 사람이 장기 부전, 섬유화, 기타 노화 증상을 일으키는 변성 질환에 취약하다는 연구에서도 뚜렷이 드러난다. 반면 텔로미어가 긴 사람은 흑색종, 백혈병, 기타 암에 걸릴 위험이 더 높았다.[23] 암이든 노화든 텔로미어를 조작해 대처하려면 아직도 갈 길이 먼 것이다.

생명이라는 복잡한 과정을 통제하는 프로그램이 어떤 식으로 유전자 속에 들어 있는지 살펴보았다. 5장에서는 DNA에 쓰인 생명의 대본이 DNA나 텔로미어 손상을 감수하고 늘 변한다는 사실을 알아볼 것이다. 그것은 살아온 내력과 환경에 따라 즉석에서 각색된다. 지휘자가 악보를 해석하고 영화 감독이 대본을 해석하듯, 생명은 삶의 각본을 나름대로 고쳐 쓴다. 사실 이런 능력이야말로 단 한 개의 세포가 온전한 동물로 발달하는 것을 비롯해 가장 기본적인 생명 과정의 기초다. 따라서 고쳐 쓰는 능력에 문제가 생기는 것 역시 질병과 노화의 근본적인 원인 중 하나다.

5장 —————

생물학적 시계 재조정

2000년 6월 26일, 빌 클린턴 미국 대통령과 토니 블레어 영국 총리는 각자 세계에서 가장 유명한 과학자들을 대동하고 카메라 앞에 섰다. 두 사람이 "또 하나의 위대한 영미 합작"[1]을 선언하는 장면은 세심하게 연출되어 전 세계에 위성 중계되었다. 인간 게놈의 전체 염기서열 초안을 공개하는 자리였다. 우리 DNA를 구성하는 염기들의 정확한 순서가 완전히 밝혀진 것이다.

획기적인 사건을 둘러싼 흥분은 신념 체계를 초월했다. 클린턴은 말했다. "오늘 우리는 하나님이 생명을 창조하셨던 언어를 배운 것입니다." 진화생물학자이자 열렬한 무신론자인 리처드 도킨스는 이렇게 말했다. "인간 게놈 프로젝트는 바흐의 음악, 셰익스피어의 소네트, 아폴로 우주계획과 더불어 나 스스로 인간임을 자랑스럽게 여길 만한 인간 정신의 위대한 성취다."[2]

다른 과학자들과 대중매체 역시 과장된 수사를 쏟아냈다. 인간 유전자를 모두 밝혀낸 인류는 이제 새로운 질병 치료법들을 개발하고 진정한 맞춤의료의 시대를 열어젖힐 것이었다. 일각에서는 개인의 유전자 염기서열을 분석하면 그의 운명까지 알 수 있다고 떠들었다. 한 인간의 장점과 약점, 적성과 재능, 질병 취약성, 얼마나 빨리 늙고 얼마나 오래 살지까지 알 수 있으리란 것이었다.

양국 정상의 발표식은 길고도 험난한 여정의 정점이었다. 과학자들은 (대부분 미국과 영국 과학자였지만) 각국 정부와 웰컴 재단Wellcome Trust 등 생의학 연구지원 단체들의 자금 지원 속에서 국제적인 컨소시엄을 구성했다. 그리고 오랜 세월 느리지만 꾸준히 앞으로 나아가며, 한 조각 한 조각 염기서열이 밝혀질 때마다 세상에 공개했다. 이들은 공공 컨소시엄으로 불렸는데, 상당한 공공자금을 지원받았을 뿐 아니라, 새로운 사실이 밝혀질 때마다 데이터를 공개하겠다고 약속했기 때문이다.

그러다 크레이그 벤터가 이 판에 뛰어들었다. 1990년대 초 인플루엔자균을 통해 최초로 세균의 완전한 염기서열을 밝힌 것으로 유명한 벤터는 이 분야의 이단아다.[3] 미국 기업가이자 자본가의 면모를 유감없이 드러내며 자가용 제트기와 요트로 세계를 누빈다. 나도 몇 번 만났다. 한번은 콜드 스프링 하버 연구소Cold Spring Harbor Laboratory에서 열린 《종의 기원》 출간 150주년 기념 행사에 제트기를 타고 날아와 강연한 후 즉시 자리를 떴다. 나처럼 뒤에 남아 한 주 내내 이어진 학회에 참석한 사람들보다 훨씬 중요한 일이 있는 모양이었다. 벤터는 메릴랜드주 베데스다에 있는 미 국립보건원U.S. National Institutes of Health (NIH)에서 일할 때 이미 과학계에 엄청난 분란을 일으켰다. 정부 산하 생의학 연구소에서 일하면서 상업적 목적으로 진단 및 치료법을 개발하기 위해 인간 DNA 염기서열 일부에 대한 특허를 내려고 했던 것이다. NIH에서 그런 행동을 허용하자 제임스 왓슨은 NIH 산하 기관인 미 국립 인간 게놈 연구센터National Center for Human Genome Research 원장직을 사임했다.[4] 이처럼 너그럽게 대해주었는데도, 벤터는 자신이 항상 NIH에 반대했다고 떠들고 다녔다.[5]

벤터는 공공 컨소시엄이 너무 느리며, 약 100만 개의 염기로 구성된 세균 게놈을 분석했던 자신의 방법을 확장하면 약 30억 개에 이르는 인간 게놈의 염기서열을 훨씬 낮은 비용으로 분석할 수 있다고 믿었다. 개인 기업인 셀레라Celera를 설립한 것도 그 때문이다. 물론 벤터는 직접 경주에 뛰어들기 전에 이미 공공 컨소시엄에서 분석해놓은 상당 부분의 인간 게놈 데이터를 거리낌 없이 갖다 썼다. 인간 게놈 연구 공동체에 속한 많은 사람이 그 터무니없는 행동에 격분했다. 연구자들은 인간 게놈은 물론 자연계에 존재하는 어떤 게놈도 사기업의 이익을 위한 특허 대상이 될 수 없다며, 게놈 데이터를 인류 전체가 자유롭게 이용하도록 하겠다고 결심을 다졌다.

공공 컨소시엄의 리더 중 한 명인 존 설스턴은 특히 벤터를 강하게 비난했다. 영국 출신인 설스턴은 옷차림부터 벤터와 전혀 딴판이었다. 명성과 영향력이 상당했음에도 샌들을 신고

1960년대 히피족을 연상시키는 추레한 옷을 입고 다녔다. 수수한 집에서 살며 낡아빠진 자전거를 타고 연구실로 출퇴근했다. 모든 사람이 무료로 자유롭게 게놈을 이용할 수 있어야 한다는 대의를 열렬히 지지했던 설스턴은 벤터의 동기와 기여를 신랄하게 비난했다.[6] 인간 게놈 염기서열 초안 완성을 앞두고 공공 컨소시엄 멤버들과 벤터 사이의 관계는 더욱 험악해졌다. 발표장에서 단상에 오르기 전에 클린턴 대통령이 직접 서로 예의를 지켜달라고 중재해야 할 정도였다.[7]

이런 소동에도 불구하고 클린턴과 블레어가 발표한 염기서열 초안은 시작에 불과했다. 게놈의 많은 부분, 특히 반복 문자열로 구성되어 염기서열 분석이 어려운 영역은 빠져 있었으며, 어떤 DNA 분절이 서로 들어맞는지 알아내야만 했다. 염기서열을 완전히 밝혔다고 선언한 것은 그로부터 3년이 지난 후였다. 사실 현재까지도 남성 성염색체인 Y 염색체를 비롯해 군데군데 아직 밝히지 못한 부분이 남아 있다.[8] (여성은 X 염색체 두 개, 남성은 X 염색체 한 개와 Y 염색체 한 개를 갖는다.)

흔히 인간 게놈 염기서열을 "생명의 책"이라고 부르지만 이 표현은 다소 문제가 있다. 완벽하게 분석이 끝난 염기서열이라 할지라도 책이라기보다 구두점조차 없이 하나로 길게 이어진 문자열에 가깝다. 각 장과 문단은 물론, 심지어 문장을 나누는 표시도 없다. 전체적인 맥락을 제공하는 상호 참조 같은 것도 없다. 관심 있는 유전자를 찾으면 그 자체는 물론 다른 것들과의 관계까지 알아볼 수 있는 잘 편집된 백과사전과는 거리가 멀다.

솔직히 말해 많은 부분이 아예 해독 불가능하다. DNA에서 실제로 생명 기능의 대부분을 수행하는 단백질을 부호화한 분절은 2퍼센트 정도에 불과하다. 나머지는 한때 생물학자들이 "쓰레기 DNA"라고 폄하했던 영역이다. 점점 이 영역들도 실제로 중요하다고 생각하지만 왜, 어떻게 중요한지는 아직 모른다.

처음에는 단백질을 부호화한 유전자들이 어디 있는지조차 몰랐다. DNA상 한 유전자가 시작되고 끝나는 부분을 가리키는 신호가 항상 명확하지는 않기 때문이다. 게다가 소위 거짓 유전자pseudogene가 끼어들어 더욱 구별하기 어렵다. 거짓 유전자란 한때 단백질을 부호화했을지도 모르지만 이제 더 이상 발현되거나 기능을 나타내지 않는 영역을 말한다. 많은 거짓 유전자가 우리 DNA에 끼어든 바이러스 유전자에서 유래했다. 마지막으로, 유전자의 염기서열을 안다고 해서 기능이 자동적으로 드러나지는 않는다. 그럼에도 게놈의 염기서열을 분석한 것은 엄청나게 유용한 출발점이다. 그 덕에 과거에는 생각도 못했던 질문을 던지고 실험을 수행할 수 있다. 실로 생물학의 거대한 분수령이다.

어쩌면 생명의 책이 우리 각자의 이야기가 어떻게 전개되고 어떻게 끝날 것인지 정확히 알려주리라 기대할지도 모르겠다. 어쨌든 DNA는 모든 유전 정보의 전달자이자, 생명의 과정을 감독하는 제어판이 아닌가? 그 염기서열을 완전히 안다면 세포나 개체가 어떻게 발달할지 예측할 수 있지 않을까? 물론 개별 유전자의 돌연변이는 많은 질병과 직접 연관된다. 예컨대 낭성 섬유증, 유방암, 테이-삭스병, 낫형 적혈구 빈혈 같은 것들이다. 하지만 전체적으로 보면 생물학은 단순한 결정론과 거리가 멀다.

일란성 쌍둥이는 DNA가 곧 운명이라는 관점이 잘못임을 보여준다. 일란성 쌍둥이는 모든 유전자가 동일하며, 출생 직후에 서로 떨어져 성장하더라도 나중에 만나 보면 놀랄 정도로 비슷하다. 거기까지는 당연하다. 정말 놀라운 사실은 동일한 환경에서 성장한 일란성 쌍둥이도 때로 매우 다르며, 심지어 조현병 등 강력한 유전적 근거를 지닌 상태조차 그렇다는 점이다.

사실 우리 각자는 DNA가 곧 운명을 결정하는 것이 아님을 보여주는 살아 있는 증거다. 몸속 모든 세포는 수정란이라는 단한 개의 세포에서 생겨났으며, 그 세포가 분열을 거듭해 만들어낸 새로운 세포들도 모두 똑같은 유전자를 갖는다. 하지만 이 유전자들은 매우 다양한 세포를 만들어낸다. 피부 세포와 신경 세포(뉴런)와 근육 세포와 백혈구는 완전히 다르다. 주변 환경에 따라 서로 다른 유전자가 켜지고 꺼지기 때문이다. 세포가 아주 조금씩 다른 상황에서 어떤 유전자를 발현해 어떤 경로를 거쳐 어떤 조직이 될 것인지 결정한다는 것은 매우 합리적이다. 중요한 점은 이 과정을 되돌릴 수 없다는 것이다. 서로 다른 세포를 정확히 동일한 배지에서 배양해도, 세포들은 자신이 어떤 조직에서 유래했는지 기억이라도 하는 듯 절대 다른 세포로 바뀌지 않는다.

주변 환경이 작용해 세포의 유전적 프로그램에 영구적인 변화가 일어난 것이다. 이런 변화를 연구하는 학문을 후성유전학이라고 한다.[9] 영어로 후성유전학을 의미하는 epigenetics란 말의 접두사 'epi-'는 그리스어로 '위above'란 뜻이다. 유전자보다 더 높은 곳에서 생명 현상을 통제하는 두 번째 층위가 있다는 의미다. 1942년 영국의 박식가이자 동물유전학 교수인 콘래드 와딩턴은 이 과정을 풍경에 빗대어 설명했다. 최초의 수정란은 산꼭대기에 놓인 공과 같다. 거기서 생겨난 자손 세포는 각기 다른 경로를 통해 수많은 골짜기와 협곡을 따라 산기슭까지 굴러 내려간다. 각각의 골짜기는 서로 다른 유형의 세포를 나타낸다. 일단 산기슭까지 굴러 내려온 공은 다시 산꼭대기로 올라가거나, 능선까지 올라가 이웃한 골짜기로 굴러 내려갈 수 없다. 다시 말해서 일단 최종 유형이 결정된 세포는 다른 유형으로 바뀔 수 없다. 피부 세포가 백혈구의 일종인 림프구로 변하는 일은 일어나지 않는다. 마찬가지로 피부 세포가 운명을 거슬러 올라가 수정란이 된 후 거기서 완전히 새로운 몸이 생겨나는 것도 불가능하다.

처음에 와딩턴은 라마르크학파라고 비난받았다. 라마르크학파란 진화생물학자 라마르크의 학설을 추종해 획득 형질이 유전된다고 믿는 사람을 말한다. 이런 생각은 다윈과 월리스가 주장한 자연선택에 의한 진화론에 철저히 논박당했다. 와딩턴의 이론은 환경이 유전자에 비가역적 영향을 미친다는 말처럼 들렸다. 그의 생각을 받아들인 사람들조차 의문을 제기했다. 세포 속 게놈이 너무 많이 변해서 세포가 더 이상 생물 전체의 발달 방향을 결정할 수 없는 시점이 도대체 언제란 말인가? 와딩턴의 산에서 굴러 내려간 공이 어떻게든 다시 산꼭대기로 돌아올 수 있는 지점이 존재할까?

와딩턴이 살던 시대에는 DNA의 구조나 유전 정보를 저장하는 방법은 물론, DNA가 유전 물질인 줄도 몰랐다. 하지만 그때도 수정란, 즉 접합자接合子가 매우 특별한 세포라는 것은 알았다. 수정란에는 온전한 유전 물질이 들어 있으며, 그 세포질 속에는 새로운 생명체가 발달하는 과정을 개시하는 데 필요한 모든 것이 갖춰진 것 같았다. 사람들은 수정란에 전능성totipotent 이 있다고 생각했다. 몸과 태반을 포함해 새로운 동물이 만들어지는 데 필요한 모든 유형의 세포로 발달할 수 있다는 뜻이다. 배아가 세포 분열을 몇 번 거치면 200개 정도의 세포가 액체로 채워진 주머니를 둘러싼 배반포가 된다. 바깥쪽 세포는 태반낭을 형성하며, 안쪽 세포는 새로운 동물을 형성하는 기타 모든 세포로 분화한다. 이처럼 신체를 구성하는 모든 세포로 분화하는 안쪽 세포를 만능성pluripotent 이 있다고 한다.

수정란의 이런 특별한 성질은 게놈으로 인한 것일까, 환경에서 온 것일까? 환경에서 왔다면 고도로 분화된 세포에서 유전자가 들어 있는 핵을 꺼낸 후, 난자 핵을 제거한 난자에 넣어준다면 다시 전능성 세포가 되어 정상적인 동물로 발달할 수 있을까? 1952년 필라델피아 암연구소 및 랭커노 병원 연구소Institute for Cancer Research and Lankenau Hospital Research Institute 의 로버트 브릭스와 토머스 킹은 정확히 이 질문에 답하고자 했다. 그들은

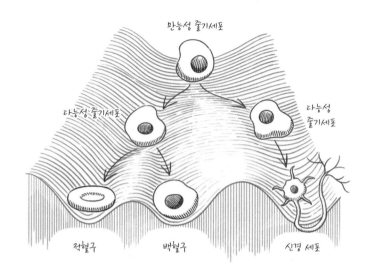

만능성 줄기세포

다능성 줄기세포

다능성 줄기세포

적혈구   백혈구   신경 세포

와딩턴은 산의 비유를 통해 만능성 줄기세포에서 특수한 유형의 세포가 발달하는 과정을 설명했다.

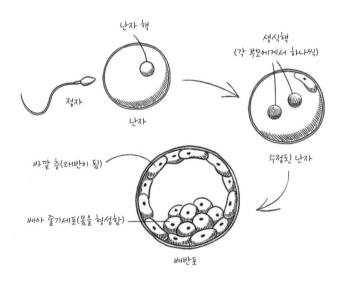

난자 핵

생식핵
(각 부모에게서 하나씩)

정자

난자

바깥 층(태반이 됨)

수정된 난자

배아 줄기세포(몸을 형성함)

배반포

수정과 배반포 형성

실험 동물로 북방표범개구리Rana pipiens를 택했다. 알이 크고 투명해 현미경으로 보면서 조작하기가 쉽기 때문이다. 브릭스와 킹은 배반포 단계의 배아 세포에서 핵을 꺼낸 후, 미리 핵을 제거해둔 난자에 이식하면 정상적인 올챙이로 발달하는 것을 관찰했다. 하지만 발달이 더 진행된 상태의 세포에서 핵을 취하면, 그 핵을 이식받은 난자는 불완전하게 발달하다가 결국 발달이 멈추며 죽고 말았다. 배아 세포는 비교적 이른 시기에 이미 프로그램을 작동하는 것이다. 와딩턴의 비유를 빌리자면 너무 많이 언덕을 굴러 내려가 다시 산꼭대기로 돌아올 수 없다.[10]

당시 과학자들은 분화된 세포가 동물 전체로 성장하는 데 반드시 필요한 게놈의 일부를 잃어버리는지, 아니면 일정 단계를 지나면 발달을 방해하는 뭔가가 있는지 알지 못했다. 바로 그때, 현대 생물학에서 가장 유명한 실험을 수행할 젊은 과학자가 등장했다.

†

처음 존 거던을 만났을 때, 나는 사자를 연상시키는 금발에 충격을 받았다. 그때 그는 70대에 접어든 세계적인 과학자로서, 내 연구실에서 5킬로미터 정도 떨어진 영국 케임브리지 중심부에 자기 이름을 딴 연구소를 갖고 있었다. 그럼에도 잘난 체하지 않았으며, 새내기 대학원생에서 나이 든 동료에 이르기까지 모든 사람을 예의 바르게 대했다. 대부분의 과학자가 진작 은퇴

했을 나이였지만 거던은 여전히 과학에 대한 정열을 불태우며 실험을 계속했다. 하지만 그의 초보 연구자 시절은 결코 순탄치 않았다.

거던은 1066년 정복자 윌리엄을 도와 영국을 침공한 노르만 계에서 시작된 귀족 가문 출신이다. 명문가 자제답게 열세 살에 명망 있는 기숙학교인 이튼 스쿨에 들어갔다. 시작부터 좋지 않았다. 첫 학기를 마칠 때 생물학 교사가 형편없는 성적을 줬던 것이다. 영국 기득권층 일부를 제외하고는 200년 전부터 아무도 쓰지 않는 스타일에 따라 내키는 대로 대문자를 써서 작성된 그의 성적표는 이랬다. "과학자가 되고 싶어 하는 것 같음. 지금 상태를 봐서는 웃기는 일이다. 그런 전문가가 될 가능성이 조금도 없다는 단순한 생물학적 사실조차 모르는 사람이 무슨 과학자가 된단 말인가? 그것은 이 학생 쪽에서나, 그를 가르치는 사람들 쪽에서나 엄청난 시간 낭비일 것이다." 교사는 거던이 더 이상 과학 수업을 듣지 못하게 했다. 대신 그는 언어를 공부했다.[11]

하지만 거던은 어릴 적부터 생물학과 자연에 끌렸으며, 쉽게 포기하는 성격이 아니었다. 과학계로서는 다행스럽게도 부모는 아들에게 지원을 아끼지 않았고, 지원할 능력도 충분했다. 이미 몇 년간 이튼 스쿨에 상당한 수업료를 지불했음에도 졸업 후 1년간 개인 교사를 두어 생물학을 가르쳤던 것이다. 흔치 않은 일이지만 그 후 거던은 1년간 예비 학년을 다니면서 기초 물리학, 화학, 생물학 시험을 통과해야 한다는 조건으로 옥스퍼드 대학에 입학했다. 그 어려운 과정에서 살아남아 동물학 학부 과정을 시작했고, 역시 옥스퍼드의 마이클 피시버그 밑에서 박사 과정을 밟았다. 브릭스와 킹이 개구리 연구를 수행한 지 4년이 지난 때였다.

피시버그는 거던에게 다른 양서류를 이용해 실험을 반복해보라고 제안했다. 아프리카발톱개구리Xenopus laevis였다. 처음에 두꺼비의 일종으로 알려졌던 이 개구리가 생물학자들의 관심을 끈 것은 영국에서 캐나다로, 그리고 1927년에 다시 남아프리카 공화국으로 옮겨가 케이프타운 대학의 교수가 된 랜슬럿 호그벤 덕분이었다. 케이프타운에서 호그벤이 이 개구리를 연구한 것은 그 카멜레온 같은 특징 때문이었다. 알 크기가 브릭스와 킹이 연구했던 표범개구리 알만큼이나 큰 데다, 수명이 짧고, 외부에서 호르몬을 투여해 연중 언제라도 산란시킬 수 있었던 것이다. 결국 발톱개구리는 발생학 분야에서 가장 선호하는 실험 동물이 되었다.[12]

몇 가지 기술적 어려움을 극복한 거던은 마침내 아프리카발톱개구리를 이용한 실험에 성공해 생물학계에 혁명을 일으켰다. 그는 올챙이 장 세포에서 채취한 핵에 고선량 자외선을 쬔 후, 핵을 비활성한 알(난자)에 삽입했다. 이 알은 완전한 올챙이로 분화했다. 장 세포의 핵 속에도 난자 핵과 똑같이 완전한 개체 발달에 필요한 모든 정보가 들어 있다는 뜻이다. 난자 핵이 완전히 비활성화되지 않았을 가능성을 배제하기 위해 거던은 주도면밀한 방법을 사용했다. 핵을 공여하는 세포와 공여 받는 난자를 채취할 때 쉽게 구별할 수 있는 두 가지 종류의 발톱개구리를 택했던 것이다. 공여핵에서 올챙이가 생겨났다는 데는 의심의 여지가 없었다. 새로 생겨난 올챙이의 유전자가 핵을 공여한 세포의 유전자와 정확히 일치했으므로 올챙이는 부모 세포의 클론인 셈이었다. 사상 최초로 발달을 마친 동물의 세포에서 핵을 채취해 완전히 새로운 동물을 클로닝하는 데 성공한 것이다.[13]

거던의 연구는 즉시 학계에 엄청난 영향을 미쳤다. 체세포가 발달 과정을 거슬러 올라갈 수 있다는, 그것도 사실상 와딩턴의 산꼭대기에 도달할 수 있다는 뜻이 아닌가? 그렇다면 노화의 시계를 되돌려 새로운 동물로서 모든 과정을 완전히 다시 시작할 수도 있을까? 또한 그의 실험은 발달이 끝나 장이나 간 등으로 완전히 분화된 세포에 모든 유전자가 들어 있다는 뜻이기도 했다. 세포가 특수한 조직으로 분화하는 것은 선별적으로 유전자를 잃기 때문이 아니라, 어떤 방식으로든 유전자를 스스로 조작해 켜고 끄기 때문이었다.

거던의 실험 결과는 다른 생물종에서도 재현되었지만, 포유동물 실험은 1996년에야 수행되었다.[14] 에든버러 외곽에 위치한 로슬린 연구소Roslin Institute에서 다 자란 양의 유선 세포로 돌리Dolly라는 복제양을 만든 것이다. 이 소식은 전 세계 뉴스의 헤드라인을 장식했다. 생물복제의 윤리학에 관한 논의가 뒤따랐다. 부자가 오래 살기 위해 자신을 복제하거나 세상을 떠난 가족을 복제하는 멋진 신세계에서 동물복지에 이르기까지 온갖 우려가 등장했다. (그 와중에 이런 실험에 내재된 부조리함 역시 잊히고 말왔다.) 오늘날 생물복제는 다양한 동물에서 성공을 거두었다. 그러나 인간 복제를 시도하는 것은 국제적으로 금지되어 있다. 당연하지만 윤리적 이유 때문이다.

모든 흥분과 기대에도 불구하고 거던의 초기 실험은 상당히 비효율적이었다. 핵을 이식한 세포 중에 살아남은 것은 극히 일부에 불과했다. 대부분 즉시 사멸하거나, 불완전한 배아로 발달해 결국 성장을 멈추고 죽고 말았다. 거던의 실험 뒤로 60년, 돌리가 탄생한 뒤로 25년이 지나도록 과학자들은 생물복제의 효율성을 향상하기 위해 무던히 애를 썼다. 그럼에도 여전히 이 기술은 비효율적이다. 자손을 생산하는 데는 자연의 방법이 훨씬 잘 통한다.

†

예컨대 불가사리에 비해 인간이 된다는 것의 큰 문제 중 하나는 대체로 조직을 재생하는 능력이 없다는 점이다. 우리는 한쪽 팔이 잘려나가도 새로운 팔이 돋아나지 않는다. 첫 번째 핵 이식 실험 후 즉시 과학자들은 이런 해결책을 떠올렸다. 초기 배아 세포를 이용해 원하는 조직을 만들 수는 없을까? 현실적으로 심근이나 신경 세포나 췌장 세포를 만들 수 있다면 의학적 잠재력이 엄청날 것이다. 더욱이 노화의 중요한 문제 중 하나가 조직 기능이 저하되는 것이라면, 조직을 재생하고 다시 젊게 만들 수도 있을 것이다.

팔다리를 다시 돋아나게 할 수는 없지만, 일부 조직을 재생하는 능력은 우리도 이미 갖고 있다. 예컨대 긁히거나 벨 때마다 우리 몸은 새로운 피부를 만들어낸다. 헌혈을 하면 그만큼 피를 더 만든다. 몸은 어떻게 이런 일을 할까? 우리 몸의 많은 세포가 소위 최종 분화를 마친 것들이다. 세포로서 도달해야 할 최종 상태에 이르러 죽을 때까지 주어진 임무를 묵묵히 수행한다는 뜻이다. 하지만 새로운 세포를 만들어내 노화한 조직을 재생하는 데 특화된 세포들이 있다. 바로 줄기세포다.

줄기세포 자체도 여러 단계가 있다. 많은 줄기세포는 이미 와딩턴의 산에서 상당히 낮은 곳까지 굴러 내려가 몇 가지 유형의 세포로만 분화할 수 있을 뿐이다. 예컨대 골수 속에 있는 조혈 줄기세포는 적혈구와 면역세포 등 혈액 속의 모든 주요 세포를 생산할 수 있다. 하지만 간 세포나 심근 세포가 되지는 못한다. 그러나 초기 배아의 안쪽에 있는 만능성 줄기세포는 우리 몸속에 존재하는 모든 유형의 세포로 발달할 수 있다.

과학자들은 배아 줄기세포를 분리 배양하는 데 성공했다. 조건을 바꿔가며 다양한 조직으로 분화시킬 수도 있었다. 매번 새로 생겨난 배아에서 줄기세포를 추출할 필요가 없어지자 삽시간에 이 분야 연구가 엄청나게 늘었다.[15] 그러나 배아 줄기세포의 궁극적인 원천은 여전히 배아다. 배아는 대개 유산된 태아에서 얻기 때문에 윤리적 문제가 대두되면서 규제가 강화될 수밖에 없다. 한동안 미국 연방정부의 연구 자금으로는 인간 배아 줄기세포 관련 연구를 수행할 수 없었다. 연구소들은 연방 연구비를 받는 연구와 그렇지 않은 연구를 철저히 구분해야 했다.

어떤 성체 세포로든 원하는 모든 조직을 만들 수 있고, 심지어 완전히 새로운 개체를 만들 수도 있다는 말은 거의 기적처럼 들린다. 줄기세포, 특히 만능성 줄기세포는 어떤 점이 특별한 것일까?

분자생물학자들은 전사인자transcription factor들을 분리하기 시작했다. 이것은 유전자 발현을 조절하는 단백질로서 어떤 유전자를, 얼마나 켜고 끌 것인지 결정한다. 전사인자란 이름이 붙은 까닭은 이 단백질들이 DNA상 특정 유전자를 mRNA에 '전사'해, 그 유전자가 부호화한 단백질을 만들 것인지 결정하기 때문이다. 줄기세포에는 활성 전사인자가 많으며, 그중 일부는 실험실에서 줄기세포를 배양할 때 반드시 필요하다. 어쩌면 수정란에도 그것을 새로운 동물로 발달시킬 전사인자들이 들어 있으리라는 가설이 등장했다. 이런 전사인자 중 일부는 암세포에서도 활성화되어 무한 증식을 유도한다.

여기까지가 1990년대 후반의 상황이다. 이때 일본의 야마나카 신야가 이 문제에 관심을 돌렸다. 야마나카는 존 거던이 개구리를 복제하는 데 성공한 1962년에 태어났다. 그는 엔지니어로서 히가시오사카시에서 작은 공장을 경영하던 아버지의 영향으로 외과의사가 되었다. 수술에 대한 정열은 이내 식고 말았다. 자신의 능력에 자신감을 잃었을 뿐 아니라, 류머티스 관절염이나 척수 손상 등 어찌할 도리가 없는 환자들을 치료하는 데 수술이 별 쓸모가 없었던 것이다. 대신 기초 과학자로서 일생을 바처 이들을 치료할 방법을 찾겠노라 결심했다. 그는 오사카에서 박사학위를 받은 후, 샌프란시스코의 글래드스턴 심혈관질환 연구소Gladstone Institute of Cardiovascular Diseases에서 박사후 과정을 밟았다.

1990년대 후반 야마나카가 일본으로 돌아가 자기 연구실을 시작할 무렵에는 배아 줄기세포가 상당히 많은 전사인자를 발현한다는 사실이 알려져 있었다. 야마나카와 그의 제자인 다카하시 가즈토시는 이런 생각을 떠올렸다. 정상 세포에서 이 인자들의 일부 또는 전부를 활성화하면, 줄기세포처럼 행동하지 않을까? 우선 배아 줄기세포의 만능성에 관여한다고 생각되는 24종의 전사인자를 가려낸 후, 피부와 결합조직에서 분리한 섬유모세포에 체계적으로 집어넣어 보았다. 섬유모세포는 헤이플릭이 배양을 시도했던 바로 그 세포다. 다양한 조합으로 전사인자를 실험한 끝에 그들은 네 가지 전사인자만 있으면 성체 섬유모세포를 만능성 세포로 바꿀 수 있음을 발견했다.[16]

야마나카의 연구 덕에 우리는 더 이상 만능성 세포를 만들기 위해 배아에서 세포를 추출할 필요가 없다. 성체 세포로도 얼마든지 만능성 세포를 만들 수 있다. 야마나카의 전사인자를 이용해 만든 만능성 세포를 유도 만능줄기세포induced pluripotent stem cell(iPS 세포)라고 한다. 유도 만능성 줄기세포를 만들기가 점점 쉬워지자 줄기세포 연구 분야가 폭발적으로 성장했다. 이제 과학자들은 이 과정의 효율과 안전성을 꾸준히 향상하면서, 줄기세포의 분화 경로를 점점 정확히 밝혀내고 있다.

✝

이런 발전들은 놀랍지만, 모든 것을 알려주지는 않는다. 예컨대 우리 게놈 속에서 정확히 어떤 일이 일어나기에 똑같은 DNA를 지닌 세포들이 그토록 다르게 행동할까? 서로 다른 세포들은 왜, 어떻게 그토록 다른 유전적 프로그램을 갖게 될까? 왜 세포들은 정해진 유형을 유지할까? 한 종류의 세포가 갑자기 다른 종류의 세포로 변하지 않는 이유는 무엇일까? 심지어 줄기세포조차 혈액 세포를 만드는 유형은 신경 세포나 피부 세포를 만들지 않는다.

모든 세포에는 항상 발현되는 유전자들이 있다. 모든 세포가 그 유전자들을 필요로 하는 것이다. 이를 살림 유전자housekeeping gene라고 한다. 하지만 살림 유전자가 아닌 유전자 중에서 어떤 것을 켜고 끌지는 그 세포가 무엇을 필요로 하는지에 따라 결정된다. 세포는 어떻게 이 과정을 조절할까? 지금 막 전사인자에 대해 알아보았다. 전사인자는 어떤 유전자를 발현하고, 어떤 유전자를 억제할지 결정하는 단백질이다. 가장 먼저 밝혀졌으며 가장 단순한 전사인자 중 하나는 대장균이 단순당인 유당을 소화하는 과정을 연구하던 중에 발견되었다.[17] 대장균은 어지간해서 유당을 접하는 일이 없다. 따라서 평소에는 유당 소화 효소를 만들지 않는다. 하지만 그런 효소가 필요할 때는 즉시 만들어낸다. 유당을 감지하면 필요한 효소의 유전자를 '켜는' 것이다. 그러다가도 주변에 유당이 없어지면 즉시 유전자의 스위치를 내린다. 환경 변화에 대응해 단순하고도 우아하게 유전자를 켜고 끈다. 대장균과 유당처럼 단순한 경우는 거의 없지만, 상당히 많은 유전자가 이런 방식으로, 즉 자극에 반응해 전사 과정을 통제하는 방식으로 조절된다. 대부분 일부 유전자가 활성화되어 다른 유전자를 켜거나 끄고, 이를 통해 훨씬 더 많은 유전자에 영향을 미치는 복잡한 네트워크로 작동한다.

대장균 실험에서는 배양액에 유당을 섞지 않으면 유당에 대한 반응을 쉽게 되돌릴 수 있다. 하지만 예컨대 피부 세포를 간에 집어넣었다고 해서 갑자기 간 세포처럼 행동하지는 않는다. 피부 세포와 간 세포의 전사인자가 다르기 때문이다. 더욱이 세포는 유전적 프로그램의 변화가 상당 기간 지속되는지 확인할 수 있으며, 그런 경우에는 DNA의 부호 자체를 재배열한다.

지금까지는 DNA가 다양한 필수적 기능을 수행하는 단백질들의 제조법이 씌어진 네 글자로 된 문서라고 생각했다. 하지만 DNA의 구조가 밝혀지기 전부터 과학자들은 네 개의 염기 A, T, C, G(RNA에서는 T 대신 U) 중 일부에 화학적 작용기chemical group가 붙어 있음을 알고 있었다. 초기에는 무엇 때문에 이런 구조적 차이가 생기는지 몰랐다.

많은 경우 이런 작용기는 오랫동안 어떤 유전자의 스위치를 켜거나 끈 상태로 유지하라는 신호다. 가장 흔한 예는 DNA의 시토신(C) 염기에 메틸기($-CH_3$)가 추가되는 것이다. 특정 위치의 C 염기가 이런 식으로 메틸화되면, 그 C 염기 바로 앞에 있는 유전자는 계속 스위치가 꺼진 상태를 유지한다.

세포는 발달 과정에서 활성화하지 않을 유전자가 위치한 DNA 영역은 메틸화하고, 활발하게 사용할 유전자가 위치한 영역은 메틸화하지 않는다. 이런 식으로 피부 세포는 신경 세포와 전혀 다른 메틸화 패턴을 나타낸다.

세포가 분열하면서 DNA를 복제할 때는 새로운 재료로 완전히 새로운 DNA를 만든다. 이때 기존 메틸화 패턴이 사라지지 않을까? 세포는 부모세포의 메틸화 패턴을 그대로 보전하는 기발한 방법을 갖고 있다.[18] 결국 메틸화 패턴도 정확히 딸세포에게 전달되므로, 특정 계통의 세포에서 한번 비활성화된 유전자는 그대로 비활성화 상태를 유지한다. 반대의 경우도 마찬가지다. 메틸기를 제거하는 탈메틸효소demethylase는 이 유전자를 다시 활성화한다. 전사인자와 별개로, 이렇게 DNA 자체를 변화시키면 완전히 새로운 차원에서 유전자를 켜고 끄는 조절 수단이 하나 더 생기는 셈이다. 동시에 변화를 다음 세대에 전달하는 수단을 확보하게 된다. DNA를 약간 바꾸는 것은 유전자를 사용하는 새로운 전략인 셈이다. 이를 후성유전적 표식 또는 변화라고 한다. 콘래드 와딩턴이 처음 기술했던 후성유전 현상이 분자 수준에서 규명된 것이다.

후성유전적 표식은 나이가 들면서 그대로 유지될 뿐 아니라 늘어나기도 하며, 심지어 다음 세대로 전달되기도 한다. 제2차 세계대전 막바지인 1944년 9월에서 1945년 5월 사이에 네덜란드에서는 끔찍한 기근으로 인해 2만 명이 넘게 사망하는 비극이 벌어졌다. 연구 결과 기근에 시달린 기간이 비교적 짧았음에도 그 기간 중에 임신한 여성의 자녀들은 일생 동안 신체적 및 정신적 건강 문제에 시달렸다. 비만, 당뇨병, 조현병 발생률이 높았으며, 엄마 배 속에서 기근을 겪지 않은 어린이들에 비해 사망률도 더 높았다. 심지어 그런 효과는 기근을 임신 초기에 겪었는지 후기에 겪었는지에 따라서도 다르게 나타났다. 자궁 속에서 기근을 겪은 피험자의 DNA를 그런 일을 겪지 않은 형제자매의 DNA와 비교한 결과 놀라운 사실이 드러났다. 태아 때 기근을 겪은 사람은 메틸화 패턴이 크게 달라져 그 영향이 평생 지속되었으며, 노화 관련 질병과 사망이 더 일찍 찾아왔던 것이다. 이 연구는 외부 스트레스가 DNA에 평생 지속되는 후성유전학적 변화를 일으킬 수 있다는 충격적인 예다.[19]

✝

조금 더 들어가보자. DNA는 세포 내에서 아무런 보호도 받지 않은 채 벌거숭이처럼 존재하는 분자가 아니다. 히스톤이라는 단백질로 온통 둘러싸여 있다. 이처럼 단백질과 DNA가 복합체를 이룬 것을 크로마틴chromatin 이라고 한다. 히스톤 단백질은 방대한 정보를 담은 DNA를 작디작은 세포핵 속에 차곡차곡 정리해 넣는 마법의 열쇠다. 세포 한 개에 들어 있는 DNA를 완전히 풀어 펼치면 그 길이가 약 2미터에 이른다. 반면 세포핵은 직경이 몇 미크론에 불과하다. 길이로 따져 100만분의 1이다. 히스톤은 양전하를 띠고 있어서 DNA 속 인산염의 음전하를 끌어

140

당긴다. DNA를 고도로 밀집된 형태로 압축하는 것이다.

　DNA 압축의 첫 단계는 뉴클레오솜nucleosome이다. 여덟 개의 히스톤 단백질이 모여 공 모양을 만들고, 그것을 DNA가 감고 있는 형태다. 뉴클레오솜은 가지런히 정렬해 가느다란 실 모양을 이룬 후, 이리저리 방향을 바꿔가며 촘촘하게 엮여서 결국 세포핵 속에 넉넉히 들어갈 정도로 크기가 줄어든다. 세포가 분열할 때는 복제된 염색체들이 각각의 딸세포 속으로 들어가야 한다. 이를 위해 세포 분열을 앞둔 염색체는 압축된 형태를 취한다. 마치 이사할 때 모든 세간살이를 트럭 한 대에 쟁여 넣는 것과 같다. '염색체'라고 하면 흔히 떠올리는 X 자 모양의 구조를 취하는 것이 바로 이때다. 하지만 세포가 살아가는 대부분의 기간 동안 크로마틴은 그보다 훨씬 길게 늘어진 상태로 존재한다.

　크로마틴이 압축된 상태에서는 세포가 그때그때 필요한 DNA상의 정보에 접근하기가 쉽지 않다. 엄청나게 많은 책을 갖고 있지만 집안이 비좁아서 모든 책을 쉽게 손 닿는 곳에 둘 만한 공간이 없는 것과 비슷하다. 이럴 때는 어떻게 해야 할까? 대부분의 책을 상자에 담아 다락방에 보관하고, 지금 읽고 있거나 곧 읽을 책만 책장에 꽂거나 침대맡 협탁에 쌓아둘 것이다. 세포도 비슷한 방법을 쓴다. 대부분의 크로마틴은 압축 저장하고, 당장 필요한 부분만 쉽게 접근하도록 하는 것이다. 이를 위해 세포는 히스톤 단백질에 특정 화학적 작용기를 추가해 표식을 남기는 방법을 쓴다. DNA에 메틸기를 추가할 때처럼, 히스톤에 화학적 표식을 추가하거나 떼어내는 것을 전문적으로 맡아 하는 효소들이 있다. 히스톤 표식은 세포가 다른 단백질을 그 영역으로 끌어들여 크로마틴을 비활성화하거나 압축을 풀어 젖히는 신호 역할을 한다. 또 다른 후성유전적 표식이다. 히스톤에서 가장 흔히 사용되는 표식은 아세틸기이며, 아세틸기를 히스톤에 추가하는 효소를 히스톤 아세틸라아제histone acetylase라고 한다.

일반적으로 DNA 메틸화와 히스톤 아세틸화는 반대 효과를 일으킨다. DNA 메틸화는 메틸화된 영역 뒤에 있는 유전자를 비활성화하는 반면, 히스톤 아세틸화는 아세틸화된 영역 뒤에 있는 유전자를 활발하게 전사한다. 두 가지 모두 탈메틸효소 또는 탈아세틸효소의 작용에 의해 되돌릴 수 있다.

두 가지 변화는 DNA 염기서열 위에 제2의 통제 수단을 덧씌워 세포의 유전적 프로그램을 장기적으로 변화시킨다. 이렇게 해서 세포는 신경 세포, 피부 세포, 심근 세포라는 정체성을 안정적으로 유지한다. 수정란이 다양한 세포로 분화하려면 반드시 서로 다른 후성유전적 표식이 추가되어야 한다.

†

사람들이 저마다 다른 속도로 나이 든다는 것은 상식이다. 50세에도 늙어 보이는 사람이 있는가 하면, 80세인데도 놀랄 정도로 젊고 활기찬 사람이 있다. 유전의 영향도 있지만, 심한 스트레스를 겪고 고생을 하면 노화가 빨라진다. 수태된 순간부터 세포에는 DNA 염기서열 자체에 영향을 미치는 돌연변이만 일어나는 것이 아니라, 후성유전적 표식도 계속 추가된다. 기근에서 살아남은 네덜란드 사람들처럼 일부 표식은 환경적 스트레스로 인해 생긴다.

UCLA에서 연구하던 시절 스티브 호바스는 후성유전학에 관심이 없었다. 노화와 의미있는 연관성을 찾기에는 너무 종잡을 수 없으며 간접적이라고 생각했던 것이다. 어느 날 동료 연구자가 성적지향sexual orientation이 다른 일란성 쌍둥이들의 침(타액)을 채취해 후성유전적 차이가 있는지 알아보는 실험을 도와달라고 부탁했다. 사실 호바스도 쌍둥이였다. 형은 게이였지만, 그는 이성애자였다. 과학적 탐구 정신에서 그들은 자신의 침으로 연구에 기여하고자 했다. 시토신 메틸화를 살펴본 결과, 메틸화 패턴과 성적지향 사이에는 아무런 관련이 없었다.[20]

하지만 이제 호바스는 다양한 연령의 쌍둥이에게서 수집한 방대한 데이터를 갖게 되었다. 뭔가 흥미로운 것이 있을까? 데이터를 조금 더 분석해보았다. 알고 보니 DNA 메틸화 패턴과 연령 사이에는 매우 강한 상관관계가 있었다. 그는 다른 조직의 세포에서 메틸화 패턴과 노화의 지표, 예컨대 간 기능이나 콩팥 기능처럼 흔히 의사들이 혈액 검사를 통해 알아보는 지표들 사이의 상관관계를 찾아보았다. 그 결과 사망률뿐 아니라 건강 수명, 암이나 알츠하이머병 발생 위험까지도 예측할 수 있는 메틸화 부위를 513곳이나 찾아낼 수 있었다.[21]

이런 패턴은 과학자들이 근본적인 문제에 접근하는 데 도움이 된다. 사람이 생물학적으로 나이 드는 속도가 서로 다르다면, 노화를 어떻게 측정해야 할까? 메틸화 패턴은 생물학적 시계나 다름없다. 연령만으로 노화 관련 질병과 사망을 예측하는 것보다 훨씬 정확하다.[22] 그 후 많은 연구팀에서 조금씩 다른 표지를 이용해 다양한 메틸화 시계를 개발했다. 모두 생물학적 연령과 상관관계가 높았다.[23] 그러나 호바스 연구팀 스스로 지적했듯 이런 시계들은 연구에는 유용하지만 아직까지 생리적 기능 저하를 측정하거나 질병을 조기 진단하는 다양한 검사들을 대신할 수는 없다.

우리는 아주 어린 아이들이 노화한다고 생각하지 않는다. 사실 아동기와 청소년기를 거치면서 사람은 점점 강해지고 사망할 확률은 점점 줄어든다. 하지만 조금 다르게 생각해볼 필요가 있다. 메틸화 패턴이 초기 배아기에 역전될 수 있다는 것은 시계를 재조정할 수 있다는(즉, 오히려 젊어질 수 있다는) 뜻이지만, 이 시기가 지나면 메틸화는 멈추지 않는 양상으로 계속 진행된다. 그러니 우리는 태어나기 전부터 노화하는 셈이다! 마찬가지로 매우 오래 사는 벌거숭이두더지쥐는 시간이 지나도 사망 위험이 높아지지 않으므로 노화하지 않는다고 생각하지만, 사실 메틸화 패턴을 살펴보면 분명 나이를 먹는다. 그 속도가 다른 설치류에 비해 훨씬 늦을 뿐이다.[24]

후성유전이 장수에 미치는 영향을 보여주는 극단적인 예가 있다. 다름 아닌 벌이다. 벌은 개미와 마찬가지로 여왕이 있으며, 여왕은 정확히 동일한 유전자를 지닌 다른 벌보다 수명이 훨씬 길다. 일벌의 수명이 6주에 불과한 반면, 여왕벌은 2~3년을 산다. 일단 여왕벌로 선택되면 매우 다른 대접을 받는 것도 한 가지 이유다. 여왕벌은 벌집 깊은 곳에 머물면서 온갖 시중을 받고 포식자로부터 보호되는 반면, 일벌은 밖으로 나가 목숨 걸고 먹을 것을 구해야 한다(일개미도 마찬가지다). 여왕벌은 오직 로열 젤리만 먹는데, 이 물질은 일벌들이 먹는 평범한 과즙이나 꿀과 조성이 다르며 훨씬 영양가가 높다. 하지만 이런 요인들은 훨씬 깊은 차원까지 영향을 미친다. 특별한 음식과 스트레스 없는 환경으로 인해 여왕벌은 일벌과 전혀 다른 후성유전적 표식을 갖게 되며, 훨씬 느린 속도로 노화한다.[25]

후성유전적 표식은 왜 노화를 일으킬까? 이 질문은 복잡하다. 하지만 후성유전적 패턴은 염증 경로의 증가와 RNA 및 단백질 합성 경로의 감소는 물론, DNA 복구 감소와도 관련이 있으므로 결국 노화를 일으키리란 것은 쉽게 이해할 수 있다.

후성유전적 변화 역시 일정표에 따르는 것 같다. 그렇다고 노화 자체가 프로그램되어 있다는 뜻은 아니다. 어쩌면 후성유전적 변화는 어떤 단계에서든 필요하면 발생하지만, 일단 그런 변화가 일어나면 다시 스위치를 내릴 수는 없을지 모른다. 진화는 일단 유전자를 전달하고 나면 우리에게 무슨 일이 일어나든 신경 쓰지 않기 때문이다. 또한 후성유전은 많은 유전자의 스위치가 꺼져 있는 안정된 상태를 유지함으로써 생애 초기에 세포가 암이 되는 것을 방지하는지도 모른다. 텔로미어 상실이나 DNA 손상에 대한 반응과 마찬가지로, 이 또한 암 예방과 노화 예방이라는 목표 사이에서 아슬아슬하게 줄타기하는 또 다른 예일지도 모른다.

또한 많은 후성유전적 변화가 프로그램되어 있지 않아도 환경의 무작위적인 변화에 의해 일어날 가능성이 있다. 일란성 쌍둥이 연구를 기억하는가? DNA에서 일어나는 후성유전적 변화는 출생 직후부터 각기 다른 방향으로 전개되므로, 쌍둥이들은 전체적으로 DNA 염기서열은 동일하지만 살아갈수록 매우 다른 후성유전적 표식을 갖게 된다.

✝

노화 시계를 되돌리는 것이 가능하긴 할까? 그렇다. 사실 그런 과정은 우리 모두에게 이미 일어났다. 수정이 되는 순간 노화 시계는 다시 0으로 돌아간다. 마흔 살 여성이 낳은 아기가 스무 살 여성이 낳은 아기보다 스무 살 더 많은 상태로 세상에 나오지는 않는다. 마흔 살 여성의 생식세포가 훨씬 노화한 것은 사실이지만 갓 태어난 아기는 모두 같은 나이로 출발한다. 부모에게 일어난 노화가 자녀의 몸에서 초기화된 것이다.

우리는 적어도 세 가지 노화 시계 초기화 방법을 진화시켰다. 첫 번째는 생식세포가 체세포보다 DNA 복구 능력이 뛰어나고 돌연변이를 더 적게 축적하는 것이다.[26]

두 번째로 난자와 정자는 수정 전에 각기 철저한 선별 과정을 거친다. 여성은 태아기에 이미 평생 지니게 될 모든 난자를 생산한다. 애초에 수백만 개는 되리라 짐작하지만, 출생시에는 그중 100만 개 정도를 갖고 세상에 태어난다. 사춘기에 이르면 이 숫자는 약 25만 개가 되고, 서른 살이 되면 2만 5000개의 난자만 남는다.[27] 그러나 여성이 일생 동안 월경 주기 중 배란을 통해 '사용하는' 난자는 500개에 불과하다. 정자는 이 비율이 훨씬 극적이다. 남성은 사춘기 이후로 수백억 개의 정자 세포를 생산한다.(건강한 남성은 하루 평균 1만~200만 개의 정자를 생산한다 – 옮긴이) 난자든 정자든 엄청나게 남아도는 셈이다. 왜 그럴까? 배란이란 한 달에 한 번씩 임신을 위해 난소에서 성숙한 난자 한 개를 난관으로 방출하는 현상이다. 배란 전에 난소에서는 수많은 난자를 검사해 조금이라도 손상된 것은 없애버린다. 이 검사를 통과한 난자만 배란의 영광을 안는다. 나이가 들수록 난자가 손상될 가능성은 높아진다. 어쩌면 바로 이런 이유로 나이가 들면 난자 수가 급격히 감소하면서 임신 가능성이 낮아지는지도 모른다. 아기가 유전적으로 문제가 있을 가능성 역시 엄마의 나이가 높을수록 커지므로 난자를 검사해 선별하는 과정의 효율성이 떨어질 수 있을 것이다.

정자도 선별 과정을 거친다. 게다가 정자는 먼 거리를 헤엄쳐 수많은 경쟁자를 물리치고 맨 먼저 난자에 도착해야만 수정할 수 있다. 수정 후에도 우리 몸은 결함이 감지된 배아를 초기 발달 과정에서 거부해버린다. 전체적으로 정상 발달 중인 배아라 해도 내부에서 비정상 세포를 제거하기 위한 경쟁은 치열하다.[28] 이 과정이 완벽하지는 않지만 어쨌든 자연은 우리 자손이 우리가 지닌 세포 손상과 노화를 물려받지 않도록 최선을 다한다.

노화 시계를 초기화하는 세 번째 방법은 게놈을 직접 다시 프로그래밍하는 것이다. 수정 직후 수정란, 즉 접합자는 일시적으로 두 개의 핵을 갖는다. 이를 생식핵pronucleus이라고 한다. 하나는 엄마에게서, 하나는 아빠에게서 온 것이다. 그때 접합자 속에 있는 효소와 화학물질들이 양쪽 생식핵의 DNA에 있는 거의 모든 후성유전적 표식들을 지우기 시작한다. 그리고 수정란이 아기가 되는 과정을 시작하도록 새로운 표식들을 추가한다. '거의 모든'이라고 한 것에 주목하기 바란다. 두 개의 생식핵이 모두 아빠에게서만, 또는 엄마에게서만 유래한 수정란은 정상적으로 발달하지 못한다. 그 이유는 엄마와 아빠가 함께 기여한 생식핵이 상호보완적 패턴의 후성유전적 표식을 갖기 때문이다. 각인imprinting이라고 하는 이 패턴은 함께 작용해 적절한 발달 프로그램을 제공한다.[29]

지금까지 설명한 정상 발달 과정의 정교함을 생각해보면 개구리나 양을 복제했다는 사실 자체가 경이로울 뿐이다. 무엇보다 복제 동물의 게놈은 성체의 체세포에서 유래한 것이므로 일생 동안 일어난 손상이 고스란히 축적되어 있다. 반면 정상적으로 수태된 동물은 애초에 훨씬 철저한 보호를 받는 생식세포에서 출발한 데다 수정 전후로도 혹독한 선별 과정을 거친다. 더욱이 체세포의 프로그램을 바꾼다는 것은 정상적으로 수정란이 수행하는 과제와 전혀 다르다. 이렇게 어려움이 많은데 복제 동물이 어떻게 정상적일 수 있을까? 자연적으로 수태된 동물과 비교할 때 조기 노화나 기타 비정상적 징후를 나타내지 않을까? 사실 복제는 그리 잘 작동하지 않는다. 핵을 이식한 세포는 대부분 완전한 동물로 발달하지 못한다. 그래도 일부는 돌리처럼 성공을 거둔다.

또 다른 사실을 말하자면, 돌리는 병든 양이었다. 텔로미어가 턱없이 짧았으며, 한 살이 되었을 때 이미 몇 가지 기준에서 나이에 비해 노화했다고 판정되었다. 양은 보통 10~12년을 산다. 불쌍한 돌리는 여섯 살 때 양쪽 폐에 종양이 생겨 안락사시켜야 했다. 하지만 돌리가 유일한 복제양은 아니다. 잘 알려지지 않아서 그렇지 데이지, 다이애너, 데비, 데니즈라는 이름의 복제양들이 있었다. 놀랍게도 모두 건강하게 정상 수명까지 살았다.[30] 이런 사실은 성체의 체세포에서 출발하더라도 세포의 재프로그래밍만을 통해 노화를 되돌리고, 노화 시계를 초기화할 수 있을 가능성을 시사한다. 후성유전적 표식을 지우고 새로운 유전자 발현 프로그램을 작동시킨다면 새로 복제된 동물도 모든 것을 처음부터 다시 시작할 수 있을 것이다.

하지만 대부분의 경우 생물을 복제하기 위해 세포를 재프로그래밍하지는 않는다. 농장에서 키우는 가축이나 작물이라도 마찬가지다. 진정한 목적은 줄기세포를 이용해 이미 죽어버린 조직을 새것으로 대체하거나 손상이 축적된 조직을 복구하는 것, 즉 재생 의학일 것이다. 기술적 문제만 극복한다면 가능성은 무궁무진하다. 당뇨병 환자의 몸속에 새로운 췌장 세포를 만들어 인슐린을 생산하거나, 심장 발작으로 손상된 심근을 새것으로 대체하거나, 알츠하이머병 같은 신경변성 질환이나 뇌졸중을 겪은 사람의 뇌 세포를 다시 자라나게 할 수 있을지 모른다. 오늘날 줄기세포 연구에 천문학적 액수의 투자가 몰리는 이유는 이처럼 거대한 혁신의 가능성 때문이다.

설사 완전히 원점으로 돌아가 새로운 복제 동물을 만들 수 없다고 해도, 이 줄기세포들은 노화한 신체 부위를 재생하거나 심지어 대체함으로써 효과적으로 노화 시계를 되돌릴 수 있다. 배아 줄기세포와 유도 만능줄기세포iPS cell 모두 다양한 유형의 세포로 분화할 수 있지만, 두 가지가 정확히 같지는 않다. 배아 줄기세포는 초기 배아기에 자연적으로 존재하는 줄기세포다. 과학자들은 이 세포를 배양해 다양한 경로를 거쳐 다양한 조직으로 분화하도록 프로그래밍할 수 있다. 반면 유도 만능줄기세포는 수정란에 존재하는 인자들의 작용을 통해서가 아니라, 체세포에 존재하는 네 가지 야마나카 인자를 이용해 재프로그래밍한 것이다. 따라서 두 가지 세포는 똑같이 행동하지 않는다. 그래도 유도 만능줄기세포를 만들기가 더 편리하기 때문에(배아 줄기세포를 둘러싼 법적, 윤리적 부담을 질 필요가 없다) 많은 과학자가 야마나카의 세포 재프로그래밍 방법을 향상시키려고 노력한다.

이제 이 방법을 이용해 어떻게 노화를 되돌리려고 시도하는지 살펴보자. DNA 메틸화나 히스톤 탈아세틸효소를 특이적으로 억제하는 물질을 이용해 세포를 재프로그래밍하는 데도 관심이 뜨겁다. 이런 방법으로 조직, 심지어 동물 전체를 다시 젊게 만드는 연구가 한창이다.[31] 텔로머라아제와 마찬가지로 이 경로도 후성유전이 생애 초기에 암이 생길 위험을 줄이는 것과 노화를 가속하는 것 사이에 절묘한 균형을 찾아 진화해온 좋은 예다. 따라서 노화를 늦추거나 조직을 다시 젊게 만들어 노화를 역전시키려는 모든 시도는 반드시 안전성 문제에 부딪힌다. 실제로 네 가지 야마나카 인자를 이용해 재생한 많은 조직이 높은 종양 발생률을 보인다.

지금까지 나이 들수록 축적되는 게놈 손상이 어떻게 생명 현상을 조화롭게 조절하는 유전적 프로그램에 장애가 되는지 살펴보았다. 프로그램 자체가 삶의 매순간 생명체의 필요에 따라 어떻게 즉석에서 변경되는지도 알아보았다. 이런 프로그램에 의해 세포 속에서는 수많은 단백질이 절묘한 균형을 이룬다. 단백질들은 거대한 오케스트라에서 연주하는 단원들처럼 헤아릴 수 없이 많고 복잡하며 서로 연결된 과제들을 수행한다.

이제 이 오케스트라가 완전히 규율이 무너져 불협화음을 내면 어떤 일이 벌어지는지 살펴보자.

6장

쓰레기 재활용

WHY
WE
DIE

약속을 깜빡 잊거나 장갑, 우산, 모자 등을 엉뚱한 곳에 둘 때마다 잠시 패닉에 빠진다. 이제 막 일흔 살이 되었는데, 피할 수 없는 노화의 내리막길에 접어든 것이 아닌가 불안감이 든다. 그때마다 20대 초를 떠올리며 다시 힘을 낸다. 친구를 저녁에 초대해놓고 깜빡해서 그가 전화했을 때 집에 있지도 않았다. 2년쯤 뒤에는 연구에 정신이 팔려 이웃이 곧 결혼할 나를 위해 열어주기로 한 파티조차 잊어버렸다. 물건을 잃어버리는 습성은 평생 따라다닌다.

그러나 불길한 예감이 전혀 근거 없는 것은 아니다. 언젠가 신경변성 질환이 덮쳐 깜빡깜빡하는 정도가 아니라 자기가 누구인지조차 기억하지 못하리란 불안감에서 자유로운 사람은 한 명도 없다.

이제 치매를 겪는 사람은 전 세계적으로 5000만 명이 넘는다. 거의 모든 국가에서 고령 인구 비율이 높아지고 있으므로, 그 숫자는 2030년 7800만 명, 2050년이 되면 1억 3900만 명에 달할 것이다.[1] 최근 잉글랜드와 웨일스에서는 치매가 심장병을 제치고 가장 흔한 사망 원인이 되었다.[2] 심장병 치료가 크게 개선된 반면, 치매는 아직도 효과적인 치료 방법이 없기 때문이다. 미국에서는 아직 악명 높은 사망 원인인 심장병, 암, 사고보다 적지만 역시 비중이 점점 커진다. 2015년에 태어난 사람 중 약 3분의 1은 어떤 형태로든 치매를 겪을 것이라는 전망도 나온다.[3]

치매의 절반 이상은 알츠하이머병이다. 1900년경 이 병의 특징을 밝힌 독일의 정신과 의사 알로이스 알츠하이머의 이름을 딴 병명이다.[4] 그가 기술한 환자들은 주변의 흔한 물체조차 분간하지 못하고, 시간과 장소와 사람을 알지 못하며, 자꾸 뭔가를 잊고, 안절부절못해 완전히 정신이 나간 것처럼 보이는 시기와 정신이 또렷하고 차분한 시기를 오락가락했다. 병이 깊어지면 가족과 친구조차 알아보지 못한다. 먹고 마시고 말하는 등 가장 기본적인 활동조차 수행할 수 없다. 자신을 통제하지 못하고, 자기가 누구인지조차 잊어버리며, 주변에서 무슨 일이 일어나는지도 알지 못해 점점 겁에 질린다. 배우자, 조부모, 소중한 친구가 조금씩 스러져가는 모습을 눈앞에서 지켜보는 가족의 고통 또한 그 못지않다.

알츠하이머 박사가 이 병을 기술한 지 100년 남짓한 동안, 알츠하이머병의 생물학을 이해하는 데 크나큰 진전이 있었다. 파킨슨병이나 픽병Pick disease 등 다른 신경 질환도 마찬가지다. 이 병들은 두 가지 공통점이 있다. 나이가 들수록 생기기 쉽고, 단백질이 기능을 잃기 때문에 생긴다.

앞서 보았듯 단백질은 긴 아미노산 사슬이 거의 기적처럼 경이로운 방식으로 접혀서 만들어진다. 뭐랄까, 알고 보면 기적이라고 할 수는 없다. 아미노산 사슬이 접히는 이유는 일부 아미노산이 소수성hydrophobic을 띠기 때문이다. 마치 기름처럼 물에 노출되는 것을 좋아하지 않는다는 뜻이다. 반면 친수성hydrophilic 아미노산은 물 분자와 상호작용하기를 무척 좋아한다. 단백질 사슬은 만들어지는 동시에 저절로 접힌다. 소수성 아미노산은 안쪽으로 숨어들고, 친수성 아미노산은 주변의 물과 접촉하기 위해 밖으로 노출되면서 특징적인 형태를 띤다. 대부분의 단백질 사슬은 고유한 형태를 안정적으로 유지하며, 그런 형태를 유지해야만 기능을 발휘한다. 때때로 단백질 사슬은 다른 사슬과 함께 접혀 몇 개의 사슬이 연결된 복합체를 형성한다. 하지만 원리는 같다. 세포는 놀라운 조정 능력을 발휘해 하나가 아니라 수많은 단백질을 필요한 시점에 필요한 만큼 만들어내며, 모든 단백질은 오케스트라가 교향곡을 연주하듯 조화롭게 협력한다. 그러나 이런 놀라운 과정도 잘못될 수 있다.

집에서 쓰는 물건이 쓸모 없어지는 과정을 생각해보자. 새 제품도 애초에 만듦새가 엉성하거나 제조상 결함이 있을 수 있다. 사용하는 동안 우리의 실수로 손상되거나 망가지기도 한다. 서서히 닳거나 녹이 슬어 계속 쓰기에 위험해지거나, 아예 작동을 멈추기도 한다. 그런가 하면 아이들이 쓰던 젖병이나 요람처럼 한때 필수적이었던 물건이 더 이상 쓸모가 없어지기도 한다. 기술도 변한다. 이제는 카세트테이프나 필름 카메라를 쓰지 않는다. 유행이 지나거나, 싫증이 나서 쓰지 않는 물건도 많다. 식품이라면 유통기한이 훨씬 짧다. 일상 속에서 우리는 이런 일을 당연하게 받아들인다. 먹고 남은 음식이 상하면 바로 버리고, 오래된 옷은 스타일을 고쳐 입거나 버리며, 고장 난 가전제품은 고치거나 버린다. 그렇게 하지 않으면 집에 쓰레기가 넘쳐 살 수 없을 것이다.

세포와 단백질도 그와 같다. 단백질 역시 만들어지는 과정에서 결함이 생길 수 있다. 사슬이 불완전하거나 잘못 형성될 수도 있고, 적절한 형태로 접히지 않을 수도 있다. 제대로 만들어졌다고 해도 기능을 수행하는 동안 접힌 것이 풀려서 형태가 깨지거나, 화학물질 등으로 인해 손상되기도 한다. 어떤 물건은 삶의 특정한 시기에만 필요하듯, 많은 단백질이 세포 발달 과정 중 특정 시기에만 필요하거나 주변 환경 변화에 대응할 때만 필요하다. 우리가 고장 나거나 낡거나 부서진 물건을 버리거나 재활용하듯, 세포 역시 애초에 결함이 있거나 기능을 수행하다 망가진 단백질을 찾아내 파괴한다. 완전히 정상이지만 더 이상 필요하지 않은 단백질을 제거하는 방법도 진화시켰다. 이때 세포는 단백질을 구성 요소인 아미노산으로 분해한 후 새로운 단백질을 만들거나 에너지를 생산하는 데 이용한다.

그러나 세포 단백질과 일상용품으로 가득한 집 사이에는 결정적인 차이가 있다. 보증기간이 지나지 않았다면 모를까, 제조사는 한번 판매한 상품이 어떻게 되든 별로 신경 쓰지 않는다. 또한 예컨대 세탁기 제조사라면 반드시 다른 가전제품과 조화롭게 작동하도록 만들 필요가 없으며, 따라서 고객이 어떤 회사의 냉장고나 전자레인지를 쓰는지, 그런 것을 갖고 있는지 전혀 신경 쓰지 않는다. 반면 세포는 단백질을 만드는 동시에 직접 사용하며, 수많은 단백질이 아무 문제없이 조화롭게 일하도록 해야 한다.

하지만 나이가 들면 세포의 품질 관리 및 재활용 기전은 점차 저하되어, 신경변성, 염증, 골관절염, 암 등 소위 노년의 질병이 나타난다. 따라서 세포는 단백질의 전체적인 품질과 완전성을 유지하기 위해 다양한 방법을 개발했다.

단백질에 결함이 생기는 이유는 여러 가지다. 단백질은 리보솜에서 탄생한다. 나는 지난 45년간 리보솜이라는 거대한 분자 장치를 연구했다. 철컥거리며 작동하기 시작한 리보솜은 mRNA에 수록된 유전 지침을 읽어가며 거기 적힌 정확한 순서에 따라 아미노산을 이어 붙여 단백질 사슬을 만든다. 이 과정은 수십억 년간 진화를 거듭한 끝에 거의 완벽한 경지에 이르렀지만, 그래도 때때로 제품 결함이 나온다. mRNA 자체에 잘못된 정보가 수록되거나, 올바른 정보를 리보솜이 잘못 읽기도 한다. 이렇게 되면 아미노산 배열 순서가 어긋나 새로 만들어진 단백질이 기능을 수행할 수 없다. 신제품을 주문했지만 제조 과정에서 뭔가 잘못된 것이다. 오늘날 나를 포함해 많은 과학자들이 세포가 어떻게 이런 실수를 인지하고 찾아내 제거하는지 이해하려고 노력하고 있다.

리보솜의 터널을 통과하면서 새로 만들어지는 단백질 사슬의 아미노산 배열 순서가 모두 올바르다고 해도, 적절한 형태로 접히기는 결코 쉽지 않다. 단백질 사슬 자체가 올바른 형태를 갖는 데 필요한 모든 정보를 갖고 있지만, 대개 그 과정은 저절로 진행되지 않는다. 단백질이 아주 크다면 접힐 때 사슬의 각기 다른 부위에 위치한 소수성 분절들이 서로 달라붙지 않도록 (더 나쁜 일은 동시에 만들어진 다른 사슬에 달라붙는 것이다) 적절한 거리를 유지하며 떼어놓기조차 쉽지 않다. 그 밖에도 접힘 과정이 잘못될 가능성은 무수히 많다. 따라서 세균에서 인간에 이르기까지 모든 세포는 단백질이 올바로 접히는 과정을 전담하는 특수 단백질을 진화시켰다.[5] 케임브리지 대학 동료 과학자인 론 래스키는 재치 있게도 이런 단백질들을 샤프롱chaperone(사교 행사 때 젊은 미혼 여성을 보살펴주던 나이 든 여인-옮긴이)이라고 명명했다. 빅토리아 시대에 젊은 여성의 교제를 돕던 샤프롱처럼 이 단백질들은 사슬의 다른 부위끼리, 또는 사슬과 사슬끼리 부적절한 관계를 맺지 않도록 돌봐준다. (말이 나왔으니 말이지만, 래스키는 과학자의 삶에 대해 재치 넘치는 노래들을 작곡해 음반으로 녹음한 포크 가수이기도 하다. 그의 노래 중에는 젊은 시절 두 사람 모두 잘 알려지지 않았을 때, 영국의 한 작은 공연장에서 폴 사이먼과 연달아 무대에 섰던 일과 그 직후에 자기는 과학에 전념하는 편이 더 낫겠다고 깨달았다는 에피소드도 있다.)

단백질은 올바른 형태로 접힌 후에도 다시 펼쳐질 수 있다. 예컨대 수정된 달걀 속에 있는 단백질은 모두 올바른 형태로 접혀 전체적으로 수정란이 병아리가 되도록 주어진 기능을 수행한다. 하지만 그 달걀을 물에 넣고 끓이면 단백질이 모두 펼쳐지고 만다. 마찬가지로 우유에 레몬즙을 섞어 휘저으면 산acid에 의해 우유 단백질이 모두 풀리고 만다. 단백질 사슬이 풀리는 것은 안쪽 깊숙이 들어가 있던 소수성 아미노산들이 바깥쪽으로 나와 주변을 둘러싼 액체에 노출되는 과정이다. 이렇게 되면 단백질끼리 들러붙고 한데 엉겨 달걀과 우유가 젤리 모양의 고체로 변한다.

물에 넣고 끓이거나 산성을 띤 레몬즙을 가하지 않아도 단백질은 바위처럼 단단히 굳은 정적靜的인 물질이 아니다. 단백질 안에 존재하는 원자들은 끊임없이 움직이며, 이에 따라 단백질 자체도 평균적인 형태를 유지하면서 마치 숨쉬듯 진동한다. 그런 상태로 상당한 시간이 지나면 저절로, 또는 주변의 스트레스에 대한 반응으로 사슬이 풀릴 수 있다. 대개 다시 접혀 원래 형태로 돌아가지만, 때때로 사슬이 엉키면서 형태가 완전히 어그러진다. 그리고 이런 일은 나이 들수록 자주 일어난다. 점점 많은 단백질이 기능을 잃는다는 뜻이다. 더 심각한 것은 단백질끼리 엉겨 치매 같은 질병이 생기는 것이다.

정리하면 단백질은 처음부터 잘못 만들어질 수도 있고, 만들어질 때는 이상이 없지만 나중에 잘못 접힐 수도 있다. 그게 다가 아니다. 많은 단백질은 만들어진 후 특정 부위에 당 분자가 추가된다. 이를 당화glycosylation라고 하는데, 단백질이 제대로 작동하는 데 반드시 필요하다. 하지만 나이가 들면 당 분자가 무작위로 단백질에 추가되는 일이 생긴다. 이 과정은 무효소 당화glycation라 하여 질서정연하게 일어나는 정상적인 당화와 다르다.[6] 무효소 당화는 흔히 노화에 동반되는 수많은 건강 문제의 원인이다. 예컨대 수정체나 망막의 단백질에 당 분자가 결합해 성질이 변하고 정상적인 기능을 수행하지 못하면 백내장이나 황반변성 같은 눈의 질병이 생긴다. 이런 단백질 또한 문제를 일으키기 전에 찾아내 제거해야 한다.

첫 번째 방어선은 정상 형태가 아닌 단백질을 다시 접어서 올바른 형태로 만드는 샤프롱이다. 하지만 제대로 접히지 않은 단백질이 너무 많이 축적되면 더 과감한 조치가 필요하다. 세포는 이런 단백질을 감지하는 정교한 장치를 갖고 있다.[7] 소위 미접힘 단백질 반응unfolded protein response은 다양한 차원에서 일어난다. 첫째, 더 많은 샤프롱이 합성되어 비정상 단백질을 정상 형태로 다시 접는다. 둘째, 비정상 단백질에 꼬리표를 붙여 제거한다. 단백질이 접히는 과정에 문제가 있음이 분명해지면 세포 또한 단백질 생산 속도를 늦추거나 아예 생산을 중단한다. 모든 조치를 동원해도 부족한 극단적인 경우라면 미접힘 단백질 반응은 세포를 포기하고 자살 명령을 내린다.[8]

결함이 있거나 원치 않는 단백질을 감지했을 때 세포는 어떻게 그것들을 제거할까? 뭔가 잘못됐다는 것을 감지하는 순간 세포는 제거해야 할 단백질에 유비퀴틴ubiquitin이라는 표식을 붙인다. 그 자체가 작은 단백질인 유비퀴틴은 1970년대 중반에 발견되었다. 조사한 거의 모든 조직에서 발견되었으므로 '어디에나 존재한다ubiquitous'라는 뜻으로 그런 이름이 붙었다. 유비퀴틴은 세포 속에서 단백질을 조절하는 데 관련이 있는 것 같았지만, 당시만 해도 어떻게 조절하는지는 분명하지 않았다.

결국 연구자들은 프로테아솜proteasome(단백질 분해효소 복합체)이라는 거대한 분자 기계를 발견했다.[9] 비유컨대 엄청나게 큰 쓰레기 처리장이다. 유비퀴틴 표지가 붙은 단백질이 들어오면 프로테아솜은 그 단백질을 잘게 부숴 재활용한다. 이렇게 강력한 분해 장치가 아무 단백질에나 다가가서 제멋대로 작동한다면 무척 위험할 것이다. 따라서 이 과정은 매우 섬세하게 조절된다. 결함 있는 단백질뿐 아니라 완전히 정상적으로 작동하지만 더 이상 필요하지 않은 단백질도 이런 방식으로 처리된다.

따라서 프로테아솜이나 유비퀴틴 표지 시스템에 문제가 생기면 불필요한 단백질이 세포 내에 축적되어 문제를 일으킨다. 프로테아솜의 활성은 나이 들수록 감소한다. 그것이 노화의 원인이라고 믿을 만한 이유도 있다. 프로테아솜이나 유비퀴틴 표지 시스템에 의도적으로 문제를 일으키면 생명이 위험할 수 있으며, 아주 사소한 문제만 생겨도 알츠하이머병이나 파킨슨병 등 노화 관련 질환이 생길 수 있다.[10]

유비퀴틴-프로테아솜 시스템은 불필요한 또는 결함 있는 단백질을 정교하게 찾아내 제거한다. 단백질 가닥을 조금씩 분해하면서 부엌 싱크대에 연결된 음식물 쓰레기 처리기처럼 한 번에 하나씩 해결하는 방식이다. 하지만 세포가 커다란 쓰레기들을 대량으로 처리해야 한다면 어떻게 될까? 살다 보면 소파나 오래된 가구나 가전제품을 처리해야 할 때가 있지 않은가? 걱정할 필요 없다. 자연은 다 계획이 있다. 좀 이상하게 들릴지 모르지만 그 장치는 프로테아솜보다 수십 년 먼저 발견되었다.

고등 생물의 세포 속에는 핵이 있으며, 핵 속에는 염색체가 들어 있다는 사실은 오래전에 알려졌다. 하지만 강력한 현미경이 개발되면서 세포를 훨씬 자세히 연구할 수 있게 되자, 그 속에 핵 말고도 특화된 구조물이 많이 존재함을 알게 되었다. 이런 구조물을 세포 소기관organelle이라고 한다. 하지만 세포 소기관들이 어떤 식으로 협력해 세포 기능을 수행하는지는 수수께끼였다. 그중 하나가 세포 내에서 생기는 쓰레기를 재활용하는 데 매우 중요한 역할을 한다는 사실이 밝혀진 것은 훨씬 뒤의 일이다.

1955년 뉴욕 록펠러 대학과 벨기에 루뱅 가톨릭 대학Catholic University of Leuven을 오가며 연구하던 크리스티앙 드 뒤브는 리소좀이라는 세포 소기관을 발견했다. 그외 루뱅 대학 동료들이 연구한 결과 리소좀 속에는 생명체를 이루는 주요 구성 성분은 무엇이든 분해할 수 있는 소화 효소들이 가득 들어 있었다. 처음에 사람들은 리소좀을 도시의 쓰레기 매립지처럼 별 볼일 없는 기관으로 생각했다. 하지만 리소좀 속에서 세포 내 다른 부위의 잔해가 종종 발견되자 일은 흥미로운 방향으로 흘러갔다. 알고 보니 세포는 원하지 않는 구조물을 모두 리소좀으로 보내 처리했다. 드 뒤브는 이런 현상을 기술하기 위해 "스스로를 먹어 치운다"는 뜻의 그리스어를 빌려와 **자가포식**autophagy이라는 용어를 만들었다. 세포가 자신의 일부를 소화해 없앤다는 뜻이다. 그러면 세포 내에서 발생한 쓰레기는 어떻게 리소좀까지 운반될까?

세포는 자가포식소체autophagosome라는 구조물을 만든다. 막으로 둘러싸인 자가포식소체는 세포가 제거하고 싶은 모든 것을 집어삼키면서 서서히 커진다. 커다란 쓰레기 트럭을 생각하면 대충 비슷할 것이다. 자가포식소체는 단백질 부스러기에서 커다란 세포 소기관에 이르기까지 모든 쓰레기를 수거한 후, 리소좀과 결합해 그것들을 소화시킨 후 재활용한다. 프로테아솜이 부엌 싱크대 밑에 달린 음식물 쓰레기 처리 장치라면, 리소좀은 도시 구역마다 있는 거대한 쓰레기 재활용 센터라고 생각할 수 있다.

이 과정은 한시도 쉬지 않고 일어나지만, 매우 정교하게 조절된다. 세포가 스트레스를 받거나 굶주리면 자가포식이 활발해진다. 어려운 시기를 견디고 살아남기 위해 단백질과 기타 구조물을 분해해 부품을 재활용하는 것이다.

세포는 무엇을 언제 리소좀으로 보낼지 어떻게 결정할까? 이 문제를 해결하기까지는 거의 50년이 걸렸다. 1980년대 후반에서 1990년대 초반, 도쿄 대학의 젊은 조교수 오스미 요시노리가 영리한 아이디어를 내놓았다.

생물학에서는 종종 기르기 쉽고 돌연변이가 활발하게 일어나는 단순한 생물을 연구한다. 여기서 발견한 것을 인간처럼 복잡한 생물에 일반화함으로써 학문이 발전한다. 오스미도 분자생물학자들이 가장 좋아하는 단순한 생물을 연구했다. 제빵용 효모다. 효모에는 리소좀이 없지만, 비슷한 기능을 하는 액포vacuole란 것이 있다. 액포 속에 세포 내 쓰레기를 잔뜩 축적한 균주만 분리한 결과, 그는 자가포식을 활성화하는 데 필수적인 10여 가지 유전자를 발견했다.[11]

이런 혁신을 통해 자가포식이 세포의 일반적인 유지보수 활동으로서 한시도 쉬지 않고 일어남을 알게 되었다. 그 속도는 세포의 필요에 따라 빨라지거나 늦어진다. 외부에서 침입한 바이러스나 세균을 제거할 때는 새로 시작되기도 한다. 이런 유형의 자가포식이 일어나려면 외부에서 침입한 물질을 인식해 자가포식소체로 데려가는 특수한 어댑터 단백질adaptor protein이 필요하다. 그 후 자가포식소체는 리소좀과 결합해 외부에서 침입한 병원체를 녹여버린다. 자가포식은 세포가 이처럼 거대한 구조물을 분해 제거하는 유일한 과정이다.

여기까지 읽었다면 자가포식의 기능이 문제를 해결하는 것이라고 생각할지 모르지만, 사실 자가포식은 수정란이 성숙한 동물로 발달하는 데 필수적이다. 아무 문제없이 편안하게 살 수 있는 집이 있다고 해보자. 잘못된 곳은 없지만 살다 보니 리모델링을 하고 싶다. 가족이 늘거나, 팬데믹으로 재택근무를 하게 되어 홈오피스가 필요할 수도 있다. 요리에 취미가 생겨 더 큰 주방을 원할 수도 있다. 어쨌든 집안 구조를 바꾸려면 뭔가를 만들기 전에 우선 허물어야 한다. 벽을 철거하고, 배관이나 조리대를 뜯고, 새로운 공간에 맞지 않는 가구를 버려야 한다. 수정란이 신경이나 근육 등 특수한 세포로 분화하는 과정도 이와 같다. 내부 구조와 배열이 전혀 다른 세포가 되어야 하기 때문이다. 이런 일을 가능케 하는 것이 바로 자가포식이다.

간단히 말해 자가포식은 결함 있는 단백질, 노화한 세포 내 구조물, 세균이나 바이러스 등 외부에서 침입한 병원체를 제거할 때는 물론, 세포가 정상적으로 발달하는 데도 필수적이다. 이처럼 수많은 필수 기능을 수행하기 때문에 부분적으로라도 이 과정에 문제가 생기면 암에서 신경변성 질환에 이르는 심각한 문제들을 겪게 된다.[12]

지금까지 세포가 결함이 있거나 더 이상 필요하지 않은 단백질과 크기가 큰 구조물을 어떻게 처리하는지 알아보았다. 하지만 비정상 단백질이 너무 많이 쌓이면 재활용 기전이 쫓아가기 어렵다. 이때 세포는 새로운 단백질 합성을 신속히 중단한다. 욕실이 물바다가 됐을 때 집으로 들어오는 상수도관 자체를 잠그는 것과 같다. 굶주리거나 스트레스를 받은 세포가 새로운 단백질을 만들어 성장을 꾀하는 것도 이치에 맞지 않는다.

세포가 새로운 단백질 합성을 중단하는 방식 중 하나는 리보솜이 단백질을 만들기 위해 mRNA를 판독하는 과정을 아예 시작하지 못하게 막는 것이다. 이렇게 하면 위기에 대처할 동안 새로운 단백질의 생산 속도를 늦출 수 있다. 교통 정체가 심할 때 아예 고속도로 진입을 막는 것과 비슷하다. 더 많은 차가 고속도로에 들어와봐야 문제만 악화될 것 아닌가? 이제 세포는 대부분의 단백질 생산을 중단하지만, 스트레스를 완화하고 살아남는 데 도움이 될 단백질들은 오히려 생산을 늘린다. 교통 정체의 비유로 돌아가면 고속도로 진입로에 교통 통제 신호판을 세우는 동시에 견인차를 보내 사고 현장을 정리하는 것과 비슷하다.

이렇게 대부분의 단백질 생산을 중단하는 동시에 유용한 몇 가지 단백질 생산을 활성화하는 과정은 세포가 굶주리거나, 바이러스에 감염되었거나, 미접힘 단백질이 너무 많이 생겼을 때 일어난다. 이는 수많은 유형의 스트레스에 공통적으로 일어나는 반응이므로 통합 스트레스 반응integrated stress response(ISR)이라고 한다.[13]

이쯤 되면 나이가 들수록 단백질의 질적, 양적 문제가 심해질 것이므로 강력한 ISR 반응이 필요하리란 생각이 들 것이다. 실제로 정확히 그런 사실이 관찰되었다. 마우스에서 ISR 활성화 유전자를 제거하자, 비정상적 단백질에 의해 다양한 질병이 나타났다.[14] 미접힘 단백질로 인한 질병에 시달리는 마우스에게 ISR 유도 물질을 투여하자 증상이 호전된 반면, ISR을 억제하자 증상이 악화되어 더 빨리 폐사했다. 다시 말해 통합 스트레스 반응을 강화하는 물질은 단백질 생산 과정에서 품질 관리가 제대로 되지 않아 생기는 질병을 예방한다. 물론 수명도 연장한다.[15] 적어도 한 가지 경우에는 이 물질들이 어떤 방식으로 작용하는지, 심지어 ISR에 직접적으로 영향을 미치는지에 대해 논란이 있기는 하다.[16]

지금까지 설명한 사실은 나이가 들수록 ISR을 회복하거나 강화하는 것이 중요함을 보여주지만, 일부 연구팀은 정확히 반대 현상을 관찰했다. 마우스에서 ISR 활성화 유전자를 제거하자 기억력 저하를 비롯해 일부 알츠하이머병 증상이 완화된 것이다.[17] ISR을 중단하는 분자를 투여하자 인지 기억이 강화되고, 뇌 외상 후 인지 결손이 회복되었다. 더 놀라운 사실은 뇌 외상을 입은 지 한 달 뒤에 통합 스트레스 반응 억제제integrated stress response inhibitor(ISRIB)를 투여해도 이런 효과가 관찰되었다는 점이다.[18]

보편적 조절 기전을 끄는 것이 왜 유익할까? 유전자 번역 전문가이자 ISRIB 연구 논문의 공동저자인 맥길 대학교McGill University의 나훔 소넨버그는 ISR 자체가 만성화되고 통제 불능 상태에 빠지는 질병들이 있다고 믿는다.[19] 단백질 합성을 억제해서는 안 될 때 억제하거나, 적정 수준보다 훨씬 심하게 억제할 수 있다는 것이다. 비유하자면 감속하거나 정지해야 할 때만 브레이크를 밟는 것이 아니라, 항상 브레이크가 작동하는 자동차와 같다. 이런 ISR은 생명을 구하기는커녕 방해가 된다. 나이가 들어도 여전히 새로운 단백질은 만들어야 한다. 예컨대 새로운 것을 기억하려면 뇌 세포 연결을 강화하는 단백질들을 만들어야 한다. 하지만 ISR 자체가 통제 불능 상태가 된다면, 필요한 만큼 단백질을 만들 수 없다. 이때는 ISR을 아예 꺼버리는 편이 이로울 것이다.

언론에서는 ISRIB를 희미해진 기억을 되살리고 뇌 손상을 치료하는 "기적의 분자"라고 떠들어댔다. 구글의 모회사인 알파벳에서 소유한 캘리코 라이프 사이언시스Calico Life Sciences는 ISR을 비활성화하는 ISRIB 유사체에 대한 임상시험을 시작했다. 미접힘 단백질 반응과 ISRIB의 발견자 중 하나인 피터 월터는 최근 UCSF 교수라는 명예롭고 안정적인 자리를 그만두고, 캘리포니아와 영국 케임브리지 두 곳에서 노화 관련 연구소를 운영하는 민간 기업 알토스 랩스Altos Labs에 합류했다.

이런 움직임이 어떻게 전개될지는 불분명하다. ISR 자체가 다름 아닌 미접힘 단백질 축적, 아미노산 결핍, 바이러스 감염 등 세포의 심각한 문제 상황을 해결하기 위한 공통 조절 기전임을 기억해야 한다. 애초에 발견한 사실은 ISR을 연장하면 특정한 병적 상황에 도움이 된다는 것이었다. 그러니까 ISR을 강화하는 것이 도움이 되는 상황이 있는가 하면, 억제하는 것이 나은 상황도 있을지 모른다. 어떤 시점에 정확히 얼마나 많은 ISR이 일어나야 바람직한지 알기란 단순치 않을 것이다. ISR을 노화 관련 질병의 장기적 치료로 자신있게 사용하려면 앞으로도 갈 길이 멀지 모른다.

이번 장에서 많은 것을 살펴보았지만 전체를 관통하는 한 가지 맥락이 있다. 세포가 올바로 기능하려면 그 속에 있는 수많은 단백질이 조화롭게 협력해야 한다는 것이다. 단백질은 꼭 필요한 순간에 꼭 필요한 만큼 만들어져야 하며, 만들어진 후에는 올바른 형태를 갖추어야 한다. 오케스트라의 모든 악기가 맡은 부분을 조화롭게 연주하는 것과 같다. 몇몇 현대 오케스트라가 그렇듯 세포에는 지휘자가 없다. 그렇다고 오케스트라의 일부라도 올바로 연주하지 않는다면 전체가 무너져 내린다.

지금까지 세포가 이상을 감지하는 다양한 방법과 그것을 바로잡기 위해 수행하는 다양한 반응을 알아보았다. 모든 과정이 놀랄 정도로 복잡한 상호작용의 그물망 속에 있으며, 그물망 자체는 훨씬 많은 단백질에 의해 조절된다. 이런 조절 단백질 자체에 결함이 생기면 문제가 크게 증폭된다. 바로 이것이 나이가 들 때 벌어지는 일이다.

†

이번 장은 알츠하이머병이라는 끔찍한 재앙에 대한 이야기로 시작했다. 점점 많은 사람이 두려워하는 이 노년의 질병은 상당히 흥미로운 질병군과 관련이 있다. 그 원인은 아무도 예상하지 않은 방식으로 밝혀졌다. 수수께끼를 해결한 핵심 인물은 노벨상 수상자이자 어린이 성추행범이라는 독특하고 대조적이며 불운한 이력을 지닌 과학자였다.[20]

칼턴 가이듀섹은 하버드에서 의사 자격을 취득한 후 보스턴에서 펠로십을 밟던 중에 징집되었다. 한국전쟁에 참전해 거기서 미군을 쓰러뜨리는 열병이 철새에 의해 전파됨을 입증했다. 능력을 알아본 미국 질병관리본부CDC에서 자리를 제안했지만, 그는 호주 멜버른으로 가서 유명한 면역학자 맥팔레인 버넷 아래서 연구하는 길을 택했다.[21] 버넷은 그를 뉴기니의 포트 모레스비로 보내 어린이 발달 행동 및 질병에 대한 다국적 연구를 준비했다. 현대적 연구 설비가 없는 외딴곳에서 현장 연구를 수행한다는 것이 쉬울 리 없지만, 가이듀섹은 매우 독특한 인물이었다. 언젠가 버넷은 그를 가리켜 "지능지수는 180을 넘겠지만, 정서적으로는 열다섯 살 수준 정도로 미숙하다"고 평가하면서 완전히 자기중심적이고, 낯짝 두꺼우며, 지각없는 녀석이라고 솔직하게 덧붙였다.[22] 미국에서 온 젊은 녀석은 위험과 신체적 고생과 다른 사람의 기분 따위에는 조금도 신경 쓰지 않고 멋대로 할 것이라고도 했다.

포트 모레스비에서 가이듀섹은 쿠루kuru라는 수수께끼의 질병에 대해 듣고 300킬로미터 떨어진 이스턴 하이랜즈주Eastern Highlands Province로 향했다. 그곳 토착민인 포레이Fore족 사이에 질병이 번지고 있었던 것이다. 이 병에 걸린 환자는 예외 없이 사망했다. 열이나 염증 같은 증상은 없었지만, 몸을 벌벌 떨고 갑자기 웃음을 터뜨리는 등 매우 기이한 행동을 나타내는 진행성 뇌 질환이 사망 원인이었다. 인류학자인 셜리 린덴바움과 로버트 글라스가 관찰한 바에 따르면 포레이족 여성과 어린이들은 가까운 친척이 죽으면 그의 몸을 뼈까지 먹어 치웠다. 성인 남성은 식인 의식에 끼지 않았다. 식인 축제는 비교적 최근에 생긴 관습으로, 조사 결과 쿠루에 걸린 사람은 모두 인육을 먹었음이 드러났다. 인류학자들은 식인 풍습이 질병의 전파와 관련이 있다고 결론 내렸다.[23] 가이듀섹은 동료인 빈센트 지가스와 함께 포레이족이 장례를 치른 후 망자의 뇌를 먹는다는 것을 발견했다. 죽은 자의 뇌 속에 있던 무언가가 그것을 먹은 사람에게 질병을 옮긴다고 직감한 가이듀섹은 결국 병에 걸린 환자의 뇌 추출물을 침팬지의 뇌에 주사해 쿠루를 옮길 수 있었다.

포레이족 사망자들의 뇌를 부검해 현미경으로 관찰해보니 온통 스폰지처럼 구멍이 숭숭 뚫려 있었다. 쿠루는 이런 양상으로 나타나는 뇌 질환, 소위 해면상 뇌병증 중 하나다. 변종 크로이츠펠트-야콥병도 이 범주에 든다(여기서 변종이란 유전성이 아니라 전염성으로 발생한다는 뜻이다). 이 병은 약 10퍼센트에서 유전되는데, 가이듀섹은 쿠루처럼 환자의 뇌 추출물을 통해 침팬지에게 질병을 옮길 수 있음을 입증했다. 유전되는 질병이 때로는 감염병처럼 **전염**되기도 한다는 개념은 유례없는 것이었다. 1976년 가이듀섹은 노벨상을 수상했다.

유감스럽게도 그의 경력은 영광스럽게 끝나지 못했다. 오랜 세월에 걸쳐 그는 뉴기니와 미크로네시아에서 50명 넘는 어린이를 미국으로 데려와 후견인 노릇을 했다. 1990년대에 연구실 직원의 제보를 받은 FBI는 가이듀섹을 조사하기 시작했다. 그리고 소년 중 하나를 설득해 가이듀섹이 소년과 성적 접촉을 가졌음을 인정하는 통화 내용을 녹음했다. 지금 같으면 생각하기 어려운 일이지만 그는 양형量刑 거래를 통해 1997년 한 해를 복역한 후, 출소하자마자 미국을 떠나 여생을 유럽에서 보냈다. 스스로 택한 망명 생활 동안 그는 몇몇 대학과 협력해가며 여전히 과학계에서 활발히 활동했다. 자신의 행동에 대해서는 전혀 뉘우치지 않았으며, 미국 특유의 성적性的으로 고상한 체하는 분위기 때문에 봉변을 당한 데 불과하다고 생각했다.[26] 그가 데려온 소년 중 많은 수가 계속 그와 연락하고 지냈으며, 일부는 그의 성을 따르거나 심지어 그의 이름을 따서 자녀 이름을 지었다. 그는 노르웨이 트롬쇠 대학을 자주 방문했는데, 2008년 그 도시의 한 호텔에서 세상을 떠났다.

가이듀섹이 도입한 전염성 개념은 이 계열 질병의 개념에 크나큰 영향을 미쳤다. 특히 1980년대에 영국 소들에게 유행한 광우병(우형 해면상 뇌병증)은 감염된 동물의 사체를 소에게 먹여서 발생했다. 이 시기 전후로 100명 넘는 사람이 크로이츠펠트-야콥병으로 사망했다. 과학자들은 이들이 광우병에 걸린 소고기를 먹고 병에 걸린 것이 아닌지 의심했다. 당시만 해도 감염된 소고기를 먹는 것과 이 병 사이의 관련성이 널리 인정되지 않았다. 영국 농수산식품부 장관 존 거머가 텔레비전에 출연해 네 살난 딸 코델리아에게 햄버거를 권하며 영국 소고기는 완전히 안전하다고 선언한 일은 유명하다(아이는 병에 걸리지 않았다). 그럼에도 많은 국가가 신중을 기하기 위해 영국 소고기 수입을 금지했으며, 수백만 마리의 소를 살처분하고 죽산 관행을 완전히 바꾼 후에야 금수 조치를 풀었다.

이 질병들이 전염된다는 사실은 확실해졌지만, 정확히 어떻게 전염되는지는 분명치 않았다. 19세기와 20세기 초반 이래 모든 감염병은 살아 있는 병원체가 옮긴다는 것이 확고한 도그마로 자리잡은 터였다. 기생충이든 세균이나 곰팡이나 바이러스 등의 미생물이든 병원체가 숙주의 몸에서 증식할 수 있어야 했다. 1980년대 초 UCSF에서 연구하던 미국 신경과 의사 스탠리 프루시너는 스크래피의 병원체를 분리하는 데 착수했다. 스크래피란 양과 염소의 해면상 뇌병증으로 감염성 질환이다. 스크래피에 걸린 양과 염소의 뇌 추출물은 열을 가하는 등 표준 멸균법으로 처리한 후에도 감염성을 유지했으므로, 병원체는 잠복기가 아주 길고 불활성화 처리에 저항성을 지니는 바이러스라는 생각이 널리 퍼져 있었다. 하지만 프루시너가 분리한 감염성 병원체는 다름 아닌 단백질이었다. 대부분의 과학자가 회의적인 반응을 보였다. 단백질은 세균이나 바이러스와 달리 증식할 수 없는데, 도대체 어떻게 동물에서 동물로 전염되는 감염병을 일으킬 수 있단 말인가?

이후 몇 년간 프루시너는 문제의 단백질을 분리하고, 그것이 뇌에 원래부터 정상적으로 존재하지만, 스크래피에 감염된 뇌에서는 형태가 비정상임을 입증했다. 프루시너는 그 단백질을 프리온prion이라고 명명하고, 정상 버전과 스크래피 버전 등 두 가지 형태가 있다고 주장했다. 사악한 자가 주변의 착한 사람들을 타락시키듯, 잘못 접힌 스크래피 버전의 이상 단백질은 일종의 주형(틀)으로 작용해 접촉하는 모든 정상 버전 프리온 단백질을 잘못 접힌 버전으로 바꿔버린다. 그 결과 잘못 접힌 형태의 단백질이 감염병처럼 세포 전체로 퍼지고, 마침내 세포를 넘어 조직 전체로 퍼져 병을 일으킨다.[25]

언뜻 보아 쿠루나 스크래피 같은 질병과 알츠하이머병 사이의 공통점은 치명적인 뇌 질환이라는 사실밖에 없는 것 같지만, 훨씬 깊은 차원의 유사성이 있다. 알로이스 알츠하이머 박사는 사망한 환자들의 뇌를 부검해 세포 바깥에 판plaque 모양의 구조물이, 일부 신경 세포 내부에는 섬유가 얽힌 것 같은 구조물이 쌓여 있음을 발견했다.[26] 처음에는 이런 침착물이 질병의 원인인지, 아니면 질병으로 인해 생긴 증상인지가 분명치 않았다.

1984년 세포 외부에 침착된 판의 주성분이 아밀로이드-베타라는 단백질이며, 그 자체는 훨씬 큰 아밀로이드 전구 단백질amyloid precursor protein(APP)이 쪼개져 생긴다는 사실이 밝혀졌다.[27] 알츠하이머병은 대체로 고령과 관련된 질병이며 반드시 유전되는 것은 아니지만, 유전성 알츠하이머병을 겪는 일부 환자는 훨씬 이른 연령에 발병한다. 이들은 APP 유전자에 돌연변이가 있는 것으로 밝혀졌다.[28] 또한 과학자들은 APP를 분해해 아밀로이드-베타를 형성하는 효소들을 발견하고, 노화에 관여한다는 뜻으로 프리세닐린presenilin이라는 이름을 붙였다. 이 단백질에 돌연변이가 생겨도 가족성 알츠하이머병이 발생한다. 아밀로이드-베타가 너무 많이 만들어지거나 제대로 처리되지 못해 축적되면 알츠하이머병이 생긴다는 것이 거의 확실해 보였다. 많은 과학자가 왜 아밀로이드 판이 생기는지, 어떻게 예방할 수 있는지 밝히는 연구에 뛰어들었다.

그러나 과학은 그리 단순하게 풀리지 않는 경우가 많다. 아밀로이드 판은 대개 신경 세포 밖에 생기는데, 왜 신경 세포가 죽을까? 또 하나 흥미로운 현상이 있다. 혈관 등 다른 조직에도 아밀로이드-베타가 침착될 수 있지만, 이때는 사람이 죽지 않는다. 사람이 죽는 것은 뇌에 병이 생겼을 때뿐이다. 과거에 간과

되었던 알츠하이머병의 특징은 일부 신경 세포 속에 타우tau라는 단백질이 섬유 모양 구조를 이룬다는 것이다. 혹시 타우 섬유가 질병의 진정한 원인일까?[29]

처음에는 회의적이었지만, 세 곳의 연구팀에서 독립적으로 파킨슨병에 연관된 유전적 치매 환자들에게 타우 유전자 돌연변이가 있음을 발견하면서 타우가 문제임을 시사하는 증거도 축적되기 시작했다.[30] 무엇보다 타우는 어떻게 병을 일으키는지 상상하기가 어렵지 않다. 타우 섬유는 뉴런이 서로 연결되는 부위인 축삭과 수상돌기를 막아 차단할 수 있다. (놀랄 일도 아니지만) 치매에서 가장 먼저 없어져 인지장애를 일으키는 곳이 바로 이런 연결 부위다.

치매를 겪는 뇌에 특징적으로 나타나는 섬유들은 그저 미접힘 단백질이 엉킨 것이 아니다. 비정상적 분자가 한데 모여 치매 유형에 따라 서로 다른 섬유들을 형성한 것이다.[31] 연구 결과 치매에서 관찰되는 섬유 매듭은 실제로 뚜렷한 구조적 패턴을 나타내며, 특정 질병에 따라 특징적인 구조를 취한다.

아밀로이드-베타, 타우, 기타 섬유들이 질병과 관련된다는 매우 설득력 있는 증거가 확보된 셈이다. 한 가지 문제는 이 단백질들이 정상 상태에서 어떤 기능을 하는지 아무도 모른다는 점이다. 마우스에서 관련 유전자를 제거하면 특정한 이상이 나타나지만, 그렇다고 해서 아밀로이드 판이나 알츠하이머병이 나타나지는 않는다.[32] 아밀로이드-베타나 타우가 질병을 일으키는 이유는 정상적인 기능을 중단하기 때문이 아니라, 미접힘 형태의 단백질이 섬유 구조를 형성해 뇌 전체로 퍼지기 때문이란 뜻이다.

알츠하이머병과 프리온 질환은 모두 비정상적 형태의 단백질이 한데 엉겨 섬유 매듭이나 아밀로이드 판을 형성하기 때문에 생긴다. 프리온 질환에서는 프리온 버전이 정상 버전과 다른 형태를 띠며, 접촉한 정상 버전을 프리온 버전으로 바꾸기 때문에 계속 퍼져간다. 알츠하이머병과 기타 신경변성 질환에서도 같은 일이 일어날 것이라고 믿는 사람이 점점 늘고 있다. 비정상 미접힘 단백질이 섬유 매듭을 형성하고, 뇌 전체로 퍼진다는 것이다.[33] 알츠하이머병 환자의 뇌 추출물을 마우스에게 주사하면 조기에 아밀로이드 판이나 섬유 매듭이 형성된다. 하지만 쿠루나 우형 해면상 뇌병증 등의 프리온 질환과는 달리, 알츠하이머병이나 파킨슨병, 또는 비슷한 질병들이 감염된다는 증거는 없다. 어쩌면 우리가 치매 환자의 뇌를 먹지 않거나, 병든 뇌의 추출물을 우리 뇌에 주사하지 않기 때문일지도 모른다.

알츠하이머병의 원인은 무엇일까? 그야말로 시급한 질문이다. 예방의 열쇠가 거기에 있다. 답은 '원인'이란 말을 어떻게 정의하느냐에 달려 있다. 직접적인 원인은 뇌 속에 타우나 아밀로이드-베타가 만들어지는 것이다. 하지만 그보다 선행하는 근본 원인은 애초에 세포가 이런 섬유를 구성하는 과잉 미접힘 단백질을 제대로 처리하지 못했기 때문이다. 그보다 선행하는 원인은 몸의 조절 시스템이 손상되는 것이다. 앞서 논의한 세포의 품질 관리와 재활용 기전 말이다. 조절 시스템이 손상되는 최종 원인은? 바로 노화다.

따라서 모든 문제의 근본 원인은 결국 그런 손상이 발생할 정도로 오래 사는 것이라고 할 수 있다. 지난 세기 인류의 기대수명이 크게 늘어난 데 따른 한 가지 결과가 삶의 말년을 알츠하이머병처럼 끔찍한 질병과 함께 보내게 될 가능성이 커진 것이란 점은 매우 역설적이다.

우리가 할 수 있는 일이 있을까? 여기서 불편한 진실을 마주하게 된다. 수십 년간의 연구에도 불구하고 아직 치매에 대해서는 효과적인 치료법이 없다는 점이다. 암을 치료하기가 그토록 어려운 이유는 통제에서 벗어난 것이 다름 아닌 우리 자신의 세포이기 때문이다. 알츠하이머병도 마찬가지다. 우리 자신의 단백질이 말썽을 부려 생긴다. 또 한 가지 암과 비슷한 점은 유전적 요인과 화학적 인자와 감염 인자가 모두 질병의 경과를 가속화한다는 것이다. 이런 이유로 치료에 근본적인 어려움이 따른다. 최근 아밀로이드-베타 단백질에 결합하는 항체를 18개월 동안 투여한 후 약 25퍼센트의 환자에서 인지 기능 저하가 멈추었다는 보고가 있었다.[34] 타우 응집체가 아직 많이 생기지 않은 초기 환자에게 사용하면 질병의 진행을 늦추는 데 가장 효과적이다. 발작과 뇌출혈 등 심각한 부작용 위험이 있지만, 아밀로이드-베타를 표적으로 한 치료가 실제로 어느 정도 효과가 있음을 입증했다는 데 의의가 있다. 알츠하이머 환자에게 해줄 것이 거의 없다는 암울한 상황에서는 비용이 많이 들고 복잡하며 상대적으로 이익이 크지 않은 치료라도 대단한 혁신으로 평가되는 것이다.

하지만 이 병을 이해하는 데 최근에 이루어진 모든 혁신은 다소 희망적이다. 이제 섬유 매듭의 구조가 아무렇게나 형성된 것이 아니라 매우 특이적인 접촉점들이 있음을 알기 때문에, 어쩌면 이를 막는 약물을 개발할 수 있을지 모른다. 단백질 생산 자체를 억제하려는 시도도 있다. 노화한 세포를 조작해 비정상 단백질을 젊은 세포처럼 효과적으로 처리하도록 하는 것을 비롯해, 보다 근본적인 원인을 연구하는 과학자도 많다. 아울러 우리는 질병이 막 시작되었을 때 조기 경보로 삼을 적절한 생물학적 표지자를 찾아야 한다. 근본적인 생물학을 점점 많이 알게 되면서 애초에 질병을 예방하고, 질병이 생겼다면 조기 진단 및 치료 방법을 찾아내리라는 희망도 점점 커지고 있다.

적은 것이
많은 것이다

내가 자란 인도는 수많은 종교가 융성한 땅이라 어디선가 누군가는 항상 금식 중이다. 힌두교인은 특정한 종교적 행사를 앞두고 금식을 하는데, 엄격하게 지키면 매주 금식하는 날이 돌아온다. 무슬림은 라마단이 되면 한 달 내내 동틀 때부터 해 질 때까지 물 한 방울도 마시지 않는다. 인도의 길고 무더운 여름에 라마단을 맞아도 마찬가지다. 기독교인은 사순절에 금식한다. 금식은 종교적 규례로서만 행하는 것이 아니다. 사실상 모든 문화권에서 금식, 넓은 의미로 절제를 장수와 건강의 열쇠로, 과식은 악덕으로 간주한다.

생물종으로 존재한 대부분의 시간 동안 인류는 수렵채집인이었다. 원치 않은 장기간의 금식 사이사이로 어쩌다 한번 마음껏 포식하는 날이 있었을 뿐이다. 우리 몸의 대사는 그런 생활습관에 맞춰 진화했을 것이다. 그러나 오늘날, 특히 서구의 부유한 나라에서는 사정이 완전히 다르다. 수많은 사람이 코로나19 팬데믹 초기에 과도하게 체중이 늘었다. 대부분 집에 틀어박혀 생활하던 시기다. 냉장고만 열면 음식을 꺼내 먹을 수 있었다. 실제로 인류는 유행병 수준의 비만에 시달리고 있다. 비만은 심혈관질환과 제2형 당뇨병은 물론 일부 암, 심지어 알츠하이머병과도 관련이 있다. 감염병의 주요 위험 인자이기도 하다. 비만한 코로나19 환자는 바이러스 때문에 사망할 확률이 훨씬 높다. 그러니 비만은 노후의 건강과 질병으로 인해 죽을 가능성이라는 면에 큰 영향을 미친다고 할 것이다.

최근 비만이 유행하는 까닭은 복잡하다. 널리 알려진 이론에 따르면 인류는 역사상 대부분의 기간 동안 먹을 것이 충분치 않았고, 그나마 어쩌다 한번씩 먹을 수 있었기 때문에 '절약 유전자'가 진화했다. 지방을 더 효율적으로 저장하는 사람이 어려운 시기를 견디고 살아남을 가능성이 높았다. 이제 풍요의 시대를 맞았지만 그 유전자들이 여전히 과다섭취한 칼로리를 지방으로 저장하는 바람에 비만해진다는 것이다.[1] 이런 개념은 너무 널리 퍼져서 이제 뻔한 소리처럼 여겨질 정도인데, 현재는 여기에 의문을 제기하는 사람이 많다. 오늘날 미국에서조차 비만 인구는 전체의 절반도 안 된다. 생물의 에너지 섭취와 몸무게의 관계를 연구한 존 스피크먼은 설득력 있는 주장을 펼쳤다. 인구 전체를 보면 지방 저장 효율성에 많은 유전적 변이가 존재한다는 것이다. 이런 다양성을 그는 '부동성 유전자drifty gene'라고 부른다.[2]

먹을 것이 부족한 환경이라면 아주 살찌기 쉬운 사람도 실제로 비만이 되는 경우는 드물다. 하지만 지금처럼 고열량 식품이 넘쳐나면 과거에는 아무 해를 끼치지 않았던 유전자를 물려받은 집단에서도 비만이 폭발적으로 늘어난다. 또한 역사적으로 우리가 금욕적으로 진화했을 이유 따위는 없다.

오늘날 비만이 급증하는 이유가 무엇이든 절제와 건강 체중을 유지하는 것이 건강한 삶의 비결임을 의심하는 사람은 없다. 분명 과식은 건강에 나쁘다. 그 역도 성립할까? 식단을 엄격히 제한해 훨씬 적게 먹으면 훨씬 오래 살까? 최초의 연구는 1917년에 수행되었는데, 당시에는 아무도 주목하지 않았다. 생물종으로 존재한 대부분의 시간 동안 과식보다 영양 부족이 훨씬 큰 위협이었기 때문일 것이다.[3] 그럼에도 그 개념은 끈질기게 살아남았으며, 이후 연구를 통해 열량 제한식을 제공받은 래트가 마음껏 먹도록 한 래트에 비해 더 오래 살고 더 건강하다는 사실이 입증되었다.

열량 제한이란 실험 동물에게 마음껏 먹도록 했을 때 섭취하는 열량보다 30~50퍼센트 낮은 열량을 제공하면서, 필수 영양소는 충분히 섭취해 영양 부족 상태가 되지 않게 하는 것이다. 설치류와 기타 동물종에게 열량 제한식을 제공하자 평균 수명과 최대 수명이 20~50퍼센트 늘었다. 당뇨병, 심혈관질환, 인지 저하, 암 등 몇몇 노화 관련 질환의 발생 시기도 늦춰지는 것 같았다.[4]

하지만 마우스는 작고 수명도 짧다. 우리와 더 비슷한 동물은 어떨까? 2009년 위스콘신 대학에서 수행한 장기 연구 결과 열량 제한식을 제공받은 붉은털원숭이는 더 오래 살 뿐 아니라 더 건강하고 젊어 보였다.[5] 하지만 불과 몇 년 뒤 미 국립 노화연구소National Institute on Aging(NIA)에서 수행한 25년 연구에서는 반대 결과가 나왔다.[6] 위스콘신 연구에서 사용한 식단은 더 풍성하고 당 함량도 높았으므로, 어쩌면 칼로리를 적게 섭취했기 때문이 아니라 더 건강한 식단을 섭취했기 때문에 그런 차이가 발생했는지도 모른다. 미 국립 노화연구소에서는 대조군 동물이 마음껏 먹도록 허용하지 않고, 비만을 막기 위해 정확히 계산된 양만 먹도록 했다. 위스콘신 연구의 대조군은 40퍼센트 넘게 당뇨병이 발생한 반면, 미 국립 노화연구소 대조군에서 당뇨병이 생긴 동물은 12.5퍼센트에 불과했다. 동시에 양쪽 연구 모두 이미 건강한 식단을 섭취하면서 과체중이 아닌 동물은 더 이상 칼로리를 제한해도 수명 연장 효과는 없음을 시사했다. 흥미롭게도 양쪽 연구의 모든 동물, 심지어 열량을 제한한 동물조차 야생 상태의 농불보다는 봄부게가 더 나갔다. 열량 제한 식단조차 자연 상태보다는 더 많은 음식을 섭취한다는 의미일 것이다.

원숭이 실험은 상당히 어렵다. 일단 수명이 25~40년이므로 양쪽 연구 모두 20년 넘게 계속되는 중이며, 이미 들어간 연구비도 엄청나다. 원숭이보다 두 배 이상 길게 살며, 음식 섭취량을 추적하기가 훨씬 어려운 인간 대상 연구가 얼마나 어려울지는 말할 필요도 없을 것이다. 현재로서는 열량 제한이 인간의 수명에 미치는 효과에 대해서는 어떤 증거도 일화적 수준에 불과하지만,[7] 그렇다고 해서 자신을 대상으로 실험을 감행하고 심지어 자신의 생활습관을 선전하는 책까지 써대는 사람들을 말릴 도리는 없다.

단식이나 절식이 그저 열량 섭취 감소를 넘어 건강에 유익한 효과가 있다는 주장도 반복되어왔다. 대표적인 것이 일주일에 이틀은 500~600칼로리만 섭취하고, 닷새는 정상적으로 식사하는 5 대 2 절식이다.[8] 매일 시간을 정해놓고 그동안에 하루 먹을 것을 모두 먹는 방법도 있다. 최근에는 마우스에서 열량 제한과 간헐적 단식뿐 아니라, 급식 시간을 생물학적 일주기 리듬에 일치시킬 때의 효과를 조사했다. 그 결과 음식 섭취 시간을 일주기 리듬에 맞추면 간헐적 단식의 유익함이 크게 늘어났다.[9] 언뜻 듣기에는 홈런이 나온 것 같지만, 함께 실린 논평은 추가적 이익의 많은 부분이 음식 섭취 시점과 전혀 관련이 없을 수 있다고 지적했다. 원래 낮에는 자고 밤에 활동하는 동물인 마우스를 낮에만 먹게 하면 굶든지 잠을 포기하든지 둘 중 하나를 선택해야 하는 불쾌한 상황에 처한다는 것이다. 마우스들은 잠을 포기했다. 열량 제한 식단을 24시간에 걸쳐 분배해도, 깨어 있을 때 충분히 먹는 것이 아니라 나머지를 먹기 위해 잠을 줄였다.

나는 잠을 제대로 못 잤을 때 몸과 마음이 얼마나 엉망이 되는지 안다. 나이 들수록 비행기 여행 후 시차에 적응하기가 점점 어려워져 다른 대륙으로 건너간 직후에는 제대로 활동할 수 없다. 다른 분야 과학자들이 건강과 그토록 밀접한 관계에 있는 수면을 아무렇지도 않게 무시하는 모습을 보면 그저 놀라울 따름이다. 우리는 수면이 뇌, 특히 눈과 시각에 관련되어 있다고 생각한다. 하지만 매슈 워커가 《우리는 왜 잠을 자야 할까Why We Sleep》라는 책에서 설명했듯, 잠을 자기 위해 꼭 뇌가 필요한 것은 아니다. 심지어 신경계도 필요치 않다. 사실 잠이란 모든 생명체에서 까마득히 오래전에 생겼으며, 여전히 고도로 보전된 현상이다. 단세포 생물조차 수면과 관련된 일주기 리듬에 따른다. 동물은 자는 동안에 공격받기 쉬우므로 수면은 매우 위험한 행동이다. 그런데도 기나긴 진화의 역사 속에서 지금까지 보전된 것을 보면 엄청난 생물학적 이익이 있음에 틀림없다. 수면이 건강에 미치는 영향은 넓고 깊다. 특히 수면이 부족하면 심혈관 질환, 비만, 암, 알츠하이머병 등 많은 노화 관련 질병의 위험이 높아진다.[10] 최근 연구에 따르면 수면이 부족할 때 노화와 죽음이 빨라지는 한 가지 이유는 세포 손상의 축적을 막는 복구 기전이 약화되기 때문이다.[11]

급식 시간을 마우스가 깨어 있을 때로 맞추는 연구에서는 수면 패턴을 모니터하지 않았다. 하지만 고의로 수면을 방해하지 않는 한 분명 열량 제한은 건강과 장수에 긍정적인 영향을 미친다. 열량 제한이 마음껏 먹는 것보다 건강에 유익하다는 사실은 수십 년간 많은 동물종에서 확인되었다.

이 모든 것이 믿기 어려울 정도로 좋은 소식처럼 들릴지 모른다. 하지만 그렇게 믿기에는 아직 이르다. 한 연구에서 열량 제한 효과는 마우스의 계통과 성별에 따라 큰 차이를 보였다. 사실 실험 동물의 대다수는 열량을 제한하면 수명이 오히려 줄었다.[12]

노화 연구의 선구자인 레너드 헤이플릭도 식이 제한이 노화에 어떤 식으로든 영향을 미친다는 데 회의적이었다. 그는 동물을 마음껏 먹도록 하면 과식하기 때문에 건강에 해로우며, 열량 제한은 그런 경향을 피해 야생에서 먹는 것과 비슷한 조건으로 되돌리는 데 불과하다고 믿었다.[13] 실제로 실험실에서 벗어나 야생 동물들을 조사하자 적게 먹는 것과 오래 사는 것 사이의 관련성이 훨씬 미미했다.[14]

그럼에도 많은 실험실 연구에서 열량 제한은 적어도 마음껏 먹도록 허용하는 것보다 유익했다. 이 사실은 래트와 마우스뿐 아니라 선충, 파리, 심지어 보잘것없는 단세포 생물인 효모에 이르기까지 다양한 생명체에서 관찰되었다. 대부분의 노화 연구자는 식이 제한이 마우스에서 건강 수명과 최대 수명을 연장할 뿐 아니라, 인간에서도 암과 당뇨병과 전반적인 사망률을 줄인다는 데 동의한다. 미시적인 관점에서 봐도 단백질 섭취, 심지어 메티오닌과 트립토판 등 특정 아미노산 섭취를 줄이는 것만으로도(두 가지 아미노산은 몸에서 생산하지 못하기 때문에 반드시 음식을 통해 섭취해야 한다) 전체적으로 식이섭취를 제한했을 때 나타나는 이익의 최소한 일부는 나타날 수 있다.[15]

영양 결핍을 겨우 피할 정도로 최소한만 먹으면 건강에 좋다는 사실은 직관에 반하는 것처럼 들린다. 사실 열량 제한의 효과는 진화적 노화 이론의 또 다른 예일지 모른다. 열량을 많이 섭취하면 더 빨리 자라고 더 이른 나이에 더 많은 자손을 남길 수 있지만, 나이가 들어 질병과 죽음이 가속화하는 대가를 치른다는 것이다.

어쨌든 열량 제한이 건강에 좋다면 왜 우리 모두 열량 제한 식단을 섭취하지 않을까? 부유한 국가들이 비만의 유행에 직면한 것과 똑같은 이유에서다. 현재 우리는 음식이 넘쳐나는 시대에 산다. 그리고 우리는 절제하도록 진화하지 않았다. 또한 열량 제한도 나름 단점이 있다. 대개 상처 치유를 지연시키며, 감염에 취약해지고, 근육량이 줄어든다. 하나같이 노년에는 심각한 문제다. 체온이 낮아져 추위를 타고, 성욕도 감퇴한다.[16] 너무나 뻔한 부작용도 있다. 끊임없이 배가 고프다. 사실 열량 제한 식단을 섭취했던 모든 동물은 허용하는 즉시 마음껏 먹는 습관으로 되돌아간다.

항노화 산업계는 할 수만 있다면 아이스크림과 블루베리 파이를 포기하지 않고도 열량 제한 효과를 내는 알약을 만들고 싶을 것이다. 이것이 가능하려면 먼저 열량 제한이 대사에 어떤 영향을 미치는지 정확히 알아야 한다. 그 이야기는 놀라운 반전에 반전을 거듭한다. 그 과정에서 완전히 새로운 세포 내 과정들이 발견되기도 했다.

†

1964년 몇몇 캐나다 과학자들이 이스터섬으로 긴 여행을 떠났다.[17] 가장 가까운 인간 거주지에서 약 2400킬로미터 떨어진 남태평양의 외딴 섬이다. 목표는 바깥 세계와 거의 접촉이 없는 이스터섬 토착민에게 흔히 발생하는 질병들을 연구하는 것이었다. 특히 그들은 맨발로 돌아다니는 토착민들이 왜 파상풍에 걸리지 않는지 궁금했다. 과학자들은 섬 곳곳에서 67건의 토양 표본을 채취했다. 그중 오직 한 건에서만 파상풍균 포자가 발견되었다. 파상풍균 포자는 미개척지의 토양에 비해 미생물 다양성이 적은 경작지의 토양에서 더 흔히 발견된다. 과학자 중 한 명이 토양 표본을 에이어스트 래버러토리스Ayerst Laboratories의 몬트리올 연구소에 건네지 않았다면, 이 원정에서는 더 이상의 발견이 없었을 것이다. 당시 에이어스트 제약회사는 세균이 생산하는 약효 성분을 찾고 있었다. 토양 세균, 특히 스트렙토미세스속Streptomyces이 온갖 흥미로운 화학물질을 생산한다는 사실은 잘 알려져 있었다. 오늘날 가장 유용한 항생제 중 많은 수가 이 세균들이 생산한 물질이다. 세균이 이런 물질을 생산하는 이유는 토양 미생물끼리 끊임없이 생물학전을 벌이기 때문일 것이다. 일부 세균이 다른 세균에게 독성을 지닌 물질을 만들어 분비한다는 뜻이다.

토양 표본에서 미지의 세균이 뭔가 유용한 물질을 만들어냈는지 알아보려면, 먼저 세균을 분리해 살살 달래가며 실험실에서 배양해야 한다. 그 뒤에 세균이 만들어내는 수백, 수천 종의 화합물을 분석해 유용한 특성이 나타나는지 알아봐야 한다. 힘든 과정을 거쳐 에이어스트 과학자들은 스트렙토미세스 하이그로스코피쿠스Streptomyces hygroscopicus라는 세균이 담긴 시험관에서 곰팡이 증식을 억제하는 물질을 찾아냈다. 세균보다 곰팡이가 인간과 조금 더 비슷하기 때문에, 우리 세포에 해를 끼치지 않고 곰팡이 감염증을 치료하는 물질을 찾기란 쉬운 일이 아니다. 따라서 이런 초기 소견은 짜릿한 흥분을 일으켰다. 에이어스트사에서 활성 물질을 분리하는 데는 2년이 걸렸다. 회사는 원주민 언어로 이스터섬을 뜻하는 라파 누이Rapa Nui란 말에서 힌트를 얻어 이 화합물을 라파마이신rapamycin이라고 명명했다.

이어서 라파마이신의 또 다른 특성, 어쩌면 훨씬 유용한 특성이 발견되었다. 면역을 강력히 억제하고 세포 증식을 막는 것이다. 에이어스트 과학자인 수렌 세갈은 이 물질을 미 국립 암연구소National Cancer Institute로 보냈다. 연구자들은 이 약물이 다른 방법으로 치료하기 어려운 고형암에 효과가 있음을 발견했다. 이처럼 초기 결과가 유망했음에도, 1982년 에이어스트에서 몬트리올 연구소를 폐쇄하고 직원들을 뉴저지주 프린스턴에 위치한 새로운 연구 시설로 재배치하면서 라파마이신 연구는 중단되고 말았다.

하지만 세갈은 라파마이신의 유용성을 확신했다. 미국으로 옮겨가기 전에 그는 스트렙토미세스 하이그로스코피쿠스를 대량 배양해 여러 개의 시험관에 옮겨 담았다. 그리고 "먹지 마시오!"라는 경고 라벨을 붙여 아이스크림 상자와 함께 자기 집 냉동고에 보관했다. 시험관들은 수년간 그곳에 있었다. 1987년 에이어스트가 와이어스 래버러토리스Wyeth Laboratories에 합병되자 세갈은 새로운 상사를 설득했다. 라파마이신의 면역억제 특성을 연구해보라는 허락이 떨어졌다. 이식 장기 거부반응을 억제할 수 있으리라는 기대에서였다. 결국 라파마이신은 면역 거부 반응에 면역억제제로 사용이 승인되었지만, 왜 그런 효과가 나타나는지 아는 사람은 아무도 없었다. 어떻게 한 가지 물질이 동시에 곰팡이 성장을 억제하고, 세포 분열을 중단시키고, 면역을 억제할 수 있단 말인가?

여기서 무대는 두 명의 미국인과 한 명의 인도인 연구자가 예기치 못한 발견을 했던 스위스 바젤로 옮겨간다.[18] 마이클 홀은 특이할 정도로 여러 나라를 옮겨 다니며 어린 시절을 보냈다. 그는 미국인이지만 푸에르토리코에서 태어났다. 다국적 기업에 근무하는 아버지와 스페인어를 전공한 어머니 모두 라틴아메리카 문화를 좋아했기 때문에, 홀은 페루와 베네수엘라에서 자랐다. 하지만 열세 살이 되자 부모는 티셔츠에 반바지를 입고 샌들을 끌며 근심 걱정 없이 살아가는 아들에게 제대로 된 미국식 교육이 필요하다고 생각했다. 어린 홀은 갑자기 햇살이 눈부신 베네수엘라에서 겨울이면 살을 에는 듯한 추위가 몰아치는 매사추세츠주의 기숙학교로 내던져졌다. 노스캐롤라이나 대학에서 미술을 전공하고 싶었지만, 결국 그는 의과대학을 목표로 동물학과에 진학했다. 학부에서 연구 프로젝트를 수행하다가 과학에 흥미를 느낀 홀은 하버드에서 박사학위를 취득한 후 UCSF에서 박사후 연구원으로 재직했다. 그 사이에 1년 정도 파리의 유명한 파스퇴르 연구소에 있었는데, 거기서 미래의 아내가 될 프랑스 여성 사빈을 만났다. 결국 홀은 미국을 떠나면 곧 죽을 것처럼 느끼는 많은 미국 과학자들과 달리 다양한 지역에서 직장을 알아보았다. 스위스까지 갈 생각은 없었지만 바젤 대학 생명공학연구소Biozentrum에서 교수직 면접을 본 순간 연구소와 도시에 푹 빠지고 말았다.

바젤에 연구실을 연 지 얼마 안 되어 젊은 미국인 조 하이트먼이 합류했다. 당시 하이트먼은 코넬 의과대학의 의학 연구와 록펠러 대학의 연구를 결합한 의사-과학자 프로그램을 수행 중이었다. 하지만 박사 과정 연구를 마친 후 바로 돌아가 의사 자격을 따지 않고 박사후 과정을 시작하기로 했다. 부분적으로는 부인이 스위스 로잔에서 박사후 연구를 시작했기 때문이었다. 가까운 곳에서 적당한 연구실을 찾던 그는 홀과 함께 일하면 좋겠다고 생각했다. 하지만 처음 참여한 프로젝트가 순탄치 않았기 때문에 의과대학으로 돌아갈 궁리를 하고 있었다. 그러던 중 뉴로스포라Neurospora라는 곰팡이의 돌연변이체가 면역억제제인 사이클로스포린cyclosporine에 저항성을 갖는다는 과학 논문을 읽었다. 그는 효모를 이용해 면역억제제를 연구한다는 아이디어를 갖고 홀을 찾아갔다. 자신의 아이디어를 선뜻 받아주는 멘토를 찾지 못했던 것이다.

행운이 이어졌다. 사이클로스포린은 다름 아닌 바젤에 위치한 제약회사 산도즈의 블록버스터 약물이었고, 홀은 사이클로스포린과 기타 면역억제제의 작용 기전에 관심이 있는 산도즈 소속 과학자와 이미 함께 연구하고 있었다. 그가 바로 라오 모바였다. 인도의 작은 마을에서 자란 그는 효모를 이용해 사이클로스포린의 작용 기전을 이해하는 데 상당한 성공을 거둔 참이었다. 아직 임상 개발 중인 라파마이신 연구에도 큰 관심이 있었다.

이 분야에 몸담은 대부분의 과학자에게 그 아이디어는 정신 나간 소리로 들렸다. 단세포 생물로 면역계조차 없는 효모 따위를 연구해 면역억제제와 인간에 관해 도대체 뭘 알아낸단 말인가? 하지만 홀은 이 물질들이 토양 미생물 간의 생물학전을 위해 만들어진 것이니만큼, 자연 상태에서 실제로 효모가 표적이될 것이라고 지적했다. 사람에게 투여한다는 것이 오히려 자연스럽지 않은 생각이었다. 하이트먼이 그 문제에 관심을 드러내자마자 홀은 모바를 소개했다. 산도즈라는 거대 제약회사에 몸담은 모바는 엄청나게 유리한 위치에 있었다. 충분한 양의 라파마이신을 생산할 수 있는 자원을 갖고 있었던 것이다. 어느 날그는 작은 바이알 하나를 들고 홀의 연구실에 찾아와 하이트먼에게 말했다. "잘 봐, 이게 전 세계에 있는 라파마이신의 전부라고. 그러니 이제 어떤 실험을 할 건지 신중하게 생각해야 하네. 망치면 안 돼. 이게 우리가 가진 전부니까!"

도박은 멋지게 성공했다. 세 사람은 라파마이신 존재하에서도 증식하는 돌연변이 효모 균주를 찾았는데, 실험 결과 많은 돌연변이가 효모의 가장 큰 단백질들을 부호화하는 두 개의 밀접하게 연관된 유전자에 집중되어 있었다. 효모의 유전자와 단백질 이름은 보통 세 글자로 된 두문자어로 명명한다. 그들은 사용 가능한 이름 목록에서 TOR1과 TOR2를 골랐다. '라파마이신 표적target of rapamycin'이란 뜻이다. 이 분야와 무관한 사람에게는 의미 없는 이름이지만 하이트먼에게는 특별하게 다가왔다. 그는 바젤에서 그림처럼 아름다운 중세 성문 근처에 살았는데, 성문을 뜻하는 독일어 단어가 'Tor'였던 것이다.

엄청난 발견이었다. 라파마이신의 면역억제 활성은 세포 증식을 억제하는 능력에서 비롯된 것으로 생각되었다. 하지만 이 물질은 효모 증식도 억제했다. 그 단백질 표적을 찾는다면 정확히 어떻게 그런 일이 벌어지는지 알 수 있을 터였다. 돌연변이는 분명 두 개의 유전자에서 일어났지만, 클로닝과 염기서열 분석을 해보지 않고서는 그 유전자들이 부호화하는 단백질의 기능을 비롯해 무엇 하나 알아낼 수 없었다.

이 시점에서 연구는 흐지부지되고 말았다. 하이트먼은 최대한 머물고 싶었지만 의대를 마치려면 뉴욕으로 돌아가야 했다. 라파마이신이 잠재적으로 중요한 면역억제제임은 널리 인정되었지만, 그들의 발견이 얼마나 중요한지 제대로 아는 사람은 아무도 없었다. 하이트먼의 돌연변이 균주는 연구실 냉동고 안에 하염없이 처박혀 있었다. 그러나 마침내 기회가 왔다. 새로 합류한 학생이 원래 맡았던 프로젝트가 제대로 진행되지 않아 좌절했던 것이다. 그녀는 다른 학생과 몇몇 연구원을 모아 새로운 프로젝트로 돌연변이 균주를 복제한 후 TOR1과 TOR2 유전자의 염기서열을 분석했다. 그 시절 염기서열 분석은 수작업으로 이루어졌기에 결코 작은 프로젝트가 아니었다. 두 유전자는 효모 유전자 중에서도 가장 컸을 뿐 아니라, 비슷하지만 완전히 동일하지는 않았다. 하나는 효모의 생존에 반드시 필요했지만, 다른 하나는 그렇지 않았다.

면역억제제이자 항암제로도 쓰일 가능성이 있는 약물의 작용 기전을 밝히는 것은 의학적으로 매우 중요한 일이었다. 홀 연구팀은 라파마이신의 표적을 밝히려는 맹렬한 경쟁에 뛰어든 셈이었다. 미국에서는 세 곳의 연구팀이 포유동물에서 라파마이신의 단백질 표적을 정제했다. 그것은 홀의 연구팀에서 발견한 유전자의 포유류 버전으로 밝혀졌다. 경쟁은 더욱 맹렬히 불타올랐다. 어느 누구도 2등이 되고 싶지 않았다. 에베레스트산 등정에 두 **번째**로 성공한 사람, 달에 두 번째로 착륙한 우주인을 누가 기억한단 말인가? 두 개의 유전자를 둘러싼 자존심 싸움과 패배를 인정하지 않으려는 필사적인 노력으로 인해 독자적으로 명명한 이름들이 난무하는 바람에 엄청난 혼란이 빚어졌다.

미국 연구팀은 이미 홀의 팀에서 발견한 단백질의 포유류 버전을 찾아내는 데 그쳤음을 깨달았다. 그럼에도 그들 중 몇몇은 완전히 다른 이름을 붙였다. 하지만 결국 단백질을 mTOR라고 명명하는 데 모두 동의했다. m은 '포유류mammalian'의 머릿글자로 효모 TOR와 구별하기 위한 표기였다. 동일한 단백질이 파리, 물고기, 선충 등 다양한 동물에서 발견되자 상황이 약간 우스워졌다. 제브라피시zebrafish를 연구한 과학자들은 zTOR, 초파리Drosophila를 연구한 사람들은 재치있게도 DrTOR 하는 식으로 새로운 이름들이 등장했다. 결국 모두가 모든 생물종의 단백질을 mTOR라고 부르자는 데 합의했다(역설적으로 원조인 효모는 여기서 빠졌다!). 이제 m은 **기계론적**mechanistic이란 단어의 첫

196

글자가 되었는데, 전혀 말이 되지 않는 명명이다. 라파마이신의 표적 중에 비기계론적인(그것이 무슨 뜻이든 간에) 것도 있다는 뜻이기 때문이다. 왜 그들이 원래대로 TOR란 명칭으로 돌아가지 않았는지 나는 지금도 알 수 없다. 일관성을 위해, 그리고 원래 발견자들에게 경의를 표하는 뜻에서 나는 이 분자를 계속 TOR라고 지칭할 생각이지만, 혹시 독자가 다른 곳에서 TOR 앞에 소문자가 붙은 표기를 본다고 해도 기본적으로 동일한 단백질을 뜻한다는 것을 알아두기 바란다.

라파마이신이 배양 세포의 증식을 억제한다는 사실은 처음부터 알려졌지만, 왜 그런지는 분명치 않았다. 세포 수를 제한하나? 세포의 평균 크기를 억제할까? 처음에 홀은 라파마이신이 단순히 세포 분열을 막는다고 생각했지만, 그 분야 전문가의 반박을 듣고는 문득 깨달았다. TOR는 영양소가 충분할 때 세포 속에서 일련의 단백질 합성을 활성화해 세포 증식을 조절한다. 홀 연구팀은 라파마이신이 존재하거나 TOR에 돌연변이가 생긴 세포들은 영양소가 충분할 때도 형태적으로 굶주린 듯 보이고 증식이 중단됨을 입증했다.

세포의 크기와 형태가 고도로 조절된다는 사실은 오래전에 알려졌다. 세포의 크기는 생물종뿐 아니라 조직과 장기에 따라서도 달라진다. 난자 세포의 직경은 정자 세포 머리 직경의 30배에 이르며, 신경 세포는 거의 1미터에 달하는 축삭을 갖고 있다. 세포가 크기와 형태를 어떻게 조절하는지에 대해서는 여전히 활발한 연구가 집중된다.[19] 하지만 세포는 영양소가 충분히 공급되는 한 계속 자라고 분열한다는 것이 일반적인 믿음이었다. 증식을 중단하라는 특이적 신호를 받지 않는 한 말이다. 홀의 실험 결과는 세포 증식이 수동적인 과정이 아님을 시사했다. TOR가 영양소를 감지해 세포를 능동적으로 자극해야만 증식한다는 것이다.

이런 과정은 구식 증기기관차와 가솔린 자동차의 차이와 비슷하다. 기관차는 한번 달리기 시작하면 제동기를 당기지 않는 한 화실에서 석탄이 활활 타올라 보일러 안의 물이 끓는 동안 계속 선로 위를 우르릉거리며 달린다. 하지만 자동차는 연료 탱크에 가솔린이 가득 들어 있어도 가속 페달을 밟아야만 계속 달릴 수 있다. 연료를 사용하려면 능동적인 조치를 취해야 한다. TOR는 가솔린 페달을 밟는 운전자와 같다. 영양소가 얼마든지 있어도 그것을 세포 증식에 사용하려면 능동적인 조치를 취해야 한다.

홀의 결론은 수십 년간 이어져오던 도그마를 완전히 뒤집었다. 세포 증식을 이해하는 패러다임이 바뀐 것이다. 그의 논문은 일곱 번이나 거절당한 끝에 1996년 〈세포 분자생물학Molecular Biology of the Cell〉지에 발표되었다.[20] 비슷한 시기에 홀은 나훔 소넨버그와 공동 연구를 시작했다. 6장의 통합 스트레스 반응 연구에서 만났던 바로 그 사람이다. 그는 리보솜이 어떻게 작동을 시작하는지에 관한 연구로 가장 잘 알려져 있다. 리보솜이 mRNA의 부호화 서열 시작 부위를 어떻게 찾아내고 판독하고 단백질을 만들기 시작하는지 알아냈다는 뜻이다. 홀과 소넨버그는 TOR가 그 과정을 능동적으로 허용해주지 않으면 세포가

mRNA를 번역해 단백질을 만드는 과정을 시작할 수 없고, 따라서 증식을 멈춘다는 사실을 발견했다.

홀과 다른 연구팀의 초기 소견들이 발표되자 봇물이 터진 듯했다. TOR는 생물학에서 가장 활발하게 연구하는 분자가 되었다. 2021년 한 해 동안에만 7500편의 논문이 발표되었다. 라파마이신이 어떻게 면역억제 효과를 나타내는지 아는 것은 두말할 나위 없이 중요하다. 하지만 초기에 이 물질을 연구했던 가장 명석한 과학자들조차 나중에 자신들이 세포에서 가장 오래되고 가장 중요한 대사 활동의 핵심 중 하나를 밝혀내리라고는 상상도 못했다. 대사 과정에서 단백질은 단독으로 작용하는 일이 거의 없다. 항상 다른 단백질의 활동에 영향을 미치는 식으로 작동한다. 항공사의 노선도를 떠올려보라. 단백질이 서로 연결된 노드node라면, TOR는 런던, 시카고, 싱가포르 등 전 세계 수많은 도시와 직접 연결되는 허브와 같다.

도대체 어떻게 한 가지 단백질이 세포에 그토록 폭넓은 영향을 미칠 수 있을까? 또 그것은 정확히 이렇게 열량 제한과 관련이 있을까? 홀 연구팀에서 두 가지 TOR 유전자 염기 분석에 성공한 후, 우리는 TOR가 활성 효소kinase라는 단백질 중 하나임을 알고 있다. 활성 효소는 종종 스위치 역할을 한다. 다른 단백질에 인산기를 추가하는 것이다. 추가된 인산기는 그 단백질을 켜고 끄는 표식 또는 신호가 된다. (인산기를 추가하는 것을 인산화phosphorylation, 인산기가 추가된 단백질은 '인산화되었다'고 한다.) 때때로 활성 효소는 다른 활성 효소를 활성화하며, 두 번째 활성 효소는 다시 다른 효소를 활성화한다. 그러니 활성 효소를 수많은 단백질이 네트워크로 연결되어 세포 상태 또는 주변 환경에서 발생한 신호에 반응해 켜지고 꺼지는 거대한 계전기繼電器의 일부라고 생각할 수 있다. TOR 활성화에 관여하거나, TOR에 의해 활성화되는 모든 단백질을 그림으로 그리면 엄청나게 복잡한 지도가 만들어질 것이다. 수많은 환경 신호에 반응해 수많은 표적 분자를 켜고 끄는 TOR가 세포 내에서 그토록 광범위한 효과를 일으키는 것도 당연하다. 환경 신호 중 일부는 TOR가 직접 감지하는 것이 아니라, 다른 단백질이 감지해 TOR를 활성화하는 방식으로 전달된다.

TOR는 혼자서 기능을 수행하는 단백질이 아니다. TORC1과 TORC2라는 두 개의 커다란 복합체의 일부로서 존재한다. 이 중 TORC1에 대해 훨씬 많은 것이 밝혀져 있다. TORC1은 특정 아미노산과 호르몬 등 영양소를 감지하는 단백질에 의해 활성화된다. 호르몬 중에는 성장을 자극하는 성장인자도 포함된다. 세포의 에너지 수준도 TORC1 활성화에 영향을 미친다. 모든 조건이 맞아떨어지면 TORC1은 단백질뿐 아니라, DNA와 RNA의 재료인 뉴클레오티드, 세포와 세포 소기관의 막을 구성하는 지질의 합성도 촉진한다.

TOR의 중요한 기능 중 하나는 영양소가 풍부하고 세포가 스트레스를 받지 않는 상황에서 자가포식을 억제하는 것이다. 자가포식이란 6장에서 보았듯 세포 구성 성분 중 손상되었거나 불필요한 것을 리소좀으로 가져가 분해해 재활용하는 과정이다.

이런 기전은 합리적이다. 영양소가 풍부하고 세포가 스트레스를 받지 않는 상황이야말로 우리가 세포 성장과 증식이 빨라지기를 원하는 상황이 아닌가?

이제 TOR가 어떻게 열량 제한과 연결되는지 알 수 있을 것이다.[21] 열량을 제한하면 영양소가 줄어든다. TOR는 이를 감지하고 단백질 합성과 기타 성장 관련 경로의 스위치를 내리는 동시에 자가포식을 촉진한다. 앞에서 보았듯 단백질 합성 조절과 자가포식을 통해 손상된 단백질과 기타 구조물을 청소하는 것은 세포의 정상 작동은 물론 전반적인 노화 과정에 매우 중요하다.

하지만 열량 제한을 하지 않고도 그 이익을 누릴 수 있다면, 식단을 전혀 바꾸지 않고도 TOR를 억제해 그 효과를 모방할 수 있다면 어떨까? TOR가 발견된 것은 오로지 그것이 라파마이신의 표적이었기 때문이다. 그렇다면 라파마이신이 우리가 오래도록 추구해왔던 목표, 즉 먹는 것을 줄이지 않고도 열량 제한을 모방할 수 있는 약물이 아닐까?

TOR의 결함과 라파마이신으로 TOR를 억제하는 것은 같은 효과를 나타낸다. 즉, 단순한 효모에서 파리와 선충, 마우스에 이르기까지 다양한 생물의 건강을 증진하고 수명을 늘린다.[22] 놀라운 사실이 있다. 마우스에서 라파마이신을 단기간만 투여하거나, 비교적 늦은 시기에 투여해도(사람으로 따지면 60세 정도의 연령에) 건강과 수명에 크게 긍정적인 효과가 나타났다는 것이다.[23] 또한 라파마이신은 특수한 조작을 거친 마우스에서 헌팅턴병의 발병을 늦추었다. 아마 자가포식을 증가시켜 잘못 접힌 단백질의 축적을 막기 때문일 것이다.[24] 결국 라파마이신은 수명을 늘릴 뿐 아니라 마우스를 더 건강하게 해준다. 건강과 수명은 밀접하게 연관되어 있을 것이다. 일련의 실험에서 마우스의 수명이 늘어난 것은 무엇보다 다양한 노화 관련 질환을 피했기 때문일지 모른다.

라파마이신은 면역억제제이지만 언뜻 생각하기와 달리 면역 반응의 특정한 측면을 강화한다. 면역계에는 두 가지 중요한 구성 요소가 있다. 하나는 B 세포다. 백혈구의 일종인 B 세포는 항체를 생산한다. 항체는 세균, 바이러스, 기타 외부 침입자, 또는 항원을 찾아내 결합한다. 항체가 목표에 결합하면 우리 몸을 지키는 군대의 병사들이 앞다퉈 현장으로 달려가 적을 물리친다. 면역계의 두 번째 구성 요소는 역시 백혈구의 일종인 T 세포다. 조력 T 세포는 B 세포의 항체 생산을 자극하며, 살해 T 세포는 이름에 걸맞게 병원체에 감염된 세포를 찾아내 파괴한다. 라파마이신은 면역계에서 공여 조직편(콩팥, 골수, 간 등) 거부 반응과 전반적인 염증을 억제하는 반면, 일부 조력 T 세포의 기능은 오히려 강화해 백신 반응을 개선한다.[25] 2009년 연구에서 마우스에게 라파마이신을 투여하자 노쇠한 조혈 줄기세포(면역세포 전구체)가 젊어지고, 독감 백신에 대한 면역 반응이 강화되었다.[26]

항노화 연구계는 엄청나게 흥분했다. 하지만 면역억제제를 장기적으로 노화를 해결해줄 만병통치약으로 쓰기 전에 반드시 알아둘 점이 있다. 충분히 예상할 수 있는 일이지만, 많은 연구가 라파마이신을 장기적으로 사용하면 마치 암 환자처럼 감

202

염 위험이 높아진다고 경고한다.[27] 언뜻 보기에는 매우 희망적인 2009년의 마우스 연구에서도 백신 투여 전 2주간 라파마이신 치료를 중단해야 했다. 연구자들은 "라파마이신이 잠재적으로 면역 반응을 억제하지 않도록" 그렇게 했음을 순순히 인정했다. 당연히 논문을 읽는 독자는 라파마이신이 몸에서 완전히 없어질 때까지 투여를 중단하지 않았어도 그렇게 유망한 결과가 나왔을지 고개를 갸웃거리지 않을 수 없다.

더욱이 라파마이신과 TOR 억제제 효과 중 일부는 염증이 전체적으로 줄어든 덕일 가능성이 있다. 또 다른 연구는 최고의 건강을 달성하려면 과도한 염증과 감염 취약성 사이에 미묘한 균형을 유지해야 한다고 주장한다. 최근 연구에서 TOR 억제제를 투여받은 제브라피시는 인간 결핵균과 매우 가까운 미코박테리아에 훨씬 쉽게 감염되었다. 연구자들은 주장했다. "세계 많은 지역에서 이 약물을 항노화 또는 면역 강화 치료로 사용한다면 결핵의 질병 부담이 크게 늘어날 수 있다는 데 주의해야 한다."[28]

그럼에도 라파마이신은 여전히 기적의 신약이 될 가능성이 있다고 여겨진다. 너무 흥분한 나머지 데이터를 무시하는 사람도 있다. 한 유명한 노화 연구자는 내게 라파마이신을 몰래 자가 투약하는 몇몇 과학자들이 있다고 귀띔했다. 마이클 홀에게 면역억제제를 항노화제로 사용하는 데 대한 생각을 물었더니 이렇게 답했다. "라파마이신을 지지하는 사람들은 파라셀수스의 격언을 따른다고 생각합니다."[29] 르네상스 시대의 스위스 의사 파라셀수스는 독성 물질을 치료제로 사용하면서, "용량이 독성을 결정한다"라며 자신을 변호했다. 용량을 충분히 높이면 대부분의 약물이 독성을 띤다. 아스피린처럼 상대적으로 안전한 약도 그렇다. 라파마이신이나 다른 TOR 억제제 역시 저용량 또는 간헐적 투여 시에는 심각한 문제없이 대부분 유익한 효과를 나타낼 것이다. 하지만 노화를 막기 위해 사용하려면 안전성과 유효성에 대한 장기 연구가 필요하다.

마우스를 비롯한 실험 동물의 문제는 현실과 전혀 달리 고도로 보호되고 상대적으로 멸균 상태인 실험실 환경에서 사육된다는 것이다. 시애틀 워싱턴 대학의 매트 캐벌레인은 이 문제를 해결하기 위해 미국 전역에 걸친 컨소시엄을 구성해 반려견의 건강과 수명을 연구했다. 실험실 환경에서 벗어난 자연 환경에서 대조군 연구를 수행하는 한 가지 방법이다. 개는 크기가 매우 다양할 뿐 아니라 주인에 따라 아주 다채로운 환경에서 살아가기 때문이다. 컨소시엄은 개의 대사에서 마이크로바이옴을 비롯해 다양한 측면을 분석하고, 몸집이 큰 개와 작은 개가 노화에 어떤 차이를 나타내는지 알아볼 계획이다.[30] 또한 중년에 해당하는 대형견들을 대상으로 라파마이신의 효과를 알아보는 무작위 연구도 수행한다. 이런 실험은 라파마이신이 노년층의 전반적 건강을 향상할지 알아내는 데 도움이 될 것이다.

라파마이신을 사용해 세포의 주요 경로를 차단하는 것이 실제로 도움이 될까? 매우 흥미로운 주제다. 종종 그렇듯 이런 역설적인 상황에 대한 답은 앞서 설명한 진화적 관점의 노화 이론에서 찾아야 한다. 2009년 〈노화Aging〉지에 발표한 논문에서 바젤 대학의 마이클 홀과 러시아 태생의 진화생물학자 미하일 블라고스콜로니는 이 문제에 대한 설명을 시도했다. TOR는 세포 증식을 촉진하고, 그런 기능은 생애 초기에 필수적이다. 하지만 나중에는 증식이 과도하게 촉진되어도 스스로 스위치를 내릴 수가 없어 세포의 노후화와 노화 관련 질병을 유도한다는 것이다. 나아가 그들은 노화를 유발하는 경로들은 돌연변이가 일어나도 완전히 비활성화되지 않지만(생애 초기에 돌연변이가 일어나 완전히 비활성화된다면 매우 해로우며 심지어 치명적이기 때문에), TOR가 억제되지 않으면 문제가 생길 수 있는 중년 이후에 이르면 라파마이신 같은 약물로 억제할 수 있을지 모른다고 주장했다.[31]

이번 장은 단식이 유익하다는 해묵은 생각이 열량 제한에 대한 과학적 연구를 통해 어떻게 신빙성을 얻었는지 살펴보면서 시작했다. 끊임없이 자기 통제력을 발휘하지 않고도 열량 제한의 이점을 누릴 수 있는 약물을 발견하기 위한 여정은 그야말로 파란만장했다. 이야기는 캐나다 과학자들이 아무런 제약 없이 떠난 연구 여행 중 외딴 섬인 라파 누이의 토양에서 흥미로운 것을 발견한 데서 시작된다. 토양 표본 중 딱 하나에서 유망한 물질을 생산하는 세균이 발견되었다. 그 세균은 한 과학자가 이 나라 저 나라로 옮겨 다니던 중 냉동고 안에서 그냥 사라질 뻔했다. 세월이 흘러 스위스에서 연구하던 두 명의 미국인과 한 명의 인도인이 배턴을 넘겨받았다. 관련된 과학자 중 어느 누구도 암과 노화에 관련된 가장 중요한 세포 경로 중 하나를 찾아내리라고는 꿈도 꾸지 못했다. 종종 과학은 이렇게 작동한다. 사람들은 그저 호기심을 좇고, 거기서 흥미로운 일들이 꼬리에 꼬리를 물고 이어진다. 그것은 집념과 통찰과 명석함과 미래를 내다보는 비전에 관한 이야기인 동시에, 우연한 만남과 순전한 행운에 관한 이야기다. 이 기이한 여정이 가차없이 진행되는 노화의 폭력에서 우리를 보호해줄 열쇠를 찾는 것으로 끝난다면 그야말로 진정한 과학의 기적일 것이다.

8장

하찮은 벌레의
교훈

누구나 장수하는 집안을 안다. 유전자는 장수에 정확히 얼마나 영향을 미칠까? 덴마크에서 무려 2700명에 달하는 쌍둥이들을 연구한 결과에 따르면 장수에서 유전으로 설명할 수 있는 부분은 25퍼센트에 불과하다(유전자 차이를 양적으로 측정해 사망 시 연령과 비교했다).[1] 또한 유전적 요인은 다양한 유전자가 각기 아주 작은 영향을 미친 것을 모두 합친 효과로 생각되기 때문에, 각각의 유전자가 얼마나 영향을 미쳤는지는 딱 꼬집어 얘기하기 어렵다. 하지만 덴마크 연구가 수행된 1996년, 보잘것없는 벌레 하나가 이미 그런 개념을 완전히 뒤집고 있었다.

흙 속에 사는 예쁜꼬마선충을 현대 생물학에 도입한 사람은 신랄한 위트로 유명한 생물학계의 거목 시드니 브레너였다. 남아프리카공화국에서 태어나고 교육받은 그는 케임브리지에서 많은 업적을 쌓고, 캘리포니아에서 싱가포르에 이르기까지 전세계에 자신의 연구실을 세웠다. 생물학계에는 '해가 지지 않는 브레너 제국'이란 말이 있을 정도다. 처음에 그는 mRNA를 발견한 것으로 유명해졌다. 간략히 말해 프랜시스 크릭과 긴밀하게 협조하며 유전 부호의 본질과 그것이 어떤 방식으로 판독되어 단백질이 만들어지는지 연구했다. 가장 기초적인 문제를 해결했다는 생각이 들자 그는 어떻게 단 한 개의 세포가 복잡한 동물로 발달하는지, 뇌와 신경계는 어떻게 작동하는지를 조사하는 쪽으로 관심을 돌렸다.[2]

브레너는 예쁜꼬마선충이 생물학 연구에 이상적인 생명체임을 알아차렸다. 기르기 쉽고, 한 세대가 짧으며, 몸이 투명해서 세포들을 눈으로 볼 수 있었던 것이다. 그는 케임브리지 대학 MRC 분자생물학 연구소에서 많은 과학자를 길러내고, 예쁜꼬마선충을 이용해 발달에서 행동에 이르기까지 모든 것을 연구하는 전 세계적 연구 공동체를 만들었다. 5장에서 언급했던 생물학자 존 설스턴도 그의 동료였다. 설스턴은 한 개의 세포에서 출발해 선충이 완전히 성숙할 때까지 약 900개에 이르는 세포를 하나하나 공들여 추적한 것으로 유명하다. 그 결과 뜻밖의 사실이 발견되었다. 특정한 세포들은 정확히 정해진 발달 단계에 이르면 죽도록 미리 프로그램되어 있다는 것이다. 과학자들은 딱 맞는 시점에 세포에게 자살을 감행하라는 신호를 보내 생명체 전체가 올바로 발달하도록 이끄는 유전자가 무엇인지 알아내는 데 착수했다.[3]

겨우 900개의 세포로 이루어진 동물치고 선충은 놀랄 만큼 복잡하다. 우선 단순한 형태일지라도 입, 장, 근육, 뇌와 신경계 등 더 큰 동물들이 지닌 장기를 대부분 갖고 있다. 순환기관과 호흡기관은 없다. 몸 길이는 1밀리미터에 불과하지만, 꿈틀거리는 모습을 현미경으로 쉽게 관찰할 수 있다. 암수한몸이라 정자와 난자를 모두 생산하지만, 특정 조건에서는 무성 생식도 가능하다. 보통 다른 개체들과 어울려 사는데, 반사회적 태도를 유발하는 돌연변이도 발견되었다. 세균을 먹고 살지만, 세균과 똑같이 페트리 접시 속에서 배양할 수 있다. 액체 질소가 담긴 작은 바이알 속에 넣어 냉동했다가, 언제라도 필요할 때 해동하면 다시 살아난다.

선충의 수명은 2주 정도다. 하지만 굶주린 선충은 다우어dau-er(인내라는 뜻의 독일어에서 유래한 단어)라는 휴면 상태에 들어가 2개월간 버틸 수 있으며, 영양이 풍부한 조건이 주어지면 다시 활동을 개시한다. 2개월은 인간의 수명으로 환산하면 300년에 맞먹는 시간이다. 말하자면 정상적인 노화 과정을 잠시 중단할 수 있는 것이다. 하지만 그런 일이 항상 가능한 것은 아니다. 오직 어린 선충만 다우어 상태에 들어갈 수 있다. 사춘기를 지나 성충이 되면 선택의 문은 닫히고 만다.

데이비드 허시는 케임브리지 대학에서 브레너의 연구원으로 있을 때 예쁜꼬마선충에 관심을 갖게 되었다. 콜로라도 대학 교수가 된 후에도 계속 선충을 연구했다. 그때 마이클 클래스가 그의 연구실에서 박사후 과정을 시작했다. 클래스는 노화를 연구하고 싶었다. 당시만 해도 노화는 자연스럽게 일어나는 일종의 불가피한 마모라고 생각했으며, 주류 생물학자들은 노화 연구를 업신여겼다. 하지만 세상은 변하기 시작했다. 미국 정부가 인구 고령화를 우려했던 것이다. 허시의 기억에 따르면 이때쯤 미 국립보건원에서 미 국립 노화연구소를 설립했다. 그와 클래스가 이 분야를 연구하기로 한 것은 적어도 부분적으로는 연방 연구 자금을 따낼 가능성이 높기 때문이었다.[4]

허시와 클래스는 우선 다우어 상태에 들어간 선충이 다양한 기준으로 볼 때 거의 나이가 들지 않음을 입증했다. 다음 단계로 클래스는 반드시 휴면 상태에 들지 않고도 더 오래 사는 돌연변이 선충들을 분리해내고자 했다. 그게 가능하다면 수명에 영향을 미치는 유전자들을 알아내는 데 도움이 될 터였다. 빨리 돌연변이 개체를 만들기 위해 그는 선충을 돌연변이 유발성 화학물질로 처리했다. 결국 선충으로 가득한 배양 접시를 수천 개나 갖게 되었는데, 텍사스에 자기 연구실을 시작한 뒤에도 계속 그것을 연구했다. 1983년에는 징수한 돌연변이 선충에 대한 논문을 몇 편 발표했지만, 결국 연구실을 닫고 시카고 인근에 위치한 애보트 래버러토리스Abbott Laboratories에 합류했다. 하지만 그 전에 돌연변이 선충의 일부를 냉동해 콜로라도 시절 동료로, 캘리포니아 주립대학 어바인 캠퍼스에 자리잡은 톰 존슨에게 보냈다.

존슨은 돌연변이 선충을 동계교배해 이들의 평균 수명이 10~31일로 다양하다는 것을 알아냈다. 이 사실로부터 그는 선충의 수명은 상당 부분 유전적 영향을 받는다고 추론했다. 하지만 얼마나 많은 유전자가 수명에 영향을 미치는지는 여전히 분명치 않았다. 1988년 존슨은 열정적인 학부생 데이비드 프리드먼과 함께 연구하던 중, 수많은 유전자가 각기 조금씩 수명에 영향을 미친다는 통념을 완전히 뒤집는 충격적인 결론에 이른다. 단 한 개의 유전자에 발생한 단 한 가지 돌연변이가 수명을 늘렸던 것이다(유전자와 돌연변이 모두 *age-1*이라고 부른다).[5] 존슨은 *age-1* 돌연변이를 지닌 선충은 연령에 관계없이 사망률이 낮으며, 최대 수명 또한 일반적인 선충의 두 배가 넘는다는 것을 입증했다.[6] 최대 수명이란 '집단에서 최상위 10퍼센트에 해당하는 개체의 수명'으로 정의하는데, 평균 수명보다 노화 효과를 측정하는 데 더 우수한 지표라고 생각된다. 평균 수명은 환경 위험 요소는 물론, 질병 저항성 등 반드시 노화와 관련되지는 않는 온갖 인자의 영향을 받기 때문이다.

당시 톰 존슨은 유명한 과학자가 아니었고, 단 한 가지 유전자가 노화에 결정적으로 영향을 미친다는 가설은 학계의 컨센서스를 완전히 부정하는 것이었다. 이런 사정으로 그의 논문은 거의 2년이 지나서야 발표되었다. 마침내 1990년 명망 있는 일류 저널인 〈사이언스〉에 실린 뒤에도 과학계는 존슨의 연구에 회의적인 시각을 보였다.[7]

하지만 몇 년 뒤 두 번째 돌연변이 선충이 등장했다. 연구를 이끈 사람은 돌연변이 선충 분야의 떠오르는 스타, 신시아 케니언이었다. 케니언은 빛나는 경력을 자랑했다. MIT에서 박사학위를 취득한 후, 최초로 선충 유전학 연구를 시작한 케임브리지 MRC 분자생물학 연구소의 시드니 브레너 밑에서 박사후 과정을 밟았으며, 역시 분자생물학과 의학 분야에서 세계적 명성을 자랑하는 UCSF 교수가 되었다. 케니언은 급속히 성장하면서 그때그때 상황에 맞춰 기본 계획을 수정하는 과정을 통해 독자적으로 선충 패턴 발달 분야의 리더가 되었다. 노화 연구에 관심이 있었지만 그때까지도 인기 없는 분야였기 때문에, 학생들을 끌어오기조차 힘들었다. 하지만 로스앤젤레스 외곽 레이크 애로우헤드에서 열린 학회에서 톰 존슨이 *age-1*에 관해 발표하는 것을 듣고 영감을 얻어 새로운 돌연변이 선별 작업에 착수했다.[8]

허시, 클래스, 존슨과 마찬가지로 케니언도 다우어에 주목했다. 이전 10년간 다우어 형성에 영향을 미치는 많은 유전자가 발견되었다. 이 유전자들은 보통 *daf*라는 접두어를 붙여 부른다. 전통적으로 유전자 이름은 이탤릭체로 적고, 같은 이름을 이탤릭체로 적지 않으면 그 유전자가 부호화하는 단백질을 가리킨다. 정상적인 조건하에서 이런 돌연변이가 발생하면 선충은 다우어 상태로 들어가는 경향이 있다. 하지만 케니언은 이 유전자 중 일부가 다우어 상태가 아닐 때도 수명에 영향을 끼칠 거라는 예감이 들었다. 그녀는 주변 온도에 민감한 돌연변이 선충에게 사용했던 방법을 써보았다. 선충들은 섭씨 20도의 낮은 온도에서는 휴면 상태에 들지 않았다. 낮은 온도에서 사춘기를 지날 때까지 계속 발달하도록 두면, 더 이상 다우어 상태로 들어갈 수 없다. 이 시점에 선충을 섭씨 25도의 환경으로 옮겨 성체가 될 때까지 성숙시킨 후 수명을 측정해보았다.

케니언 연구팀은 *daf-2*라는 유전자 돌연변이가 평균적인 선충의 두 배까지 수명을 연장한다는 것을 발견했다. 존슨이 회의적인 반응을 접했던 것과 달리, 케니언은 논문을 발표하는 데 아무런 어려움을 겪지 않았다. 1993년 〈네이처〉에 실린 논문은 엄청난 환영을 받았다.[9] 빛나는 학문적 혈통과 과학적 능력 외에도 케니언은 매사에 명쾌하고 카리스마가 넘쳤기 때문에 쉽게 매체의 지지를 받았다.[10] 유감스럽게도 *age-1*에 대한 존슨의 선행 연구가 케니언의 논문에도, 함께 실린 논평에도 언급되지 않는 바람에 케니언의 논문에 관한 대부분의 보도는 사상 최초로 수명을 연장하는 돌연변이가 발견되었다는 인상을 주었다.

이때까지도 존슨과 케니언이 발견한 유전자들이 **실제로** 어떤 일을 하는지 제대로 아는 사람이 아무도 없었다. 개리 루브쿤을 보자. 오늘날 루브쿤은 마이크로RNAmicroRNA라고 불리는 작은 RNA 분자가 어떻게 유전자 발현을 조절하는지 발견한 것으로 유명하지만, 사실 그는 개인적으로나 과학적으로나 다채롭고 흥미진진한 삶을 살았다. 10년 전쯤 크레타섬에서 열린 학회에서 만났을 때 그는 술을 몇 잔 걸치더니 점점 흥이 올라 사람들과 스스럼없이 어울렸다. 화려한 색상의 반다나를 두르고 담배 피우는 흉내를 내가며 그리스 독주를 벌컥벌컥 들이켰다. 무성하지만 잘 다듬은 콧수염을 기른 사람이 그렇게 행동하는 모습을 보고 있자니, 긴 항해 끝에 잠시 항구에 닻을 내린 동안 진탕 퍼 마시고 즐기기 위해 그리스 선술집을 찾은 뱃사람 같았다.

그런 북새통에 어울리지 않게 그는 쉬지 않고 RNA의 생물학에 대해 장황한 설명을 늘어놓았다. 그런 그도 1990년대 중반에는 선충을 이용해 *daf-2*를 비롯한 다우어 돌연변이들을 연구했다. 단, 연구 동기는 노화와 관련이 없었다. 알고 보니 그는 노화 분야를 높게 평가하지 않는 듯했다. 케니언의 논문이 나왔을 때를 이렇게 회상했던 것이다. "이런 생각이 들더군. '아, 젠장, 졸지에 노화 연구자가 돼버렸잖아.' 노화 연구 따위에 몸담고 있으면 매년 IQ가 절반으로 떨어진다구."[11]

진정한 혁신은 루브쿤이 *daf-2* 유전자를 분리해 염기서열 분석을 마쳤을 때 찾아왔다. 그 유전자는 세포 표면에서 불쑥 튀어나온 수용체를 부호화한다. 그 수용체는 인슐린과 매우 비슷한 IGF-1(인슐린 유사 성장인자)이라는 분자와 결합한다. 인슐린과 IGF-1은 모두 세포 표면에서 각자의 수용체와 결합하는 호르몬이다. 두 가지 수용체 모두 활성 효소로 후속 분자들을 활성화하며, 그 분자들은 다시 수명과 관련된 대사 경로에 영향을 미친다. 이들 호르몬 또는 비슷한 기능을 하는 호르몬들은 거의 모든 생물에 존재하므로, 분명 생명 진화 역사상 매우 이른 시기에 생겨났을 것이다. 이토록 오래된 호르몬들이 노화를 조절한다는 것은 진정 놀라운 발견이었다.

이런 발견에 힘입어 이 경로가 어떻게 작동하는지 전반적으로 이해하게 되었다. IGF-1이 결합하면 *daf-2* 수용체가 활성화된다. 그 자체가 활성 효소인 *daf-2* 수용체는 연쇄 반응을 일으켜 일련의 활성 효소를 차례로 활성화해 결국 *daf-16*이라는 단백질을 인산화한다. 이 과정은 도미노와 같다. 연쇄 반응의 마지막 도미노인 daf-16은 전사인자이므로 유전자의 스위치를 올리는 역할을 한다. 인산화된 daf-16은 핵 속으로 들어갈 수 없게 되어, 표적 유전자에 작용하지 못한다. 하지만 예컨대 연쇄 반응의 사슬에서 일부 단백질에 돌연변이가 생겨 경로가 끊어지면 daf-16은 핵 속으로 들어가 수많은 유전자를 활성화할 수 있다. 이 유전자들은 선충이 스트레스나 굶주림을 겪을 때 다우어 상태로 전환하는 과정을 도와 결국 수명을 늘린다. 나중에 밝혀진 사실이지만 애초에 톰 존슨이 찾아냈던 age-1은 daf-2에서 시작해 daf-16에서 끝나는 연쇄 반응의 중간에 존재하는 유전자였다.[12]

daf-16은 굶주림이나 주변 온도 상승에 의해 유발된 스트레스에 대처하는 유전자뿐 아니라, 단백질 접힘을 촉진하고 접히지 않거나 잘못 접힌 단백질이 문제를 일으키기 전에 미리 손을 쓰는 샤프롱 단백질들을 부호화하는 유전자도 활성화한다. 2010년 리뷰 논문에서 케니언은 이 유전자들이 "장차 발견의 보고가 될 것"이라고 썼다.[13] 이 경로는 혼란스러운 역설을 명쾌하게 설명한다. 노화 또는 장수는 수많은 유전자가 작용한 결과이며, 각각의 유전자는 아주 작은 효과를 일으킨다고 생각된다. 그런데 어떻게 해서 age-1이나 daf-2 등 단일 유전자에 일어난 돌연변이가 선충의 수명을 단숨에 두 배나 늘린단 말인가? 이제 그 이유가 명백해졌다. 이 유전자들은 긴 연쇄 반응의 일부로서 결국 daf-16을 활성화하며, daf-16은 다시 수많은 유전자를 활성화해 결과적으로 그 누적 효과에 의해 수명을 늘리는 것이다.

성장 호르몬 경로가 수명에 연관될지도 모른다는 개념은 또한 가지 흥미로운 사실을 설명한다. 몸집이 큰 동물종은 대사가 느리고 포식자를 피할 수 있기 때문에 몸집이 작은 동물보다 더 오래 산다. 하지만 같은 동물종 안에서라면 대개 몸집이 작은 개체들이 몸집이 큰 개체들보다 더 오래 산다. 예컨대 작은 견종은 대형견보다 최대 두 배 오래 산다. 이런 현상은 부분적으로 얼마나 많은 성장 호르몬을 만들어내는지와 관련이 있을지 모른다.

여왕개미가 일개미보다 수명이 몇 배나 긴 것을 생각해보자. 여러 가지 이유가 제시되었지만 그중 하나는 여왕개미가 인슐린 유사 분자와 결합해 IGF 유사 경로를 차단하는 단백질을 생산한다는 것이다.[14]

하지만 삶의 질은 어떻게 생각해야 할까? 혹시 이렇게 오래 사는 선충은 계속 질병에 시달리며 근근이 목숨만 부지하는 것은 아닐까? 전혀 그렇지 않다. 이런 선충들은 더 오래 살 뿐 아니라, 외양이나 행동이 훨씬 어린 선충과 비슷하다. 누구나 늙으면 알츠하이머병이 가장 두렵다고 한다. 선충 알츠하이머병 모델도 있다. 이 선충들은 유전적으로 근육 세포 속에서 아밀로이드-베타 단백질을 만들어내 몸이 마비된다. 하지만 IGF-1 경로에 돌연변이가 생겨 수명이 길어진 선충에게 같은 실험을 시행하면 마비가 줄어들거나 훨씬 늦게 나타난다.[15] 결국 수명을 연장하는 돌연변이는 단백질이 잘못 접히고 섬유 매듭을 형성해 발생하는 알츠하이머병이나 기타 노화 관련 질병에도 보호 효과를 발휘할 가능성이 있다. 사실 이런 돌연변이들이 수명을 연장하는 정확한 이유가 바로 노화에 관련된 일부 질병을 막아주기 때문이다.

선충이 더 오래, 더 건강하게 산다는 것은 그렇다치고, 다른 동물은 어떨까? 역시 IGF-1 경로는 수명과 강력한 상관관계가 있다. 파리에서 IGF-1 경로를 활성화하는 CHICO라는 단백질의 유전자를 제거하면 수명이 40~50퍼센트 길어진다.[16] 몸 크기는 눈에 띌 정도로 작아지지만, 다른 면에서는 건강해 보인다. 생쥐도 인간처럼 두 개의 IGF-1 수용체 복사본을 갖는다(암수 부모에게서 한 개씩 물려받는다). IGF-1 수용체는 생명에 필수적이지만 생쥐에서 하나를 제거해도 눈에 띄는 문제가 전혀 없으며 오히려 더 오래 산다.[17]

물론 생쥐 좋으라고 이런 연구를 하는 것은 아니다. 우리는 인간에게 무슨 일이 벌어질지 알고 싶지만, 인간의 돌연변이를 유도할 수는 없다. 그러나 자연적으로 인슐린 수용체에 돌연변이를 지닌 사람들이 있다. 그중 일부는 요정증leprechaunism이라고 해서 성장이 지연되고 대개 성인이 되기 전에 사망한다. 이들을 분석한 결과 선충에서 다우어 형성에 영향을 미치는 *daf-2* 유전자에 동일한 돌연변이가 있지만, 그 결과가 다른 것으로 나타났다.[18] 그렇더라도 이 경로가 인간의 수명에 어떤 역할을 하리라 짐작할 수는 있다. 연구 결과 아슈케나지 유대인Ashkenazi 중 100세를 넘긴 사람들은 IGF-1 기능을 저하한다고 알려진 돌연변이들을 과발현했으며, 한 일본인 집단에서는 인슐린 수용체 유전자 변이가 수명과 관련이 있는 것으로 나타났다.[19] IGF-1 연쇄 반응에 관련된 단백질들의 변이 역시 수명과 관련이 있었다.[20] 이쯤 되면 IGF-1과 인슐린 경로를 통해 간단히 노화를 해결할 수 있으리라 생각하고 싶은 유혹이 들 것이다. 하지만 이 경로는 매우 복잡하고 수많은 곳에 영향을 미치기 때문에 극히 세밀하게 조절된다. 예기치 못한 부작용을 피해가며 이런 시스템을 우리 뜻대로 조절하기란 거의 불가능하다.

음식 섭취를 제한하면 IGF-1과 인슐린 수치가 모두 떨어진다. 이미 IGF-1 경로가 억제되어 있다면 열량을 제한한다고 해서 추가적인 효과가 크게 나타나리라 기대할 수 없다. 예상대로 daf-2 돌연변이 선충에서는 열량을 제한해도 수명이 길어지지 않았다. 더욱이 완전한 효과가 나타나는 것은 daf-16에 달려 있었다.[21] 하지만 이런 사실도 혼란스럽기는 매한가지다. 전혀 다른 경로인 TOR 역시 열량 제한의 영향을 받기 때문이다. 따라서 열량을 제한하면 IGF-1 경로를 차단한다고 해도 TOR 경로를 통해 적어도 어느 정두는 효과가 니타나야 하는 것 아닐까? 알고 보니 두 가지 경로는 서로 무관하지 않았다. 거대한 네트워크 속에서 두 개의 큰 중심을 형성하지만, 그 사이에도 수많은 상호작용이 일어난다. 한 경로의 일부로서 활성화된 단백질들이 다른 경로의 단백질들을 활성화하는 방식으로 상호 연결되어 있다. 특히 TOR는 영양소 감지뿐 아니라 IGF-1 경로를 구성하는 요소들에 의해서도 활성화된다.

두 가지 경로는 고도로 정밀하게 조절되지만, 두 가지 경로만으로 열량 제한에 관한 모든 것을 설명할 수는 없다. 두 명의 과학자가 인간으로 치면 목구멍에 해당하는 섭식 기관이 제대로 기능하지 않아 부분적으로 기아 상태를 겪는 돌연변이 선충을 발견했다. eat-1이라고 불리는 이 돌연변이는 수명을 최대 50퍼센트까지 연장하면서도 daf-16 활성을 필요로 하지 않았다. 게다가 daf-2와 eat-1에 이중 돌연변이를 지닌 선충은 daf-2에만 돌연변이를 지닌 선충보다 훨씬 오래 산다. 열량 제한이 TOR와 IGF-1 외에 다른 경로에도 영향을 미친다는 뜻이다.[22]

수명을 극적으로 늘리는 돌연변이들을 보면 노화가 유전의 지배를 받는다는 생각이 들지도 모른다. 이런 개념은 진화적 노화 이론에 반하는 것처럼 보일 수 있지만, 사실 그렇지 않다. 선충에게 충분한 먹이를 공급했다가 열량을 제한하기를 반복하면 수명이 긴 돌연변이 선충은 생식 면에서 수명이 짧은 야생형 선충과 경쟁이 되지 않는다.[23] 이 경로들은 생애 후반에 수명이 줄어드는 대가로 더 많은 자손을 남기도록 하는 것이다. 진화적 노화 이론에서 길항적 다면발현 또는 일회용 몸 이론을 통해 예상되는 것과 정확히 일치하는 소견이다.

라파마이신의 작용은 알아봤다. 다른 곳, 예컨대 IGF-1 경로에 작용하는 약물도 있을까? 이와 관련해 당뇨병 치료제인 메트포민metformin에 많은 관심이 집중되었다. 물론 인슐린과 IGF-1은 밀접하게 연관된 분자들이지만, 당뇨병은 IGF-1보다 인슐린 분비 부족이나 조절 장애와 관련된 병이다. 두 가지 호르몬의 차이를 정확히 이해하기 위해 내 연구실에서 조금 떨어진 웰컴

MRC 대사과학연구소Wellcome-MRC Institute of Metabolic Science를 찾았다. 케임브리지 대학 애던브룩 생의학 캠퍼스Addenbrooke's Biomedical Campus에 자리한 이 연구소에서 인슐린 대사 및 인슐린이 당뇨병과 비만에 미치는 영향에 대한 세계적 전문가 스티브 오라힐리를 만났다.[24]

수많은 업적을 쌓고 세계적인 연구소를 이끌면서도 스티브는 전혀 중요한 인물이라는 티를 내지 않는다. 강연 중에도 자기 몸매를 보면 비만과 그 원인을 연구할 자격이 충분하지 않느냐는 농담을 던질 정도로 쾌활한 사람이다. 비만과는 거리가 멀지만 확실히 잘 먹는 것 같긴 하다. 하지만 그런 쾌활한 태도 아래 매우 혼란스러운 분야를 지적인 철저함으로 이끌어가는 예리하고 비판적인 과학자의 면모가 숨어 있다. 그의 많은 업적 중 하나는 비만에서 식욕 유전자의 중요성을 밝힌 것이다. 여기에도 스티브의 개인적인 관심이 얽혀 있다. 그는 식욕이란 매우 강한 충동이라 자기는 배가 고프면 음식 외에는 어떤 것에도 집중하기 어렵다고 했다.

스티브는 인슐린과 IGF-1이 구조상 비슷하며 세포에 작용할 때도 비슷한 효과를 일으키는 것은 사실이지만, 중요한 차이들이 있다고 지적했다. 인슐린은 매우 빨리, 딱 필요한 만큼 작용해야 한다. 인슐린 조절에 문제가 생기면 치명적이다. 뇌는 에너지원으로 포도당이 필요하므로, 혈액 속에 인슐린이 너무 많아서 저혈당 상태가 되면 불과 몇 분 만에 생명이 위험해진다.

인슐린 수용체는 간, 근육, 지방 세포에 특히 많다. 음식을 먹지 않은 상태에서는 인슐린 수치가 상대적으로 낮은데, 이때는 간에 저장된 탄수화물과 다른 에너지원을 이용해 포도당을 생산해 안정적으로 뇌에 공급한다. 하지만 간이 포도당이나 케톤체(지방 대사산물)를 너무 많이 만들지 않게 하려면 그렇게 낮은 수준의 인슐린이 반드시 필요하다. 식사를 하면 인슐린 수치가 순식간에 10~15배 높아지면서 포도당이 근육 세포로 들어가고, 간에서는 지질(지방)을 만들어내며, 지방 세포는 지질을 저장한다.

새로 분비된 인슐린은 반감기가 4분 정도에 불과하므로 혈액 속에 오래 머물지 않는다. 인슐린이 목적지를 향해 돌진하는 쾌속정이라면, IGF-1은 유조선에 가깝다. IGF-1은 대개 혈액 속에서 다른 단백질과 결합해 비활성 상태로 존재하지만, 한번 효과가 나타나면 훨씬 오래 지속된다. 하지만 효과를 나타내려면 일단 단백질에서 분리되어야 하는데, 그 과정이 정확히 어떻게 일어나는지는 분명치 않다. 아마 여기에도 호르몬 조절 기전이 작용할 것이다. 또한 인슐린 수용체와 달리 IGF-1 수용체는 몸속 모든 세포에 훨씬 광범위하게 분포하며, 생물체가 급속 성장하는 발달 기간 중에는 훨씬 많은 수용체가 생겨난다.

IGF-1은 성장 호르몬 분비에 반응해 생산되지만, 일단 작용을 시작하면 복잡한 되먹임 고리를 통해 거꾸로 성장 호르몬의 양을 조절한다. IGF-1 수치가 낮거나 IGF-1 분자 자체에 결함이 있다면 몸에서는 더 많은 성장 호르몬을 생산해 대처하려고 한다. 문제는 성장 호르몬에 IGF-1 생산을 자극하는 것 외에도 다른 여러 가지 작용이 있다는 점이다. 가장 두드러지는 작용은 지방 세포에서 지방을 방출하는 것이다. 지방을 지방 세포 속에 안전하게 저장하지 못하는 것이야말로 동맥경화, 간과 근육의 대사 이상 등 수많은 질병의 원인이다. 사정이 이러니 인슐린이나 IGF-1 수용체에 돌연변이가 생기면 당뇨병에 걸리는 것도 놀랄 일이 아니다. 한편, 꼭 필요한 열량만 섭취하는 경우를 생각해보자. 이때는 몸에 에너지를 공급하기 위해 지방을 대사하므로 저장 지방이 줄어든다. 열량 제한이 단순히 IGF-1 수치가 줄어 과도한 지방이 혈액 속으로 방출되고 신체 곳곳에 손상을 입히는 것과는 다른 결과를 유도한다는 뜻이다. 이렇게 기본적인 차이가 있기 때문에, IGF-1 경로에 작용해 열량 제한 효과를 모방하는 약물은 만들기가 매우 어렵다. 우리 몸의 정교한 조절 시스템을 속여야 하기 때문이다.

지금까지 설명한 사실로 왜 메트포민에 대한 관심이 뜨거운지 알 수 있을 것이다. 전 세계 수많은 당뇨병 환자가 사용하고 있으므로 이 약물은 이미 다양한 안전성 임상시험을 거쳤다. 사실 이 약을 사용하기 시작한 것은 중세 유럽에서다. 당시 사람들은 당뇨병의 증상을 줄이기 위해 프랑스 라일락 또는 산양두 goat's rue라고 불리던 갈레가 오피시날리스Galega officinalis라는 식물의 추출물을 복용했다. 그 성분 중 하나인 갈레진galegine은 혈당을 낮추는 작용이 있지만 독성이 너무 강했다. 결국 그 유도체인 메트포민을 합성해 시험하기에 이르렀고, 현재 제2형 당뇨병의 1차 치료제로 쓰인다. 제2형 당뇨병은 인슐린 부족 때문이 아니라 인슐린이 수용체에 잘 결합하지 않아서 생기는 병으로 나이 든 사람에게 더 흔하다.

메트포민이 어떻게 제2형 당뇨병 치료 효과를 나타내는지는 완전히 밝혀지지 않았다. 예전에 그려진 메트포민 상호작용 도표는 대부분 믿기 어려울 정도로 복잡한 배선도처럼 보인다. 최근 들어 생물학적 분자들을 시각화하는 분야가 크게 발전한 덕에 이제는 메트포민이 표적 단백질에 정확히 어떻게 결합하고, 어떻게 억제하는지 쉽게 볼 수 있다.[25] 메트포민의 표적 단백질은 호흡, 즉 세포 속에서 산소를 이용해 포도당을 태우고 에너지를 생산하는 과정의 핵심 요소다. 이렇듯 몸에서 포도당을 이용하는 능력을 방해하면 이는 다시 에너지 대사에 영향을 미치고, 포도당 흡수를 조절하는 효소를 비롯한 IGF 경로의 여러 구성 요소에 작용한다.[26] 일부 연구에서 메트포민이 포도당 생산을 감소시킨다고 주장했지만, 다른 연구에서는 건강한 사람과 경증 당뇨병을 겪는 사람에서 오히려 포도당 생산을 늘린다는 것이 입증되었다.[27] 또 다른 연구에 따르면 이 약물은 장내 미생물총을 변화시키는데, 적어도 부분적으로는 당뇨병 치료 효과와 관련이 있는 것 같다.[28] 스티브 오라힐리의 연구에 따르면 메트포민은 식욕을 억제하는 호르몬 수치를 높인다. 역시 당뇨병 치료 효과와 관련이 있을 것이다.[29]

작용 기전이 그토록 복잡하고 제대로 이해되지 않은 약물이 당뇨병에 널리 처방된다는 사실이 좀 이상하게 들릴지 모르지만, 의학에서는 종종 이런 일이 벌어진다. 거의 100년 동안 아스피린이 어떻게 작용을 나타내는지 전혀 모르면서도 사람들은 아프고 쑤실 때마다 아스피린 정제를 삼켰다. 그래도 이토록 불확실한 점이 많은 메트포민이라는 약물이 현재 잠재적인 노화 치료제로 주목받는다는 사실이 다소 놀랍기는 하다. 부분적으로는 몇몇 초기 연구 때문이다. 우선 미 국립 노화연구소에서 마우스에 장기적으로 메트포민을 투여한 결과 건강과 수명이 개선되었다.[30] 두 번째로 인간 대상 연구에서 메트포민을 복용한 당뇨병 환자는 다른 약을 복용한 당뇨병 환자는 물론, 당뇨병이 없는 사람보다도 더 오래 사는 것으로 나타났다.[31] 놀라운 일이다. 왜냐하면 당뇨병 자체가 노화와 사망의 위험 인자이기 때문이다.

이렇듯 유명한 연구들 덕분에 당뇨병을 겪지 않는 사람조차 건강과 장수를 위해 메트포민을 복용해야 한다는 낙관론이 대두되었으나, 후속 연구들을 통해 이런 믿음에 의문이 제기되었다. 2016년에 수행된 연구 결과 메트포민은 다른 당뇨약보다 약간 더 나을 뿐이었으며, 메트포민을 복용한 당뇨병 환자의 생존율은 일반 인구와 거의 차이가 없었다.[32] 득히 심혈관질환 병력이 있는 환자는 메트포민보다 콜레스테롤을 낮추는 스타틴을 복용한 경우 사망률이 크게 감소했다. 메트포민은 아주 초기에 투여하면 선충의 수명을 연장했지만, 나이 들어 투여하면 매우 강한 독성을 보이고 오히려 수명을 단축했다. 흥미로운 점은 선충에게 라파마이신을 동시에 투여하면 일부 독성이 완화된다는 것이다.[33] 또한 메트포민은 노화 관련 질환의 가장 좋은 치료제라고 생각되는 운동의 건강 이익을 약화시킨다.[34] 한 연구에서

는 메트포민을 복용하는 당뇨병 환자에서 알츠하이머병을 비롯한 치매 위험이 높아지는 것으로 나타났다.[35]

이런 불확실성을 해소하고자 뉴욕 아인슈타인 의과대학의 노화 과학자 니르 바질레이는 65~79세 자원자 3000명이 참여한 대규모 임상시험을 수행했다. '메트포민으로 노화를 해결하자 Targeting Aging with Metformin(TAME)'라고 명명된 이 연구의 목적은 메트포민이 심장병, 암, 치매 등 연령 관련 만성 질병의 발병을 늦추는지 알아보면서 그 부작용을 모니터링하는 것이었다.[36]

이처럼 노력을 기울였음에도 메트포민이 장수에 관련되는지는 현재까지 전혀 분명치 않다. 그 효과는 TOR 경로를 억제하는 라파마이신처럼 강력하지도 않고, 분명하지도 않다. 메트포민에 관심이 높은 한 가지 이유는 당뇨병 환자들을 통해 장기 안전성이 확립되었다는 점이다. 당뇨병을 겪는다면 기쁜 마음으로 복용할 수 있을 것이다. 치료받지 않는 것보다 건강이 나빠지거나 당뇨병 합병증으로 사망할 위험이 훨씬 낮기 때문이다. 하지만 앞서 지적한 잠재적 문제들을 고려할 때 건강한 성인에게 장기적으로 메트포민을 사용하라고 권고하는 것은 전혀 다른 문제다.

†

지금까지 우리는 음식을 절제해야 건강에 좋고, 식탐을 부리면 만만치 않은 대가를 치러야 한다는 오래된 개념에서 출발해 먼

길을 달려왔다. 우선 열량을 제한하면 마음껏 먹는 것보다 더 건강하게, 더 오래 살 수 있다는 과학적 증거가 있다. 그리고 지난 수십 년 사이에 TOR와 IGF-1이라는 경로가 밝혀졌다. 열량을 제한하면 세포는 주로 이 두 가지 경로를 통해 반응한다. 당연히 이 경로들을 통해 건강을 유지하고 수명을 연장할 수 있으리라는 기대가 생겨났다. 의학계는 노화와 수명이란 측면에서 라파마이신와 메트포민, 그리고 관련 화합물의 효과에 관해 엄청난 연구 성과를 축적했다. 현재까지는 라파마이신과 그 화학적 유사체들이 노화에 대처하는 가장 유망한 방법이다. 그러나 이런 경로들을 개별적으로 억제하는 것이 열량 제한과 동일한 효과를 내지는 않으며, 효능과 안전성을 확립하기까지는 앞으로도 많은 연구가 필요하다.

TOR와 IGF-1 경로에는 몇 가지 주목할 점이 있다. 첫째, 이런 경로가 존재한다는 것 자체가 실로 놀랍다. 둘째, 적어도 TOR에 관해 과학자들은 애초에 노화는 물론 칼로리 제한과의 연관성을 찾아볼 생각조차 못 했다. 순진히 우연으로 노화를 비롯해 많은 질병과 관련된 중요한 세포 내 과정을 발견한 것이다. 셋째, 이 경로들은 효모나 선충 등 언뜻 보기에 노화 연구와는 전혀 관련이 없을 것 같은 생물에서 발견되었다. 마지막으로, 단일 유전자가 수명에 그토록 큰 영향을 미친다는 사실도 전혀 예상치 못한 것이다.

열량 제한과 그 경로라는 복잡한 미로를 떠나기에 앞서 한 가지 더 알아볼 것이 있다. 이야기는 TOR와 마찬가지로 빵을 만드는 효모에서 시작한다. TOR를 발견한 연구자들은 노화 과정에 관해 알아볼 생각조차 하지 않았지만, 이번에 등장하는 과학자들은 처음부터 노화 관련 유전자를 발견하기 위한 목적으로 효모를 사용했다. 효모 세포는 발아budding에 의해 더 작은 딸세포를 만들어 증식한다. 한 번 발아할 때마다 모세포의 표면에 흉터가 남으며, 증식 횟수에도 한계가 있다. 이처럼 무한정 증식할 수 없는 현상을 증식 노화replicative aging라고 한다. 여기까지 들으면 효모 같은 단세포 생물의 특수한 성질을 연구하는 것은 인간의 노화처럼 복잡한 현상과 아무 관련이 없을 거라는 생각이 들지 모르겠다. MIT에서 레너드 과렌티가 효모를 이용해 노화 연구를 하겠다고 말했을 때 주변에서 정확히 그런 반응을 보였다.[37]

분자생물학자들이 으레 그랬듯 과렌티도 효모를 이용해 DNA가 mRNA로 전사되는 과정을 조절해 유전자를 켜고 끄는 방법을 연구했다. 존슨이 선충의 수명을 연장하는 *age-1* 돌연변이를 보고한 지 3년 뒤인 1991년, 과렌티는 MIT 종신 교수였다. 학문적 업적을 충분히 쌓았고 안정적인 위치에 있었기에 브라이언 케네디와 니카노 오스트리아코라는 학생이 노화 연구를 해보고 싶다고 하자 선뜻 동의해 완전히 새로운 분야로 연구 방향을 바꿀 수 있었다.

처음에 과렌티와 학생들은 침묵정보조절자silent information regulator(SIR) 범주에 속하는 세 개의 유전자를 찾아냈다. SIR 유전자군은 효모의 '성별', 즉 짝짓기 유형을 결정하는 유전자들을 조절한다(효모의 짝짓기는 매우 복잡하며, 살면서 '성별'을 바꿀 수도 있다). 최종적으로 과렌티 연구팀은 그 유전자 중 하나인 *Sir2*가 효모의 수명에 가장 큰 영향을 미친다는 것을 알아냈다. 세포에서 Sir2의 양이 늘어나면 수명이 길어지고, *Sir2* 유전자에 돌연변이가 일어나면 수명이 짧아졌다.[38] 그 효과는 선충의 수명을 두 배정도 연장하는 *age-1*이나 *daf-2* 돌연변이만큼 크지는 않았다. 하지만 효모의 모세포가 최대한 증식할 수 있는 횟수를 늘리는 것만은 분명했다. 더욱 기대되는 소견은 *Sir2*가 고도로 보전된 유전자라는 점이었다. 파리, 선충, 인간을 비롯한 동물종에도 비슷한 유전자가 있었던 것이다. 곧이어 그들이 파리와 선충에서도 Sir2의 양이 증가하면 수명이 길어짐을 입증하자 흥분은 더욱 커졌다.[39]

어떻게 해서 이런 현상이 일어날까? DNA와 밀접하게 연관된 히스톤 단백질에 후성유전적 표식(화학적 표지)을 추가해 게놈을 재부호화할 수 있음을 기억하는가? 대개 히스톤에 아세틸기를 추가하면 그 부위 크로마틴이 활성화되며, 반대로 아세딜기를 제거하면 비활성화된다. Sir2는 탈아세틸효소deacetylase, 즉 히스톤 같은 단백질에서 아세틸기를 제거하는 효소로 밝혀졌다.[40] 이 효소가 활성화되면 텔로미어의 경계 부근에 있는 유전자들이 침묵 상태가 되어 수명에 영향을 미친다는 증거가 발견되었다. 또한 Sir2가 작용을 나타내려면 세포 에너지 대사에 반드시 필요한 니코틴아미드 아데닌 디뉴클레오티드nicotinamide adenine dinucleotide(NAD)라는 분자가 있어야 한다. 굶주리는 상태가 되면 Sir2를 활성화하는 데 필요한 유리free NAD가 충분치 않으리라 짐작할 수 있다. 갑자기 효모를 비롯한 많은 생물의 노화에 영향을 미친다고 생각되는 열량 제한과 Sir2 사이에 매우 타당한 연관성이 생긴 것이다. 당연하게도 파리와 효모에서 Sir2에 돌연변이가 생기면 열량 제한이 수명을 연장하는 효과가 사라졌으며, 선충에서 Sir2가 효과를 나타내려면 IGF-1 경로의 표적인 전사인자 daf-16이 반드시 있어야 했다.[41] 갑자기 모든 것이 제자리를 찾는 것 같았다. 효모의 수명에 영향을 미치는 돌연변이는 선충의 노화에 영향을 미치는 경로와 관련이 있고, 이는 다시 열량 제한과 관련이 있었다.

선충과 효모 양쪽에서 수명이 길어진 돌연변이체를 발견한 과렌티와 케니언은 〈네이처〉에 노화 문제를 해결할 전망이 보인다는 열광적인 분위기의 논문을 발표했다. "단 한 개의 유전자만 바꿔도 나이 든 동물이 젊어진다. 인간으로 따지면 이 돌연변이 개체들은 90세 노인이 45세 정도로 보이고, 모든 면에서 그렇게 느껴지는 것과 비슷하다. 이를 근거로 우리는 노화를 치유할 수 있는, 적어도 뒤로 미룰 수 있는 질병이라고 생각하기 시작했다."[42] 이들은 매사추세츠주 케임브리지에 회사를 설립하고, 역시 낙관적인 분위기가 물씬 풍기는 일릭서 파마슈티컬스 Elixir Pharmaceuticals('신비의 영약 제약회사'라는 뜻-옮긴이)라는 이름을 붙였다.

혁신적인 발견 후 얼마 안 되어 과렌티는 호주 시드니에서 강연을 했다. 청중 사이에는 뉴사우스웨일스 대학에서 박사 과정을 밟고 있던 젊고 자신만만한 대학원생 데이비드 싱클레어가 앉아 있었다. 싱클레어는 과렌티의 연구에 깊은 인상을 받고 흥분한 나머지 그를 따라가 MIT에서 박사후 과정을 시작했다. 과정을 마친 후에는 강 건너 보스턴에 있는 하버드 의과대학에 자기 연구실을 열고 Sir2와 노화 연구를 계속했다. 사실상 스승의 경쟁자가 된 것이다. 그는 보다 객관적이고 수수한 서트리스 파마슈티컬스Sirtris Pharmaceuticals라는 회사를 설립했다.

이때쯤에는 인간과 다른 포유동물에서도 Sir2에 해당하는 물질이 수명과 건강에 유익한 효과를 나타낼지에 온통 관심이 쏠려 있었다. 포유동물에는 같은 계열 단백질이 총 일곱 개 발견되어 차례로 SIRT1부터 SIRT7이라는 이름이 붙었다. 이 단백질들과 다른 생물의 Sir2 유사체를 모두 합쳐 시르투인sirtuin이라고 부른다(다른 단백질을 활성화하는 단백질은 보통 'in'으로 끝나는 이름을 갖는다. '시르투인sirtuin'이란 이름은 'Sir2-in'을 알파벳으로 표기한 것이다). SIRT1이 Sir2와 가장 비슷해 보였기 때문에 가장 많은 관심을 받았다. 목표는 시르투인을 유익한 방향으로 활성화하는 알약, 즉 신비의 영약을 찾는 것이었다.

여기서 이야기는 다소 이상한, 아니 다소 프랑스적인 방향으로 꼬이기 시작한다. 오래전부터 프랑스 사람은 풍성한 식단을 즐기는데도 심장병 유병률이 비교적 낮으며, 그 이유는 상당량의 레드와인을 마시기 때문이라는 믿음이 있었다. 싱클레어는 보스턴에 위치한 생명공학 회사와 협력해 SIRT1을 자극하는 레스베라트롤resveratrol이라는 화합물을 발견했다. 전 세계 와인

애호가들은 환호를 올렸다. 레스베라트롤은 레드와인에 풍부한 물질이기 때문이다. 드디어 프랑스식 생활 습관이 유익하다는 과학적 증거가 발견된 것이다![43] 연구에서 사용한 양만큼 레스베라트롤을 섭취하려면 레드와인을 1000병 정도 마셔야 한다는 사실이 알려진 후에도 열광적인 분위기는 전혀 가라앉지 않았다.

싱클레어 연구팀과 또 다른 경쟁 연구팀이 당분과 지방 함량이 높은 식단을 섭취한 마우스에 레스베라트롤을 투여하면서 문제가 해결된 것처럼 보였다. 마우스는 여전히 과체중 상태를 유지했지만 최대 수명은 변하지 않는 것으로 보아 과식에 의한 질병에서 보호되는 것 같았다. 더 많은 개체가 고령이 될 때까지 생존했으며, 장기 역시 전형적인 비만 마우스처럼 질병에 시달리지 않았다.[44]

사람들이 고대해왔던 '이제 케일은 잊어버려Get Out of Kale Free'라는 메시지가 나온 것 같았다. 건강에 좋지 않은 식품을 마음껏 먹어도 아무 문제가 없다니! 자기 홍보에 관해서는 둘째가라면 서러워할 싱클레어는 2008년 다시 한번 모든 뉴스의 헤드라인을 장식했다. 제약업계의 큰손 글락소스미스클라인GlaxoSmithKline에서 무려 7억 2000만 달러에 서트리스를 인수한 것이다. 과학과 이윤 양쪽에서 잭팟이 터진 것 같았다. 하지만 심지어 그때조차 업계에서는 인수 계약을 둘러싸고 상당히 회의적인 시각이 대두되었다.

시르투인 옹호자들의 주장에 대해서는 상당한 반발이 있었다. 좀 이상한 말이지만 과렌티 연구실 시절 싱클레어와 함께 일했던 브라이언 케네디와 매트 캐벌레인도 반대 입장이었다. 연구 결과 초기 소견과 달리 Sir2를 제거한 효모 세포에게 열량을 제한하자 수명이 훨씬 길어졌던 것이다. 두 가지 요소가 관련이 있을 가능성이 거의 없다는 뜻이었다.[45] 그보다 Sir2는 DNA의 히스톤 단백질에서 아세틸기를 분리해 유전자 발현 프로그램을 변화시키는 방식으로 작용할 가능성이 있었다. 두 사람은 연구를 계속해 레스베라트롤이 SIRT1에 미치는 영향이 활성화를 감지하기 위해 사용한 형광 분자 때문에 나타났음을 밝혀냈다. 이 분자를 사용하지 않으면 활성 증가를 관찰할 수 없었다. 레스베라트롤이 SIRT1에 영향을 미치는지조차 분명치 않은 셈이었다. 뿐만 아니라 그들의 실험에서 레스베라트롤은 효모의 수명은 물론 Sir2 활성에 어떤 영향도 미치지 않았다.[46] 제약회사가 다른 회사가 틀렸음을 입증하느라 시간을 투자한다는 것은 이례적인 일이지만, 화이자Pfizer의 과학자들은 서트리스에서 찾아낸 다른 분자들도 몇몇은 SIRT1을 직접 활성화하지 않는다는 보고서까지 발표했다.[47]

어떤 일이든 성능을 향상시키기보다 아예 그만두기가 훨씬 쉬운 법이다. 약물 개발도 마찬가지다. 많은 약물이 효소 억제를 중단함으로써 작용을 나타낸다. 효소의 효과를 증강하는 신약을 개발한다는 것은 매우 어렵고 드문 일이다. 글락소가 거액을 투자해 서트리스를 인수했을 때 제약업계 전체가 의아하다는 반응을 보인 것도 그 때문이다. 결국 글락소는 서트리스에서 인수한 선도물질lead compound을 포기하고 개발부서 자체를 폐쇄했다. 인수합병 5년 후 〈포브스〉지에 실린 기사는 '레드와인의 유익함을 누리는 가장 좋은 방법은 절제해서 마시는 것'이라는 결론을 내렸다.[48]

독일 이론물리학자 막스 플랑크가 말했듯 과학자는 모순되는 증거가 나왔다고 해도 좀체 마음을 바꾸지 않는다. 싱클레어와 다른 과학자들은 여전히 자신들의 이론에 매달렸다. 레스베라트롤이 세포 내에서 다른 조력 물질들과 함께 작용하며, 그 물질들은 Sir2 활성을 모니터링하기 위해 사용한 형광 분자와 비슷한 특성을 갖는다고 보고한 것이다. 그들의 반박은 또 다른 논평을 낳았다. 이번에는 〈사이언스〉였다. 제목은 이랬다. "레드와인, (다시 한번) 찬사를 받다!"[49]

이런 낙관적인 평가를 받아들이기 전에 2013년 미 국립 노화연구소에서 수행한 체계적 연구를 고려할 필요가 있다. 이 연구에서는 레스베라트롤을 비롯해 건강 수명 또는 전체 수명을 늘린다고 생각된 몇몇 물질을 평가했다. 어떤 물질도 마우스의 수명을 유의하게 연장하지 않았다.[50] 연구된 물질 중에는 강황의 주성분인 쿠르쿠민curcumin과 녹차 추출물도 있다. 하지만 이런 연구가 발표되었다고 해서 문을 닫는 건강식품점은 없는 것 같다.

이제 회의론자들은 레스베라트롤은 물론, 시르투인이라는 개념의 전제조건 자체를 의심하기 시작했다. Sir2는 분열 수명replicative life span을 연장하지만, 계속 생식할 능력을 잃는다는 것은 효모에서 노화의 한 유형일 뿐이다. 시간 수명chronological life span이란 것도 있다. 예컨대 영양소가 떨어졌을 때 효모가 반휴면 상태로 얼마나 오랫동안 생존하는지 측정하는 것이다. 실제로 Sir2를 활성화하면 효모의 시간 수명은 오히려 줄어든다.[51] 아주 부유한 극소수 노인은 예외일지 모르지만, 우리는 고령에 이른 후 생식 능력보다는 주로 오래 사는 것과 건강을 유지하는 데 관심이 있다.

이후 수행된 연구에서도 Sir2가 수명에 미치는 영향에 대한 초기 연구와 다른 결과가 나왔다. 어떤 효과를 돌연변이 때문이라고 하려면 돌연변이 개체를 만들 때 표적 유전자가 아닌 유전자는 하나도 건드리지 않아야 한다. 과학자들은 나머지 유전적 구성이 그대로라면 선충과 파리에서 Sir2를 아무리 과잉 생산해도 수명이 길어지지 않음을 확실히 입증했다. 시르투인이 수명을 연장하리라는 기대는 김이 빠지고 말았다. 온갖 저널에 "시르투인, 중년의 위기를 맞다"라거나 "장수로 가는 길이 막히다" 같은 논문 제목이 등장했다. 궁지에 몰린 과렌티는 선충에서 유전적 배경을 전혀 변화시키지 않고 Sir2를 과잉 생산하는 실험을 반복했지만, 수명을 최대 50퍼센트 연장한다는 이전 추정치를 15퍼센트로 낮출 수밖에 없었다.[52]

가장 극적인 효과를 나타내는 시르투인은 어쩌면 SIRT6였을지 모른다. SIRT6가 결핍된 마우스는 2~3주 내에 심한 이상 소견이 발생하며, 4주 정도 지나면 죽고 만다. 사실 이 단백질은 히스톤 탈아세틸효소로서 텔로미어 크로마틴에서 유전자 발현 양상에 영향을 미칠 수 있다. 일부 연구에서 마우스의 수명을 늘릴 가능성이 시사되었으며, 한 연구에서는 DNA 복구를 자극해 그런 효과가 나타난다고 주장하기도 했다.[53]

과렌티 연구실에서 시르투인 연구를 개척했던 케네디와 캐벌레인의 행보는 시사하는 바가 크다. 확고한 실력을 갖추고 학계의 존경을 받는 두 사람은 현재 시르투인 연구를 완전히 접고 TOR 경로와 라파마이신의 영향 등 노화 연구의 다른 측면에 집중하고 있다. 시르투인은 히스톤에 작용해 유전자 발현과 게놈 안정성에 관여할지도 모른다. 아직 완전히 밝혀지지 않은 방식으로 인간 생리에 중요한 물질이기도 하다. 하지만 노화를 막으려고 시르투인을 이용한다는 생각은 열렬한 지지자들 말고는 거의 모두가 외면하는 형편이다. 노화 과학계에서는 시르투인이 열량 제한이나 수명 연장과 직접적인 관련이 있다는 생각에 매우 회의적이다.[54]

시르투인의 운명과 무관하게 여전히 주목받는 분자가 있다. NAD는 시르투인 기능을 포함해 세포 내에서 많은 역할을 수행한다. 이 물질은 니코틴산(니아신) 또는 니코틴아미드를 이용해(두 가지 모두 비타민 B_3가 약간 변형된 것이다) 몸속에서 만들어진다. 아미노산인 트립토판에서 합성되거나, 일부 분자들을 재활용해 만들어지기도 한다.[55]

세포 속에서 NAD는 산화형과 환원형 사이를 오가면서 세포가 포도당을 대사해 에너지를 생산하는 과정을 돕는다. 이 과정을 호흡이라고 하며, 신체가 포도당을 이용하는 능력에 절대적으로 필요하다. NAD는 두 가지 형태 사이를 계속 순환하기 때문에 빨리 소모되지 않는다. 하지만 DNA를 복구하거나 시르투인을 통해 유전자 발현을 조절하는 등 다른 필수 기능을 수행하는 과정에서 소모되기도 한다. 따라서 나이가 들수록 NAD 수치는 떨어진다. 우리 몸에서 에너지원으로 포도당을 가장 많이 소모하는 장기는 뇌이므로, NAD 수치가 떨어지면 뇌 기능에 영향을 미친다. 그 밖에도 염증에서 신경변성에 이르기까지 다양한 문제가 생길 수 있다.[56] 한 가지 분자가 너무 많은 일을 하는 것처럼 보일지 모르지만, 그것이야말로 NAD가 대사 과정에서 얼마나 중심적인 역할을 하는지 말해준다.

　세포는 음식물에서 직접 NAD를 흡수할 수 없다. 직접적인 전구체 분자들을 이용해 NAD를 만들어내는데, 유명한 두 가지가 NR(니코틴아미드 리보사이드)과 NMN(니코틴 모노뉴클레오티드)이다. 인터넷에서 찾아보면 둘 중 하나가 훨씬 우수한 항노화 보충제라고 주장하는 웹사이트가 셀 수도 없이 뜨는데, 그건 모두 자기들이 어떤 물질을 파느냐에 달렸다. 한 연구에 따르면 마우스에 NR이나 NMN을 공급해 NAD 수치를 올려준 결과 줄기세포 감소 속도가 느려지고 근육 변성을 비롯해 다른 노화 증상이 줄었다.[57] NAD 수치가 높으면 수명이 늘어난다는 보고도 있다. 그러나 NAD는 생명체의 화학반응에 너무나 중심적인 분자이므로 수명 연장과는 아무 관계없는 유익성이 있을지도 모른다. 실제로 NAD 대사 전문가 찰스 브레너는 이렇게 말한다. "저는 사람들에게 NR이 수명을 연장하지 않는다고 분명히 말합니다. 이 물질을 사용하는 이유도 시르투인은 물론 NAD 시스템을 공격하는 질병, 호흡과 관련된 산화/환원 반응, 복구 기능 등과 아무 상관이 없습니다. 제가 가장 관심 있는 NR 연구는 긁히고 덴 상처의 치유를 촉진하는 것입니다."[58] 인간에게 NR이나 NMN을 투여한 결과는 아직 분명치 않으며, 이익이나 부작용에 관한 장기 연구도 수행된 적이 없다.[59] 그러거나 말거나 FDA 같은 기관의 승인을 받지 않아도 되는 항노화 보충제 또는 식이 보조제 회사들은 다양한 생리적 유익성을 내세우며 치열한 마케팅을 펼친다. 현재 NMN는 전 세계적으로 연간 2억 8000만 달러의 매출을 기록하고 있으며, 2028년에는 그 액수가 거의 10억 달러에 이를 것으로 예상된다.[60]

지금까지 세포가 단백질 생산 프로그램들을 정교하게 조절하면서 동시에 어떻게 미묘한 균형을 유지하는지, 노화에 따라 이런 프로그램들이 어떻게 불안정해지는지 알아보았다. 열량 섭취를 줄이고 건강한 식단을 섭취하는 등 단순한 변화만으로도 노화에 따른 기능 저하를 상당히 늦출 수 있다. 노화 연구에서 항상 큰 관심이 집중되는 분야는 서로 연결된 복잡한 경로를 억제하고 열량 제한의 유익한 효과를 나타내는 약물을 생산하는 것이다.

하지만 세포는 그저 단백질을 모아놓은 꾸러미가 아니다. 그속에는 거대 구조들과 세포 내 소기관들이 가득하며, 이것들은 서로 조화롭게 기능해야 한다. 이런 복잡한 관계에 왜, 언제 문제가 생길까? 이것이야말로 노화 연구의 최전선에서 다루는 주제다. 이상하게 들리겠지만 이 모든 주제는 항상 오래된 기생충의 문제로 돌아간다. 기생충이라고 하면 해로운 것만 생각하지만, 이 기생충은 축복이기도 하다. 우리는 이 기생충 덕분에 작은 단세포 생물에서 오늘날의 복잡한 생물로 진화할 수 있었다. 한편 이 기생충은 우리가 노화하는 주된 이유이기도 하다.

9장

우리 몸속의 밀항자

WHY
WE
DIE

일 년에 두세 번, 열 살 난 손자를 만나러 뉴욕에 간다. 그리고 세상 모든 할아버지가 친숙하게 느낄 경험을 한다. 나는 나이에 비해 몸이 탄탄한 편이지만, 손주 녀석과 하루를 보내고 나면 기진맥진하고 만다. 어떻게 아이들은 쳐다보고만 있어도 피곤해질 정도로 에너지가 넘칠까? 내가 손자만큼 에너지가 넘치지 않는 이유야말로 우리 모두가 복잡한 생명체로 존재할 수 있는 이유다. 그 기원은 약 20억 년 전에 일어난 사건으로 거슬러 올라간다.

지구상에 가장 먼저 나타난 생명체는 원시 수프 속을 헤엄쳐 돌아다니던 단세포 생물이다. 그것이 어떻게 우리가 되었을까? 우리 몸속에 있는 세포 한 개만 해도 전형적인 세균보다 훨씬 크고 훨씬 복잡하다. 원시 단세포 생물이 이렇게 복잡한 세포로 진화했다는 것만도 엄청난 수수께끼다. 1900년대 초 러시아의 식물학자 콘스탄틴 메레슈코프스키는 한 세포가 더 작고 단순한 세포를 꿀꺽 삼켰을 거라는 가설을 내놓았다. 그 자체로서는 특별할 것이 없는 사건이다. 단세포 생물이 다른 단세포 생물을 삼키는 것은 흔한 일이다. 그때는 대개 작은 세포가 죽어서 완전히 소화되거나, 반대로 감당할 수 없을 만큼 욕심을 부린 세포가 삼킨 것을 미처 소화하지 못해 죽고 만다. 하지만 메레슈코프스키는 그런 일이 벌어지던 중 삼킨 세포와 삼켜진 세포가 둘 다 생존하는, 그리하여 계속 공존하면서 자손까지 낳는 상황을 상상했다.

그의 이론은 수십 년간 주목받지 못했지만, 1960년대에 생물학자 린 마굴리스가 그 착상을 진지하게 받아들이면서 신빙성 있는 생각으로 간주되기 시작했다. 인습타파주의자였던 마굴리스는 천문학자인 칼 세이건과 결혼했다가 헤어지고, 나중에 화학자인 토머스 마굴리스와 재혼했다가 역시 갈라선 후 이렇게 말했다고 전해진다. "나는 아내란 직업을 두 번 그만두었다. 좋은 아내이자 좋은 엄마이자 일급 과학자가 된다는 것은 인간으로서 불가능한 일이다. 어느 누구도 그런 일은 할 수 없다. 그러니 뭔가 포기해야만 한다."[1] 그녀는 과학자인 제임스 러브록과 함께 논란의 대상인 가이아Gaia 가설을 주장했다. 생물권 전체, 즉 지구와 대기와 땅과 그 속에 사는 모든 생명체가 스스로 조절되는 단일한 생물이라는 이론이다. 마굴리스는 훨씬 극단적이고 마음 불편한 관점을 드러내기도 했다. 세계무역센터를 무너뜨린 9/11 공격이 미국 정부가 배후에서 조종한 음모라는 글을 쓰는가 하면,[2] 인간면역결핍바이러스HIV가 후천성면역결핍증후군AIDS의 진정한 원인인지에 의문을 표하기도 했다.[3] 자신을 철저히 독립적으로 바라본 나머지 음모론에 끌리기도 했지만, 그런 태도 덕분에 우리가 생명을 이해하는 데 중요한 기여를 하기도 했던 것이다.

마굴리스는 공생이 매우 광범위하게 존재하는 현상이며, 진핵세포(핵을 지닌 더 복잡한 세포)는 세균들이 서로 공생 관계를 맺은 결과 진화했다고 믿었다. 당시의 지배적인 생각은 단순한 세균이 서서히 보다 복잡한 세포로 진화했다는 것이었다. 어쨌든 우리는 마굴리스의 개념을 그보다 60년 전 메레슈코프스키가 제안했던 이론의 확장으로 받아들일 수 있지만, 그럼에도 그 주장은 충분히 논쟁적이었다. 그녀의 논문은 무려 15개의 학술 저널에서 거절당한 끝에 1967년에야 〈이론생물학저널Journal of Theoretical Biology〉에 린 세이건이라는 저자명으로 발표되었다.[4] 마굴리스는 삼켜진 세균의 후손이 현재 더 큰 세포 속에서 세포 소기관으로 존재한다고 주장했다. 동물 세포에서 그 세포 소기관은 바로 미토콘드리아다. 식물 세포는 미토콘드리아 말고도 세균에서 유래한 또 하나의 세포 소기관을 갖고 있다. 광합성을 통해 햇빛을 당 분자로 바꾸는 엽록체다. 이런 밀항자들이 없다면 우리도, 식물도 존재할 수 없다.

오늘날 과학자들은 약 20억 년 전 아키온archaeon이라는 단세포 생물이 그보다 작은 세균을 삼킨 것이 진핵세포를 탄생시킨 결정적인 사건이었다고 믿는다. 실낱같은 가능성에도 불구하고 그 세균은 살아남아 결국 숙주인 아키온과 공생 관계를 맺었다. 그리고 20억 년이 지나는 동안 미토콘드리아로 진화했다. 미토콘드리아가 처음 발견된 후 170년간 과학자들은 이 세포 소기관이 세포 내 에너지 생산에 고도로 특화되어 있음을 알았다. 우리의 원시 조상이 복잡하고 거대한 세포로 진화해 오늘날 고등 생명체로 성장한 것은 에너지를 생산하는 능력 덕분이다. 하지만 동시에 우리는 에너지가 보존되며, 무無에서 창조될 수 없음을 안다. 그렇다면 미토콘드리아가 에너지를 생산한다는 것은 정확히 무슨 뜻일까?

오늘날의 세상과 산업화 이전의 단순했던 사회를 비교해보자. 단순한 세상에도 다양한 에너지원이 있었다. 태양 에너지를 이용해 뭔가를 데우거나, 나무나 기타 연료를 태워 열을 얻거나, 흐르는 강물과 바람의 힘을 이용해 방아를 찧거나, 바람의 힘을 이용해 돛단배로 대양을 건넜다. 하지만 이렇듯 다양한 에너지원은 호환되지 않았으며, 매우 제한된 방식으로만 사용할 수 있었다. 예컨대 바람을 이용해 음식을 익힐 수는 없었다.

오늘날의 세계를 보자. 태양광에서 풍력, 화석연료에서 핵분열 에너지까지 사실상 모든 에너지원을 전기로 바꿀 수 있다. 전기는 모든 곳에 이용할 수 있다. 열과 빛을 제공하고, 자동차와 열차를 움직여 우리를 먼 곳으로 데려다주고, 텔레비전과 다른 신기한 도구들을 작동해 우리를 즐겁게 하고, 세계 곳곳에 있는 사람들과 즉시 의사소통을 할 수 있게 해준다. 수백 년 전 화폐가 등장해 물물교환을 대신했듯, 전기는 에너지란 세계의 공용 화폐다.

미토콘드리아가 세포 안에서 하는 일이 정확히 그렇다. 탄수화물 등 우리가 섭취하는 에너지원은 그리 다양하지 않지만, 그것들을 세포의 에너지 공용 화폐라 할 수 있는 아데노신 삼인산 ATP으로 바꿔놓는다. ATP는 앞에서 언급했다. RNA의 구성 요소 중 하나로 아데닌 염기에 리보스 당과 세 개의 인산염이 연결된 형태다. 화학자들은 인산기 사이의 결합을 고에너지 결합이라고 부른다. 이 결합을 형성하는 데 많은 에너지가 필요하며, 그 에너지는 결합이 끊어질 때 다시 방출된다. 에너지가 필요할 때 세포는 두 번째와 세 번째 인산기 사이의 결합을 끊어 방출되는 에너지를 이용할 수 있다. 비유컨대 ATP는 아주 작고 이동성이 뛰어난 분자 배터리다.

우리는 음식, 특히 탄수화물을 소화해서 얻은 당을 매우 효과적으로 연소시킨다. 화학적으로는 당분을 불꽃 속에 넣어 태우는 것과 동일하다. 세포는 그 과정을 고도로 조절된 방식으로 수행할 뿐이다. 어쨌든 결과는 같다. 당은 산소와 결합해 이산화탄소와 물로 변하면서 에너지를 방출한다. 바로 이것이 우리가 숨을 들이쉬고 내쉴 때 일어나는 일이다. 미토콘드리아는 호흡 중 방출된 에너지를 이용해 ATP를 생산한다.

이 과정은 화학적으로 수력발전을 이용해 전기를 생산하는 것과 비슷하다. 한 겹의 막으로 둘러싸인 세포와 달리, 미토콘드리아는 세균 조상처럼 두 겹의 막으로 둘러싸여 있다. 각각의 막은 얇은 지질 분자가 두 층을 이루어 물로 된 구획을 둘러싼다. 내막 안쪽에 있는 크고 복잡한 단백질 분자들은 호흡을 통해 생성된 에너지를 이용해 수소 이온(H+, 양성자)을 내막 밖으로 내보내 양성자 농도차gradient를 만들어낸다. 막을 경계로 한쪽이 다른 쪽보다 양성자 농도가 더 높다는 뜻이다. 물이 높은 곳에서 낮은 곳으로 흐르듯, 양성자도 농도가 높은 곳에서 낮은 곳으로 흐르려고 한다. 하지만 양성자는 생체막을 통과할 수 없다. 터빈 역할을 하는 특수한 분자를 통해서만 이동할 수 있을 뿐이다. 수력발전용 댐에서 아래로 흐르는 물이 거대한 파이프를 통과하면서 터빈을 돌려 전기를 생산하듯, 양성자는 ATP 합성효소라는 특수한 분자를 통과하면서 실제로 합성효소를 터빈처럼 돌려 두 개의 인산기를 지닌 아데노신 이인산ADP에 세 번째 인산

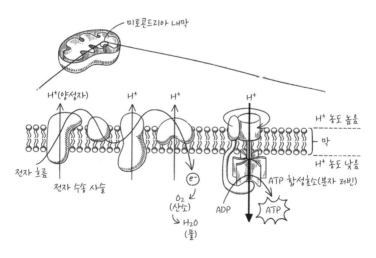

미토콘드리아의 에너지 생산

기를 추가해 ATP 분자를 만들어낸다.[5]

화폐를 발명한 덕에 교역이 크게 늘고 경제가 번창하면서 복잡한 사회가 발달했듯, 그리고 전기라는 에너지 화폐 덕분에 사회가 기술적으로 놀랍게 복잡해졌듯, ATP를 효율적으로 생산하게 되자 세포는 훨씬 복잡하고 특화된 기능을 수행할 수 있었다. ATP는 아주 작은 분자다. 필요하다면 세포 속 어디든 갈 수 있다. 세포의 구성 요소를 만들고, 세포 속에서 물질을 이리저리 옮기고, 세포 자체가 다른 곳으로 움직이는 데 이르기까지 모든 과정에 에너지를 공급할 수 있는 것이다. 근육은 ATP를 이용해 수축한다. 뇌에서 ATP는 뉴런이 전기 신호를 전달하고 자극 신호를 발화할 때 세포막 안팎의 전위차를 유지한다. 우리 몸은 중량으로 따져 매일 대략 몸무게와 비슷한 ATP를 만들어내며, 그렇게 만들어진 ATP의 약 5분의 1은 뇌가 사용한다.[6] 그냥 가만히 앉아 생각만 하는데도 하루에 수백 칼로리가 필요한 것이다. 이처럼 몸에서 쓰이는 ATP는 거의 전부 미토콘드리아가 만든다.

우리 몸속의 밀항자는 기생충으로 시작했을지 몰라도, 우리가 생존하는 데 필요한 ATP를 생산함으로써 없어서는 안 될 존재가 되었다. 미토콘드리아가 그들의 세균 조상과 다른 점은 그 밖에도 많다. 우선 미토콘드리아는 대부분의 유전자를 버렸기 때문에 현재 남은 게놈이 아주 적어서 여남은 개의 단백질 유전자만 지니고 있을 뿐이다. 미토콘드리아를 구성하는 물질의 99퍼센트 이상이 핵 속 염색체에 있는 유전자를 이용해 만들어진다.

이 단백질들은 세포질에서 만들어진 후 복잡한 기전을 통해 미토콘드리아 막 중 하나 또는 두 개를 통과해 그 내부로 유입된다. 미토콘드리아가 왜, 어떻게 대부분의 유전자를 숙주의 게놈으로 옮겼는지, 그럼에도 왜 일부 게놈을 유지하는지는 알 수 없다. 미토콘드리아 게놈은 비록 작지만 많은 문제를 일으킬 수 있다. 미토콘드리아 DNA에 돌연변이가 생기면 당뇨병이나 심부전, 간부전 등의 질병은 물론 난청 등의 장애가 발생한다.

정자는 수정란에 미토콘드리아를 전혀 공여하지 않으므로 우리 몸속에 있는 미토콘드리아는 전적으로 어머니에게서 물려받은 것이다. 미토콘드리아 게놈의 결함으로 인한 질병 역시 전적으로 어머니에게서 유전된다. 몇 년 전 영국은 '세 부모' 아기를 합법화했다. 미토콘드리아에 결함이 있는 여성의 난자에서 핵만 추출해 핵을 제거한 건강한 여성 공여자의 난자 속에 이식한다. 이렇게 만들어진 난자를 아버지의 정자로 수정한 후 어머니의 자궁에 착상시킨다. 태어난 아기는 엄마 아빠의 유전자를 물려받지만, 미토콘드리아만은(아주 작은 미토콘드리아 게놈과 함께) 난자 공여자에게서 물려받는다.[7]

세포 속에는 수십 개에서 수천 개의 미토콘드리아가 존재한다. 이것들은 세균을 배양할 때처럼 완전히 독립적으로 살아갈 수는 없으며, 끊임없이 융합과 분열을 반복한다. 미토콘드리아는 손상된 구성 요소를 보충하기 위해 서로 융합해 내용물을 교환할 수 있다. 또한 다양한 방식으로 분열한다. 세포 분열이 일어날 때는 대개 정확히 중간 시점에 미토콘드리아도 분열한다.

하지만 때때로 분열을 통해 결함 부위를 떼어내기도 한다. 떨어져 나간 부분은 6장에서 설명한 자가포식 같은 과정을 거쳐 분해한 후 재활용한다.

미토콘드리아는 자기들끼리만 융합하는 것이 아니다. 매우 흥미로운 방식으로 다른 세포 소기관들과 상호작용한다. 생체막을 구성하는 지질 분자는 고도로 특화되어 있다. 세포 소기관과 세포 유형에 따라 지질의 조성도 다르다. 종종 미토콘드리아는 다른 세포 소기관과 구성 요소를 교환해 서로 특화된 지질을 생산하도록 돕는다. 하지만 세포 소기관과 미토콘드리아 사이의 접촉은 너무 많아도 해롭고, 너무 적어도 해롭다.[8]

미토콘드리아는 ATP를 만드는 외에도 많은 일을 한다. 예컨대 당 분자가 연소되는 과정의 마지막 몇 단계는 미토콘드리아에서 일어난다. 또한 미토콘드리아는 저장 지방을 연소하는 장소이기도 하다. 이 과정은 굶주릴 때나 다이어트를 할 때 등 탄수화물 섭취가 부족할 때 특히 중요하다. 지방을 연소시켜서 얻는 에너지 역시 ATP를 만드는 데 쓰인다. 또한 미토콘드리아는 세포의 나머지 부분과 복잡한 신호 전달 네트워크를 구성한다. 세포에게 에너지 수준이 낮거나 높다는 사실을 알려 적절한 유전자와 경로를 켜고 꺼서 대처하도록 하는 것이다.

따라서 미토콘드리아는 더 이상 단순한 에너지 생산 공장이 아니라 세포 대사의 중심으로 인식된다. 세포에 몰래 올라탄 세균치고는 엄청나게 출세한 셈이다. 우리는 미토콘드리아와 복잡한 관계 속에 공존한다. 젊음의 에너지와 노년의 위축이란 문제에 그토록 밀접하게 관련된 세포 내 구조는 없을 것이다.[9] 나이가 들어도 여전히 미토콘드리아는 맡은 일을 충실히 해내지만, 수많은 결함이 축적되는 것은 어쩔 수 없다. 에너지 생산 효율이 떨어질 뿐 아니라, 다른 임무도 제대로 해내지 못하고 삐걱거린다. 심지어 노쇠한 미토콘드리아는 기능을 잃고 길쭉한 타원형에서 동그란 물방울 모양으로 변한다. 이제 어리고 건강한 미토콘드리아를 지닌 내 손자가 여전히 전반적으로 건강한 나보다 훨씬 활력이 넘치는 이유를 이해할 수 있을 것이다.

†

미토콘드리아의 기능이 어떤 수준 이하로 떨어지면 우리는 죽는다. 대부분의 국가에서 죽음이란 뇌가 기능을 중단하는 순간으로 정의한다는 점을 떠올려보자. 우리가 뇌에 산소와 당을 공급하지 못하면(심장발작 등 원인은 다양하다) 뇌 조직 속 미토콘드리아는 뉴런이 기능을 수행하는 데 필요한 ATP를 더 이상 생산할 수 없으므로 뇌사가 일어난다. 심장 발작으로 갑자기 산소 공급이 끊기는 것은 극적인 사건이지만, 정상적으로 살아간다고 해도 미토콘드리아는 점차 기능을 잃고 쇠퇴하므로 언젠가는 꼭 필요한 기능을 더 이상 수행할 수 없는 때가 온다.

이런 상태까지 몰고 가는 것은 무엇일까? 미토콘드리아는 세포의 다른 부분과 똑같은 이유로 인해 노화하지만, 나름 고유한 부담도 지고 있다. 1954년 데넘 하먼은 노화의 유리기free-radical

이론을 제안했다.[10] 정상적인 대사 과정의 부산물로 화학적 활성이 높은 분자들이 생긴다. 그중 일부를 유리기라고 하는데, 이것들이 오랜 시간에 걸쳐 세포를 손상시켜 노화를 가속화한다는 것이다. 하먼의 개념은 열량 제한의 유익성을 설명하는 데 도움이 된다.[11] 적게 먹으면 매일 연소하는 칼로리도 줄고, 세포를 손상시키는 화학적 부산물도 그만큼 덜 생긴다는 것이다. 또한 하먼의 이론은 왜 대사율이 높은 동물이 대사가 느린 동물보다 수명이 짧은 경향이 있는지도 설명해준다.

유리기는 세포 어디서든 생길 수 있지만, 특히 미토콘드리아에서는 유리기와 기타 활성 분자들이 훨씬 많이 생긴다. 미토콘드리아의 주 기능이 당 분자를 산화해 연소시키는 것이기 때문이다. 우리가 호흡하는 산소는 두 개의 산소 원자가 단단히 결합해 O_2 분자를 형성한 것이다. 미토콘드리아 내에서 이 산소는 결국 두 개의 물 분자(H_2O)로 환원된다. 이때 산소의 환원이 완전하지 못하면, 부분적으로 환원된 분자들이 활성 산소종reactive oxygen species(ROS)이라는 중간 산물을 형성한다. 이처럼 고도로 활성을 띤 산소는 단백질과 DNA 등 세포의 다른 구성 요소까지 손상시킬 수 있다. 낡은 차를 가져본 사람은 활성 산소가 차체에 어떤 작용을 일으키는지 알 것이다. 이때 소금이 끼어들면 반응이 훨씬 빨라진다. 겨울에 소금을 뿌린 도로를 달린 자동차가 더 빨리 부식되는 것은 바로 이런 이유에서다. 따라서 산화에 의한 미토콘드리아 손상은 세포가 안에서부터 녹스는 것이라고 생각할 수 있다.

정상적으로 미토콘드리아는 이런 활성 분자들이 해를 끼치기 전에 제거하는 효소들을 갖고 있지만, 그 과정이 완벽하지는 않다. 일부 활성 분자가 제거되지 않는 것은 어쩔 수 없다. 시간이 지나면 이들은 세포 속에서 필수적인 기능을 수행하는 단백질을 비롯해 주변에 있는 분자들을 손상시킨다.[12] 이런 식으로 세포 기능이 전체적으로 손상되면 노화가 일어난다. 또한 이런 활성 분자들은 즉각적인 손상을 일으키는 것과 별개로 미토콘드리아 DNA를 손상시켜 향후 생겨나는 미토콘드리아에 영향을 미친다. 미토콘드리아 DNA는 당 분자를 산화시키고 ATP를 생산하는 데 필수적인 부분들을 부호화하므로, 너무 많은 돌연변이가 일어나면 에너지 생산 기전 자체에 결함이 생긴다. 이렇게 되면 산소 환원 과정의 효율이 떨어져 더 많은 활성 분자가 생긴다. 악순환이 시작되는 것이다. 또한 활성 분자는 세포의 다른 부분으로 확산되어 결국 전체적인 손상이 진행된다. 나이가 들수록 미토콘드리아는 점점 기능을 잃는다.

　하먼의 미토콘드리아 유리기 이론은 처음에 그리 주목받지 못했지만, 이를 뒷받침하는 수많은 소견이 관찰되었다. 우선 활성 분자는 노화할수록 더 많이 생긴다. 하지만 이들을 제거하는 청소 효소들은 나이가 들수록 활성이 떨어지기 때문에 손상은 점점 커진다. 이런 변화가 단순히 노화 때문인지, 그 자체가 노화 과정을 가속화하는지는 분명치 않다. 체내에서 과산화수소 제거 효소를 더 많이 만드는 마우스 계통은 평균보다 5개월 정도 수명이 길다. 이 정도면 마우스로서는 상당한 수명 연장 효과가 있는 것이다.[13] 2022년 독일 과학자들은 개미를 숙주로 하는 기생충이 다른 물질들과 함께 두 가지 항산화 단백질을 분비해 수명이 몇 배 연장되었음을 입증했다.[14] 앞에서 난모세포 등의 생식세포는 DNA 복구 능력이 뛰어나다고 했다. 이 세포들이 손상을 최소화하는 방법 중 하나가 바로 활성 산소종을 생성하는 효소 중 하나를 억제하는 것이다.[15]

유리기 이론이 신뢰성을 얻자 항산화제가 화려한 주목을 받았다. 활성 산소종에 대항하는 이 물질들은 암에서 노화에 이르기까지 모든 문제를 해결하는 기적의 약으로 선전되었다. 비타민 E, 베타-카로틴, 비타민 C 등 항산화제 매출이 치솟았다. 화장품 회사들은 로션과 크림에 비타민 E, 레티노산, 기타 항산화제를 넣어 피부를 젊게 해준다고 주장한다. 브로콜리나 케일 등 항산화 성분이 풍부한 식품을 먹어야 한다는 말은 어디서나 들을 수 있다.

항산화제가 도움이 되었다는 보고가 산발적으로 나오기는 했지만, 항산화 보충제에 관한 68건의 무작위 임상시험을 통합해 총 23만 명의 피험자를 분석한 결과 안타깝게도 이 물질들은 사망률을 낮추지 않을 뿐 아니라, 베타-카로틴, 비타민 A, 비타민 E 등 일부 항산화제는 오히려 사망률을 높이는 것으로 나타났다.[16] 이런 소견 자체가 유리기 이론이 아무런 도움이 안 된다는 뜻은 아니다. 그 진정한 의미는 그저 항산화 보충제 알약을 몇 개 먹는다고 해서 유리기에 의한 손상을 의미 있는 수준으로 막을 수는 없다는 것이다. 그렇더라도 케일을 포기할 필요는 없다.

신선한 과일과 야채를 먹는 것은 수많은 이유로 건강에 도움이 된다.

항산화 식이보조제 연구 결과가 이렇듯 실망스러운 이유는 여러 가지를 생각해볼 수 있다. 몸속에서 대사되어 지속적인 효과가 유지되지 않거나, 연구에서 자연적으로 청소 효소가 유리기와 활성 산소종을 제거하는 과정을 적절히 재현하지 못했을 수도 있다. 하지만 지난 10~15년 사이에 일각에서는 활성 산소종과 유리기에 의한 산화 손상이 노화의 주된 원인이 아니라는 의심을 품게 되었다.[17] 선충과 파리 등 동물 연구 결과 청소 효소 수치와 수명 사이에는 뚜렷한 상관관계가 없었다.[18] 바로 앞에서 언급한 마우스 연구와는 반대로 효모, 선충, 마우스 등 다양한 생물종을 연구한 결과 청소 효소 또는 다른 방어 인자 수치가 높다고 해서 수명이 연장되지는 않았다.[19] 오히려 한 연구에서는 유리기 수치가 정상보다 훨씬 높은 돌연변이 선충이 33퍼센트 정도 오래 살기도 했다. 이 선충에게 유리기 활성을 크게 증가시키는 제초제를 투여했더니 수명이 더욱 길어진 반면, 항산화 보충제를 투여해 유리기 수치를 낮추었더니 수명이 짧아졌다.[20] 벌거숭이두더지쥐는 비슷한 크기의 다른 동물보다 몇 배 더 오래 살지만, 활성 산소종 수치는 더 높다.[21]

어떻게 된 일일까? 어쩌면 이것은 호메시스hormesis라는 현상의 예일 것이다. 일부 독소는 높은 수준에서만 몸에 해로우며, 낮은 수준의 독소에 노출되면 오히려 건강에 이롭다는 것이다.[22] 독일 철학자 니체가 말했듯 '우리를 죽이지 않는 것은 우리를 더 강하게 한다'라고도 할 수 있겠다. 유리기와 활성 산소종은 해독 효소와 복구 단백질 생산을 자극하는 신호를 전달하는데, 이것이 실제로는 보호 효과를 일으키는 것이다. 더욱이 이런 활성 산소종은 미토콘드리아의 상태를 세포의 다른 부분에 알리는 신호 전달 물질로서 다양한 역할을 수행한다.

유리기와 활성 산소종이 그 자체로 큰 문제가 아니라면, 미토콘드리아가 노화에 중요한 이유는 도대체 무엇일까? 분명 나이가 들수록 미토콘드리아 DNA의 돌연변이가 늘며, 이런 돌연변이가 축적되면 질병을 일으킬 수 있다. 하지만 그 자체가 노화를 일으킬까? 이 문제에 답하는 한 가지 방법은 마우스를 유전공학적으로 조작해 미토콘드리아 DNA를 복제하는 DNA 중합효소가 쉽게 오류를 일으키게 하는 것이다. 이렇게 하면 돌연변이가 훨씬 빠른 속도로 축적된다. 돌연변이 마우스는 출생 시에는 정상으로 보이지만 얼마 안 되어 털이 하얗게 세고, 청력이 저하되며, 심장병이 생기는 등 조기 노화 증상을 나타낸다. 생후 60주 정도 되면 정상 마우스는 여전히 살아 있지만 돌연변이 마우스는 대부분 죽는다.[23] 미토콘드리아 DNA 손상이 노화를 일으키는 중요한 인자라는 증거다. 특징적으로 돌연변이 마우스는 활성 산소종 수치가 더 높지 않으므로 돌연변이가 증가한다고 해서 청소 효소 결함이 늘어나는 것 같지는 않다. 그랬다면 활성 산소종이 훨씬 많이 축적되었을 것이다. 돌연변이 마우스가 더 빨리 노화하는 근본 원인은 아직 밝혀지지 않았다. 미토콘드리아 DNA의 결함과 세포핵 속 게놈의 안정성 사이에 복잡한 상호작용이 일어나며, 이에 따라 전반적으로 DNA 손상과 관련된 문제가 일어날 수 있다는 보고들이 있다.[24]

미토콘드리아 손상이 세포에 해로우며 노화를 촉진한다는 데는 의심의 여지가 없지만, 그런 손상의 정확한 원인을 찾기는 매우 어렵다. 한 개의 세포 속에는 수십 개에서 수천 개의 미토콘드리아가 있으며, 각기 자신의 게놈을 갖고 있다. 일부 미토콘드리아 DNA에 심각한 문제가 생겨도, 건강한 미토콘드리아가 많이 남아 있기 때문에 세포는 계속 작동한다. 하지만 어떤 시점에 이르러 세포 속에 결함 있는 미토콘드리아가 너무 많아져 역치에 도달하면 정상적인 미토콘드리아만으로 감당하기에는 너무 많은 문제가 한꺼번에 밀어닥친다. 또한 결함 있는 미토콘드리아 중 일부가 훨씬 빠른 속도로 분열해 늘어나는 상황이 벌어질 수도 있다. 이 녀석들은 건강한 미토콘드리아가 수행하는 많은 일을 하지 않으므로 결국 세포에 심각한 문제를 일으킨다.[25]

미토콘드리아는 단순한 에너지 생산 공장이 아니라 세포의 전반적인 대사에 밀접하게 연관되어 있다. 따라서 나이가 들어 결함이 축적되면 세포 전체의 기능이 떨어지고 노화가 빨라진다. 특히 줄기세포 기능이 떨어지면 그 영향이 훨씬 뚜렷하게 나타난다. 줄기세포는 너무나 중요하고 다양한 기능을 수행하기 때문이다. 줄기세포가 기능을 잃으면 조직을 재생할 수 없을 뿐 아니라 세포 노쇠와 만성 염증을 일으키는데, 이 모든 것이 노화의 특징이다.[26]

노화의 한 가지 특징은 낮은 수준의 염증이 만성적으로 지속된다는 점이다. 이런 상태를 재치 있게 표현한 '염증노화inflam-maging'란 말도 있다.[27] 염증노화는 부분적으로 미토콘드리아가 세균에서 유래했기 때문에 생기는 현상이다. 나이 들고 결함투성이인 미토콘드리아는 파열되기 쉽고, 결국 그 안에 들어 있던 DNA와 다른 분자들이 세포질 속으로 새어 나간다. 세포는 이런 물질이 외부에서 침입한 세균에서 나왔다고 생각하고 염증 반응을 일으킨다. 특히 뉴런은 매우 오래 살고 재생되지 않기 때문에 그 속에 있는 미토콘드리아도 노화되어 문제를 일으키기 쉽다. 나이가 들면 인지 기능이 저하되는 이유 중 하나일 것이다. 노화된 미토콘드리아가 많은 뉴런은 재활용 경로를 이용해 결함이 있는 단백질과 세포 소기관을 청소하는 능력도 떨어진다. 모두 에너지를 필요로 하는 과정이기 때문이다. 결국 나이가 들수록 치매가 생기기 쉽다.

이 모든 이유에서 미토콘드리아를 건강하게 유지하는 것은 전신 건강을 유지하는 핵심이다. 세포가 이런 능력을 발휘하는 것은 앞에서 살펴본 열량 제한에 관련된 몇 가지 경로와 밀접한 연관이 있다. 또한 세포는 자가포식을 이용해 결함이 있다고 생각되는 미토콘드리아를 통째로 제거하거나, 심지어 고장난 미토콘드리아에서 결함이 있는 부분만 제거할 수도 있다. 미토콘드리아 포식mitophagy이라고 불리는 이 과정의 목표는 미토콘드리아를 분해해 재활용하는 것이다. 문제가 생기기 시작하면 일부 단백질이 그 사실을 인식해 결함이 생긴 미토콘드리아 표면을 표지 분자로 뒤덮는다. 표지 분자들은 자가포식 기관에 미토콘드리아를 분해하라는 신호를 보낸다.[28] 열량 제한은 TOR 경로를 통해 자가포식 수준뿐 아니라 미토콘드리아 포식 수준도 함께 높인다.

결함 있는 미토콘드리아를 제거한 세포는 반드시 새로운 미토콘드리아를 보충해야 한다. 이때도 열량 제한이 관여한다. 열량을 제한하거나 라파마이신을 써서 TOR를 억제하면 많은 단백질 합성이 중단되지만, 미토콘드리아를 생산하는 데 관련된 단백질 합성은 촉진된다.[29] 연구에 따르면 초파리에서 이 과정에 의해 미토콘드리아 활성이 높아지면 정확히 이에 비례해 수명이 길어졌다.[30]

TOR 외에도 새로운 미토콘드리아 생산을 자극하는 신호들이 있다.[31] 하지만 때때로 이런 노력은 아무런 결실을 거두지 못한다. 미토콘드리아 기능에 이상을 감지한 세포가 더 이상의 미토콘드리아 생산을 중단해버리는 수가 있기 때문이다.[32]

†

과학자들과 제약업계에서 미토콘드리아 기능 저하를 해결해줄 신약을 개발하는 데 비상한 노력을 기울이고 있지만, 새로운 미토콘드리아 생산을 자극하는 간단한 방법이 있다. 게다가 돈 한 푼 들지 않는다. 바로 운동이다. 신체 활동은 근육에서 뇌에 이르기까지 다양한 조직에서 미토콘드리아 생산을 자극하는 경로들을 활성화한다.[33] 운동은 호메시스의 예이기도 하다. 물론 지나친 운동은 해롭지만, 중간 강도로만 운동을 해도 일시적으로 혈압이 오르고 산화 스트레스가 늘어나며 염증이 유발된다. 모두 문제가 될 소지가 있다. 하지만 운동량이 지나쳐 다치지만 않는다면 운동은 건강에 매우 유익하다. (운동 손상을 일으키는 운동량이 어느 정도인지는 전반적 건강과 다양한 개별 인자에 좌우된다.) 운동이 미토콘드리아 기능을 향상하는 한 가지 이유는 숨쉴 때 불완전 산화에 의해 활성 산소종이 만들어지는 것이다. 앞서 설명했듯 활성 산소종도 양만 적당하면 건강에 유익할 수 있다.[34] 물론 운동 효과는 거기서 그치지 않는다. 스트레스를 줄이고, 근육량과 골량을 유지하며, 비만과 당뇨병을 예방하고, 수면을 개선하며, 면역을 강화한다.[35] 여기에 신선한 미토콘드리아가 만들어지는 데 따른 건강 효과도 추가해야 할 것이다.

세포는 결함 있는 미토콘드리아를 재활용하고 새로운 미토콘드리아를 만들어내기 위해 최선을 다하지만, 결국 미토콘드리아 노화는 피할 수 없다. 이에 따라 몸의 전반적인 노화도 빨라진다. 미토콘드리아 DNA에 돌연변이가 축적되는 것이 미토콘드리아 노화의 원인이라면 왜 갓난아기의 (그리고 내 손자의) 미토콘드리아는 그토록 건강할까? 개인으로서 자신에 대해 묻는 것과 똑같은 질문을 해볼 수 있다. 왜 노화 시계는 세대를 반복할 때마다 초기화될까? 몇 가지 이유가 있다. 우선 다음 세대를 만들어내는 생식세포는 더 우수한 DNA 복구 기전을 갖고 있으며 더 천천히 노화한다. 두 번째로 생식세포가 형성될 때 DNA의 후성유전적 표식이 완전히 초기화된다. 핵 DNA와 달리 미토콘드리아 DNA는 그렇게 정교한 후성유전적 기전을 갖고 있지 않지만, 생식세포의 복구 기전이 더 우수한 것은 마찬가지다.[36] 게다가 미토콘드리아 DNA의 돌연변이에는 강력한 선택압이 작용하기 때문에 결함 있는 난모세포는 아예 수정에 사용되지 않는다. 결함 있는 정자, 심지어 결함 있는 초기 배아에도 강력한 선택압이 작용하므로 미토콘드리아에 문제가 있다면 여기서도 추려진다. 그럼에도 선택이 완벽한 것은 아니다. 적어도 나이가 든 후 생식력이 일부 감소하는 것은 미토콘드리아의 노화 때문이다.[37]

지금쯤은 노화의 모든 원인이 서로 밀접하게 연결된다는 점이 분명해졌을 것이다. 우리는 가장 기본적인 분자라고 할 수 있는 DNA에서 출발했다. DNA 속에는 세포에서 수천수만 가지 단백질을 딱 맞는 시간에 딱 맞는 양만큼 만들어내는 데 필요한 정보가 들어 있다. 그 정보는 손상되지 않도록 보호해야 한다. 세포가 건강하게 기능을 수행하려면 그토록 다양한 단백질이 조화롭게 작동해야 한다. 이를 위해 세포는 수많은 문제 해결 기전을 갖추고 있다. 단백질뿐 아니라 미토콘드리아 등 세포 소기관도 세포의 다른 부분과 공생적 관계 속에서 작동한다. 미토콘드리아는 어느 날 조상 세포가 삼킨 세균에서 출발했을지 모르지만, 오늘날에는 우리 몸의 대사에 중심적인 지위를 차지한다. 나이 들면서 어디엔가 결함이 생기면 결국 노화를 촉진하는 모든 사건이 꼬리를 물고 일어나 세포 노화를 일으킨다.

몸속의 모든 세포가 늙거나 사멸하지만 평소에 우리는 거의 느끼지 못한다. 수십조 개의 세포가 있기 때문이다. 하지만 원시적인 생명 형태를 빼고, 세포는 고립되어 존재하지 않는다. 우리 몸속 세포들은 서로 소통하며, 조직과 장기의 일부로서 협력한다. 하지만 노화에 따른 결함이 축적된 세포가 많아지면 관절염, 피로, 감염 취약성, 인지 저하, 그리고 몸이 전반적으로 젊었을 때처럼 작동하지 않는 등 노화 증상이 뚜렷해진다. 이제 개별적인 세포 노화가 어떻게 연령 관련 질병을 일으키는지 알아보자.

10장

통증과
뱀파이어의 피

영국 도보 횡단로는 유명한 장거리 걷기 여행 코스다. 서해안의
세인트비스헤드St. Bees Head에서 시작하는 이 길은 영국에서 가
장 아름다운 곳들을 통과해 동해안의 휘트비 인근 로빈후드만
Robin Hood's Bay에서 끝난다. 로빈후드만은 브램 스토커의 소설
에서 드라큘라 백작이 영국 땅에 발을 디딘 곳으로도 유명하다.
도보 횡단로의 총 길이는 300킬로미터 조금 넘는다. 그 여행을
마친 후, "영국 횡단 도보 여행을 마쳤다네"라고 쓰인 티셔츠를
한 벌 사서 시치미를 뚝 뗀 채 미국에 입고 갈 날을 꿈꾸곤 했다.
모두 감탄을 금치 못하리라.

2013년 여름, 드디어 기회가 왔다. 친구들과 팀을 짜서 대망
의 여행길에 올랐다. 첫 주에는 모든 것이 순조로웠다. 하지만
한쪽 무릎에 염증이 생기더니 점점 심해져 불과 며칠을 남겨놓

고 포기할 수밖에 없었다. 돌아오자마자 의사를 찾았다. 그는 진찰을 마치고 중등도 골관절염으로 반월판이 찢어져 염증이 생겼다고 진단했다. 무릎 치료를 끝내자마자 오른쪽 어깨가 아프기 시작했다. 또 골관절염이었다. 또래 친구들이 공감 어린 위로를 보내왔다. 관절이 쑤시고 아픈 것은 나이가 들면서 피할 수 없는 삶의 일부라네.

관절통은 염증의 증상 중 하나로 대개 신체적 원인에서 비롯된다. 관절 속 뼈가 닳고 손상되면서 연조직을 건드려 염증이 생긴다. 하지만 나이가 들면 느끼지 못해도 훨씬 광범위한 염증이 발생해 건강은 물론 질병에 대한 반응에도 영향을 미친다.

이런 염증이 생기는 이유는 세포가 노화하거나 손상되어 노쇠 상태에 접어들기 때문이다. 세포는 DNA 손상을 감지했을 때 세 가지 중 하나를 할 수 있다. 손상이 가볍다면 복구 기전을 작동한다. 손상이 광범위하다면 세포 자체를 사멸시키는 신호를 보낸다. 또는 세포 스스로 노쇠 상태 진입 신호를 보내 더 이상 분열하지 못하게 할 수 있다. 앞에서 마지막 반응이 에로 염색체 끝에 있는 텔로미어가 어떤 한계보다 짧아졌을 때 어떻게 세포가 분열을 멈추는지 알아보았다. 세포가 사멸하든 노쇠 상태에 들어가든 목적은 한 가지다. 게놈이 손상된 세포가 똑같은 세포를 만들지 않게 하는 것이다. 이런 세포는 암세포로 변할 위험이 있다. 실제로 DNA 손상에 대한 모든 반응은 암을 방지하는 기전이라고 볼 수 있다. 앞에서 모든 암의 거의 절반이 단 한 개의 단백질에 돌연변이가 생겨서 발생한다고 했다. 바로 p53이다. 이 단백질은 DNA 손상 반응에 핵심적인 역할을 한다. 이런 종양 억제 유전자는 세포를 노쇠 상태로 유도한다. 암 발생을 막으려는 것이다.[1]

진화론에서 예측하듯 생애 초기에 암이 생기지 않도록 보호하는 과정은 생애 후기에 접어들면 문제를 일으킬 수 있다. 예컨대 구성 세포가 보충되지 않고 계속 죽어나간다면 조직은 기능을 멈출 것이다. 노쇠 상태의 세포는 분명 살아 있지만 그조차 문제를 일으킬 수 있다. 정상 세포가 노쇠 세포로 전환되는 과정은 아직 완전히 밝혀지지 않았다. DNA 손상 반응에 의해 세포의 유전 프로그램에 광범위한 변화가 일어나 그렇게 되는 것은 분명하다. 어쨌든 노쇠 세포는 더 이상 조직의 정상적인 기능에 아무런 기여도 하지 않는다. 그렇다면 의문이 생긴다. 더 이상 원래 기능을 수행하지 않는다면 왜 그냥 없어지지 않고 노쇠 상태로 접어들어 오랜 시간을 보내는 것일까?

사실 노쇠 세포는 아무것도 하지 않고 그저 자리만 차지하는 것이 아니다. 그보다 더 나쁘다. 염증을 일으키고 주변 조직의 기능을 방해하는 사이토카인 등의 물질을 분비한다. 우리 몸이 그렇게 설계되어 있다. 대개 노쇠 세포는 부상이나 신체 손상에 대한 반응으로 생기며, 염증을 일으키는 물질들은 상처 치유와 조직 재생을 촉진하는 동시에 면역계에 신호를 보내 노쇠 세포를 청소한다.[2] 하지만 나이가 들면 노쇠 세포를 청소하는 면역계의 능력 또한 저하된다. DNA 손상이 축적되고 텔로미어가 짧아지면서 필요 없는 곳에, 면역계가 처리할 수 있는 것보다 훨

씬 빠른 속도로 노쇠 세포들이 생겨난다. 이로 인해 만성적이고 광범위한 염증이 일어난다.[3]

지금까지 살펴본 노화의 모든 원인이 작용하는 과정은 매우 복잡하고 서로 연결되어 있어서 원인과 결과를 나누기가 쉽지 않다. 여기서 성가신 의문이 따라붙는다. 노쇠 세포가 늘어나고 동반된 염증이 심해지는 것은 노화의 결과일까, 아니면 노화를 더욱 가속화하는 원인일까? 미네소타의 메이요 클리닉에서 일하던 시절 얀 판 되르선이 이끈 연구팀의 핵심 주제가 바로 이것이었다. 그들은 노쇠 세포에 생물학적 표지자를 결합시킨 후 표지된 세포를 제거하는 기발한 방법을 고안했다. 그리고 조기에 노화가 일어나는 조로증progeroid 마우스를 이용해 노쇠 세포를 제거하면 지방 조직, 골격근, 눈에 연령 관련 질병 발생이 지연됨을 입증했다. 심지어 노년기에 접어든 뒤에도 노쇠 세포를 제거하면 이미 발생한 질병조차 진행이 느려졌다. 그들의 결론은 노쇠 세포를 제거하면 노화 질환을 예방하거나 지연시키고, 건강 수명을 연장할 수 있다는 것이었다. 몇 년 뒤 그들은 아무런 조치를 취하지 않아 노쇠 세포가 축적된 마우스에 비해 노쇠 세포를 제거한 마우스가 여러 가지 측면에서 더 건강함을 입증했다. 콩팥 기능이 더 좋고, 심장은 스트레스에 더 잘 견뎠으며, 개체 자체도 더 활발하고, 암에도 덜 걸렸다. 수명도 20~30퍼센트 더 길었다.[4]

후속 연구에 따르면 젊은 생쥐에게 노쇠 세포를 아주 조금만 이식해도 지속적인 신체 기능 저하가 나타났으며, 심지어 조직 전체의 노쇠가 촉진되었다. 나이 든 생쥐는 훨씬 적은 수의 노쇠 세포만 이식해도 동일한 효과가 나타났다. 노쇠 세포만 선택적으로 사멸시키는 경구용 혼합약물을 투여하자, 젊은 마우스와 나이 든 마우스 모두 증상이 완화되고 사망률도 크게 감소했다.[5]

노쇠 세포와 노화의 관계를 알아보는 실험이 줄을 이었다. 노쇠 세포만 골라 파괴하는 소위 노쇠 세포 제거제senolytic 연구가 학계와 산업계 양쪽에서 급속도로 인기를 얻었다. 하지만 노쇠 세포를 골라 파괴하는 것은 문제의 한쪽 면일 뿐이다. 대부분의 조직은 끊임없이 재생되며, 자연적으로든 의도적으로든 파괴된 세포는 새로운 세포로 대체되어야 한다.

사람의 몸은 7년마다 완전히 새로운 세포로 대체된다고 한다. 7년이 지나면 예전에 존재했던 세포가 거의 남지 않는다는 뜻이다. 하지만 엄밀히 따져서 이 말은 맞지 않는다.[6] 모든 조직이 같은 속도로 재생되지는 않기 때문이다. 혈액 세포나 피부 세포는 매우 빨리 재생된다. 베거나 멍들거나 가볍게 덴 상처가 이내 아무는 것은 새로운 피부 세포가 자라기 때문이다. 헌혈을 해도 불과 몇 주 만에 새로운 혈액 세포가 만들어져 혈액을 보충한다. 다른 장기는 재생 속도가 조금 느리다. 예컨대 간은 대부분의 세포가 3년 내에 새로운 세포로 대체된다. 심장 조직의 재생 속도는 더 느려서 평생 심근 세포의 40퍼센트 정도만 대체된다. 심장 발작으로 입은 손상이 종종 영구적으로 지속되는 것은 이런 까닭이다. 마지막으로 뇌를 이루는 뉴런들은 재생되지 않는다고 생각한다. 태어날 때 지니고 있던 뉴런을 평생 사용하는 것이다. 하지만 최근 과학자들은 일부 뇌 세포가 **재생된다는** 사실을 밝혀냈다. 속도는 매우 느려서 연간 약 1.75퍼센트 정도다. 결국 대부분의 뉴런이 출생 시에도 존재했던 것이다. 뇌졸중 같은 급성 질환이든, 알츠하이머 같은 만성 질환이든 뉴런이 파괴되는 질병이 그토록 두려운 이유는 재생되지 않기 때문이다.

하지만 대부분의 세포는 비교적 **규칙적으로** 재생된다. 조직 재생 과정에서 핵심적인 역할을 하는 것이 바로 줄기세포다. 궁극적인 줄기세포는 초기 배아기에 존재하는 만능성 줄기세포라고 했다. 이 세포는 어떤 조직으로든 분화할 수 있다. 다른 줄기세포는 완전한 생명체로 발달하는 과정을 절반 정도 진행한 상태이므로 특정 조직만 재생한다. 1950년대에 레너드 헤이플릭이 밝혔듯, 대부분의 조직을 구성하는 세포는 정해진 횟수만 분열할 수 있지만 줄기세포는 조직을 재생하는 데 필요하므로 이런 제한을 받지 않는다.

조직을 유지하고 재생하는 줄기세포는 섬세한 균형을 유지하는 것이 무엇보다 중요하다. 줄기세포라고 해서 모두 성숙한 조직 세포로 분화할 수는 없으며, 그런 능력이 있는 줄기세포가 모두 소모되어 하나도 남지 않는 상황이 생길 수도 있다. 남아 있는 줄기세포는 이미 특정 조직 세포로 분화한 것들을 보충하기 위해 계속 분열해 더 많은 줄기세포를 만들어내야 한다. 하지만 나이가 들면 줄기세포는 더 많은 줄기세포를 만드는 임무와 조직을 재생하는 임무 사이에서 균형을 잃기 시작한다.

줄기세포는 마구잡이로 분열 증식하지 않는다. 몸이 조직을 재생할 필요가 있음을 감지하고 신호를 보낼 때만 활성화된다. 나이가 들면 게놈 손상, DNA의 후성유전적 표식 등 여러 가지 이유로 이런 신호 자체와 그것이 줄기세포를 활성화하는 능력도 저하된다. 결국 근육, 피부, 기타 조직이 변성된다.

활성화가 안 되는 것과 별개로, 줄기세포 자체도 DNA 손상과 텔로미어 소실, 대사 결함 축적 등을 겪는다. DNA 손상 반응 등이 유발되어 세포 사멸 또는 노쇠로 접어드는 것이다. 줄기세포는 노쇠보다 사멸의 가능성이 더 높다. 한 가지 이유는 DNA가 손상된 줄기세포는 암세포로 변할 가능성이 너무 커서 몸속에 두기가 위험하기 때문이다. 결국 전신적으로 줄기세포가 점차 고갈되어 조직 재생 능력이 줄어든다. 뼈나 근육이나 피부가 더 이상 재생되지 않으면 사람은 점점 약해진다. 특히 조혈 줄기세포가 고갈되면 면역세포를 비롯해 모든 혈액 세포가 감소한다. 이렇게 되면 면역 기능이 저하되고 심지어 이상을 일으키는데 이를 면역노쇠immunosenescence라 한다. 면역노쇠가 일어나면 감염에 취약해지는 것은 물론 염증, 빈혈, 각종 암 등 질병이 생길 가능성도 높아진다.[7]

줄기세포 수가 점차 감소하면 남아 있는 줄기세포에도 문제가 생긴다. 우리는 거의 평생 건강한 세포 다양성을 유지한다. 다양한 세포가 각기 다른 돌연변이를 일으켜 전체적으로 게놈이 모자이크 형태를 띤다는 뜻이다. 나이가 들면 줄기세포에도 돌연변이가 생기는데, 일부 돌연변이는 줄기세포의 빠른 증식을 유도한다. 줄기세포의 증식 속도가 빨라지는 것은 조직을 재생하는 데 반드시 유리하지도 않을뿐더러, 일부 줄기세포만 빨리 증식하여 다른 줄기세포들과의 경쟁에서 우위에 서게 된다. 결국 나이가 들면 몸속에 소수의 클론에서 유래한 줄기세포만 남는다. 이들은 조직 재생 효율이 떨어질 뿐 아니라, 더 큰 문제를 일으킬 수 있다. 클론 돌연변이 자체가 암을 유발할 가능성이 높다는 것이다.

나이 들수록 줄기세포 수가 줄고, 남은 줄기세포마저 소수의 클론에서 유래해 문제를 일으킬 수 있다면 암담하다. 이런 과정을 되돌릴 수는 없을까? 후성유전에 관한 5장에서 소위 야마나카 인자들을 부호화한 몇 개의 유전자를 활성화하는 것만으로 세포를 다시 프로그램해 만능성 줄기세포로 되돌리고, 몸속의 어떤 조직으로든 분화시킬 수 있다고 했다. 어쩌면 체내에서 줄기세포를 재생하고 노화로 인한 변화를 되돌릴 수도 있지 않을까?

야마나카 인자를 이용해 세포를 완전히 재프로그램해 유도 만능줄기세포(iPS 세포)를 만들고 새로운 조직으로 분화시킬 때는 기형종 같은 종양이 잘 생긴다(양성일 수도 있고 악성일 수도 있다). 그 이유는 야마나카 인자들이 정확히 정상 발달 과정을 되돌리는 것이 아니기 때문이다. 이 인자들이 무엇을 어떻게 하는지 완전히 알지는 못하지만, 그 결과 생긴 유도 만능줄기세포가 정상적인 과정을 통해 몸으로 발달하는 배아 줄기세포와 정확히 같지는 않다. 어쨌든 기형종은 정상 발달 과정에서는 거의 생기지 않는다. 야마나카 인자는 이런 위험이 있으므로, 세포를 아주 짧게 노출시키자는 아이디어가 나왔다. 그러면 세포는 모든 과정을 되돌아가 만능줄기세포가 되는 대신, 발달 과정의 **일부만** 되돌아가 조직이 유래한 특화된 줄기세포로 변한다. 이렇듯 일시적이고 부분적인 전환만으로도 조직을 다시 젊게 만드는 데 도움이 된다.

많은 과학자가 배양세포에서 이런 실험을 시도했지만, 시험관 내에서 이 인자들을 활성화하는 조건이 일시적으로라도 동물 전체에서 같은 작용을 나타낼지는 알 수 없었다. 캘리포니아 라호이아에 위치한 소크 연구소Salk Institute의 후안 카를로스 이스피수아 벨몬테 연구팀에서는 짧은 순간 마우스의 몸 전체에서 폭발적으로 야마나카 인자들을 활성화함으로써 정확히 이런 일을 해냈다. 6주가 지나자 마우스들은 피부와 근육 긴장도가 향상되면서 훨씬 젊어 보였다.[8] 척추도 더 곧아지고, 심혈관 건강도 개선되었으며, 손상을 입어도 빨리 회복될 뿐 아니라 수명도 30퍼센트나 길어졌다. 이 연구에서는 조기에 노화하는 특수한 계통의 조로증 마우스를 이용했다. 하지만 최근 벨몬테 연구팀뿐 아니라 영국 케임브리지에서 각각 마누엘 세라노와 볼프 라이크가 이끄는 두 연구팀에서 자연 노화한 마우스는 물론 인간 세포에도 동일한 조작을 가해 비슷한 효과를 관찰했다. 동물(또는 세포)은 다양한 기준에서 더 젊어졌을 뿐 아니라, DNA의 후성유전적 표식과 혈액 및 세포의 다양한 표지자 역시 젊음의 특징을 나타냈다.[9]

초기에 주로 시르투인을 연구했던 데이비드 싱클레어 역시 야마나카 인자를 이용해 세포를 재프로그래밍하는 연구에 뛰어들었다. 갓 태어난 마우스는 시각 신호를 눈에서 뇌로 전달하는 시신경을 재생할 수 있다. 이런 재생 능력은 마우스가 발달하면서 점차 사라진다. 싱클레어 연구팀은 성체 마우스의 시신경을 파괴한 후 네 가지 야마나카 인자 중 세 가지를 투여했다. 네 번째 인자인 c-Myc을 뺀 것은 빈번하게 암을 유발한다고 알려졌기 때문이다. 투여한 인자들은 손상된 세포의 사멸을 막으면서, 새로운 신경 세포를 증식시켜 뇌에 도달하는 반응을 유도했다. 같은 연구에서 세 가지 인자를 중년의 마우스에게 투여하자 젊은 마우스와 비슷할 정도로 시력이 좋아졌다. 이 마우스들은 DNA 메틸화 후성유전적 표식들이 젊은 마우스와 흡사했다.[10] 다른 실험에서 그들은 마우스의 DNA를 의도적으로 파열했다. 그러자 DNA 복구 반응이 유발되면서 노화가 빨라졌다. 결국 게놈의 후성유전적 표식이 노화한 동물의 패턴을 띠었다. 하지만 세 가지 야마나카 인자를 투여하면 이 모든 효과를 되돌릴 수 있었다.[11]

줄기세포는 세포와 조직을 재생할 것이라는 기대 때문에 오래도록 거대 생명공학 산업의 기초를 이루었다. 하지만 야마나카 인자를 투여했을 때 동물의 몸 전체에서 사실상 모든 조직에 영향을 미치고, 최소한 단기적으로 어떤 부작용도 없이 노화가 역전된 것처럼 보이는 것은 놀라운 일이다. 예컨대 싱클레어가 실험에 사용한 세 가지 야마나카 인자 중 두 가지도 암과 관련이 있지만, 마우스들은 투여 후 일 년 반이 지나도록 아무런 종양 징후를 나타내지 않았다. 이 연구는 항노화 학계 전반에 엄청난 흥분을 불러일으켰다. 불가피한 노화 과정을 어떻게든 늦춰보려는 접근 방법과 달리, 세포와 조직을 젊은 상태로 되돌려 실제로 노화를 역전할 수 있다는 희망을 주었기 때문이다. 당연하지만 학계에서 두각을 나타낸 벨몬테, 세라노, 라이크는 바로 노화 문제를 해결하려는 민간 기업 알토스 랩스에 스카우트되었다. 알토스 랩스를 인수한 사람이 바로 6장에서 언급한 피터 윌터다. 이 기업에 대해서는 나중에 자세히 알아볼 것이다.

†

이번 장을 마무리하기 전에 혈액에 대해 알아보자. 혈액이 간이나 콩팥, 심장, 뇌처럼 하나의 장기라고 생각하는 사람은 거의 없다. 하지만 그래야 할지도 모른다. 여러 가지 측면에서 혈액 순환은 우리 몸의 독립된 시스템 중 하나다. 산소와 포도당 등 필수적인 영양 성분을 다른 장기에 전달할 뿐 아니라, 노폐물을 수거해 처리하는 기능까지 도맡는다. 우리가 호르몬에 반응하는 것도, 손상 부위에 여러 가지 구조를 형성해 치유를 촉진하는 것도, 면역세포를 동원해 감염과 싸우는 것도 모두 혈액 덕분이다. 따라서 클론성(한 개의 세포에서 유래했다는 뜻. 백혈병은 대표적인 클론성 혈액질환이다-옮긴이)이든 아니든 혈액 세포가 늙고 결함이 생기면 큰 문제가 뒤따른다.

젊은 사람의 피를 마시면 영원히 살 수 있다는 생각은 상당히 오래되었다. 나는 열 살 때 처음 〈드라큘라〉 영화를 보고 겁에 질렀던 것을 생생히 기억한다. 하지만 트란실바니아의 전설과 고딕 소설 얘기를 접어두고, 정말로 늙은 사람의 혈액을 젊은 피로 대체하는 것이 가능할까?

개체결합parabiosis이란 동물 두 마리의 순환계를 수술로 연결하는 것이다. 실제로 개체결합을 통해 늙은 동물의 몸속에 젊은 동물의 피를 넣어주려는 시도가 있어왔다. 초기 실험은 19세기 프랑스 생물학자인 폴 베르에게로 거슬러 올라간다. 그는 노화가 아니라 조직 이식에 관심을 두고 래트 두 마리의 몸을 연결했을 뿐 아니라, 놀랍게도 래트와 고양이의 몸을 연결해 수개월간 그 상태를 유지하는 데 성공했다고 전해진다.[12]

하지만 다른 동물종은 말할 것도 없고, 같은 종의 다른 개체 사이에도 혈액을 공유하는 것은 당연히 문제를 일으킨다. 무엇보다 한쪽 또는 양쪽의 면역계가 혈액형이 맞지 않는 혈액에 거부 반응을 일으킬 수 있다(이런 문제 때문에 수혈 전에 혈액형이 일치하는지 검사하는 것이다). 심리적 문제도 만만치 않다. 실제로 뉴욕주 이타카의 코넬 대학 교수인 클라이브 매케이는 이렇게 말했다고 한다. "두 마리의 래트가 서로 적응하지 못하면, 한쪽이 다른 쪽의 머리를 씹어 먹어버릴 것이다."[13] 오늘날에는 생화학적 부적합을 피하기 위해 동물을 동계 교배해 유전적으로 일치시키는 방법을 쓴다. 신체를 연결하기 전 몇 주간 서로 어울릴 시간을 두기도 한다.

초기 개체결합 실험은 예컨대 비만 등의 대사 질환에서 혈액이 어떤 역할을 하는지 알아보기 위해 수행되었다. 하지만 이미

1950년대부터 매케이처럼 노화에 미치는 영향을 연구한 학자들도 있었다. 그의 연구팀은 나이 든 래트를 일 년 정도 젊은 래트에게 연결하면 뼈의 무게와 밀도가 젊은 래트와 비슷해진다는 사실을 발견했다. 다른 연구에서는 젊은 개체와 짝지은 나이 든 개체가 평균보다 4~5개월 더 오래 산다는 결과가 나왔다. 래트가 보통 2년 정도 산다는 점을 고려하면 수명이 크게 늘어난 셈이다. 하지만 어찌된 셈인지 이런 연구들은 1970년대 들어 시들해지고 말았다.[14]

이 분야가 다시 활기를 띤 것은 2000년대 초 캘리포니아 스탠퍼드 대학 토머스 랜도의 연구실에서였다. 부부 연구팀인 이리나Irina와 마이클 콘보이가 늙은 마우스와 젊은 마우스의 몸을 연결하기 시작한 것이다. 젊은 피를 공급받은 노화한 개체들은 5주 내에 근육과 간 세포가 회복되었다. 상처도 훨씬 쉽게 치유되었다. 심지어 털에도 윤기가 흘렀다. 같은 기준에서 볼 때 몸이 연결된 젊은 개체들은 상태가 나빠지는 경향이 있었다.[15] 이들이 개체결합에 의해 나이 든 마우스의 혈액을 공급받았음은 물론이다.

랜도 연구팀은 2013년 논문을 발표하면서 나이 든 마우스의 뇌 세포 성장이 촉진되는 소견도 관찰했다는 말을 빼놓았다. 우리는 뉴런이 대부분 재생되지 않음을 알고 있다. 하지만 랜도의 스탠퍼드 동료였던 신경생물학자 토니 와이스-코레이는 이런 초기 결과에 고부되어 개체결합이 뇌에 미치는 영향을 연구했다. 그는 늙은 개체의 혈액이 젊은 동물의 기억력을 저하시키고,

반대로 젊은 동물의 피는 늙은 동물의 기억력을 향상할 수 있음을 입증했다.[16] 나이 든 마우스는 새로 만들어진 뉴런 수가 세 배 증가한 반면, 개체결합을 통해 늙은 동물의 피를 수혈받은 젊은 마우스의 뇌에서는 대조군에 비해 훨씬 적은 신경 세포가 생성되었다.

이런 보고는 수백 년 전부터 전해 내려오던 뱀파이어 전설에 힘입어 대중의 상상력을 자극했다. 랜도와 와이스-코레이에게 기자들은 물론 일반 대중의 전화가 끝없이 밀려들었다. 그중 일부는 미심쩍은 것은 물론 무섭기까지 했다. 부자 노인들이(대부분 남성이었다) 더 오래 살기 위해 젊은 사람의 피를 구해 즉시 수혈받을 수 있게 준비해둔다는 이야기도 심심치 않게 들렸다.

과학자들은 훨씬 신중했다. 2013년 논문에서 콘보이 부부와 랜도는 고도로 동계 교배한 마우스와 래트라고 해도 개체결합에 의해 병에 걸릴 위험이 20~30퍼센트에 이른다고 지적했다.[17] 더욱이 개체결합의 모든 긍정적 효과가 혈액 때문에 나타나는지도 분명치 않았다. 분명 나이 든 동물은 간이나 콩팥 등 젊은 동물의 몸속에서 더 원활하게 기능하는 장기의 덕을 볼 것이다. 이를 검증하기 위해 콘보이 부부는 개체결합을 하지 않은 두 마리의 동물 사이에 혈액만 교환하는 연구를 수행했다.[18] 실험 결과, 젊은 피의 유익한 효과보다는 늙은 피의 유해한 효과가 더욱 두드러졌다.

과학자들이 신중한 태도를 취한다고 해서 유행에 편승하려는 기업들을 막을 수는 없다. 세심하게 설계된 인간 연구가 채 끝나기도 전에 수많은 기업이 뛰어들었다.[19] 암브로시아Ambrosia라는 기업은 16~25세의 공여자에게서 채취한 혈장을 리터당 8000달러에 판다고 광고했다. 사태가 심상치 않음을 느낀 미국 식품의약국Food and Drug Administration(FDA)에서는 입증되지 않은 치료를 안전하다고 가정해서는 안 되며, 소비자들은 적절히 규제되는 임상시험을 통하지 않고 함부로 이런 치료를 받아서는 안 된다고 강력하게 경고했다.[20] 이후 암브로시아사는 혈장 판매를 중단했지만, 잠깐일 뿐이었다. 아이비 플라즈마Ivy Plasma라는 회사를 새로 설립해 마케팅을 시작하더니, 그나마 얼마 안 가서 다시 원래 이름을 내세웠다. 암브로시아의 CEO 제시 카마진은 말했다. "우리 환자들은 간절히 치료를 원합니다. 당장 치료를 할 수도 있고요. 임상시험은 너무 비싸고, 너무 오래 걸리잖아요."[21] 이 발견을 개척한 사람들을 포함해 진지한 과학자들은 대부분 적절한 임상시험을 거치지 않고 이런 치료를 인간에게 시행한다는 것은 시기상조이며 위험하다고 믿는다.

모든 소란을 뒤로하고 토머스 랜도의 초기 소견은 노화와 관련될 가능성이 있는 혈액 내 특이적 단백질 인자를 찾기 위한 연구를 촉발했다. 이론적으로 젊은 피 속에는 성장을 촉진하고 기능을 향상하는 인자들이 들어 있을 수 있다. 마찬가지로 늙은 피 속에는 상황을 나쁜 쪽으로 몰고 가는 인자들이 존재할 수 있다. 와이스-코레이 연구팀은 양쪽 다 사실임을 입증했다. 2017년 〈네이처〉지에 실린 논문에 따르면 제대혈에서 추출한 단백질들은 해마의 기능을 활성화했다. 해마는 뇌에서 일화 기억episodic memory과 공간 기억spatial memory을 형성하는 데 결정적인 역할을 한다. 그들은 늙은 혈액에서 해마 활성을 저해하는 단백질을 찾아냈다. 그 작용을 차단하자 일부 부정적인 효과가 완화되었다.[22]

물론 개체결합 실험에서 젊은 피는 뇌뿐 아니라 많은 장기의 기능을 향상했다. 스탠퍼드에서 랜도 연구팀의 일원이었던 하버드 대학의 에이미 웨이저스는 젊은 피와 늙은 피 속에 어떤 단백질이 더 많이 존재하는지 정확히 알기 위해 수많은 단백질 인자들을 선별했다. 예컨대 GDF11이라는 인자는 심장 조직에 활기를 제공하는데, 젊은 마우스의 피에는 풍부하지만 늙은 마우스의 피에서는 그렇지 않다. 알고 보니 이 인자는 심장 조직에만 작용하는 것이 아니었다. 그녀의 연구팀은 GDF11이 나이 든 근육에서 줄기세포를 재생하며 더 튼튼하게 만들어 근육 조직의 연령 관련 기능 저하를 되돌릴 수 있음을 입증했다. 하버드 대학 동료인 리 루빈과 함께 수행한 두 번째 연구에서 GDF11은 뇌에서 혈관과 후각 신경 세포의 증식을 촉진했다.[23]

나이가 들면 줄기세포 수가 줄고 기능도 저하된다. 하지만 혈액 속에 있는 일부 인자가 줄기세포를 재활성화해 효과를 나타낸다는 것은 분명하다. 그렇다면 나이 든 동물의 피가 젊은 마우스의 기능을 저하하는 것은 어찌된 일일까? 역시 노화 연구를 이끄는 주디스 캠피시가 콘보이 부부와 함께 수행한 최근 연구에 따르면 젊은 마우스에게 나이 든 동물의 피를 수혈하자 순환계에 노쇠 세포가 급격히 늘었다. 노쇠가 단지 환경 스트레스와 손상에 대한 반응만은 아니며, 무조건 시간이 지난다고 해서 일어나는 현상도 아니라는 뜻이다. 또한 노쇠는 더 빨리 일어나도록 유도할 수 있다. 이런 노쇠 세포들을 제거하자 나이 든 피를 수혈했을 때 다양한 조직에서 관찰되었던 유해한 효과들이 역전되었다.[24]

이런 이익을 누리기 위해 반드시 젊은 동물의 피가 필요한 것도 아니다. 8장에서 운동이 인슐린 감수성과 미토콘드리아 기능 등 대사의 많은 측면에 유익한 효과가 있다는 것을 알아보았다. 운동 프로그램을 시행한 성체 마우스의 혈액은 인지 기능을 향상하고 신경 조직을 재생한다.[25] 랜도와 와이스-코레이는 운동을 시킨 동물의 혈액이 근육 줄기세포를 재생한다는 사실도 입증했다.[26] 각기 다른 조직에서 어떤 mRNA가 만들어지는지를 이용해 효과를 측정하는 새로운 방법을 개발함으로써 그들은 젊은 동물의 피와 규칙적으로 운동한 동물의 피가 각기 다른 방식으로 작용함을 밝혔다. 젊은 동물과 개체결합을 한 경우 염증 유발 유전자들의 활성이 감소한 반면, 운동을 하면 나이가 들면서 저하된 유전자들의 활성이 다시 증가했다. 두 가지 모두 뇌 조직의 성장을 촉진했지만, 각기 다른 종류의 세포들을 자극한다는 점도 밝혀졌다.[27]

혈액에서 노화 인자를 찾아내고, 이들이 어떻게 작용하는지 이해하는 것은 현재 노화 연구의 주된 분야다. 과학자들은 언젠가 몇 가지 인자를 혼합 투여해 진정한 항노화 효과를 얻을 수 있는 날이 오리라고 기대한다. 이런 희망으로 인해 기초 연구가 촉진되었을 뿐 아니라, 많은 생명공학 회사들이 탄생했다. 그중에는 이 분야의 개척자들이 설립한 회사도 있다.

과학이 발전하면서 정확히 어떤 혈액 인자를 어떤 비율로 혼합한 것이 가장 유익한지 밝혀지고 있지만, 억만장자들은 기다릴 생각이 없다. 드라큘라처럼 끊임없이 젊은 피의 유혹에 끌린다. 예컨대 브레인트리 페이먼트 솔루션스Braintree Payment Solutions라는 회사를 지배하는 기술계의 거물로 이제 중년에 접어든 브라이언 존슨은 자신이 개발한 항노화 프로그램에 연간 200만 달러를 지출한다. 이 프로그램은 스무 가지가 넘는 보충제, 엄격한 채식주의 식단, 그리고 기술자답게 자신의 장 속을 찍은 3만 3000장의 영상을 비롯해 엄청나게 많은 데이터로 구성된다. 그는 종합 건강 및 웰빙 클리닉/스파를 표방하는 텍사스 회사 리서전스 웰니스Resurgence Wellness를 찾는다.[28] 거기서 열일곱 살난 자기 아들 탤메이즈의 혈액을 수혈받고, 다시 자기 혈액을 아버지에게 수혈한다. '가족 공동체'란 말에 새로운 의미를 부여하는 세대 간 혈액 교환 의식이 아닐 수 없다. 별다른 효과를 보지 못하자 존슨은 아들의 피를 수혈받기를 중단했지만, 여전히 "젊은 혈장을 수혈받는 것은 생물학적으로 나이 든 사람 또는 특정 질환에 유익할 수 있다"라고 믿는다.

✝

이번 장과 그 앞의 몇 장을 통해 유전자에서 단백질까지 다양한 수준에서 노화에 관해 알아보았다. 노화가 세포 자체와 동물의 일부로서 세포가 수행하는 기능에 어떤 영향을 미치는지도 알아보았다. 각 수준은 서로 연결되어 있어서 단백질과 세포의 상태는 어떤 유전자가 어떤 방식으로 발현될지에 영향을 미치고, 유전자는 다시 단백질과 세포에 영향을 미친다. 그 특성상 노화의 원인은 사실상 생물의 모든 측면에 걸쳐 있으며, 새로운 연구 영역이 등장하면서 우리는 노화와 연결된 새로운, 때때로 놀라운 사실들을 발견한다. 따라서 왜 우리가 늙고, 왜 죽는지에 관한 이야기는 현재 진행형이다. 지금까지 이 책은 가장 흥미롭거나 유망한 과정에 초점을 맞추었다.

노화와 죽음을 물리치려는 시도는 까마득한 옛날부터 있었지만, 우리가 그 과정을 생물학적으로 자세히 이해하게 된 것은 지난 50년 사이의 일이다. 이런 지식이 축적되면서 노화를 물리치려는 학계와 기업들의 노력이 폭발적으로 늘었다. 이제 건전한 주류 과학에서 터무니없이 괴상한 아이디어에 이르기까지 현재 어떤 일들이 벌어지고 있는지 알아보자.

11장

미치광이일까,
선지자일까?

지난 크리스마스에 미국 사는 아들네가 우리 집에 왔을 때 대영박물관에서 로제타 스톤이 어떻게 이집트 상형문자의 해독을 이끌었는지에 관한 특별 전시가 열렸다. 힘겹게 런던까지 갔지만, 크리스마스 시즌인 데다 춥고 비까지 내리는 바람에 박물관은 초만원이었다. 사람들 틈바구니에서 겨우 전시를 보고 나자 자연스럽게 다른 이집트 유물에도 관심이 생겼다. 특히 대영박물관에 소장된 미라의 규모는 어디와도 비길 수 없지 않은가. 미라가 누워 있는 관들이 즐비하게 늘어선 긴 복도로 건너갔다. 짜릿한 흥분이 느껴지면서 정신이 번쩍 들었다. 흥분은 미라들이 수천 년 동안 보존되어 눈앞에 있다는 데서 기인했다. 정신이 번쩍 든 것은 미라 하나하나가 한때 생생하게 살아 숨쉬던 사람이라는 데 생각이 미쳤기 때문이었다.

보존 상태가 다양한 시체들이 헝겊에 감긴 채 관 속에 누워 있었다. 인간이 얼마나 죽음을 부정하려고 했는지 여실히 보여주는 유물이었다. 이집트인들은 파라오가 언젠가 다시 육체로 돌아와 사후의 영원한 여행을 계속할 수 있도록 미라로 만들었다. 물론 파라오들이 죽고도 수천 년이 흐르고, 현대 생물학이 시작된 지도 100년 넘게 지난 오늘날 우리는 그런 미신과 조금이라도 관련된 행위는 하지 않는다. 그러나 비슷한 일은 지금도 얼마든지 존재한다.

오래전부터 생물학자들은 검체를 얼려서 보존했다가 필요할 때 사용할 수 있기를 바랐다. 이것이 말처럼 간단하지 않은 이유는 모든 생물이 대부분 물로 이루어져 있기 때문이다. 물이 얼어서 얼음이 되면 부피가 늘어나므로 세포와 조직이 터지고 만다. 신선한 딸기를 얼렸다가 다시 녹이면 곤죽이 되어 맛과 향기가 전혀 느껴지지 않는 것과 같다.

따라서 생물학에서는 냉동보존cryopreservation이라는 분야가 발달했다.[1] 검체를 얼렸다가 나중에 해동해도 여전히 생명력을 유지하도록 하는 방법을 연구하는 분야다. 여러 가지 유용한 기법이 개발되었는데, 예를 들면 줄기세포와 기타 중요한 검체들을 액체 질소 속에 보존하는 방법 같은 것이다. 정자 기증자를 위해 안전하게 정액을 냉동하거나, 체외 수정을 위해 인간 배아를 냉동하는 방법도 개발되었다. 특정 계통을 보전하기 위해 동물 배아를 냉동하는 방법은 일상적으로 사용되며, 생물학자들이 선호하는 다양한 벌레들은 유충 상태로 냉동했다가 되살리기도 한다. 냉동보존법은 다양한 세포와 조직에 안전하게 사용할 수 있다. 종종 글리세롤 같은 물질을 첨가해 물이 얼음 상태가 되지 않게 하면서 매우 낮은 온도까지 냉각시키는 방법을 쓴다. 말하자면 검체를 부동액에 담그는 것이다. 이때 물은 얼음이 아니라 유리 비슷한 상태가 되므로, 이 과정 역시 냉동이라기보다 유리화vitrification(영어 단어 'vitreous'는 '유리'를 뜻하는 라틴어에서 왔다−옮긴이)라고 하는 것이 옳겠지만, 과학자들도 냉동한다, 얼린다는 말을 일상적으로 사용한다.

이제 인체냉동보존술cryonics을 알아보자. 사람이 병으로 사망하자마자 즉시 냉동했다가 나중에 완치법이 발견되면 해동한다는 아이디어다. 이런 생각은 오래전부터 있었지만, 구체화된 것은 로버트 에틴거의 연구를 통해서다.[2] 그는 미시간주의 단과대학에서 물리와 수학을 가르치는 한편, 공상과학 소설도 썼다. 에틴거는 미래의 과학자들이 냉동된 인체를 되살려 어떤 병이든 고칠 뿐 아니라 젊음을 되찾게 해줄 것이라는 믿음을 갖고 있었다. 1976년 그는 디트로이트 인근에 인체냉동보존술 연구소Cryonics Institute를 설립하고 100명 넘는 지원자를 모았다. 지원자들은 각기 2만 8000달러를 내고 액체 질소가 든 커다란 용기 속에 자기 몸을 냉동보존하는 데 동의했다. 최초로 냉동 용기에 들어간 사람 중에는 1977년에 사망한 에틴거의 어머니 리아도 있었다. 그의 부인이었던 두 여성도 현재 그곳에 냉동보존되어 있다. 그들이 수년 또는 수십 년간 서로 나란히, 게다가 시어머니 곁에서 보존된다는 사실을 얼마나 행복하게 생각했는지는 분명치 않다. 2011년 92세로 사망한 에틴거 역시 죽어서도 가족이 가까이 지낸다는 전통에 따라 여기 합류했다.

오늘날 이런 인체냉동보존술 설비는 몇 군데 더 있다. 애리조나주 스카츠데일에 본부를 둔 알코어 수명연장재단Alcor Life Extension Foundation도 인기 있는 곳이다. 여기서는 전신을 보존하는 데 20만 달러 정도를 받는다. 실제 보존 과정은 어떻게 될까? 간단히 말해 사람이 죽자마자 온몸의 피를 모두 뽑아내고 혈관에 부동액을 채운 후 몸을 액체 질소에 집어넣는 것이다. 보존 기간은? 이론적으로 무한정이다.

우리 신체를 더 높은 차원으로 승화시키려는 트랜스휴머니스트들도 있다. 그들은 우리가 알고 있는 인간이란 개념을 끝까지 끌고 가려는 것이 아니라, 마음과 의식을 다른 형태로 무한정 보존하는 방법을 알아낼 수 있다고 믿는다. 그들은 지성과 이성이 우주 전체에서 인간에게만 고유한 특성이라고 본다(또는 적어도 외계 지성의 근거가 없다고 생각한다). 따라서 우리의 의식과 마음을 보존해 우주 전체에 전파하는 것은 우주적으로 중요한 일이다. 어쨌든 그것을 이해할 만한 지성이 없다면 우주가 무슨 소용이란 말인가?

트랜스휴머니스트들은 전신이 아니라 뇌만 냉동하는 데 기꺼이 동의한다. 공간도 덜 차지하고 비용도 덜 든다는 것이다. 사후에 마법 같은 부동액을 뇌에 직접 주입하면 전신 혈관에 주입하는 것보다 훨씬 빠르기 때문에 보존에 성공할 가능성은 더 높아진다고 믿는다. 뇌야말로 모든 기억과 의식과 이성의 원천이므로 뇌만 보존하면 된다는 것이다. 향후 언제든 기술이 충분히 발달하면 뇌의 모든 정보를 컴퓨터나 비슷한 뭔가에 다운로드 받는다. 정보를 다운로드 받은 존재는 그 사람의 의식과 기억을 고스란히 간직한 채 '삶'을 다시 시작한다. 그 존재는 인간처럼 음식이나 물, 산소, 생존을 위한 온도 등에 구애받지 않는다. 우리는 신체를 한 차원 높은 존재로 승화시켜 우주 어디든 여행할 수 있을 것이다. 당연히 트랜스휴머니스트들은 우주 여행을 열렬히 지지한다. 그것이야말로 우리가 지구 위에서 완전히 소멸하는 것을 피할 수 있는 유일한 방법이라고 보기 때문이다. 대표적인 사람이 현재 세계 최고의 부자로 일컬어지는 일론 머스크다.[3] "화성에서 죽고 싶다, 우주선이 부딪혀서 죽는 건 말고"라는 그의 말은 유명하다.[4] 화성에서 살기 위한 그의 첫 번째 목표는 아마 인체냉동보존술 설비를 건설하는 것일 터이다.

안 좋은 소식이 있다. 인체냉동보존술이 성공을 거두리라고 믿을 만한 증거는 티끌만큼도 없다. 잠재적 문제는 끝도 없다. 기사가 몸에 부동액을 주입하는 시점부터 문제다. '고객'이 냉동 설비 바로 옆에 와서 죽음을 준비한다고 해도 부동액이 주입될 때쯤이면 이미 죽은 지 몇 분, 심지어 몇 시간이 지났을 것이다. 그동안 사망한 사람의 몸속에 있는 세포 하나하나는 산소와 영양소의 부족으로 인해 이미 생화학적으로 엄청난 변화를 겪었을 것이다. 결국 냉동보존되는 몸은 살아 있는 사람의 몸과 전혀 다른 상태가 된다.

하지만 지지자들은 전혀 문제없다고 주장한다. 뇌의 물리적 구조만 보존하면 된다는 것이다. 수천억 개에 이르는 뇌 세포 사이의 모든 연결을 알아볼 수 있을 정도로만 보존되면 그 사람의 뇌 전체를 재구성할 수 있다. 실제로 뇌 속 모든 뉴런의 지도를 그리는 커넥토믹스connectomics는 현재 과학에서 한창 주목받는 분야다. 괄목할 만한 발전이 있었지만 연구자들은 아직도 파리와 기타 작은 동물들의 문제조차 해결 못하고 쩔쩔맨다. 현재로서는 커넥토믹스가 원하는 만큼 발전할 때까지 사망한 사람의 뇌를 적절히 유지할 방법도 분명치 않다. 그토록 오래전에 제시된 개념이지만 최근에야 겨우 마우스 뇌를 보존할 수 있게 되었으며, 그조차 심장이 뛰고 있는 상태에서 방부제를 주입해야 한다. 과정 자체가 마우스를 죽이는 것이다. 인체냉동보존 회사 중 자신들의 절차가 인간의 뇌를 미래 과학자들이 완벽하게 신경 연결 지도를 그릴 수 있을 정도로 보존한다는 증거를 제시한 곳은 하나도 없다.

설사 그런 지도를 그릴 수 있다고 해도, 뇌 전체를 시뮬레이션하기에는 어림도 없을 것이다. 뉴런 하나하나가 컴퓨터 회로의 트랜지스터에 불과하다고 보는 것은 가여울 정도로 순진한 생각이다. 지금까지 이 책에서 세포가 얼마나 복잡한지 강조했다. 뇌 세포 하나하나는 매순간 복잡한 프로그램을 수행하며, 그 프로그램조차 끊임없이 변한다. 각 프로그램에 관여하는 유전자와 단백질은 헤아릴 수 없을 정도로 많으며, 세포가 다른 세포와 맺는 관계 또한 한시도 쉬지 않고 변한다. 모든 뇌 세포의 연결 지도를 그릴 수 있다면 뇌를 이해하는 데 큰 걸음을 내딛는 셈이지만, 그 지도조차 정지한 순간을 찍은 스냅샷에 불과하다. 그런 지도로는 뇌의 실제 상태를 재구성할 수 없다. 그 시점 이후 뇌가 어떻게 '생각할지' 예측할 수 없다는 것은 두말할 필요도 없을 것이다. 비유컨대 아무리 자세한 도로 지도가 있어도 한 국가와 거기 사는 국민 전체의 모습을 파악하고, 향후 어떻게 될 것인지 예측할 수 없는 것과 마찬가지다.[5]

MRC 분자생물학 연구소 동료인 앨버트 카도나와 얘기해보았다. 그는 파리 뇌의 커넥토믹스 분야에서 세계 최고의 전문가다. 앨버트는 실행에 따르는 어려움에 더해, 뇌의 구조와 본질이 신체 전체와의 관계에 의해 결정된다는 점을 강조한다. 뇌는 다른 신체 부위와 함께 진화했으며, 끊임없이 신체에서 감각 신호를 전달받고 거기 맞게 대응한다. 뇌에는 안정 상태라는 것이 없다. 매일 새로운 연결이 더해지고, 밤에 자는 동안 나무의 가지를 치듯 일부 연결이 사라진다. 뉴런은 매일의 리듬과 계절의 순환에 따라 성장하고 죽지만, 이런 지속적인 뇌의 리모델링 과정은 제대로 밝혀져 있지 않다.

신체가 없는 뇌는 우리가 생각하는 뇌와 전혀 다르다. 뇌는 뉴런 연결을 통해 전달되는 전기적 신호에 의해서만 활동하는 것이 아니다. 뇌 속은 물론 신체 다른 부위에서 전달된 수많은 화학물질에도 반응한다. 다양한 장기에서 분비하는 호르몬, 배고픔을 비롯한 기본적 필요 또는 내적 욕구도 뇌의 활동을 유도한다. 만족스러운 식사, 산에 오르기, 운동, 섹스 등 뇌가 느끼는 쾌락은 대부분 육체적인 것이다. 또한 나이 들어 죽을 때까지 기다린다면 그때 뇌는 25세 때의 정교한 기계가 아니라 노쇠해서 제대로 작동하지 않는 상태가 되어 있을 것이다. 그런 뇌를 보존해서 어디에 쓸 것인가?[6]

트랜스휴머니스트들은 미래 인류가 얻게 될 지식으로 이런 문제들을 해결할 수 있다고 주장한다. 하지만 그들의 믿음은 뇌가 순전히 컴퓨터라는 가정, 규소를 기반으로 만들어진 기계와 다르게 생겼고 더 복잡하기는 하지만 그래도 역시 컴퓨터일 뿐이라는 가정을 근거로 한다. 물론 뇌는 계산하는 장기이지만, 특정한 순간에 그것을 재구성하려면 뉴런 사이의 연결을 파악하는 것만큼이나 뉴런의 생물학적 상태를 재현하는 것이 중요하다. 어찌 되었든 신체나 뇌를 냉동했다가 살아 있을 때와 다름없는 상태로 해동하는 것에 눈곱만 한 가능성이라도 있다는 증거는 전혀 없다. 설사 내가 인체냉동보존술 업체의 선전에 혹해서 그들의 고객이 된다 해도 맨 먼저 설비가 얼마나 오래 유지될지, 심지어 이 사회와 국가가 언제까지 존재할지를 걱정할 것이다. 미국은 불과 250년밖에 안 된 나라임을 명심해야 한다.

그럼에도 많은 사람이 인체냉동보존술의 가능성을 믿고 실제로 서비스를 신청한다. 영국에서 암으로 죽어가던 열네 살 소녀가 신체 냉동을 원한 적이 있다. 양친의 동의가 필요했는데, 그들은 이혼한 데다 그 자신도 암 환자였던 아버지는 딸과 함께 살지 않으면서도 그 생각에 반대했다. 그녀는 법에 호소했다. 판사는 그녀가 자기 소원대로 할 권리가 있지만, 사망한 후에야 유언을 공개할 수 있다고 판결했다.[7] 영국의 주요 과학자들은 판

결에 격렬히 반대했다. 인체냉동보존 업계에서 취약한 사람들을 상대로 무분별한 마케팅을 펼치지 못하도록 제한해야 한다는 것이었다.[8]

마치 거울 속에서 일어난 것처럼 대조적인 사건도 있었다. 유명한 야구 선수 테드 윌리엄스는 죽은 뒤 화장을 원했다. 2002년 그가 83세로 세상을 떠나자 세 자녀 중 둘이 아버지의 시신을 냉동해야 한다고 주장하면서 격렬한 집안 싸움이 벌어졌다. 결국 유족은 타협안에 도달했다. 위대한 운동 선수의 머리만 냉동하기로 한 것이다(말하자면 머리를 잘라 생선처럼 얼음 위에 올리는 것과 같다).[9]

보도에 따르면 몇몇 유명인은 사후 냉동보존을 원한다. 우선 페이팔PayPal의 공동 창립자인 피터 틸이 있다. 2045년 '특이점 singularity(기계가 모든 인간을 합친 것보다 더 똑똑해지는 순간)'에 도달한다는 예측으로 유명한 컴퓨터 과학자 레이 커즈와일과 기계의 초지능이 인간에게 존재론적 재앙을 불러올 것이라고 우려하는 철학자 닉 보스트롬도 냉동보존을 원한다고 알려졌다. 컴퓨터 과학자였다가 노화 과학자로 변신한 오브리 드 그레이의 이름도 보이는데, 그에 관해서는 잠시 후에 조금 자세히 알아볼 것이다.[10]

일단 사망하면 뇌는 빠른 속도로 손상되므로 인체 냉동보존 시설에서는 고객들에게 죽음이 임박했다고 느껴질 때 가까운 곳에 와 있으라고 권고한다. 하지만 그 정도로는 충분하지 않을 수 있다. 냉동보존술로 마우스 뇌 정보만 보존하려고 해도 살아 있는 동안 혈관 속에 방부 처리용 화학물질을 주입해야 하며, 그 과정 중에 동물이 죽고 만다는 점을 떠올려보자. 2018년 샌프란시스코의 넥톰Nectome이라는 회사에서 정확히 똑같은 일을 인간에게 시행할 계획이라는 보도가 났다. 전신 마취하에 방부 처리용 화학물질 혼합액을 경동맥에 주입한다는 것이었다. 물론 고객은 즉시 사망할 것이 분명했다.[11] 혼합액이 뇌의 상태에 어떤 영향을 미칠지도 분명하지 않았다. 회사의 공동 창립자 중 한 명은 이런 조력 자살이 캘리포니아주 존엄사법End of Life Option Act에 따라 완전히 합법이라고 주장했다. 안락사할 가능성은 확실하지만, 뇌 보존 결과는 불확실하다. 이런 상황을 선뜻 받아들이기 어려울 것이라고 생각하는 사람도 있겠지만, 같은 기사에서는 이미 스물다섯 명이 고객으로 등록했다고 밝혔다. 더욱이 고객 중 한 명은 챗GPT를 선보인 인공지능 연구소 오픈AIOpenAI의 공동 설립자인 샘 알트만이었다. 현재 38세인 그는 살아생전에 인간의 마음이 디지털화되고, 언젠가는 자신의 뇌도 클라우드에 업로드될 것이라고 믿는다. 넥톰의 창립자인 로버트 매킨타이어는 이들이 연구의 초기 후원자이지만 자신은 아무것도 보장하지 않았으며, 심지어 어떤 대가도 약속하지 않았다고 밝혔다.[12] 분명 규소 기반 정신의 불멸성을 약속하지는 않았을 것이다.

†

이제 인체냉동보존술에서 신뢰성 척도를 조금 더 올려보자. 오브리 드 그레이는 턱수염을 60센티미터 넘게 기르고, 거기 걸맞은 메시아적 열정을 내뿜는 괴짜다. 전형적인 영국 상류층인 그를 거의 숭배에 가까울 정도로 추종하는 사람도 많다. 그는 컴퓨터 과학자로 출발했으며, 수학자가 아닌데도 60년간 아무도 해결하지 못했던 수학 문제의 해법을 향해 큰 진전을 이루는 과정에 기여했다.[13] 어느 날 그는 케임브리지 대학에서 열린 파티에서 미국의 초파리 유전학자 애들레이드 카펜터를 만나 결혼하기에 이르렀다. 그때부터 생물학, 특히 노화의 미토콘드리아 유리기 이론에 대한 열정에 불이 붙었다. 드 그레이는 노화가 해결할 수 있는 문제라고 굳게 믿는다. 현존하는 인류 중에 최초로 1000살까지 사는 사람이 나올 것이라고도 주장한다.[14] 드 그레이의 핵심 아이디어는 우리가 늙는 속도보다 평균 기대수명이 늘어나는 속도가 더 빠르다면, 다시 말해 매년 기대수명이 일 년 이상 늘어난다면 영원히 죽음을 벗어난다는 것이다. 그는 이를 '탈출 속도'라고 부른다.

드 그레이는 탈출 속도에 도달할 계획도 갖고 있다. 생물학계의 전통적 지혜에 맞서 그는 우리가 다음 일곱 가지 주요 문제를 해결한다면 노화에서 벗어날 수 있다고 주장한다.[15]

(1) 시간이 지나면서 소실되거나 손상된 세포를 보충

(2) 노쇠 세포를 제거

(3) 노화되면서 세포 주변 구조가 뻣뻣해지는 현상을 방지

(4) 미토콘드리아 돌연변이를 예방(예컨대 유전공학적 방법으로 처리해 미토콘드리아가 자기 게놈을 이용해 단백질을 만들지 못하게 하고, 오직 세포의 단백질만 이용하게 하도록 함)

(5) 노화되면서 세포를 지지하는 구조물이 탄력과 유연성을 잃고 뻣뻣해진 현상을 되돌림

(6) 텔로미어 연장 기전을 없애 암에 걸리지 않게 함

(7) 줄기세포를 조작해 세포와 조직이 위축되지 않게 함

그는 이 문제들을 해결하기 위한 자신의 프로그램을 SENS, 즉 공학적 노화방지전략strategies for engineered negligible senescence 이라고 부른다.

드 그레이는 나이 들면서 생기는 문제들을 정확히 지적할 정도로 생물학 공부를 열심히 한 것 같다. 하지만 많은 물리학자와 컴퓨터 과학자들이 생물학자들에게 보이는 특징적인 오만함을 내비치며, 이 문제들을 해결할 가능성을 터무니없이 낙관한다. 노화 과학을 이끄는 28명의 학자들이(이 책에 소개한 사람도 많다) 그의 주장에 대해 신랄한 반박문을 발표하기도 했다.[16] 생각이 무르익거나 타당하지 않아 연구는 물론 논의할 가치조차 없으며, 그가 제안한 전략 중 단 한 가지도 수명을 늘린다는 증거가 없다는 것이었다. 스티븐 오스태드와 제이 올샨스키도 반박문에 이름을 올렸다. 주류 연구자들 역시 SENS는 유사 과학이라

고 일축했다.[17] 그중 하나인 미시간 대학의 리처드 밀러는 〈MIT 테크놀로지 리뷰〉지에 드 그레이에게 보내는 풍자적인 공개 편지를 게재해 SENS를 우습고 재미있게 패러디했다.[18] 밀러는 이제 노화 문제가 완전히 해결되었으므로 어쩌면 우리는 하늘을 나는 돼지를 만드는 도전적인 과업에 눈을 돌려야 할 것이라고 비꼬았다. 현재 돼지가 하늘을 날지 못하는 데는 단 일곱 가지 이유가 있을 뿐이며, 그 모든 문제를 쉽게 해결할 수 있다는 것이었다. 드 그레이는 이 글을 읽고 노화 과학계가 너무나 근시안적이라고 씩씩거리면서, 한때 공기보다 무거운 기계가 하늘을 나는 것은 불가능하다고 일축했던 유명한 물리학자이자 왕립학회 전 회장 켈빈 경을 들먹였다.

영국에서는 학계의 지원도, 연구비도 받을 전망이 안 보이자 2009년 드 그레이는 미국으로 향했다. 개인 기부금을 받아 캘리포니아의 부자 동네인 마운틴뷰에 SENS 재단을 설립하고, 초기에는 몇몇 유명한 노화 과학자들의 지원을 받기도 했다. 그 즈음 여성들과 관계를 맺기 시작했는데, 그중 두 명은 각각 45세, 24세였다. 당시 65세였던 애들레이드 카펜터 드 그레이는 캘리포니아로 옮겨가 그런 식으로 살기를 원치 않았기에 결국 그들은 갈라섰다. 드 그레이는 노화 문제를 해결하면 "연령에 따른 차이가 훨씬 줄어들 것"이라고 하며, 아주 오래 사는 사람들은 영구적인 일부일처제의 가치를 당연히 재고하게 될 것이라고 덧붙였다.[19] 2021년 그는 두 젊은 여성에 의해 성희롱 혐의로 고소되어 다시 한번 뉴스에 오르내렸다. 그중 하나는 드 그레이를 만났을 당시 불과 17세였다. 그는 혐의를 부정했으나 자신이 설립한 재단에 의해 권한을 정지당했다.[20] 수사를 방해했다는 고발이 이어지자 SENS 재단은 마침내 그를 해고했다. 회사 보고서에는 드 그레이가 성범죄자라는 언급이 삭제되었지만, 판단력이 부족했으며 여러 번 선을 넘는 행동을 했다고 비난한 대목은 그대로 남았다.[21] 드 그레이는 아랑곳하지 않고 LEV 재단을 새로 설립했다. LEV란 예상대로 Longevity Escape Velocity(장수 탈출 속도)의 머릿글자를 딴 것이다.[22] 그가 장수 연구 분야에서 이처럼 끈질기게 버티는 것도, 부유한 후원자들에게 끊임없이 연구비를 우려내는 것도 놀라울 뿐이다.

주류 항노화 산업계에도 이렇듯 극단적인 낙관주의자가 많다. 낙관주의 하면 데이비드 싱클레어를 빼놓을 수 없다. 이 분야의 다른 사기꾼들과 달리 그는 하버드 대학 교수로서 유명 저널에 노화에 관해 주목할 만한 논문을 여러 편 발표했다. 세포의 재프로그램에 관해 최근 발표한 두 편의 논문은 상당한 반향을 일으키기도 했다. 동시에 싱클레어는 지나친 자기 홍보와 열광적인 주장으로도 유명하다. 예컨대 언젠가는 의사를 찾아가 10년쯤 젊어지는 약을 처방받는 시대가 올 것이며, 인간이 200살까지 살지 못할 이유가 없다고 주장한 바 있다.[23] 당연히 비판자들은 눈살을 찌푸렸으며, 심지어 그의 능력을 존경하는 동료 과학자들조차 당황하지 않을 수 없었다.[24] 8장에서 레스베라트롤과 그의 회사인 서트리스가 어떻게 되었는지 설명했지만, 그런 사실조차 돈을 끌어모아 새로운 회사를 몇 개씩 설립하는 데 아무런 걸림돌이 되지 않았다. 실제로 추종자도 많아서 드 그레이와 어깨를 나란히 할 정도다. 더욱 단호한 주장을 담은 최근 저서는 큰 인기를 끌었으며, 그가 자신에 대한 비판에 전혀 동요하지 않음을 보여준다. 그의 책을 가차없이 비판한 찰스 브레너의 서평에도 아마 눈 하나 깜짝하지 않았을 것이다.[25]

주류 과학계는 오래전부터 레스베라트롤을 평가절하했지만, 싱클레어는 여전히 그 효과를 확신한다. 링크드인에 쓴 에세이에서 그는 일단 의학적 조언을 제공하는 것은 아니라며 내숭을 떤 후, 자신은 매일 레스베라트롤, 메트포민, NMN(NAD의 전구체)을 복용한다고 강조했다.[26] 이미 설명했듯 이 물질들 중 어떤 것도 수명을 연장한다는 증거는 없다. 철저한 임상시험을 통해 검증한 적도 없기 때문에, 당연히 FDA의 승인도 받지 못했다. 더욱이 메트포민이 건강한 성인에게 이롭다는 주장의 근거는 상당히 혼란스럽다. 앞서 보았듯 그 사용을 둘러싸고 몇 가지 문제가 있기도 하다. 하버드 교수란 사람이 소셜 미디어에서 이런 말을 하는 것은 사실상 그 사용을 공개적으로 지지하는 것이다. 윤리적으로 미심쩍고 잠재적으로 위험한 행위를 이토록 버젓이 한다는 데 놀라지 않을 수 없다. 같은 글에서 싱클레어는 자기 심박수가 운동을 하지 않는데도 57회에 불과하며, 폐기능 또한 수십 년 젊은 사람들과 비슷하다고 자랑을 늘어놓는다. 나 역시 별로 운동을 하지 않고 71세나 되었지만 휴식 시 심박수는 성인이 된 이래 계속 50회를 약간 넘을 뿐이다. 싱클레어의 기능식품을 전혀 복용하지 않는데도 말이다. 그는 과학자

이니 적어도 보충제를 복용하지 않는 가까운 친척과 자신을 비교해봐야 한다는 것 정도는 알 것이다. 또한 생활습관을 유지하면서 자신의 약들을 끊은 뒤에 무슨 일이 일어나는지도 알아봐야 하지 않을까?

수십 년 전부터 온갖 수상쩍은 사업체들이 건강을 개선한다든지 수명을 늘려준다는 물질이나 시술을 팔기 시작했다. 이들은 종종 진짜 연구 성과와 아주 미약한 관련이 있다는 식으로 선전한다.[27] 존경받던 과학자가 회사를, 그것도 몇 개씩이나 설립하는 경우도 많다. 그들 중 일부는 노화 문제가 조만간 해결될 것이라는 인상을 준다. 어쨌든 수십 년 뒤에야 성과가 나온다는 회사에 선뜻 돈을 내놓는 투자자는 없을 테니 말이다. 이런 소란 속에서 우리는 머지않아 젊음의 샘물을 찾게 되리라는 기대를 갖기 쉽다.

이미 2002년에 세계 최고의 노화 과학자 51명이 입장문을 발표해 이런 과장된 선전에 우려를 표하면서, 무엇이 사실이고 무엇이 환상인지 정리한 바 있다.[28] 그들은 특히 진지한 항노화 연구와 건강을 개선하고 수명을 늘린다는 미심쩍은 주장을 명확히 구분하고자 했다. 핵심은 이렇다.

노화 관련 사망 원인을 모두 제거한다고 해도 기대수명이 15년 이상 늘지는 않을 것이다.

인간이 영원히 살 수 있으리라는 기대는 과거 그 어느 때와 마찬가지로 오늘날에도 실현 가능성이 거의 없다.

항산화제는 몇몇 사람들에게 약간의 건강 이익이 있을 수 있지만, 노화에 조금이라도 효과가 있다는 증거는 없다.

텔로미어가 짧아지는 것은 세포의 수명을 줄이는 데 어떤 역할을 할지도 모르지만, 오래 사는 생물종은 수명이 짧은 생물종에 비해 텔로미어가 더 짧은 경우가 많으며, 텔로미어가 짧아지는 것이 인간의 수명을 결정하는 데 어떤 역할을 한다는 증거는 없다.

항노화제라고 과대 포장되어 팔리는 호르몬 보충제는 승인된 의학적 용도로 처방된 경우가 아니라면 절대로 사용해서는 안 된다.

열량 제한은 많은 생물종에서 그렇듯 인간의 수명도 연장할지 모른다. 하지만 인간을 대상으로 실제 효과가 있음을 입증한 연구는 없다. 대부분의 사람은 삶의 양보다 질을 중시하기 때문이다. 그러나 열량 제한 효과를 모방한 약물들은 향후 더 많은 연구를 해볼 가치가 있다.

사람이 더 젊어지기는 불가능하다. 더 젊어지려면 노화 과정을 피하기 위해 모든 세포와 조직과 장기를 바꾼다는 불가능한 일을 수행해야 하기 때문이다.

생물복제cloning와 줄기세포 분야의 발전으로 조직과 장기를 새것으로 바꾸는 일이 가능해질지도 모르지만, 뇌를 새로운 것으로 바꾸거나 다시 프로그래밍하는 것은 과학적인 사실보다 공상과학의 주제에 훨씬 가깝다.

이처럼 많은 의구심을 드러냈음에도, 노화 과학자들은 유전공학, 줄기세포, 노인의학, 노화 속도를 늦추고 노화 관련 질환의 발병을 지연하는 치료에 대한 연구를 열렬히 지지했다.

흥미롭게도 오브리 드 그레이도 이 성명서에 서명했다. 시르투인으로 유명한 레너드 과렌티와 데이비드 싱클레어, 선충에서 *daf-2* 돌연변이를 발견한 신시아 케니언의 이름이 빠진 것도 눈길을 끈다. 당시 세 사람은 잡다한 수명 연장 기업에 관여하고 있었으며, 장차 이 분야에서 엄청난 혁신이 가능하다는 데 매우 낙관적인 태도를 지닌 것으로 널리 알려져 있었다.

그럼에도 항노화 산업의 폭발적인 성장세는 조금도 수그러들지 않았다. 오늘날 노화와 수명 연장에 중점을 두는 생명공학 회사는 700개가 넘으며, 이들의 시가 총액을 모두 합치면 300억 달러가 넘는다. 몇몇 회사는 설립한 지 20년 가까이 되었지만 단 한 개의 제품도 내놓지 못했다. 기능식품을 팔아 매출을 유지하는 회사도 많다. 이런 보충제는 FDA 승인을 받을 필요가 없으며, 안전성과 유효성을 평가하는 무작위 임상시험이 수행된 적도 없다. 많은 기업이 유명한 과학자를 고문으로 두고 있다. 늙었다는 것 외에는 노화에 특별히 전문성이 없는 몇몇 노벨상 수상자의 이름도 올라 있다. 대중의 눈에는 이런 유명한 과학자들이 고문으로 있다는 것이 기업의 신뢰성을 높일지도 모른다. 한번 생각해보자. 실질적으로 아무런 성과가 없는데도 어떻게 그토록 오랫동안 이 거대한 산업이 계속 번창할 수 있을까?

✝

노화 연구는 죽음에 대한 공포라는 인간의 원초적 감정을 이용한다. 죽음을 미루거나 피할 수 있다면 무엇이든 기꺼이 하려는 사람이 많다. 캘리포니아의 첨단 기술 갑부들은 특히 그렇다.[29] 이들은 대개 소프트웨어 산업에서 돈을 벌었다. 순식간에 금융 거래를 수행하거나 다양한 정보를 교환하는 프로그램을 만들 능력이 있기 때문에, 노화 역시 생명의 암호를 해킹해 해결할 수 있는 또 하나의 공학적 문제라고 믿어버린다. 일확천금을 경험했기에 참을성이 없다. 일이 년, 심지어 한두 달 만에 엄청난 혁신을 일으키는 데 익숙하기 때문에 노화라는 문제의 복잡성을 과소평가한다. 그들이 원하는 것은 "빨리 움직여 기존 질서를 파괴하는 것move fast and break things"(마크 저커버그가 직접 페이스북의 기업 문화에 대해 한 말—옮긴이)이다. 우리는 모두 그런 태도가 소셜 미디어에서 얼마나 잘 먹혔는지, 20년 전에는 상상조차 할 수 없었던 사회적 응집력과 사회정치적 원리를 어떻게 만들어

냈는지 알고 있다. 이런 태도를 강조했던 바로 그 사람들이 현재 제대로 준비되지도 않은 AI를 세상에 던져놓고, 한편으로는 그 위험을 경고한다. 그걸로 모자라 그런 태도를 노화와 수명 연장이라는 심오한 분야에 적용하려는 모습을 보면 그저 두려울 뿐이다.

이렇듯 섣부른 열정에 휩싸인 첨단기술 갑부들은 대개 중년 남성으로 종종 훨씬 젊은 여성들과 결혼과 이혼을 반복한다. 아주 일찍 돈을 벌어 특이한 생활습관을 즐기며, 파티가 끝나기를 결코 바라지 않는다. 젊어서는 부자가 되기를 원했고, 부자가 된 지금은 젊어지기를 원한다.[30] 하지만 젊음이란 원한다고 즉시 살 수는 없는 것. 거의 연예인급인 첨단기술 갑부 중 많은 사람(일론 머스크, 피터 틸, 래리 페이지, 세르게이 브린, 유리 밀너, 제프 베이조스, 마크 저커버그)이 항노화 연구에 흥미를 갖는 것은 당연한 귀결이다. 많은 경우에 직접 연구 자금까지 댄다. 눈에 띄는 예외는 빌 게이츠다. 그는 전체 기대수명을 개선하는 최선의 방법이 여전히 전 세계적으로 심각한 보건의료 불평등을 해결하는 데 있다고 믿는다.

최근 알토스 랩스가 운영 자금으로 수십억 달러의 투자를 받았다고 발표해 큰 화제를 모았다. 리처드 클라우스너와 한스 비숍이 설립한 이 기업은 유리 밀너를 비롯해 몇몇 부유한 후원자의 적극적인 격려와 재정 지원을 받는다. 대부분 캘리포니아에 사는 후원자 중에는 제프 베이조스도 있다고 알려졌다. 러시아 출신 소프트웨어 억만장자인 밀너는 오래전부터 과학에 관심이 있었다. 가장 명망 있고 두말할 것 없이 가장 상금이 후한 국제 과학상인 혁신상Breakthrough Prizes을 제정하기도 했다. 최근에는《유레카 선언: 우리 문명의 임무Eureka Manifesto: The Mission for Our Civilization》라는 소책자를 써서 노화에 관한 자신의 생각을 설명했다.[31] 그의 믿음 중 일부는 트랜스휴머니즘과 비슷하다. 우리가 이성적 존재로 진화한 것, 그리고 인류가 축적한 모든 지식은 너무나 귀중하며 잃어서는 안 된다는 것이다. 지구를 유일한 거주지로 삼는 것은 매우 위험할 수 있기에 우주 다른 곳에도 거주지를 마련할 필요가 있다고도 주장한다. 그의 에세이를 읽다가 나는 불현듯 왜 밀너가 노화라는 주제를 해결하려고 하는지 깨달았다. 우주는 광활하다. 새로운 주거지를 찾아 수백 년 동안 여행해야 한다면, 항해 도중에 죽어서는 안 될 것 아닌가? 밀너의 관점이 특별히 비논리적이라고 할 수는 없지만, 그가 대표하는 기술 분야 하위 집단의 전형적인 과장과 더불어 교만함과 구분하기 어려운 낙관주의를 드러내는 것은 사실이다. 어쨌든 알토스 랩스는 2022년 요란하게 출범했다. 엄청난 연봉과 무제한 연구 지원이라는 미끼를 내세워 학계에 몸담고 있던 항노화 연구 분야 최고의 스타들을 일거에 쓸어가버렸다. 현재 알토스는 캘리포니아 북부와 남부(왜 아니겠는가?), 그리고 내 연구실에서 멀지 않은 영국 케임브리지에 연구소를 두고 있다.

알토스 랩스 뉴스가 처음 언론에 새 나갔을 때는 이들이 죽음을 극복하려고 한다는 소문이 파다했다.[32] 수석 과학자이자 공동의장인 릭 클라우스너는 이런 소문을 부정하며 건강 수명을 개선하는 것이 목표라고 밝혔다.[33] 케임브리지 연구 시설 개소식에서 그는 이렇게 말했다. "우리 목표는 모든 사람이 젊어서 죽는 것입니다. 오래오래 산 다음에 말이죠."[34] 클라우스너와 관계자들은 또한 알토스 랩스가 개별 연구비에 의존하는 학계 연구소에서는 불가능한, 고도로 협력적인 연구 방식을 제공해 과학계의 큰 문제들을 다룰 것이라고 선언했다. 몇몇은 내게 직접 벨 연구소Bell Labs의 노화 과학 버전을 지향한다고 귀띔하기도 했다. 뉴저지주에 위치한 벨 연구소는 영리를 추구하는 민간 연구소로 소그룹들이 고도로 협력적인 환경에서 일하는 방식을 통해 트랜지스터, 정보이론, 레이저 등 중요한 혁신을 이뤄낸 것으로 유명하다.

첨단기술 갑부들이 빠른 시일 내에 노화를 완치하는 데 관심이 있다면, 많은 과학자가 기꺼이 그들을 도울 것이다. 이제 진정 뛰어난 과학자 중 많은 수가 자기 회사를 통해, 또는 직원이나 자문 자격으로 노화 산업과 재정적 이해관계를 맺고 있기 때문이다. 이런 현상 자체를 나쁘다고 할 수는 없지만, 그중 일부가 자신의 발견이나 자기 회사의 전망을 끊임없이 선전하는 모습을 볼 때면 정말로 자기 말을 믿는지 의문이 든다. 앞에 놓인 복잡성과 어려움을 이해하지 못하는 걸까? 또는 업턴 싱클레어의 말대로 그저 "뭔가를 이해하지 못하는 데 밥줄이 걸린 사람에게 그것을 이해시키기는 어려운 법"일까?

이 책에 등장하는 과학자로서 현존 인물 중 가장 뛰어난 사람은 TOR 발견을 이끌었던 마이클 홀이다. 노화 연구에 대해 그는 내게 이렇게 말했다. "15년 전 한동안 TOR와 노화만 생각했습니다. 그러다 노화 학회에 나가보니 열정이 확 수그러들더라고요. 한마디로 난장판이더군요. 대중과학이 난무하고 시간의 할아버지Father Time(큰 낫과 모래시계를 든 노인의 모습으로 시간을 의인화한 가상의 존재-옮긴이)처럼 보이는 사기꾼들이 어정거렸죠. 지금은 이 분야도 많이 발전했습니다. 이제 철저한 과학에 단단히 뿌리박고 있죠."[35]

뭐가 변했을까? 무엇보다 노화 과학 자체가 주류 생물학자들이 괄시하는 그저 그런 소프트 사이언스에서 항상 우선순위를 부여받는 주류 연구 분야가 되었다. 선진국은 물론 전 세계적으로 인구 고령화에 대처해야 할 필요가 점점 더 커지기 때문이다. 그 결과 이제 우리는 노화의 복잡한 생물학적 원인들을 훨씬 잘 다루게 되었다. 그중에서도 DNA 복구 기전은 노화의 가장 기본이지만 그간 노화보다는 주로 암과 관련해 연구되었다. 사실상 지금은 노화의 모든 측면이 속도를 늦추거나 역전시키는 것을 목표로 한 치료적 중재의 표적이다. 관련된 많은 것을 다양한 맥락에서 살펴보았지만, 일부는 다른 분야에 비해 훨씬 유망해 보이며 당연히 더 많은 투자가 몰린다.

유망한 접근 방법 중 하나는 노화와 관련된 '나쁜' 단백질과 기타 분자들의 축적을 막는 것이다. 두 가지 전략이 있다. 이런 물질들을 빨리 발견해 처리하는 것과, 단백질 생산 속도나 기전을 늦추거나 바꿔 우리 몸이 스스로 대처하게 하는 것이다. 기본적으로 열량 제한을 모방하는 약물이 이 범주에 속하는데, 가장 활발하게 연구되는 것은 라파마이신 등 TOR를 표적으로 하는 약물과 당뇨병 약인 메트포민처럼 아직 작용 기전이 잘 밝혀지지 않은 약물이다. NAD와 나이 들면 보충해야 하는 다른 영양소들의 전구체는 비타민과 비슷한 개념인데 역시 연구가 활발하다. 다른 범주로 염증과 이에 동반되는 문제의 근본 원인인 노쇠 세포를 표적으로 하는 약물들이 있고, 젊은 개체의 피에서 노화를 늦추는 인자들을 찾으려는 노력도 계속되고 있다.[36]

오늘날 가장 관심이 집중되는 분야 중 하나는 세포를 재프로그램해 노화를 역전시키려는 시도다.[37] 10장에서 동물을 일시적으로 야마나카 인자에 노출해 젊음을 되찾고 암 위험을 최소화하려는 노력을 살펴보았다. 유망한 초기 결과가 나오자 이런 전략을 채택한 수많은 스타트업이 생겨났다. 알토스 랩스 역시 이 분야에 초점을 맞추어 야마나카 신야 자신을 고문으로 채용했다. 줄기세포 치료는 손상된 조직을 재생하고 장기 기능을 회복시킬 잠재력으로 인해 이미 생명공학의 주요 분야가 되었다. 재프로그래밍을 통해 다양한 줄기세포를 생산하는 데 전문성을 갖춘 많은 회사가 항노화 유행에 편승했다. 환자들은 심장 발작 후 손상된 심근을 재생하거나 췌장 세포 기능을 회복해 당뇨병을 치료하는 등 심각한 질병의 치료를 위해 줄기세포를 사용하는 방법을 거부감 없이 받아들일 것이다. 명백히 위험보다 이익이 크기 때문이다. 노화 분야에 언제 이런 방식이 도입될지는 분명치 않지만, 안전성과 유효성 기준이 훨씬 높을 것은 확실하다.

이런 점을 생각하면 노화 연구에 관련된 근본적인 문제가 눈에 들어온다. 연구자들은 자신의 치료가 효과가 있는지 어떻게 알까? 의학 분야에서 새로운 치료가 개발되면 통상 무작위 임상 시험을 수행해 검증한다. 환자를 두 집단으로 나누어 한쪽은 환자 상태에 따라 위약을 투여하거나 현행 표준 치료를 시행하고, 다른 쪽은 시험 약물을 투여해 양쪽을 비교하는 것이다. 항노화 약물은 건강하게 사는 기간과 수명이 늘어나는지를 봐야 할 것이다. 하지만 이를 정확히 평가하려면 오랜 시간이 걸린다. 이처럼 결과를 알 때까지 오래 기다려야 하므로 적절하게 무작위화할 자원자를 찾기가 훨씬 어렵다.

과학 기술 분야뿐 아니라 경영 분야에서도 '측정할 수 없는 것은 개선할 수 없다'라는 격언이 널리 통용된다. 항노화 산업계의 과장된 선전을 비난하고 나선 51명의 과학자는 노화라는 현상이 사람마다 매우 다양하게 나타난다는 점을 지적하며 신랄한 말을 덧붙였다. "집중적인 연구에도 불구하고 노화에 관련된 다양한 과정을 신뢰성 있게 측정할 방법은 아직 발견되지 않았다. 따라서 현재로서는 어떤 수단이든 한 사람의 생물학적 연령 또는 '진정한 연령'을 낮추는 것은 물론, 이를 측정할 수 있다는 주장조차 과학이라기보다 오락으로 간주해야 할 것이다."[38]

이 글이 발표된 20년 전만 해도 분명 그랬다. 하지만 이제 인간의 근본적인 생리학과 거기서 비롯된 다양한 특징을 고스란히 반영하는 소위 생물학적 표지자가 점점 많이 발견된다. 노화의 일부 특징은 명백하다. 머리카락은 가늘어지고 회색이나 흰색으로 변하며, 피부는 탄력을 잃고 쭈글쭈글해진다. 동맥은 좁아지고 뻣뻣해진다. 뇌는… 음, 굳이 말할 필요도 없을 것이다. 이런 특성들은 주관적이며 정량화하기 어렵지만, 대리지표로 삼을 만한 측정 가능한 생물학적 표지자를 찾을 수 있다면 큰 진전을 꾀할 수 있다. 5장에서 설명한 호바스 시계처럼 DNA 상의 후성유전적 변화에 더해 이제는 다양한 유형의 세포에서 유전자 발현 양상은 물론 염증, 노쇠, 호르몬 수치, 다양한 혈액 및 대사 지표를 측정할 수 있는 수많은 표지자가 존재한다.[39] 오랜 기간 또는 기약 없이 기다리지 않아도 치료가 노화의 다양한 지표에 어떤 영향을 미쳤는지 측정할 수 있는 경우가 점점 늘고 있다. 노화 산업계에서는 이런 생물학적 표지자나 노화 시계를 빠른 속도로 받아들였지만, 기본적인 근거가 분명치 않은 경우가 많고, 이들이 서로 얼마나 일치하는지 비교한 연구는 거의 없는 실정이다.

항노화 연구자들은 규제 문제로 곤경을 겪기도 한다. 임상시험은 보통 질병 치료에만 승인이 나기 때문이다. 과학계에서는 노화가 정상적인 삶의 진행일 뿐인지, 질병인지를 두고 논쟁이 날로 격화하고 있다. 전통적 관점은 노화란 모든 사람에게 일어나며 피할 수 없으므로 질병이라고 할 수 없다는 쪽이다. 이렇게 생각하는 과학자들은 노화란 시간이 지나면서 분자들이 변해서 생기는 현상으로, 이로 인해 우리는 점점 기능이 저하되고 질병에 걸리기 쉬워진다고 주장한다. 노화란 질병의 원인일 수는 있어도 질병 자체는 아니라는 것이다. 또 하나 뚜렷한 차이는 질병은 보통 분명히 정의할 수 있다는 점이다. 누군가 질병에 걸렸는지 그렇지 않은지, 언제 걸렸는지가 분명하다. 하지만 언제부터 늙었다고 할 수 있는지에 대해서는 뚜렷한 합의가 없다. 이런 이유로 세계보건기구WHO에서 발표하는 최신 국제질병분류법International Classification of Diseases에도 노화란 병명은 찾아볼 수 없다. 노화 과학계의 많은 사람이 이 결정에 실망했지만, 노화 자체를 질병으로 분류한다면 의사들이 부적절한 치료를 하게 될 것이라는 이유로 환영한 사람들도 있다. 원인을 정확하게 잡아내기보다는 나이가 들면 어쩔 수 없이 생기는 결과로 생각하고 그저 무시하고 말 것이란 주장이었다.

어쨌거나 많은 질병의 가장 큰 위험 인자는 연령이다. 최근 코로나 팬데믹 중에도 사망 위험은 연령이 7~8세 높아질 때마다 대략 두 배가 되었다. 코로나 바이러스에 감염된 80세 노인은 20세 젊은이에 비해 사망 위험이 대략 200배 높다. 이 점을 지적하며 일부 과학자는 노화를 질병으로 간주해야 한다고 목소리를 높인다. 당뇨병, 심장병, 치매 등 다양한 방식으로 나타나는 질병이 아니냐는 것이다. 노인은 폐렴이나 코로나 감염증에 더 취약한 것도 사실이다. 엄청난 투자금과 연구비가 걸려 있기 때문에 노화 과학계와 항노화 산업계의 다양한 집단에서 노화를 질병으로 분류하기 위해 치열한 로비를 펼친다. 하지만 FDA

는 요지부동이다. 조기 노화가 일어나 15세경에 사망하는 질병인 조로증에 대한 임상시험만 승인했다. 하지만 놀랍게도 2015년 FDA는 건강한 성인의 노화를 연구하는 데 메트포민을 사용하는 TAME 임상시험을 승인했다. 어쩌면 메트포민이 당뇨병에 승인된 약물이며, 적어도 당뇨병에 대한 일부 데이터에서 유익한 효과가 시사된다는 점을 감안했을 것이다. 하지만 노화에 투자한 기업들이 정상적인 노화에 대한 임상시험을 허용하도록 FDA를 설득하지 못한다면 철저한 환자 연구를 수행하는 데 어려움을 겪는 것은 물론, 치료 효과를 입증하기 위해 다른 판단 기준에 기댈 수밖에 없을 것이다.

✝

대부분의 사람이 오래도록 쇠약한 상태로 지내지만 않는다면 죽음이 두렵지 않다고 한다. 연령 관련 질병으로 건강이 나쁜 채로 지내는 기간을 최소한으로 줄이고 건강 수명을 늘리는 것이 가치 있는 목표라는 데는 누구나 동의할 것이다. 1980년 제임스 프라이스는 이런 목표를 일컫는 용어를 만들었다. 바로 질병 상태 압축compression of morbidity이다.[40] 클라우스너가 말했듯 오래오래 산 뒤에 젊어서 죽는다고도 표현할 수 있겠다. 질병 상태 압축은 두 가지 가정을 기반으로 한다. 우리가 노화 과정에 영향을 미쳐 노화 관련 질병을 늦출 수 있다는 것과 수명이 정해져 있다는 것이다. 물론 많은 항노화 연구는 첫 번째 가정을 목표로 한다.

두 번째 가정에 대해서는 논란이 있다. 지난 100년간 인류의 수명이 늘어난 것 중 상당 부분은 유아 사망률이 줄었기 때문이다. 하지만 최근 일이십 년간 당뇨병, 심혈관질환, 암 등 나이 들어 생기는 질병의 치료가 눈부시게 발전했다. 당연히 인류의 기대수명도 늘었다. 오브리 드 그레이는 노화 과학계에서 수명 연장을 거부하는 것은 위선적인 태도임을 설득력 있게 주장했다. 노화의 원인을 치료하면 저절로 수명이 늘어나며, 질병 상태를 압축한다는 것은 "영원히 비현실적인, 돈키호테적 주장으로 남는다"는 것이다.[41] 현재로서는 인류의 수명에 약 120년이라는 자연적 한계가 있음을 인정한다고 해도, 그런 한계가 있는 이유가 무엇인지는 정확히 밝혀지지 않았다. 그저 우리의 복잡한 생물학에 전반적인 문제가 생겨 전신이 쇠약해지는 것과 관계가 있으리라 모호하게 생각할 뿐이다. 드 그레이가 지적했듯 질병 상태를 압축하려면 다양한 노화의 원인을 없애거나 늦추는 동시에, 우리를 죽게 만드는 쇠약의 원인은 의도적으로 건드리지 말아야 한다. 노화 과학계에서 드 그레이보다 훨씬 주류에 속하는 스티븐 오스태드조차 노화와 싸우는 데 큰 진전이 있다면 현존하는 사람 중 누군가는 150살을 넘길 것이라는 주장으로 유명하다.

영국 국립통계청Office of National Statistics 데이터에 따르면 연령 관련 질병 치료가 발전하면서 질병 상태 압축과 정반대 현상이 벌어지고 있다.[42] 전체 수명 대비 네 가지 이상의 질병을 앓고 사는 기간이 줄어들기는커녕 약간 늘었다는 것이다. 유엔 글로벌 동향 보고서도 비슷해서, 수명과 장애 없이 사는 기간이 모두 늘어났지만, 전체 삶에서 장애 상태로 보내는 기간의 비율은 줄지 않았다고 결론 내렸다.[43] 간단히 말해 우리는 더 오랜 기간을, 그리고 어쩌면 전체 삶에서 예전보다 더 큰 부분을, 건강이 나쁜 상태로 지낸다는 것이다.

질병 상태 압축은 과연 가능할까? 처음 클라우스너의 건강 개념을 들었을 때는 터무니없는 소리라고 생각했다. '젊은' 사람이 어떻게 갑자기 쓰러져 죽는단 말인가? 그것은 완벽한 상태로 쌩쌩 달리던 자동차가 갑자기 조각조각 분해되는 것과 같다. 1980년에 발표한 질병 상태 압축에 관한 원래 논문을 읽어보면 프라이스 자신도 이 개념을 1858년 올리버 웬들 홈스의 시 제목 "The Deacon's Masterpiece or, the Wonderful 'One-Hoss Shay'"에 나오는 단두마차One-Hoss Shay에 비유했다. 시에 나오는 마차는 완벽하게 설계되어 모든 부품이 하나같이 튼튼하고 오랜 세월을 견딘다. 어느 날 농부가 즐겁게 마차를 타고 가는데 느닷없이 발 밑에서 마차가 산산조각나더니("마치 물방울이 터지듯") 농부는 먼지를 뒤집어쓴 채 땅 위에 나동그라지고 만다.[44]

평생 건강하고 활발하게 살며 죽기 직전까지 자손을 낳는 동물도 있다. 스티븐 오스태드는 저서인 《므두셀라의 동물원Methu-selah's Zoo》에서 죽기 전까지 수십 년간 완벽한 건강 상태로 사는 알바트로스에 관해 썼다. 하지만 알바트로스의 종말은 우리가 바라듯 100세까지 최상의 건강을 유지하다 자는 도중에 조용히 맞는 죽음과 거리가 멀다. 야생이란 폭력적이고 무자비하다. 그 거대한 새는 틀림없이 더 이상 둥지로 돌아갈 긴 비행을 감당하지 못할 상태에 이르러 안간힘을 쓴 끝에 추락하거나 포식자에게 잡아먹힐 것이다. 마찬가지로 우리의 수렵채집인 조상들도 고령의 질병 상태로 오래 버티지 못했을 것이다. 굶어 죽거나, 질병으로 죽거나, 포식자에게 잡아먹히거나, 완벽한 건강과 활력을 잃는 순간 동료에 의해 살해당했을 것이다. 그들의 질병 상태는 고도로 압축되었지만, 우리가 바라는 상태는 그런 것이 아니다. 질병 상태의 압축이 유일한 목표라면 언제라도 질병 상태를 아예 0으로 만들 수 있다. 1932년 출간된 올더스 헉슬리의 고전 디스토피아 소설 《멋진 신세계Brave New World》에서는 완벽하게 건강한 사람들이 스스로 선택한 시점에 안락사한다. 많은 사람이 그런 세상을 선택할지는 알 수 없다. '압축' 시점을 스스로 정할 수 없다면 더욱 그렇다. 오랜 세월 노쇠한 상태로 지낸다면 당연히 그런 방식을 고려할 사람도 있겠지만, 완벽하게 건강한 상태로 지내는데 무엇 때문에 죽기를 바라겠는가? 지금까지 예로 든 것들은 진정한 건강 상태 압축이 아니다. 모든 면에서 건강한 사람이 불쾌한 외부 요인에 의해 갑작스럽게 죽음을 맞기 때문이다.

음울하게 들릴지 모르지만, 진정한 질병 상태 압축이 가능하다는 일말의 희망도 있다. 뉴잉글랜드 백세인 연구를 이끈 토머스 펄스는 최근 들어 100세를 넘기는 사람이 늘었지만, 준슈퍼 백세인과 슈퍼 백세인(각각 105세, 110세를 넘긴 사람)의 수는 늘지 않았으며, 여전히 매우 적은 상태에 머물러 있다고 지적한다.[45] 그간의 의학 발전과 전체 인구의 기대수명 증가를 생각하면 뜻밖의 사실이다. 많은 백세인이 건강한 상태로 매우 오래 살지만, 약 40퍼센트는 80세 전에 노화 관련 질병을 겪는다. 반면 슈퍼 백세인은 거의 평생 건강한 상태를 유지한다. 수명의 한계인 120세에 가까워졌을 때 단두마차처럼 막판에 급격히 기능이 저하되어 죽는다. 이런 현상은 수명이 정해져 있다는 개념을 지지하는 증거다.[46] 슈퍼 백세인이란 가능한 한 최대로 질병 상태를 압축하고, 우리 종의 최대 수명에 근접하는 사람인 것이다.

그들의 유전과 대사와 생활습관을 연구해 삶을 마감하기 직전까지 건강하게 살려면 어떻게 해야 하는지 밝힐 수 있을지도 모른다. 수백수천 가지 유전적 차이가 각기 미묘한 방식으로 수명을 늘리는 데 기여할 가능성도 있지만, 어쩌면 매우 오래 사는 것이 가능한 마법의 유전자 조합 따위는 존재하지 않을지도 모른다. 과학자들이 매우 인공적인 조건에서 수명을 연장하는 단일 유전자를 분리해낼 수 있었다고 해도, 우리는 그런 돌연변이체가 정상적인 야생형 선충이나 파리와 경쟁할 수 없음을 이미 알고 있다. 이런 유전자들은 다른 방식으로 환경에 적응하는 데 나쁜 영향을 미치기 때문이다. 마찬가지로 APOE라는 유전자의 변이형은 백세인들에게 과다 발현되며 알츠하이머병을 막아준다고 생각되지만, 동시에 전이암의 위험을 높이며 코로나 감염증으로 사망할 확률도 높인다.[47] 이런 소견을 종합하면 향후 과학 발전을 통해 인간을 조작해 극히 오래 살 수 있다는 꿈을 어느 정도

가라앉혀야 할 것이다. 장수와 관련된 유전자 변이는 미처 생각지 못했던 다른 방식으로 우리를 취약하게 만들 수 있다.

어쨌든 슈퍼 백세인조차 20대 청년처럼 건강하고 활력이 넘치기는 어려우며, 어느 누구도 그들을 그렇게 젊은 사람으로 보지 않을 것이다. 그들의 어딘가는 여전히 나이 들어 있으며, 그들 역시 점점 쇠약해진다. 잔 칼망조차 죽음을 앞두고 귀가 먹고 눈이 멀었다. 따라서 좋은 건강 또는 질병 없는 상태의 특징이 무엇이냐는 질문은 좀더 자세히 들여다볼 필요가 있다.

사망mortality은 정의하기 쉽지만, **질병 상태**morbidity는 훨씬 모호한 개념이다. 보통 그냥 '질병'이라고 정의하지만 당뇨병, 고혈압, 동맥경화 등 많은 만성 질병을 약으로 치료할 수 있으며, 그런 질병을 겪는 사람 역시 완벽하게 정상적이고 만족스러운 삶을 살아간다. 나는 고콜레스테롤혈증과 고혈압 약을 복용한다. 그런 병도 만성 질환이라고 할 수 있겠지만, 나는 자전거 타기와 하이킹을 비롯해 좋아하는 일을 대부분 즐길 수 있다. 따라서 단순히 질병 진단을 질병 상태라고 정의한다면 어떤 사람이 합리적인 수준에서 건강한 삶을 사는지, 노쇠하고 고통받는 상태로 정상 생활을 하지 못하는지 알 수 없다. 따라서 고령의 질병 상태에 대한 통계는 주의 깊게 볼 필요가 있다.

오늘날 노화에 대처하려는 노력은 매우 폭넓게 진행된다. 한쪽 극단에는 유명 과학자와 투자자 등 수는 적지만 목소리 큰 소수가 자리한다. 이들은 아예 죽음을 몰아내고 싶어 한다. 광신적인 추종자도 많으며, 내심 이들의 목표에 동조하면서도 터놓고 말하기 민망해 감추고 있는 사람은 훨씬 많을 것이다. 반대쪽 극단에는 우리가 밝혀낸 다양한 원인에 대한 지식을 이용해 특정한 고령의 질병들을 치료하는 데 집중하는 사람들이 있다. 그 사이에 존재하는 다양한 스펙트럼 속에서 사람들은 노화에 대처해 질병 상태를 압축함으로써 오래도록 건강하게 사는 세상을 원한다.

현재 정부와 민간 양쪽에서 엄청난 돈을 노화 연구에 쏟아붓고 있다. 앞으로 일이십 년 사이에 성패는 물론, 성공한다면 어느 정도 성공했는지 분명히 알 수 있을 것이다. 이런 노력이 부분적으로라도 성공을 거둔다면 사회에 심오하고도 예측할 수 없는 영향을 미칠 것이다. 어떤 변화가 일어날지 살펴보자.

12장

과연 영원히
살아야 할까?

나는 얼추 조부모가 돌아가셨던 나이가 됐다. 생애 마지막 10년
간 그분들은 현재 내가 누리는 신체적으로 활발한 생활습관 같
은 것은 꿈도 꿀 수 없었다. 하지만 오늘날에는 90대 이후에 세
상을 떠나는 사람이 점점 흔해진다. 내 개인적인 경험은 지난 수
십 년간 전 세계에서 일어난 인구통계적 변화를 반영한 데 지나
지 않는다. 사실상 세계 모든 곳에서 65세 이상 인구가 차지하
는 절대수와 비율이 모두 늘고 있다. 현재 노령 인구 비율은 소
득 수준이 높은 국가에서 20퍼센트에 육박하며, 2050년에는 많
은 지역에서 그 갑절에 달할 것이다.[1]

　동시에 사람들은 점점 자녀를 적게 낳는다. 이런 현상은 처음
에 선진국에 국한되었지만, 점점 전 세계적인 추세로 번지고 있
다. 점점 적은 생산 인구가 역사상 어느 때보다도 많은 은퇴 인

구를 먹여 살려야 한다는 뜻이다. 일부 아시아 국가에서는 은퇴자가 생산 인구의 두 배에 달하는 때가 올지 모른다. 고령자 중에는 10년, 심지어 20년간 비싼 의료 혜택을 필요로 하는 경우도 많다. 사회 안전망이 약한 국가에서 이들은 가족의 도움에 기대거나 스스로를 책임질 수밖에 없는데, 의료비를 감당하려면 신체적으로는 물론 정신적으로도 건강해야 한다. 국가의 지원이 강력하다고 해도 점점 늘어나는 고령 인구는 연금과 사회 보장 프로그램에 막대한 부담이 될 것이다.

수명 연장이 사회에 미치는 영향은 엄청나다. 거의 모든 국가의 은퇴 프로그램은 대략 65세에 일을 그만둔다고 가정한다. 이런 기준은 은퇴 후 불과 몇 년 더 살고 세상을 떠나던 시대에 도입된 것이지만, 이제 사람들은 은퇴 후에도 20년을 더 산다. 사회적으로든 경제적으로든 시한폭탄이 재깍거리고 있는 것이다.[2] 각국 정부가 고령층의 건강을 개선하기 위한 노화 연구에 적극적으로 자금을 지원하는 것도 당연하다. 이들이 더 오랫동안 생산성과 독립성을 유지하고, 비용이 많이 드는 의료를 덜 이용하기 바라는 것이다.

질병 상태를 압축하지 못한 채 수명만 늘린다면 현재 우리가 마주한 문제들을 악화시키고 말 것이다. 그러나 어떻게든 노화를 지연시키는 **동시**에 질병 상태를 압축할 수 있다면 100세 넘어서도 건강하게 살고, 어쩌면 수명이 현재 자연적 한계로 여겨지는 120세에 근접하는 시대를 맞을지도 모른다. 이런 시나리오는 개인 차원에서 환상적일지 모르지만, 사회적으로는 거의 모든 부분에 영향을 미칠 것이다. 그 결과도 예측하기 어렵다.

사실 상상도 못했던 혁신적인 기술이 장기적으로 어떤 영향을 미칠지 예측하기란 항상 어렵다. 예컨대 얼마 전만 해도 사람들은 소셜 미디어를 기쁘게 받아들였다. 프라이버시를 위협한다든가, 거대 기업에서 개인을 이용해 이윤을 추구한다든가, 정부가 개인을 감시한다든가, 거짓 정보와 편견과 혐오가 퍼질 수 있다든가 하는 잠재적 영향에 대해 신경 쓰는 사람은 거의 없었다. 새로운 항노화 기술이 등장한다면 그것을 맹목적으로 받아들여 몽유병 환자처럼 준비되지 않은 세상으로 걸어 들어가는 실수를 반복할 여유는 없다. 그렇다면 수명 연장은 우리에게 어떤 영향을 미칠까?

우선 불평등이 훨씬 커질 것이다. 이미 부유층과 빈곤층의 기대수명은 격차가 크다. 국가건강보험에 의해 모든 사람에게 무상 의료 혜택이 주어지는 영국에서조차 기대수명 격차가 10년에 달한다. 건강 수명으로 따지면 격차는 두 배가 된다. 빈곤층은 더 일찍 죽을 뿐 아니라, 나쁜 건강 상태로 지내는 기간도 더 길다.[3] 미국의 상황은 훨씬 나쁘다. 가장 부유한 계층은 가장 빈곤한 계층보다 약 15년을 더 살며, 그 격차는 2001~2014년 사이에 오히려 더 커졌다.[4]

의학 발전은 항상 불평등을 심화할 가능성이 있다.[5] 역사적으로 보면 선진국의 부유층이 가장 먼저 혜택을 누린다. 차차 선진국의 다른 계층도 혜택을 누리지만, 그 범위와 속도는 보건의료 시스템과 의료보험 회사들이 어떤 치료가 필수적이라고 보는지에 달려 있다. 필수적이라고 판단할 경우에 한해 새로운 치료는 전 세계로 보급되지만, 이때도 비용을 감당할 수 있는 사람만 혜택을 본다. 이런 현상은 새삼스럽지 않다. 세계 각지에서, 사람들의 건강과 경제적 상태에 따라 지금 이 순간에도 얼마든지 관찰되는 사실이다. 그러니 노화 연구에서 어떤 발전이 이루어지든 불평등을 심화할 가능성이 높다. 하지만 다른 불평등과 달리 삶의 질과 양의 불평등은 그대로 유지되는 것이 아니라 점점 큰 불평등으로 이어질 것이다. 경제적으로 부유한 화이트칼라 계층은 더 오래 살고, 더 오랜 세월 일하면서, 훨씬 큰 부를 대물림하기 때문이다. 콜레스테롤을 낮추는 스타틴이나 혈압약처럼 치료가 매우 저렴하고 누구나 이용할 수 있을 정도로 보편화되지 않는다면, 결국 인류는 건강한 상태로 오랜 삶을 누리는 사람들과 그렇지 못한 사람들이라는 두 계급으로 영원히 나뉘어 심각한 위험을 맞을 것이다.

또 다른 걱정은 인구 과잉이다. 기대수명이 크게 늘면 그렇지 않아도 과잉 상태인 세계 인구가 급격히 증가할 수 있다. 현재 우리가 기후 변화, 생물다양성 감소, 물을 비롯한 천연자원 부족 등 수많은 실존적 재난을 겪는 이유 중 하나가 바로 인구 팽창이다. 지금 상태로도 인구는 가까운 시일 내에 줄어들 전망이 전혀 없다.

과거에도 수명이 늘면 인구가 급증했다. 기대수명이 크게 늘어난 뒤로도 수십 년간 출산율이 계속 높은 수준을 유지했기 때문이다.[6] 오늘날에도 마찬가지다. 아프리카에서는 기대수명이 크게 늘었지만 출산율은 여전히 4.2 정도로 높게 유지되어 인구가 빠른 속도로 늘고 있다. 하지만 기대수명과 생활 수준이 개선되면 거의 예외 없이 출산율이 서서히 감소해 인구통계적 변화가 일어난다. 예컨대 18세기 후반 높은 영아 사망률 때문에 기대수명이 짧았던 시절에 유럽 여성은 평균 다섯 명의 자녀를 두었지만, 현재 유럽의 출산율은 국가에 따라 1.4~2.6 수준이다. 결국 출생률과 사망률이 대략 같아지면서 인구는 과거보다 높은 새로운 균형점에서 안정화된다. 19~20세기에 이런 현상은 서구 대부분의 국가와 일본, 한국 등 많은 아시아 국가에서 그대로 되풀이되었다.

과거에 영아 및 아동 사망률이 개선된다는 것은 더 많은 사람이 생식 가능 연령에 도달한다는 의미였다. 당연히 인구는 빠른 속도로 늘었다. 하지만 이미 인구통계적 변화를 거친 선진국에서는 기대수명이 는다고 해서 반드시 인구가 증가하는 것은 아니다. 일본인들은 수십 년 전보다 훨씬 오래 살지만, 일본의 인구는 2010년 이래 계속 줄고 있다. 출산율이 낮기 때문이다.

현재 출산율은 많은 국가에서 인구 보충 출생률replacement level(총인구를 유지하는 데 필요한 출생률-옮긴이) 미만으로 떨어졌다. 선진국에서는 평균 임신 연령 역시 꾸준히 높아진다. 지금은 30대에 첫아기를 낳는 여성이 드물지 않으며, 때때로 40세 전후에 초산을 하기도 한다. 1세기 전의 표준에 비해 10년, 심지어 20년이 늦은 것이다. 이런 경향은 삶이 안정되고 풍요로우며, 수명이 길어지고, 여권이 신장되어 여성이 직업을 갖게 된 결과 생긴 것이다. 이런 요인이 모두 합쳐져 세계 곳곳에서 인구는 증가 속도가 느려지거나 정체 상태에 접어들었다. 이런 현상은 비단 환경과 자연에 미치는 영향뿐 아니라 많은 점에서 도움이 될 것이다. 중국의 인구 증가세가 꺾였다는 예를 들면서 이런 현상이 큰 문제인 것처럼 말하는 경제학자들을 볼 때마다 당혹스럽다. 일론 머스크는 기후 변화보다 임박한 세계 인구 급감이 훨씬 큰 문제라고 믿는데, 이 또한 내게는 황당한 소리로 들린다.[7]

그럼에도 사람들이 전보다 오래 살고 세상을 떠나는 일이 더 드물어지면서 인구는 다음 두 가지 사건 중 하나가 일어나지 않는 한 계속 늘 것이다. 출산율이 훨씬 더 낮아지거나, 평균 임신 연령이 기대수명에 맞춰 높아지는 것이다.[8] 두 가지 시나리오 모두 몇 가지 문제가 있다. 많은 국가에서 평균 임신 연령은 계속 높아져 이제 거의 생물학적 한계에 근접했다. 여성은 30대 중반이 되면 점점 수태하기가 어려워지며, 그 뒤로 몇 년 지나면 폐경을 맞는다. 기대수명이 늘면서 폐경도 늦춰진다면 임신 연령이 늘어지는 문제가 해결될 것이다. 이는 여성에게 훨씬 공정한 일이다. 많은 여성이 막 경력이 꽃피려는 순간에 아이를 가질지 결정해야 하기 때문이다. 하지만 폐경은 매우 복잡한 생물학적 현상으로, 우리가 폐경 연령을 원하는 대로 바꿀 수 있다는 증거는 전혀 없다. 물론 호르몬 치료를 받으면서 난자를 냉동보존해 나중에 인공수정하는 등 폐경이 지나서도 자녀를 가질 수 있는 방법들이 있지만, 하나같이 비용이 많이 들고 번거로우며 상당한 위험이 따른다. 수명이 늘면서 인구가 팽창하는 현상을 막기 위한 또 다른 방법은 자녀를 적게 갖는 것이다. 하지만 이렇게 되면 고령 인구가 점점 늘어 역시 문제가 생긴다.

아주 낙관적인 시나리오를 그려보자. 기대수명이 100세를 훨씬 넘기면서 대부분의 기간을 건강하게 살 수 있다면? 인구는 안정화되고, 사람들은 자녀를 덜 가질 뿐 아니라 최대한 늦게 갖는다면? 점점 줄어드는 젊은 층에게 점점 늘어나는 노인들을 먹여 살리라고 강요할 수 없다면, 해결책은 하나뿐이다. 더 오래 일하는 것이다.

✝

70대, 80대, 또는 그 뒤로도 계속 일을 한다는 것에 대한 반응은 직업에 따라 상당히 다를 것이다 에모리 대학 윤리연구센터Emory University Center for Ethics 소장인 폴 루트 울프는 이렇게 묻는다. 힘든 노동이나 궂은 일을 하는 사람들이 65세가 되었을 때 똑같은 일을 50년 더 한다는 생각을 반길까? 많은 사람이 자기 직업을 싫어하며, 은퇴를 고대한다.[9] 2023년 프랑스에서는 정부가 은퇴 연령을 62세에서 64세로 겨우 2년 늦추자는 제안에 반대해 120만 명이 넘는 군중이 항의 행진을 벌였다.[10] 프랑스의 저항을 보고 일각에서는 미국도 은퇴 연령을 **낮춰야** 한다고 주장하기도 했다.[11] 미국인도 70세까지 일해야 한다고 주장하는 사람은 대개 80대까지도 즐겁고 지적이며 안락하고 보수가 많은 직업을 지닌 화이트칼라들뿐이다. 62세가 되어서도 시간당

11달러를 받으며 타이어를 갈거나 금전 등록기를 조작하는 사람은 결코 그렇게 주장하지 않는다. 내가 일하는 연구소에서도 과학자가 아닌 직원들은 나이가 되자마자 퇴직하는 반면, 과학자들은 최대한 오랫동안 일하려고 한다.

과학계 동료들에게 은퇴 계획에 대해 묻자, 특히 학자들이 80대 이후까지 일하는 일이 드물지 않은 미국에서는 대부분 이런 반응을 보였다. "은퇴하기에는 일이 너무나 재미있는걸요!" 심지어 일부는 바로 지금 생애 최고의 연구를 하는 중이라고 주장했다. 객관적 사실은 조금 다르다. 현재 100미터 달리기를 한다면 스무 살 때처럼 빨리 뛸 수 없다는 데는 누구나 기꺼이 동의할 것이다. 하지만 사람은 자신의 지적 능력이 젊을 때와 조금도 다름없이 평생 유지된다는 망상에 끈질기게 매달린다. 아마 이런 현상은 자신과 자신의 생각을 지나치게 동일시하는 데서 비롯될 것이다. 생각이 존재를 규정하는 것이다. 모든 객관적 근거를 종합하면 일반적으로 우리는 젊었을 때처럼 창조적이고 대담하지 않다.

이를 정확히 평가하는 방법은 나이 든 사람이 최고의 업적을 냈을 때 어땠는지 돌아보는 것이다. 과학계에서 노벨상 수상자들이 가장 핵심적인 업적을 쌓은 시기는 거의 예외 없이 젊고 그다지 영향력이 없던 시절이다. 생물학자와 화학자들은 물리학자와 수학자에 비해 이 시기가 10년쯤 늦는데, 그 이유는 방대한 지식을 완전히 자기 것으로 소화하고, 실제 경험을 쌓고, 필요한 자원을 끌어모으는 데 시간이 걸리기 때문일 것이다. 유명한 수학자 G. H. 하디는 1940년에 출간한 저서 《어느 수학자의 변명A Mathematician's Apology》에 이렇게 썼다. "수학자라면 수학이 인문학이나 과학의 어떤 분야와 비교해도 젊은이의 게임이라는 사실을 한시도 잊어서는 안 된다. … 나는 50세가 넘은 사람이 중요한 수학적 성취를 이룬 경우를 알지 못한다. 최근 수학 분야에서 가장 위대한 성취는 350년 동안 풀지 못했던 페르마의 마지막 정리를 증명한 것으로, 여기 성공한 앤드루 와일스는 당시 약 40세였다."

나이 든 뒤에도 많은 과학자가 연구실을 운영하며 계속 최고의 성과를 낸다. 하지만 이것은 그들이 여전히 예리하고 혁신적이기 때문이 아니다. 스스로 하나의 브랜드가 되어 자원과 연구비를 끌어모으고, 우수한 젊은 과학자들이 일할 수 있는 환경을 만들기 때문이다. 전부라고는 할 수 없겠지만 새로운 아이디어는 이런 젊은 과학자에게서 나오는 경우가 훨씬 많다. 알짜배기는 사실상 모두 이들의 업적이다. 설사 젊은 과학자로 구성된 팀의 지원을 받으며 아주 우수한 연구 성과를 계속 낸다고 해도, 나이 든 과학자가 진정 새로운 영역을 개척하는 일은 매우 드물다. 그저 하던 일을 계속할 뿐이다. 예컨대 나는 운 좋게도 우리 연구실이 최고의 저널에 계속 논문을 발표한 덕에 매우 재능 있는 젊은이들을 끌어들일 수 있었다. 하지만 어떤 의미에서 그 논문들이 내 이전 연구의 연장이었음을 부정할 수는 없다. 진정 새로운 방향을 제시했던 극소수 연구는 내가 아니라 함께 일한 젊은이들에게서 나왔다. 물론 예외도 있다. 화학자인 칼 샤플리스는 60세 전후에 시작한 연구로 81세에 두 번째 노벨상을 받았다. 하지만 이 일이 주목받는 이유는 그런 적이 거의 없기 때문이다.

비교적 젊은 나이에 창조력이 최고조에 달하는 것은 과학과 수학 분야에 국한되지 않는다. 뉴저지주 멘로 파크에 연구소를 열었을 때 토머스 에디슨은 채 서른도 되지 않았으며, 오래지 않아 자기 버전의 전구를 발명했다. 오늘날에도 구글, 애플, 마이크로소프트, AI 기업 딥마인드DeepMind 등 가장 혁신적인 기업은 모두 20대 또는 30대 젊은이가 창업했다.

문학은 좀 다르지 않을까? 삶의 경험과 지혜가 쌓여 어떤 심오함에 도달해야 좋은 작품이 나오는 게 아닐까? 하지만 2005년에 열린 헤이 문학 페스티벌Hay Literary Festival에서 노벨상 수상자인 소설가 가즈오 이시구로는 대부분의 작가가 젊은 시절에 최고의 작품을 써낸다고 암시해 동료들을 격분시켰다.[12] 어떤 작가의 가장 유명한 작품이 45세 이후에 나온 경우는 드물다고 하면서 《전쟁과 평화》, 《율리시즈》, 《황폐한 집》, 《오만과 편견》, 《폭풍의 언덕》, 《심판》 등이 모두 작가가 20대 또는 30대에 쓰였다고 지적했던 것이다. 체호프, 카프카, 제인 오스틴, 브론테 자매 등 40대 중반도 되기 전에 세상을 떠난 위대한 작가들도 많다. 이시구로는 소설가가 생애 후반에 훌륭한 작품을 쓸 수 없다는 것이 아니라, 최고의 작품이 40대 중반 이전에 나오는 경향이 있다는 뜻이라고 설명했다. 그의 요점은 작가들이 훌륭한 소설을 시도하기 위해 나이가 들 때까지 기다려서는 안 된다는 것이었다. 어쩌면 그는 60대 중반에 쓴《클라라와 태양》으로 자신의 주장을 스스로 부인하는지도 모른다. 이 작품이 그의 초기작들만큼 높게 평가될지는 시간이 지나야만 알 수 있겠지만, 걸작 중 하나로 꼽히는 것은 사실이다. 마찬가지로 최근 부커상을 수상한 마거릿 애트우드의《증언들》은 작가가 80세 넘어서 출간되었다. 마음을 불편하게 하면서도 흡인력이 대단해 눈을 뗄 수 없는 작품이지만, 사실 이 소설은 거의 40년 전《시녀 이야기》에서 축조한 세계를 더 깊이 탐색한 데 불과하다.

이시구로는 왜 어떤 종류의 창조성은 나이가 들면서 점점 줄어드는지에 대해 나름의 이론을 갖고 있었다.[13] 나이가 들면서 가장 먼저 영향받는 정신 능력은 단기 기억력이다. 어쩌면 소설을 쓴다는 것은 매우 다양한 사실과 아이디어를 머릿속에 잡아둔 채 그것들로부터 새로운 무언가를 창조하는 과정일 것이다. 과학과 수학도 마찬가지다. 하지만 다른 분야에서 창조 과정은 조금 다를지 모른다. 많은 영화감독, 지휘자, 음악가들이 상당히 나이가 든 뒤에도 계속 최상의 수준을 유지한다. 화가들도 마찬가지다.

건강한 노화에 관해 많은 발전이 이루어진다고 해서 반드시 우리가 나이 든 뒤에도 젊었을 때처럼 창조적이고 상상력이 풍부한 상태를 유지하지는 못할 것이다. 젊은이들은 세상을 신선한 시각으로 바라보며 새로운 방식으로 해석한다. 이시구로는 나이 든 사람의 경험을 갖고 어린이의 마음에 가까워지는 것이야말로 훌륭한 소설을 쓰는 핵심이라고 생각한다. 스스로 근본적인 변화를 겪어 매년, 심지어 매순간 세상을 보는 시각이 달라져야 한다는 뜻이다. 과학과 수학 분야에서도 젊은 연구자는 평생 축적된 지식에 의한 편향을 덜 겪기 때문에 패러다임 자체에 대해 과감한 질문을 던질 수 있는 것 아닐까?

지금까지 다양한 분야에서 중요한 창조적 혁신이 나이가 들면서 줄어든다는 사실을 알아보았지만, 이런 혁신은 예외적인 경우로서 전체의 아주 작은 일부에 불과하다. 심지어 과학에서도 거대한 혁신은 수많은 과학자가 묵묵히 자신의 일을 하며 인류 전체의 지식을 조금씩 축적해나감으로써 이루어낸 거대한 기초 위에 세워진다. 예외적인 경우를 근거로 사회 정책을 구상하는 것은 적절치 않다. 그렇다면 고령화에 따라 대부분의 화이트칼라 직종은 어떤 영향을 받게 될까?

대부분의 연구에서는 인지 능력이 나이에 따라 감소하는 것으로 나타나지만, 정확히 언제 이런 현상이 시작되는지에 대해서는 논란이 있다.[14] 일각에서는 18세부터 인지 기능이 저하된다고 주장하는가 하면, 60세가 지나야 의미 있는 저하가 나타난다는 주장도 있다. 영국 공무원들로 구성된 대규모 코호트를 10년간 추적한 연구에 따르면 기억력, 추론 능력, 언어 유창성 검사를 통해 평가한 인지 점수는 모두 45세부터 저하되기 시작했으며, 그보다 더 나이 든 사람들에서는 더 빨리 저하되었다. 큰 폭으로 저하되지 않은 유일한 범주는 어휘력이었다.[15] 다른 연구들 역시 어휘력과 같은 소위 '고정지능crystallized abilities'과 처리 속도 같은 '유동지능fluid abilities'을 구분한다. 유동지능은 20세부터 꾸준히 저하되는 반면, 고정지능은 늘어난 후 일정한 상태를 유지하다가 대략 60세부터 조금씩 저하된다.[16] 이 모든 요인이 새로운 것을 배우고 정신적 기민함을 유지하는 데 영향을 미친다. 이런 연구 결과에 의심이 든다면 피아노나 새로운 언어나 고등 수학을 배워보기 바란다.

물론 뭔가를 배움으로써 노화의 원인에 맞서 싸우는 것도 이론적으로 가능하다. 정신 능력이 떨어지는 데 대해 뭐든 해볼 수는 있다. 하지만 분명 뇌는 지금까지도 가장 정복하기 힘든 최전선이다. 뉴런은 매우 느린 속도로 재생되며, 뇌 기능이 점차 나빠져 질병 상태로 진행하면 많은 경우 치료가 불가능하다. 적어도 한 가지 방법을 통해, 즉 단백질 합성의 통합 스트레스 반응을 억제함으로써 기억력을 개선할 수 있음이 입증되었지만, 인지 기능과 학습 능력이 전반적으로 저하되는 것을 되돌릴 수는 없다.

많은 사람이 지혜가 늘어나면 인지 저하를 보완할 수 있다고 주장하지만, 지혜란 모호하고 정의하기 어려운 것이다. 젊은이들이 지혜와 통찰이 부족해 종종 성급한 행동을 하는 것은 사실이다. 하지만 특정 연령이 지나도 계속 지혜가 축적된다는 증거는 없다. 최근 미국과 영국에서 치러진 선거에서 보듯 고령층은 보수화되어 선동과 향수를 자극하는 말에 휩쓸리는 경향이 있다. 평생 편향과 편견을 쌓아온 탓에 전반적으로 새로운 생각에 마음을 열지 못하는 것이다. 내 짐작에 대부분의 지혜를 축적하는 것은 30대까지인 것 같다. 그 뒤로는 점점 자신의 방식에 갇혀 현명하기보다 오히려 충동적으로 행동하는 것 아닐까?

오늘날에는 노인들에게 사회 권력이 치우쳐 있다. 부분적으로 이들이 상당한 부를 축적했기 때문이다. 미국과 영국에서 70세 이상인 사람이 가장인 가구의 중간 자산은 35세 미만인 가구의 15~20배에 이른다.[17] 나이 들수록 권력과 강력한 인간 관계 네트워크를 축적하기 때문이기도 하다. 젊은 사람만큼 일할 능력이 없거나 자격이 부족해도 그간 쌓아온 관계망과 평판을 이용해 힘과 권위를 계속 유지하는 것이다. 이들이 계속 높은 지위에 있지 않고 훨씬 유능한 사람이 그 자리를 대신해도, 이들을 완전히 물러나게 하기는 매우 어렵다. 폭넓게 보면 폴 루트울프는 수명 연장이 정치에 미치는 영향이 엄청날 것이라고 주장한다. 노인들은 젊은이보다 투표율이 훨씬 높으며, 권력의 최상층은 70세 넘는 사람들이 독차지하고 있다. 미국을 이끄는 조 바이든 대통령은 2024년 대선 중에 81세가 된다. 최대 라이벌인 공화당의 도널드 트럼프도 그때는 78세다. 최근까지 폭스사Fox Corporation 이사장이자 뉴스코퍼레이션News Corp.의 CEO였던 루퍼트 머독은 93세가 된 지금도 몇몇 국가에서 매체를 통해 엄청난 영향력을(당연히 정치적 영향력도) 유지한다. 젊은이는 정치에서 배제되고, 그들이 정치에 불어넣어야 할 신선한 아이디어와 혁신은 억압되리라는 것이 울프의 전망이다. 동성 간 결혼, 다양성 포용, 그 전 시대의 인권 및 여권 운동 등 사회적 진보를 포함해 위대한 혁신은 절대 다수가 젊은이들에 의해 일어났다.[18]

학계만큼 권력 불균형이 심한 곳도 없을 것이다. 애초에 정통적이지 않은 의견을 주장한다고 해서 교수를 해고하지 못하도록 할 목적으로 도입된 종신 재직권은 이제 최대한 교수직을 유지하기 위해 이용되는 수단으로 전락했다. 미국과 영국의 많은 대학이 의무 은퇴 연령을 폐지했으며, 옥스퍼드와 케임브리지 등 여기 동참하지 않은 대학은 불만을 품은 교수들의 소송에 시달리고 있다. 최근 옥스퍼드 대학은 노인 차별에 항의해 소송을 제기한 세 명의 교수에게 패소했다. 놀랄 일도 아니지만 그들은 "경력의 정점에서" 해고당했다고 주장했다.[19]

설사 세상을 뒤흔들 연구를 하지 못하거나 경력의 정점에 있지 않다고 해도 계속 생산적인 연구를 할 수 있다면 교수직을 유지하는 것이 무슨 문제란 말인가? 내 동료 몇몇은 모든 것이 안정된 나이 든 과학자는 다음 세대의 젊은 과학자를 훈련시키고 멘토링을 제공하는 데 적합한 환경을 구축할 수 있는 자원과 지혜와 비전과 균형감을 갖고 있다고 주장한다. 하지만 모든 사람이 그렇게 생각하지는 않는다. 노벨상을 두 번이나 받은 프레드 생어는 65세가 되던 날 모든 자리에서 물러나 직접 만든 보트로 영국을 일주하고 장미를 키우는 등 취미 생활로 여생을 보냈다. 나를 가르쳐주신 선생님 피터 무어는 예일 대학에서 오래도록 빛나는 경력을 쌓고 70세에 은퇴했다. 갑자기 지적 능력을 잃은 것이 아니다. 여전히 저널의 편집자로 일하면서 책을 쓰고 지적 활동을 계속했다. 다만 자신이 몸담았던 기관의 돈과 다양한 자원을 쓰지 않았을 뿐이다. 그는 이렇게 말했다. "나는 오래도록 동료들에게 말해왔다. 나이 든 교수가 씁쓸한 끝을 한사코

붙들고 있는 것은 종신 재직권이라는 특권의 남용이라고. 일흔 살 먹은 과학자가 제아무리 대단한들 그보다 뛰어난 서른다섯 살짜리 과학자를 언제나 찾을 수 있는 법이다."[20]

학계에서 종신 재직권이 명확한 은퇴 연령을 정하지 않는 관행과 결합하면 특히 큰 문제가 된다. 일부 나이 든 학자들은 자기들이 40세에 번아웃되어버린 젊은 교수보다 훨씬 생산적이라고 불평한다. 맞는 말이다. 하지만 이 문제는 종신 재직권과 은퇴 연령을 모두 없애고 교수의 생산성을 정기적으로 평가함으로써 해결할 수 있다.

무어 선생님의 말씀은 세대 간 공정함의 핵심을 꿰뚫는다. 나이가 가장 많은 교수는 대개 매우 높은 연봉을 받는데, 그 정도면 꾸준히 좋은 연구를 하는 젊은 과학자 두 명을 고용할 수 있다. 설사 봉급을 받지 않는다고 해도 그들은 젊은 교수에게 필요한 연구실 공간 등 귀중한 자원을 계속 차지한다. 그 자리에 젊은 교수를 임용한다면 장차 엄청난 혁신을 일으켜 완전히 새로운 분야를 열어젖힐지 누가 알겠는가? 또한 나이 든 연구자는 자신이 속한 기관은 물론 과학계 전반의 의제를 설정하는 데 영향을 미치는데, 혁신적이고 과감하기보다 보수적이고 점진적인 경향이 있다. 기업 등 다른 분야도 사정은 비슷하다.

세대 간 공정함이라는 문제는 인구 전체가 고령화되면서 더 늦은 연령까지 계속 일해야 한다는 압력과 충돌한다. 어떻게 해야 할까?

현재 노인 차별은 인종 차별이나 성 차별과 마찬가지로 죄악

시된다. 한 가지 다른 점은 실제로 나이가 들수록 능력이 저하된다는 것이다. 물론 그 정도는 사람마다 크게 다르다. 따라서 단순히 나이를 능력의 대리 지표로 삼아 은퇴 연령을 정해놓고 모든 사람에게 일률적으로 적용하는 것은 부적절하다. 또한 사람의 능력이 나이에 따라 저하된다는 사실이 잘 규명되어 있음에도, 문헌상 연령과 생산성 사이의 관계가 매우 복잡함을 보여주는 두 가지 연구가 있다. 한 연구는 나이가 들수록 문제 해결, 학습, 속도가 필요한 과제를 해내는 능력은 떨어지지만, 경험과 언어 능력이 중요한 직업에서는 높은 생산성이 유지된다고 결론지었다. 또 다른 연구는 여러 보고를 종합할 때 41퍼센트에서 젊은 노동자와 나이 든 노동자 사이에 차이가 없었으며, 28퍼센트에서는 나이 든 노동자가 젊은 노동자보다 생산성이 높았다고 결론 내리면서, 이런 현상이 나타나는 이유는 경험과 정서적 성숙도 때문일지 모른다고 지적했다.[21]

이런 사실은 직업과 은퇴에 대해 융통성 있게 접근해야 함을 보여준다. 앞서 보았듯 많은 직업이 신체적 또는 정신적으로 고되다. 이런 직업에 종사하는 사람은 더 빨리 은퇴할 필요가 있을지 모른다. 덜 힘든 일로 바꾸거나, 일을 감당할 수 있다면 계속할 수도 있을 것이다. 한 가지 원칙을 모든 경우에 적용하기보다 모든 연령군에 적용할 수 있는 객관적 평가 척도를 도입해 젊은 층과 나이 든 층에 모두 공정한 기준을 마련할 필요가 있다. 또한 오래도록 해왔던 일을 더 이상 할 수 없게 되어 은퇴한다고 해도 나이 든 사람은 남은 여생 동안 여전히 다양한 방식으로 유용하고 생산적인 활동을 할 수 있다.

삶의 목표를 가지면 뇌졸중, 심장병, 경도 인지장애, 알츠하이머 발생률이 낮아질 뿐 아니라, 사망률도 감소한다는 증거가 많다.[22] 실제로 나이 든 전문가는 풍부한 경험과 깊은 지식을 갖고 있다. 조언이나 멘토링을 제공하기에 더할 나위 없는 위치에 있으며, 시민 활동에 참여하면 특히 좋다. 앞서 언급했던 피터 무어는 교수직에서 물러난 후에도 과학계에 비할 데 없이 소중한 역할을 한 예라 할 것이다.

나이 든 시민이 은퇴한 뒤에도 최대한 독립성을 유지할 방법을 모색해야 한다. 단층의 생활 공간에 문턱을 없애는 방식으로 집을 짓고, 장 볼 곳과 대중교통 등 생활 편의시설이 가까운 곳에 있는 지역사회를 계획해야 한다는 뜻이다. 사회적 고립과 외로움은 모든 사람의 행복에 악영향을 미치지만, 고령층에서는 더욱 그렇다.[23] 현재 많은 서구 사회가 노인을 사회에 반드시 필요한 요소로 생각하기보다 문젯거리로 취급한다. 별도로 모여 살 곳을 마련해 숨기려고 하기도 한다. 하지만 고령층을 더 넓은 공동체에 완전히 통합하는 것이 훨씬 좋은 방법일 것이다. 노인이 사회에 골고루 퍼져 살고, 사회 활동과 시민 활동을 통해 모든 세대와 일상적으로 교류해야 한다는 뜻이다. 고령층이 활발히 사회에 참여하면 다른 계층에게도 도움이 된다.

생물학자들이 약 120년으로 생각되는 자연적 수명의 한계에 근접할 방법을 찾는 데 성공한다면 머지않아 이 모든 문제가 현실로 다가올 것이다. 물론 기대수명이 훨씬 비약적으로 늘어나지 못하리라는 과학 법칙 같은 것은 없다. 어쨌든 우리는 수백 년을 사는 생물종들과 생물학적 노화의 징후를 전혀 나타내지 않는 생물종들을 알고 있다. 언젠가 인간이 현재의 한계를 넘어서서 오브리 드 그레이가 예측했듯 수백 년을 사는 시대가 온다면 모든 문제가 훨씬 확대될 것이다. 극단적 수명 연장을 지지하는 사람들은 눈앞에 닥치면 해결책을 찾아낼 것이라고 우기는 것 외에 진정한 해결책을 제시하지 못한다. 어떤 사람은 극단적으로 수명이 늘어나 인구 위기가 닥친다면 일정 연령에 도달한 사람은 지구를 떠나 다른 혹성에 정착해야 할 것이라고 주장한다. 언제나 그렇듯 기술에 의해 발생한 문제를 해결하려면 훨씬 진보된, 거의 허무맹랑한 수준의 기술이 필요한 것이다.

✝

나는 우리가 훨씬 오래 산다고 해서 훨씬 만족스러운 삶을 살리라 확신할 수 없다. 지금 우리는 1세기 전보다 수명이 두 배 늘었지만 여전히 만족스럽게 살지 못한다. 오히려 더욱 죽음에 집착하는 것 같다. 120살이나 150살까지 산다면, 그때는 왜 300살을 살지 못하느냐고 불평을 늘어놓지 않을까? 수명 연장을 추구하는 것은 신기루를 좇는 것과 같다. 진정한 영생에 도달하지 못한다면 어떤 것도 충분치 않다. 물론 영생 같은 것은 없다. 설사 노화를 극복한다고 해도 우리는 사고와 전쟁과 바이러스 팬데믹과 환경 재앙에 의해 죽을 것이다. 그러니 삶의 유한성을 받아들이는 편이 훨씬 현명하다.

나아가 바로 그 유한성이야말로 지상에서 주어진 시간을 최대한 보람 있게 보내겠다는 욕망과 자기 격려를 제공한다. 수명이 크게 는다면 삶은 절박함과 의미를 잃고, 하루하루를 소중히 보내겠다는 다짐 같은 것도 훨씬 덜할 것이다. 다시 강조하지만 우리는 100년 전에 살았던 사람들보다 수명이 갑절로 늘었다. 삶을 한 번 더 사는 셈이지만 현재 인류가 과거의 위대한 작가, 작곡가, 예술가, 과학자들보다 더 많은 것을 성취하고 있는지는 분명치 않다. 어쩌면 우리는 목적 없이 지루한 삶을 지금보다 훨씬 길게 이어갈지도 모른다. 그렇게 된다면 사회는 정체될 것이다. 진정 근본적인 사회적 변화는 젊은 세대가 앞장서야 하기 때문이다.

죽음에 이토록 집착하는 성향은 인간에게만 있는 것 같다. 우리 종이 이렇게 종말에 강박적으로 매달리는 이유는 우연히 뇌와 의식이 진화하고 언어가 발달해 두려움을 서로에게 전파하기 때문이다. 작가이자 편집자인 앨리슨 아리에프는 몇 년 지나면 쓸모없어지도록 설계된 온갖 기발한 물건을 만들어내는 실리콘 밸리의 문화가 동시에 영생에 사로잡혀 있다는 아이러니를 지적한다. 그녀는 작가인 바버라 에런라이크의 말을 인용한다. "우리는 죽음을 쓸쓸하게 또는 어쩔 수 없이 받아들여야 할 무언가로 생각하고, 그것을 조금이라도 뒤로 미루기 위해 가능한 모든 조치를 취할 수 있다. 아니면 보다 현실적으로, 삶을 끊임없이 이어지는 개인적 비존재 상태의 일시적인 중단으로 생각하며 그 짧은 기회를 꼭 붙잡아 우리 곁의 생생하고 놀라운 세계를 관찰하고 경험할 수도 있다." 아리에프는 인간으로서 우리의 존재야말로 우리가 유한하다는 사실과 떼려야 뗄 수 없이 얽혀 있다고 믿는다.[24]

최근 인도에 갔다가 언어학자 가네시 데비를 만났다. 그는 인도 외딴곳의 숲속에서 수십 개 부족과 함께 살며 그들의 삶을 연구한다. 인도에는 백 가지가 훨씬 넘는 언어가 있는데, 많은 언어가 서로 다른 이유로 다양한 죽음을 맞고 있다. 일부는 너무 사용자가 적어서 조만간 소멸할 것이다. 데비 자신은 죽음이 두렵지 않다고 했다. 나는 반신반의했지만, 그는 언젠가 야외에서 치명적인 독사에게 물렸을 때도 죽음을 떠올렸지만 두려움이나 공포를 느끼지 않았다고 했다. 이유를 물었더니 몸속 세포와 조직과 장기가 우리의 일부인 것처럼, 우리도 자신을 가족, 지역, 사회처럼 보다 큰 존재의 일부로 생각해야 한다고 답했다. 우리 몸속에서는 매일 수백만 개의 세포가 죽는다. 하지만 우리는 그 죽음을 슬퍼하기는커녕, 심지어 느끼지도 못한다. 마찬가지로 개인으로서 내가 죽어도 사회와 지구 위의 생명은 계속된다. 우리 유전자는 자손과 다른 가족들을 통해 계속 살아남는다. 개체는 끊임없이 태어나고 죽지만 생명은 수십억 년간 이어져왔다.

그렇다 해도 건강하게 10년 더 사는 약을 주겠다고 하면 거절할 사람은 없을 것이다. 나는 스스로 철학적인 부류에 속한다고 생각하지만, 매일 몇 가지 항노화 약물을 복용한다. 고혈압 약, 고지혈증에 대한 스타틴 제제, 혈전을 막아주는 저용량 아스피린이 그것이다. 모두 심장 발작이나 뇌졸중을 막아 생명을 연장하는 효과가 있다. 그러니 노화 문제를 완화하기 위한 모든 시도를 부정한다면 나는 위선자일 것이다. 의사들은 대단히 많은 사람이, 심지어 불치병으로 끔찍한 고통을 겪는 사람조차, 삶을 다만 며칠이라도 늘리기 위해 뭐든 하려고 한다는 데 충격을 받는다. 살려는 의지는 존재 깊은 곳에 뿌리내리고 있으며, 우리가 가장 합리적인 정신으로 자신감이 넘치는 순간에도 마찬가지다.

10년쯤 전에 퓨 연구소Pew Research Center에서 훨씬 오래 사는 데 대한 미국인의 태도를 조사한 적이 있다. 응답자들은 암을 완치하고 인공 팔다리를 자유롭게 장착할 시대가 오리라는 데 대해 낙관했으며, 수명을 연장하는 의학적 발전들을 전체적으로 좋은 것이라고 생각했다. 하지만 절반 이상이 노화 과정을 늦추는 것은 사회에 나쁘다고 답변했다. 더 오래 살 수 있는 치료가 나온다면 받겠느냐는 질문에는 대부분 받지 않겠다고 답했지만, 3분의 2가 다른 사람들은 받을 것이라고 생각했다. 2050년 전에 평균 수명이 120세에 도달하리라는 전망에 대해서는 대부분 부정적이었다. 원하는 사람은 누구든 그런 치료를 받을 수 있어야 한다고 절대다수가 답했지만, 3분의 2는 부자들만 그런 치료를 받을 수 있을 것이라고 생각했다. 또한 약 3분의 2가 인간의 수명이 길어진다면 천연자원이 부족해질 것이라고 답했다. 과학자들은 어떻게 그렇게 되는지 완전히 이해하지도 못한 채 수명 연장 치료를 권할 것이며, 그런 치료는 근본적으로 자연스럽지 않다고 답한 사람도 10명 중 6명꼴이었다. 이 문제를 둘러싸고 터무니없는 과대 광고가 끊이지 않는 가운데 대중이 이토록 건전한 시각을 갖고 있다는 것은 참으로 반갑고 힘이 나는 일이다.[25]

이 책에서 나는 분자생물학의 발전이 어떻게 노화의 모든 측면에 해결의 실마리를 던졌는지 설명하면서, 종종 과도하게 부풀려진 부분에 회의적인 관점을 드러냈다. 독자들이 노화의 근본 원인을 이해하는 것은 물론, 하루가 멀다 하고 쏟아져 나오는 새로운 '발전'에 대한 뉴스 기사와 광고 문구를 건전한 지식을 바탕으로 해석하고 그 현실성을 스스로 판단할 수 있기 바란다. 기본적인 사실의 발견에서 실제 적용에 이르는 시간이 얼마나 걸릴 것인지는 크게 다를 수 있으며 예측이 불가능하다. 뉴턴의 운동법칙이 로켓과 인공위성으로 현실화되는 데는 300년이 걸렸다. 아인슈타인의 상대성 원리가 휴대폰에 장착된 GPS 시스템에 응용되어 우리가 지도상 어디에 있는지 알려주기까지는 100년이 걸렸다. 뉴턴도 아인슈타인도 자신들의 발견이 이런 방식으로 이용되리라고는 꿈도 꾸지 못했을 것이다. 훨씬 빨리 실용화된 발견도 있다. 1928년에 알렉산더 플레밍이 발견한 페니실린은 20년도 안 되어 치료에 사용되었다. 현재 노화 연구에 집중되는 돈과 절박함을 생각할 때 큰 발전이 이루어지기까지 수십 년이 필요하지는 않을 것이다. 불과 몇 년 안에 뭔가 크게 달라질지도 모른다. 하지만 노화란 너무나 복잡한 현상이므로 쉽게 예단하기 어렵다.

우리는 교차로에 서 있다. 생물학 혁명은 조금도 수그러들지 않고 계속된다. 인공지능과 컴퓨팅, 물리학, 화학, 공학이 한때 전통적 생물학의 영역으로 생각되었던 분야와 융합된다. 이 학문들은 한데 합쳐져 새로운 기술과 갈수록 정교해지는 도구를 만들고, 우리는 이를 이용해 세포와 유전자를 조작하면서 노화를 비롯한 생명과학의 모든 분야에서 거침없이 앞으로 나아간다.

나는 이 책에서 여러 차례 암과 노화의 관계를 강조했다. 두 가지 모두 매우 복잡한 생물학에 뿌리를 둔다. 암이 단일한 질병이 아니듯, 노화 역시 서로 연결된 수많은 원인을 갖고 있다. 1971년 닉슨 대통령이 '암과의 전쟁'을 선포한 지 반세기가 지났다. 그간 암에 대한 생물학적 이해는 엄청나게 진보했다. 지금 이 순간에도 새로운 치료가 꾸준히 등장하면서 수많은 사람의 생명을 구하거나 연장하고 있다. 오늘날 노화 연구에 집중되는 재능과 자금을 보면 암을 극복하려는 노력이 연상된다. 실제로 삶을 개선하고 연장하기까지는 시간이 걸리겠지만, 암과 마찬가지로 결국 우리는 수많은 혁신을 이룰 것이다. 하지만 반세기 동안 집중적인 노력을 기울였는데도 암이 아직 '해결'되지 않았음을 기억해야 한다. 아직도 암은 많은 국가에서 가장 중요한 사망 원인이다. 두 가지 문제의 복잡성이 비슷하다는 사실을 감안하면 노화 연구도 비슷한 궤적을 따를 가능성이 높다.

미국의 미래학자이자 과학자인 로이 어마라는 우리가 기술의 영향을 단기적으로는 과대평가하고 장기적으로는 과소평가하는 경향이 있다고 지적했다. 인터넷과 인공지능을 비롯해 많은 분야에서 정확히 그렇게 행동한다. 어마라의 법칙을 적용한다면 항노화 산업을 둘러싼 모든 야단법석은 단기적으로 상당한 실망을 안겨주겠지만, 환멸과 불만의 겨울을 지나고 나면 결국 중요한 진보들을 이룰 것이다.

이런 변화가 사회적인 관점에서 어떤 심오한 영향을 미칠지 생각하는 것은 매우 중요하다. 이것은 정부와 시민들만의 과제가 아니다. 항노화 산업계는 컴퓨터 산업의 실수를 반복해서는 안 된다. 어디로 가는지도 모르고 무작정 앞으로 달려나간 뒤 너무 늦게서야 난장판이 된 사회를 나 몰라라 하고 시민들의 손에 떠넘기지 말라는 뜻이다. 항노화 기업들은 노화 연구에 혁신이 일어날 때마다 득달같이 달려들어 엄청난 이익을 보면서도, 그 사회적 또는 윤리적 결과에 대해서는 거의 관심이 없는 것 같다. 그들의 광고를 보면 항상 인류에게 무한하고도 보편적인 이익을 갖다줄 것 같다.

그 사이에 그저 가만히 앉아 스스로 노쇠해가는 긴 세월을 넋 놓고 기다릴 필요는 없다. 역설적이지만 생물학의 발전은 항노화 산업의 기초를 제공하는 동시에, 오래도록 건강과 장수의 비결로 꼽혔던 조언을 철저히 검증해주었다. 잘 먹고, 잘 자고, 적당히 운동하는 것이다. 마이클 폴란은 저서 《음식을 변호함In Defense of Food: An Eater's Manifesto》에서 이렇게 조언한다. "진짜 음식을 먹어라. 너무 많이 먹지 말라. 대부분 식물성으로 먹어라." 그의 조언이야말로 열량 제한 경로에 대해 밝혀진 모든 것과 완벽히 일치한다. 또한 지금까지 알아본 것처럼 운동과 수면은 인슐린 감수성, 근육량, 미토콘드리아 기능, 혈압, 스트레스, 치매 위험 등 무수한 노화 관련 인자에 영향을 미친다. 이 세 가지 요소는 아직까지 시장에 나와 있는 어떤 항노화제보다 효과가 좋고, 돈 한푼 들지 않으며, 부작용도 전혀 없다.

거대한 노화 과학 산업계가 죽음의 문제를 풀기까지 우리는 삶의 모든 아름다움을 최대한 누릴 수 있다. 그러다 떠날 때가 된다면 그 영원한 만찬에 참석한 것을 행운으로 여기며 기꺼이 일몰 속으로 걸어 들어갈 수 있으리라.

감사의 말

아이디어를 떠올린 순간부터 지지해주고, 완성된 출판물로 다듬어지기까지 도와준 맥스와 존 브록만이 없었다면 이 책을 쓰지 못했을 것이다.

처음부터 끝까지 신뢰와 전문성으로 함께해준 호더 앤 스토턴의 커티 토피왈라와 윌리엄 모로우의 닉 앰플릿, 두 편집자에게 감사 인사를 전한다. 그들은 빈틈없는 편집과 통찰, 솔직한 평가, 피드백으로 무슨 말인지 이해할 수 없는 초안을 읽을 만한 이야기로 만들어주었다. 원고를 철저하고 깊은 수준으로 정리, 교열해 최종 버전을 한층 높은 수준으로 끌어올린 필립 바쉬에게도 감사를 전한다.

귀중한 시간을 내어 의견과 피드백을 준 과학자 여러분께 큰 감사를 전한다. 먼저 세계에서 가장 권위 있는 노화 연구자인 린다 파트리지에게 깊이 감사한다. 그녀는 엄청난 양의 노화 연구 자료를 어떻게 다루어야 할지 알려주고, 수많은 질문에 답해주고, 초고를 모두 읽고 중요한 피드백을 해주었다. 나아가 줄리언 세일, 키탄 파텔, 마누 헤그데도 초고를 읽고 유용한 피드백을 제공해주었다. 마이클 홀, 스티븐 오라힐리, 라울 모스토브슬라스키는 7장과 8장에서 다룬 내용에 대해 유용한 의견을 제시해주었고, 미셸 고데르는 6장에 대해 견해를 주었다.

샌타페이 연구소의 데이비드 크라카우어와 제프리 웨스트, 그리고 그들의 노화 관련 워크숍 참여자들은 인간의 노화 과정을 복잡계의 성장과 쇠퇴라는 좀 더 넓은 맥락에서 생각할 수 있게 도와주었다.

많은 사람이 이 책에서 다룬 여러 가지 주제에 대해 의견을 들려주고, 종종 연관된 발견과 혼란스러운 부분을 지적해주었다. 특히 마단 바부, 아네트 바우디쉬, 안 베르톨로티, 마리아 블라스코, 스티븐 케이브, 줄리 쿠퍼, 톰 데버, 알란 힌네부쉬, 매트 캐벌레인, 브라이언 케네디, 톰 커크우드, 티티아 드 랭, 닐스-예란 라르손, 트루디 맥케이, 앤드루 나홈, 랄리타 라마크리슈난, 볼프 라이크, 데이비드 론, 멜리나 슈, 마누엘 세라노, 마르타 샤바지, 아짐 수라니, 마크 트롤, 알렉스 위트워스, 로저 윌리엄스에게 감사한다. 구체적인 질문에 답해주신 분들도 일일이 꼽기 어렵다.

이 분야의 특성상 내가 대화했던 사람들의 의견들이 항상 일치하지는 않았다. 결국 이 책에서 다룬 소재와 의견에 대한 모든

348

책임은 내게 있다.

노화에 관한 문헌은 방대하고, 관련 연구자도 그렇다. 이 정도 길이의 책에서 모든 자료에 대해 언급하기란 불가능하므로, 자연스럽게 이야기를 끌어가기 위해서 고르고 선택했음을 밝혀둔다.

주

머리말

1. Maite Mascort, "Close Call: How Howard Carter Almost Missed King Tut's Tomb," *National Geographic* online, 2018년 3월 4일 최종 수정, https://www.nationalgeographic.com/history/magazine/2018/03-04/findingkingtutstomb.

2. Nuria Castellano, "The Book of the Dead Was Egyptians' Inside Guide to the Underworld," *National Geographic* online, 2019년 2월 8일 최종 수정; Tom Holland, "The Egyptian Book of the Dead at the British Museum," *Guardian* online, 2019년 11월 6일 최종 수정, https://www.theguardian.com/culture/2010/nov/06/egyptian-book-of-dead-tom-holland.

3. 예컨대 코끼리에 관해서는 다음 연구를 참고. S. S. Pokharel, N. Sharma, and R. Sukumar, "Viewing the Rare Through Public Lenses: Insights into Dead Calf Carrying and Other Thanatological Responses in Asian Elephants Using YouTube Videos," *Royal Society Open Science* 9, no. 5 (May 2022), https://doi.org/10.1098/rsos.211740. 다음 글에 설명되어 있다. Elizabeth Preston, "Elephants in Mourning Spotted on YouTube by Scientists," *New York Times* online, May 17, 2022, https://www.nytimes.com/2022/05/17/science/elephants-mourning-grief.html.

4. James R. Anderson, "Responses to Death and Dying: Primates and Other Mammals," *Primates* 61 (2020): 1–7; Marc Bekoff, "What Do Animals Know and Feel About Death and Dying?," *Psychology Today* online, 2020년 2월 24일 최종 수정, https://www.psychologytoday.com/gb/blog/animal-emotions/202002/what-do-animals-know-and-feel-about-death-and-dying.

5. Stephen Cave, *Immortality: The Quest to Live Forever and How It Drives Civilization* (New York: Crown, 2012). 박세연 역,《불멸에 관하여》(엘도라도, 2015).

6. 같은 책.

7. Y. Dor-Ziderman, A. Lutz, and A. Goldstein, "Prediction-Based Neural Mechanisms for Shielding the Self from Existential Threat," *NeuroImage* 202 (November 15, 2019): art. 116080, https://doi.org/10.1016/j.neuroimage.2019.116080, 다음에서 인용: Ian Sample, "Doubting Death: How Our Brains Shield Us from Mortal Truth," *Guardian* online, 2019년 10월 19일 최종 수정, https://www.theguardian.com/science/2019/oct/19/doubting-death-how-our-brains-shield-us-from-mortal-truth.

1장 불멸의 유전자와 일회용 신체

1. 데이비드 크라카우어와 제프리 웨스트가 이끄는 샌타페이 연구소 팀은 다양한 주체에 적용되는 죽음이란 개념과 개인이란 개념을 정의하기 위해 몇 차례 워크숍을 열기도 했다.

2. 2019년 뉴욕 과학회New York Academy of Sciences에서는 소생술과 죽음에 관한 학회가 열렸다. 다음 출처를 참고. "What Happens When We Die? Insights from Resuscitation Science" (symposium, New York Academy of Sciences, New York, November 18, 2019), https://www.nyas.org/events/2019/what-happens-when-we-die-insights-from-resuscitation-science/. 또한 내가 예로 든 깃과 같은 복삽한 법적인 문제를 방지하기 위해 뇌사를 명확히 정의하려는 움직임도 벌어지고 있다.

3. S. Biel and J. Durrant, "Controversies in Brain Death Declaration: Legal and Ethical Implications in the ICU," *Current Treatment Options in Neurology* 22, no. 4 (2020): 12, https://doi.org/10.1007/s11940-020-0618-6.

4. 다음 두 권의 인기 있는 책에서 이런 초기 사건들을 논의한 바 있다. Magdalena Zernicka-Goetz and Roger Highfield, *The Dance of Life: The New Science of How a Single Cell Becomes a Human Being* (New York: Basic Books, 2020), Daniel M. Davis, *The Secret Body: How the New Science of the Human Body Is Changing the Way We Live* (London: Bodley Head, 2021).

김재호 역,《인체에 관한 모든 과학》(에코리브르, 2023).

5. Geoffrey West, *Scale: The Universal Laws of Growth, Innovation, Sus-tainability, and the Pace of Life in Organisms, Cities, Economies, and Companies* (New York: Penguin Press, 2020). 이한음 역,《스케일》(김영사, 2018).

6. R. England, "Natural Selection Before the *Origin*: Public Reactions of Some Naturalists to the Darwin-Wallace Papers," *Journal of the History of Biology* 30 (June 1997): 267–90, https://doi.org/10.1023/a:1004287720654.

7. Matthew Cobb, *The Egg and Sperm Race: The Seventeenth-Century Sci-entists Who Unlocked the Secret of Sex, Life and Growth* (London: Simon & Schuster, 2007).

8. 오늘날 우리는 바이스만 장벽이 완벽하지 않으며, 생식세포 역시 속도가 훨씬 늦을 뿐 노화하고 환경의 변화에도 취약하다는 사실을 알고 있다. P. Monaghan and N. B. Metcalfe, "The Deteriorating Soma and the Indispensable Ger-mline: Gamete Senescence and Offspring Fitness," *Proceedings of the Royal Society B* (Biological Sciences) 286, no. 1917 (December 18, 2019): art. 20192187, https://doi.org/10.1098/rspb.2019.2187.

9. T. Dobzhansky, "Nothing in Biology Makes Sense Except in the Light of Evolution," *American Biology Teacher* 35, no. 3 (March 1973): 125–29, https://doi.org/10.2307/4444260.

10. T. B. Kirkwood, "Understanding the Odd Science of Aging," *Cell* 120, no. 4 (February 25, 2005): 437–47, https://doi.org/10.1016/j.cell.2005.01.027; T. Kirkwood and S. Melov, "On the Programmed/Non-Programmed Nature of Ageing Within the Life History," *Current Biology* 21 (September 27, 2011): R701–R707, https://doi.org/10.1016/j.cub.2011.07.020. 집단 선택에 반박하는 이런 법칙에도 몇 가지 예외는 있지만 매우 특별한 상황에만 적용되며, 곤충처럼 집단 내 모든 개체가 유전적으로 동일하거나 매우 가까운 생물종에서만 관찰된다. J. Maynard Smith, "Group Selection and Kin Selection," *Nature* 201 (March 14, 1964): 1145–47, https://doi.org/10.1038/2011145a0.

11. 일생 동안 여러 번 생식할 수 있는 생물종을 반복생식iteroparous, 단 한 번만 생식하는 생물종을 일회생식semelparous 이라고 한다. 다음 출처를 참고. T. P. Young, "Semelparity and Iteroparity," *Nature Education Knowledge* 3, no. 10 (2010): 2, https://www.nature.com/scitable/knowledge/library/semelpari-

ty-and-iteroparity-13260334/.

12. N. W. Pirie, "John Burdon Sanderson Haldane, 1892–1964," *Biographical Memoirs of Fellows of the Royal Society* 12 (November 1966): 218–49, https://doi.org/10.1098/rsbm.1966.0010; C. P. Blacker, "JBS Haldane on Eugenics," *Eugenics Review* 44, no. 3 October (1952): 146–51, https://www.ncbi.nlm.nih.gov/pmc/articles/PMC2973346/.

13. 피셔에 대한 두 가지 대립적인 관점은 다음 출처를 참고. A. Rutherford, "Race, Eugenics, and the Canceling of Great Scientists," *American Journal of Physical Anthropology* 175, no. 2 (June 2021): 448–52, https://doi.org/10.1002/ajpa.24192, and W. Bodmer et al., "The Outstanding Scientist, R. A. Fisher: His Views on Eugenics and Race," *Heredity* 126 (April 2021): 565–76, https://doi.org/10.1038/s41437-020-00394-6.

14. T. Flatt and L. Partridge, "Horizons in the Evolution of Aging," *BMC Biology* 16 (2018): art. 93, https://doi.org/10.1186/s12915-018-0562-z.

15. N. A. Mitchison, "Peter Brian Medawar, 28 February 1915–2 October 1987," *Biographical Memoirs of Fellows of the Royal Society* 35 (March 1990): 281–301, https://doi.org/10.1098/rsbm.1990.0013.

16. Kirkwood, "Understanding the Odd Science of Aging," 437–47, https://doi.org/10.1016/j.cell.2005.01.027.

17. Flatt and Partridge, "Horizons," https://doi.org/10.1186/s12915-018-0562-z.

18. R. G. Westendorp and T. B. Kirkwood, "Human Longevity at the Cost of Reproductive Success," *Nature* 396 (December 24, 1998): 743–46, https://doi.org/10.1038/25519. 이 논문에 대한 다음 서신도 참고. D. E. Promislow, "Longevity and the Barren Aristocrat," *Nature* 396 (December 24, 1998): 719–20, https://doi.org/10.1038/25440.

19. G. C. Williams, "Pleiotropy, Natural Selection and the Evolution of Senescence," *Evolution* 11, no. 4 (December 1957): 398–411.

20. M. Lahdenperä, K. U. Mar, and V. Lummaa, "Reproductive Cessation and Post-Reproductive Lifespan in Asian Elephants and Pre-Industrial Humans," *Frontiers in Zoology* 11 (2014): art. 54, https://doi.org/10.1186/s12983-014-0054-0.

21. J. G. Herndon et al., "Menopause Occurs Late in Life in the Captive Chimpanzee (*Pan Troglodytes*)," *AGE* 34 (October 2012): 1145–56, https://doi.org/10.1007/s11357-011-9351-0.

22. K. Hawkes, "Grandmothers and the Evolution of Human Longevity," *American Journal of Human Biology* 15, no. 3 (May/June 2003): 380–400, https://doi.org/10.1002/ajhb.10156; P. S. Kim, J. S. McQueen, and K. Hawkes, "Why Does Women's Fertility End in Mid-Life? Grandmothering and Age at Last Birth," *Journal of Theoretical Biology* 461 (January 14, 2019): 84–91, https://doi.org/10.1016/j.jtbi.2018.10.035.

23. D. P. Croft et al., "Reproductive Conflict and the Evolution of Menopause in Killer Whales," *Current Biology* 27, no. 2 (January 23, 2017): 298–304, https://doi.org/10.1016/j.cub.2016.12.015.

24. 이 아이디어는 클렘슨 대학Clemson University의 집단생물학자 트러디 매카이가 내게 제안했다.

25. Steven Austad, *Methuselah's Zoo: What Nature Can Teach Us about Living Longer, Healthier Lives* (Cambridge, MA: MIT Press, 2022), 258–59. 김성훈 역,《동물들처럼》(월북, 2022)

26. R. K. Mortimer and J. R. Johnston, "Life Span of Individual Yeast Cells," *Nature* 183, no. 4677 (June 20, 1959): 1751–52, https://doi.org/10.1038/1831751a0; E. J. Stewart et al., "Aging and Death in an Organism That Reproduces by Morphologically Symmetric Division," *PLoS Biology* 3, no. 2 (February 2005): e45, https://doi.org/10.1371/journal.pbio.0030045.

2장 굵고 짧게 살아라

1. T. C. Bosch, "Why Polyps Regenerate and We Don't: Towards a Cellular and Molecular Framework for *Hydra* Regeneration," *Developmental Biology* 303, no. 2 (March 15, 2007): 421–33, https://doi.org/10.1016/j.ydbio.2006.12.012.

2. R. Murad et al., "Coordinated Gene Expression and Chromatin Regulation

During *Hydra* Head Regeneration," *Genome Biology and Evolution* 13, no. 12 (December 2021): evab221, https://doi.org/10.1093/gbe/evab221. 이 연구와 히드라의 전반적인 측면을 알기 쉽게 설명한 다음 출처도 참고. Corryn Wetzel, "How Tiny, 'Immortal' Hydras Regrow Their Lost Heads," *Smithsonian* online, 2021년 12월 13일 최종 수정, https://www.smithsonian mag. com/smart-news/were-closer-to-understanding-how-immortal-hydras-regrow-lost-heads-180979209/.

3. Y. Matsumoto and M. P. Miglietta, "Cellular Reprogramming and Immortality: Expression Profiling Reveals Putative Genes Involved in *Turritopsis dohrnii's* Life Cycle Reversal," *Genome Biology and Evolution* 13, no. 7 (July 2021): evab136, https://doi.org/10.1093/gbe/evab136; M. Pascual-Torner et al., "Comparative Genomics of Mortal and Immortal Cnidarians Unveils Novel Keys Behind Rejuvenation," *Proceedings of the National Academy of Sciences* (PNAS) *of the United States of America* 119, no. 36 (September 6, 2022): e2118763119, https://doi.org/10.1073/pnas.2118763119. 알기 쉽게 설명한 다음 출처도 참고. Veronique Greenwood, "This Jellyfish Can Live Forever. Its Genes May Tell Us How," *New York Times* online, September 6, 2022, https://www.nytimes. com/2022/09/06/science/immortal-jellyfish-gene-protein.html.

4. Geoffrey West, *Scale*. 수명, 몸 크기, 대사율 사이의 관계에 대한 원래 관찰 소견들 중 많은 것들을 이 책에서 찾을 수 있다.

5. 열역학 제2법칙과 노화의 마모 이론에 대한 생물학자들의 관점은 다음 출처를 참고. Tom Kirkwood, chap. 3, "The Unnecessary Nature of Ageing," in *Time of Our Lives: The Science of Human Aging* (New York: Oxford University Press, 1999), 52-62.

6. 오스태드는 학문적 목적으로 다음 웹사이트를 운영한다. University of Alabama at Birmingham online, College of Arts and Science, Department of Biology, https://www.uab.edu/cas/biology/people/faculty/steven-n-austad. 다음 링크의 그에 관한 사항과 팟캐스트 인터뷰도 참고할 만하다. https://blog.insidetracker.com/longevity-by-design-steven-austad.

7. S. N. Austad and K. E. Fischer, "Mammalian Aging, Metabolism, and Ecology: Evidence from the Bats and Marsupials," *Journal of Gerontology* 46,

no. 2 (March 1991): B47 –B53, https://doi.org/10.1093/geronj/46.2.b47.

8. Austad, *Methuselah's Zoo*. 책에 앞서서 짤막하고 더 기술적인 다음 글이 먼저 있었다. S. N. Austad, "Methusaleh's Zoo: How Nature Provides Us with Clues for Extending Human Health Span," *Journal of Comparative Pathology* 142, suppl. 1 (January 2010): S10 –S21, https://doi.org/10.1016/j.jcpa.2009.10.024. 다양한 동물의 수명에 관한 부분에서 많은 것을 이 두 가지 출처에서 인용했다.

9. B. A. Reinke et al., "Diverse Aging Rates in Ectothermic Tetrapods Provide Insights for the Evolution of Aging and Longevity," *Science* 376, no. 6600 (June 23, 2022): 1459 –66, https://doi.org/10.1126/science.abm0151; R. da Silva et al., "Slow and Negligible Senescence Among Testudines Challenges Evolutionary Theories of Senescence," *Science* 376, no. 6600 (June 23, 2022): 1466 –70, https://doi.org/10.1126/science.abl7811.

10. "Actuarial Life Table," *Social Security Administration* online, 2023년 8월 7일 접속, https://www.ssa.gov/oact/ STATS/table4c6.html.

11. S. N. Austad and C. E. Finch, "How Ubiquitous Is Aging in Vertebrates?," *Science* 376, no. 6600 (June 23, 2022): 1384 –85, https://doi.org/10.1126/science.adc9442. 다음 문헌에서도 핀치를 인용했다. Jack Tamisiea, "Centenarian Tortoises May Set the Standard for Anti-aging," *New York Times* online, June 23, 2022, https://www.nytimes.com/2022/06/23/science/tortoises-turtles-aging.html.

12. G. S. Wilkinson and J. M. South, "Life History, Ecology and Longevity in Bats," *Aging Cell* 1, no. 2 (December 2002): 124 –31, https://doi.org/10.1046/j.1474-9728.2002.00020.x.

13. A. J. Podlutsky et al., "A New Field Record for Bat Longevity," *Journals of Gerontology: Series A* 60, no. 11 (November 2005): 1366 –68, https://doi.org/10.1093/gerona/60.11.1366.

14. Wilkinson and South, "Life History," 124 –31.

15. Podlutsky et al., "New Field Record," 1366 –68.

16. R. Buffenstein, "The Naked Mole-Rat: A New Long-Living Model for Human Aging Research," *Journals of Gerontology: Series A* 60, no. 11 (November 2005): 1366 –77, https://doi.org/10.1093/gerona/60.11.1369.

17. S. Liang et al., "Resistance to Experimental Tumorigenesis in Cells of a Long-Lived Mammal, the Naked Mole Rat (*Heterocephalus glaber*)," *Aging Cell* 9, no. 4 (August 2010): 626–35, https://doi.org/10.1111/j.1474-9726.2010.00588.x.

18. J. G. Ruby, M. Smith, and R. Buffenstein, "Naked Mole-Rat Mortality Rates Defy Gompertzian Laws by Not Increasing with Age," *eLife* 7 (January 24, 2018): e31157, https://doi.org/10.7554/eLife.31157.

19. S. Braude et al., "Surprisingly Long Survival of Premature Conclusions About Naked Mole-Rat Biology," *Biological Reviews of the Cambridge Philosophical Society* 96, no. 2 (April 2021): 376–93, https://doi.org/10.1111/brv.12660.

20. R. Buffenstein, et al., "The Naked Truth: A Comprehensive Clarification and Classification of Current 'Myths' in Naked Mole-Rat Biology," *Biological Reviews of the Cambridge Philosophical Society* 97, no. 1 (February 2022): 115–40, https://doi.org/10.1111/brv.12791.

21. Steven Johnson, *Extra Life: A Short History of Living Longer* (New York: Riverhead Books, 2021). 강주헌 역, 《우리는 어떻게 지금까지 살아남았을까》(한국경제신문, 2021).

22. 비료가 인류에게 얼마나 극적인 영향을 미쳤는지는 토머스 헤이거의 환상적인 저서를 참고. *The Alchemy of Air: A Jewish Genius, a Doomed Tycoon, and the Scientific Discovery That Fed the World but Fueled the Rise of Hitler* (New York: Crown, 2009). 홍경탁 역, 《공기의 연금술》(반니, 2015).

23. S. J. Olshansky, B. A. Carnes, and C. Cassel. "In Search of Methuselah: Estimating the Upper Limits to Human Longevity," *Science* 250, no. 4981 (November 2, 1990): 634–40, https://doi.org/10.1126/science.2237414; S. J. Olshansky, B. A. Carnes, and A. Désesquelles, "Prospects for Human Longevity," *Science* 291, no. 5508 (February 23, 2001): 1491–92, https://doi.org/10.1126/science.291.5508.1491.

24. A. Baudisch and J. W. Vaupel, "Getting to the Root of Aging: Why Do Patterns of Aging Differ Widely Across the Tree of Life?," *Science* 338, no. 6107 (November 2, 2012): 618–19, https://doi.org/10.1126/science.1226467; O. R. Jones and J. W. Vaupel, "Senescence Is Not Inevitable," *Biogerontology*

18, no. 6 (December 2017): 965 – 71, https://doi.org/10.1007/s10522-017-9727-3.

25. J. Couzin-Frankel, "A Pitched Battle over Life Span," *Science* 338, no. 6042 (July 29, 2011): 549 – 550, https://doi.org/10.1126/science.333.6042.549.

26. J. Oeppen and J. W. Vaupel, "Demography. Broken Limits to Life Expectancy," *Science* 296, no. 5570 (May 10, 2022): 1029 – 1031, https://doi.org/10.1126/science.1069675.

27. F. Colchero et al., "The Long Lives of Primates and the 'Invariant Rate of Ageing' Hypothesis," *Nature Communications* 12, no. 1 (June 16, 2021): 3666, https://doi.org/10.1038/s41467-021-23894-3.

28. 파에 대해서는 다음 책에 재미있는 설명이 실려 있다. Austad, *Methuselah's Zoo*, 262 – 63.

29. Craig R. Whitney, "Jeanne Calment, World's Elder, Dies at 122," *New York Times*, August 5, 1997, B8.

30. X. Dong, B. Milholland, and J. Vijg, "Evidence for a Limit to Human Lifespan," *Nature* 538, no. 7624 (October 13, 2016): 257 – 59, https://doi.org/10.1038/nature19793.

31. E. Barbi et al., "The Plateau of Human Mortality: Demography of Longevity Pioneers," *Science* 360, no. 6396 (June 29, 2018): 1459 – 61, https://doi.org/10.1126/science.aat3119.

32. Carl Zimmer, "How Long Can We Live? The Limit Hasn't Been Reached, Study Finds," *New York Times* online, June 28, 2018, https://www.nytimes.com/2018/06/28/science/human-age-limit.html.

33. H. Beltrán-Sánchez, S. N. Austad, and C. E. Finch, "The Plateau of Human Mortality: Demography of Longevity Pioneers," *Science* 361, no. 6409 (September 28, 2018): eaav1200, https://doi.org/10.1126/science.aav1200.

34. C. Cardona and D. Bishai, "The Slowing Pace of Life Expectancy Gains Since 1950," *BMC Public Health* 18, no. 1 (January 17, 2018): 151, https://doi.org/10.1186/s12889-018-5058-9; J. Schöley et al., "Life Expectancy Changes Since COVID-19," *Nature Human Behaviour* 6, no. 12 (December 2022): 1649 – 59, https://doi.org/10.1038/s41562-022-01450-3.

35. "List of the Verified Oldest People," Wikipedia, 2023년 7월 10일 접속,

https://en.wikipedia.org/wiki/List_of_the_verified_oldest_people.

36. J. Evert et al., "Morbidity Profiles of Centenarians: Survivors, Delayers, and Escapers," *Journals of Gerontology: Series A, Biological Sciences and Medical Sciences* 58, no. 3 (March 2003): 232–37, https://doi.org/10.1093/gerona/58.3.m232.

37. 토머스 펄스, 저자에게 보낸 이메일, 2021년 11월 27일, 2022년 1월 17일.

38. 다음 책에 설명되어 있다. Austad, *Methuselah's Zoo*, 273–74.

39. C. López-Otín et al., "The Hallmarks of Aging," *Cell* 153, no. 6 (June 6, 2013): 1194–217, https://doi.org/10.1016/j.cell.2013.05.039. 이 고전적인 논문은 최근 10주년을 맞아 다음과 같이 개정되었다. C. López-Otín et al., "Hallmarks of Aging: An Expanding Universe," *Cell* 186, no. 1 (January 19, 2023): 243–78, https://doi.org/10.1016/j.cell.2022.11.001.

3장 주 제어기의 파괴

1. 유전학의 역사에 대해 읽을 만한 책으로 다음 두 권을 추천한다. Matthew Cobb, *Life's Greatest Secret: The Race to Crack the Genetic Code* (London: Profile Books, 2015), and Siddhartha Mukherjee, *The Gene: An Intimate History* (New York: Scribner, 2017). 이한음 역, 《유전자의 내밀한 역사》(까치, 2017).

2. 유전 암호를 해독하고 어떻게 단백질이 만들어지는지 이해하기 위한 오랜 노력은 다음 책에 잘 설명되어 있다. Cobb, *Life's Greatest Secret*.

3. Venki Ramakrishnan, *Gene Machine: The Race to Decipher the Secrets of the Ribosome* (London: Oneworld, 2018).

4. H. W. Herr, "Percivall Pott, the Environment and Cancer," *BJU International* 108, no. 4 (August 2011): 479–81, https://doi.org/10.1111/j.1464-410x.2011.10487.x.

5. G. Pontecorvo, "Hermann Joseph Muller, 1890–1967," *Biographical Memoirs of Fellows of the Royal Society* 14 (November 1968): 348–89, https://doi.org/10.1098/rsbm.1968.0015; Elof Axel Carlson, *Hermann Joseph Muller 1890–1967: A Biographical Memoir* (Washington, DC: National Academy of Sciences, 2009), 다음 링크에서 이용할 수 있다. http://

www.nasonline.org/publications/biographical-memoirs/memoir-pdfs/muller-hermann.pdf.

6. Errol Friedberg, chap. 1, "In the Beginning," in *Correcting the Blueprint of Life: An Historical Account of the Discovery of DNA Repair Mechanisms* (Cold Spring Harbor, NY: Cold Spring Harbor Laboratory Press, 1997).

7. Geoffrey Beale, "Charlotte Auerbach, 14 May 1899–17 March 1994," *Biographical Memoirs of Fellows of the Royal Society* 41 (November 1995): 20–42, https://doi.org/10.1098/rsbm.1995.0002

8. DNA 손상과 복구에 대한 초기 연구의 역사는 다음 출처에 잘 정리되어 있다. Friedberg, chap. 1, "In the Beginning," in *Correcting the Blueprint of Life*.

9. A. Downes and T. P. Blunt, "The Influence of Light upon the Development of Bacteria," *Nature*, 16 (July 12, 1877), 218, https://doi.org/10.1038/016218a0; F. L. Gates, "A Study of the Bactericidal Action of Ultraviolet Light," *Journal of General Physiology*, 14, No. 1 (September 20, 1930): 31–42, https://doi.org/10.1085/jgp.14.1.31.

10. R. B. Setlow and J. K. Setlow, "Evidence That Ultraviolet-Induced Thymine Dimers in DNA Cause Biological Damage," *Proceedings of the National Academy of Sciences (PNAS) of the United States of America* 48, no. 7 (July 1, 1962): 1250–57, https://doi.org/10.1073/pnas.48.7.1250.

11. R. B. Setlow, P. A. Swenson, and W. L. Carrier, "Thymine Dimers and Inhibition of DNA Synthesis by Ultraviolet Irradiation of Cells," *Science* 142, no. 3698 (December 13, 1963): 1464–66, https://doi.org/10.1126/science.142.3598.1464; R. B. Setlow and W. L. Carrier, "The Disappearance of Thymine Dimers from DNA: An Error-Correcting Mechanism, *Proceedings of the National Academy of Sciences (PNAS) of the United States of America* 51, no. 2 (April 1964): 226–31, https://doi.org/10.1073/pnas.51.2.226.

12. R. P. Boyce and P. Howard-Flanders, "Release of Ultraviolet Light-Induced Thymine Dimers from DNA in *E. coli* K-12," *Proceedings of the National Academy of Sciences (PNAS) of the United States of America* 51, no. 2 (February 1, 1964): 293–300, https://doi.org/10.1073/pnas.51.2.293; D. Pettijohn and P. Hanawalt, "Evidence for Repair-Replication of Ultraviolet

Damaged DNA in Bacteria," *Journal of Molecular Biology* 9, no. 2 (August 1964): 395 – 410, https://doi.org/10.1016/s0022-2836(64)80216-3.

13. Aziz Sancar, "Mechanisms of DNA Repair by Photolyase and Excision Nuclease (Nobel Lecture, December 8, 2015), https://www.nobelprize.org/uploads/2018/06/sancar-lecture.pdf.

14. 토머스 린달의 발견에 관한 설명은 다음 노벨상 수상 기념 강연을 참고. "The Intrinsic Fragility of DNA" (Nobel Lecture, December 8, 2015), https://www.nobelprize.org/uploads/2018/06/lindahl-lecture.pdf.

15. Tomas Lindahl, "Instability and Decay of the Primary Structure of DNA," *Nature* 362, no. 6422 (April 22, 1993): 709 – 715.

16. Paul Modrich, "Mechanisms in *E. coli* and Human Mismatch Repair" (Nobel Lecture, December 8, 2015, https://www.nobelprize.org/uploads/2018/06/modrich-lecture.pdf).

17. 같은 곳.

18. 노벨상을 최대 3명에게만 줄 수 있다는 규정 때문에 점점 그런 일이 많이 발생하지만, DNA 복구 기전에 대한 노벨상 수상 과정 역시 많은 논란에 휩싸였다. David Kroll, "This Year's Nobel Prize in Chemistry Sparks Questions About How Winners Are Selected," *Chemical & Engineering News (C&EN)* online, 2015년 11월 11일 최종 수정, https://cen.acs.org/articles/93/i45/Years-Nobel-Prize-Chemistry-Sparks.html.

19. B. Schumacher et al., "The Central Role of DNA Damage in the Ageing Process," *Nature* 592, no. 7856 (April 2021): 695 – 703, https://doi.org/10.1038/s41586-021-03307-7.

20. K. T. Zondervan, "Genomic Analysis Identifies Variants That Can Predict the Timing of Menopause," *Nature* 596, no. 7872 (August 2021): 345 – 46, https://doi.org/10.1038/d41586-021-01710-8; K. S. Ruth et al., "Genetic Insights into Biological Mechanisms Governing Human Ovarian Ageing," *Nature* 596, no. 7872 (August 2021): 393 – 97, https://doi.org/10.1038/s41586-021-03779-7. 다음 논평도 참고. H. Ledford, "Genetic Variations Could One Day Help Predict Timing of Menopause," *Nature* online, 2021년 8월 4일 최종 수정, https://doi.org/10.1038/d41586-021-02128-y.

21. 세포 자멸사(프로그램된 세포 사멸) 역시 정상 발달 과정의 특징이다. 단 한 개의 세

포가 성숙한 동물로 성장하는 생물 발달 과정에서는 정확히 정해진 시점에 특정한 세포들이 죽어 사라진다. 이런 현상은 작은 꼬마선충이 단 한 개의 수정란에서 약 1000개의 세포로 이루어진 성체로 발달하는 과정을 연구하던 중 처음 발견되었으며, 결국 시드니 브레너, 존 설스턴, 로버트 호비츠에게 2002년 노벨상을 안겨주었다.

22. A. J. Levine and G. Lozano, eds., *The P53 Protein: From Cell Regulation to Cancer*, Cold Spring Harbor Perspectives in Medicine (Cold Spring Harbor, NY: Cold Spring Harbor Laboratory, 2016).

23. L. M. Abegglen et al., "Potential Mechanisms for Cancer Resistance in Elephants and Comparative Cellular Response to DNA Damage in Humans," *Journal of the American Medical Association (JAMA)* 314, no. 17 (November 3, 2015): 1850–60, https://doi.org/10.1001/jama.2015.13134; M. Sulak et al., "TP53 Copy Number Expansion Is Associated with the Evolution of Increased Body Size and an Enhanced TP Damage Response in Elephants," *eLife* 5 (2016): e11994, https://doi.org/10.7554/eLife.11994.

24. M. Shaposhnikov et al., "Lifespan and Stress Resistance in *Drosophila* with Overexpressed DNA Repair Genes," *Scientific Reports* 5 (October 19, 2015): art. 15299, https://doi.org/10.1038/srep15299.

25. D. Tejada-Martinez, J. P. de Magalhães, and J. C. Opazo, "Positive Selection and Gene Duplications in Tumour Suppressor Genes Reveal Clues About How Cetaceans Resist Cancer," *Proceedings of the Royal Society B (Biological Sciences)* 288, no. 1945 (February 24, 2021): art. 20202592, https://doi.org/10.1098/rspb.2020.2592; V. Quesada et al., "Giant Tortoise Genomes Provide Insights into Longevity and Age-Related Disease," *Nature Ecology & Evolution* 3 (January 2019): 87–95, https://doi.org/10.1038/s41559-018-0733-x.

26. S. L. MacRae et al., "DNA Repair in Species with Extreme Lifespan Differences," *Aging* 7, no. 12 (December 2015): 1171–84, https://doi.org/10.18632/aging.100866.

27. 예컨대 다음 출처를 참고. Liam Drew, "PARP Inhibitors: Halting Cancer by Halting DNA Repair," *Cancer Research UK* online, 2020년 9월 24일 최종 수정, https://news.cancerresearchuk.org/2020/09/24/parp-inhibitors-halt-

ing-cancer-by-halting-dna-repair/.

4장 말단의 문제

1. *Scientific American*, July 1921. 다음 글에서 인용했다. Mark Fischetti, comp., "1921: Immortality for Humans," *Scientific American* online, July 2021, 79, https://robinsonlab.cellbio.jhmi.edu/wp-content/uploads/2021/06/SciAm_2021_07.pdf.

2. 헤이플릭의 발견과 그 영향에 대한 매력적인 설명을 다음 출처에서 볼 수 있다. J. W. Shay and W. E. Wright, "Hayflick, His Limit, and Cellular Ageing," *Nature Reviews Molecular Cell Biology* 1, no. 1 (October 2000): 72 – 76, https://doi.org/10.1038/35036093.

3. L. Hayflick and P. S. Moorhead, "The Serial Cultivation of Human Diploid Cell Strains," *Experimental Cell Research* 25, no. 3 (December 1961): 585 – 621, https://doi.org/10.1016/0014-4827(61)90192-6.

4. J. Witkowski, "The Myth of Cell Immortality," *Trends in Biochemical Sciences* 10, no. 7 (July 1985): 258 – 60, https://doi.org/10.1016/0968-0004(85)90076-3.

5. John J. Conley, "The Strange Case of Alexis Carrel, Eugenicist," in *Life and Learning XXIII and XXIV: Proceedings of the Twenty-third (2013) and Twenty-fourth Conferences of the University Faculty for Life Conference at Marquette University, Milwaukee, Wisconsin*, vol. 26, ed. Joseph W. Koterski (Milwaukee: University Faculty for Life), 281 – 88, https://www.uffl.org/pdfs/vol23/UFL_2013_Conley.pdf.

6. 저자와 티티아 더랑어가 2021년 9월 10일에 나눈 대화.

7. 소위 말단 복제 문제는 다음 출처에서 처음 지적되었다. J. D. Watson, "Origin of Concatemeric T7 DNA," *Nature New Biology* 239, no. 94 (October 18, 1972): 197 – 201, https://doi.org/10.1038/newbio239197a0, and A. M. Olovnikov, "Telomeres, Telomerase, and Aging: Origin of the Theory," *Experimental Gerontology* 31, no. 4 (July/August 1996): 443 – 48, https://www.sciencedirect.com/science/article/abs/pii/0531556596000058. 그 원

리는 다음 출처에 잘 설명되어 있다. M. M. Cox, J. Doudna, and M. O'Donnell, *Molecular Biology: Principles and Practice* (New York: W. H. Freeman, 2012), 398–400. 위키피디아의 "DNA Replication"(2023년 6월 14일 최종 수정) 항목도 상당히 참고할 만하다. https://en.wikipedia.org/wiki/DNA_replication.

8. 오래도록 아무도 매클린톡의 말을 믿지 않았지만, 이런 소위 전이성 인자들은 생물학의 가장 근본적인 부분으로 밝혀졌으며, 1983년 그녀는 이 연구로 81세의 나이에 노벨상을 수상했다.

9. E. H. Blackburn and J. G. Gall, "A Tandemly Repeated Sequence at the Termini of the Extrachromosomal Ribosomal RNA Genes in *Tetrahymena*," *Journal of Molecular Biology* 120, no. 1 (March 25, 1978): 33–53, https://doi.org/10.1016/0022-2836(78)90294-2.

10. J. W. Szostak and E. H. Blackburn, "Cloning Yeast Telomeres on Linear Plasmid Vectors," *Cell* 29, no. 1 (May 1982): 245–55, https://doi.org/10.1016/0092-8674(82)90109-x.

11. C. W. Greider and E. H. Blackburn, "Identification of a Specific Telomere Terminal Transferase Activity in Tetrahymena Extracts," *Cell* 43, no. 2, pt. 1 (November 1985): 405–13, https://doi.org/10.1016/0092-8674(85)90170-9; C. W. Greider and E. H. Blackburn, "The Telomere Terminal Transferase of Tetrahymena Is a Ribonucleoprotein Enzyme with Two Kinds of Primer Specificity," *Cell* 51, no. 6 (December 24, 1987): 887–98, https://doi.org/10.1016/0092-8674(87)90576-9; C. W. Greider and E. H. Blackburn, "A Telomeric Sequence in the RNA of Tetrahymena Telomerase Required for Telomere Repeat Synthesis," *Nature* 337, no. 6205 (January 26, 1989): 331–37, https://doi.org/10.1038/337331a0.

12. C. B. Harley, A. B. Futcher, and C. W. Greider, "Telomeres Shorten During Ageing of Human Fibroblasts," *Nature* 345, no. 5274 (May 31, 1990): 458–60, https://doi.org/10.1038/345458a0.

13. A. G. Bodnar et al., "Extension of Life-span by Introduction of Telomerase into Normal Human Cells," *Science* 279, no. 5349 (January 16, 1998): 349–52, https://doi.org/10.1126/science.279.5349.349.

14. 다른 쪽보다 더 길게 뻗어 있는 가닥을 3′ 돌출 부분overhang이라고 한다. 따라서 말단이 소실되는 이유는 애초에 올로브니코프와 왓슨이 제안했던 이유와 정확

히 일치하지는 않는 셈이다. 관심이 있는 사람은 다음 출처를 참고. J. Lingner, J. P. Cooper, and T. R. Cech, "Telomerase and DNA End Replication: No Longer a Lagging Strand Problem," *Science* 269, no. 5230 (September 15, 1995): 1533-34, https://doi.org/10.1126/science.7545310.

15. T. de Lange, "Shelterin: The Protein Complex That Shapes and Safeguards Human Telomeres," *Genes & Development* 19, no. 18 (September 15, 2005): 2100-10, https://doi.org/10.1101/ gad.1346005; I. Schmutz and T. de Lange, "Shelterin," *Current Biology* 26, no. 10 (May 23, 2016): R397-99, https://doi.org/10.1016/j.cub.2016.01.056.

16. W. Palm and T. de Lange, "How Shelterin Protects Mammalian Telomeres," *Annual Review of Genetics* 42 (2008): 301-34, https://doi.org/10.1146/annurev. genet.41.110306.130350; P. Martínez and M. A. Blasco, "Role of Shelterin in Cancer and Aging," *Aging Cell* 9, no. 5 (October 2010): 653-66, https://doi.org/10.1111/j.1474-9726.2010.00596.x.

17. F. d'Adda di Fagagna et al. "A DNA Damage Checkpoint Response in Telomere-Initiated Senescence," *Nature* 426, no. 6963 (November 13, 2003): 194-98, https://doi.org/10.1038/nature02118.

18. M. Armanios and E. H. Blackburn, "The Telomere Syndromes," *Nature Reviews Genetics* 13, no. 10 (October 2012): 693-704, https://doi.org/10.1038/nrg3246.

19. E. S. Epel et al., "Accelerated Telomere Shortening in Response to Life Stress," *Proceedings of the National Academy of Sciences (PNAS) of the United States of America* 101, no. 49 (December 1, 2004): 17312-15, https://doi.org/10.1073/pnas.0407162101; J. Choi, S. R. Fauce, and R. B. Effros, "Reduced Telomerase Activity in Human T Lymphocytes Exposed to Cortisol," *Brain, Behavior, and Immunity* 22, no. 4 (May 2008): 600-605, https://doi.org/10.1016/j.bbi.2007.12.004. 마우스에서 스트레스와 이른 나이에 털이 하얗게 세는 현상에 관한 다음 논문도 참고. B. Zhang et al., "Hyperactivation of Sympathetic Nerves Drives Depletion of Melanocyte Stem Cells," *Nature* 577, no. 792 (January 2020): 676-81, https://doi.org/10.1038/s41586-020-1935-3.

20. M. Jaskelioff et al. "Telomerase Reactivation Reverses Tissue Degenera-

tion in Aged Telomerase-Deficient Mice," *Nature* 469, no. 7328 (January 6, 2001): 102−6 (2011), https://doi.org/10.1038/nature09603.

21. M. A. Muñoz-Lorente, A. C. Cano-Martin, and M. A. Blasco, "Mice with Hyperlong Telomeres Show Less Metabolic Aging and Longer Lifespans," *Nature Communications* 10, no. 1 (October 17, 2019): 4723, https://doi.org/10.1038/s41467-019-12664-x.

22. 저자와 티티아 더랑어가 2021년 11월과 12월 나눈 대화와 이메일 중에서. 다음 문헌도 참고. Jalees Rehman, "Aging: Too Much Telomerase Can Be as Bad as Too Little," Guest Blog, *Scientific American* online, 2014년 7월 5일 최종 수정, https://blogs.scientificamerican.com/guest-blog/aging-too-much-telomerase-can-be-as-bad-as-too-little/.

23. E. J. McNally, P. J. Luncsford, and M. Armanios, "Long Telomeres and Cancer Risk: The Price of Cellular Immortality," *Journal of Clinical Investigation* 129, no. 9 (August 5, 2019): 3474−81, https://doi.org/10.1172/JCI120851.

5장 생물학적 시계 재조정

1. 인간 게놈 염기서열 초안을 공개한 것에 대해 백악관과 영국 정부에서 발표한 공식 성명문은 다음 출처에서 확인할 수 있다. National Human Genome Research Institute online, "June 2000 White House Event," news release, June 26, 2000, https://www.genome.gov/10001356/june-2000-white-house-event. 〈뉴욕 타임스〉는 아주 약간 다른 형태로 보도했다. "Text of the White House Statements on the Human Genome Project," Science, *New York Times* online, June 27, 2000, https://archive.nytimes.com/www.nytimes.com/library/national/science/062700sci-genome-text.html. 염기서열 자체는 조율을 거쳐 두 건의 대규모 문건으로 발표되었다. 공공 컨소시엄은 다음 출처에 발표했다. International Human Genome Sequencing Consortium et al., "Initial Sequencing and Analysis of the Human Genome," *Nature* 409, no. 6822 (February 15, 2001): 860−921, https://doi.org/10.1038/35057062. 한편 민간 기업인 셀레라는 다음 출처에 발표했다.

J. C. Venter et al., "The Sequence of the Human Genome," *Science* 291, 1304–51, https://doi.org/10.1126/science.1058040.

2. G. Yamey, "Scientists Unveil First Draft of Human Genome," *BMJ* 321, no. 7252 (July 1, 2000): 7, https://doi.org/10.1136/bmj.321.7252.7.

3. "Profile: Craig Venter," BBC News online, 2010년 5월 21일 최종 수정, https://www.bbc.co.uk/news/10138849.

4. "US Patent Application Stirs Up Gene Hunters," *Nature*, 353 (October 10, 1991): 485–486 (1991), https:// doi.org/10.1038/353485a0; N. D. Zinder, "Patenting cDNA 1993: Efforts and Happenings" (abstract), *Gene* 135, nos. 1/2 (December 1993): 295–98, https://www.sciencedirect.com/science/article/abs/pii/037811199390080M.

5. Matthew Herper, "Craig Venter Mapped the Genome. Now He's Trying to Decode Death," *Forbes* (online), February 21, 2017, https://www.forbes.com/sites/matthewherper/2017/02/21/can-craig-venter-cheat-death/?sh=8f6fefa16456.

6. John Sulston and Georgina Ferry, *The Common Thread: A Story of Science, Politics, Ethics, and the Human Genome* (New York: Random House, 2002). 유은실 역, 《유전자 시대의 적들》(사이언스북스, 2004).

7. "How Diplomacy Helped to End the Race to Sequence the Human Genome," *Nature* 582, no. 7813 (June 2020): 460, https://doi.org/10.1038/d41586-020-01849-w.

8. S. Reardon, "A Complete Human Genome Sequence Is Close: How Scientists Filled in the Gaps," *Nature* 594, no. 7862 (June 2021): 158–59, https://doi.org/10.1038/d41586-021-01506-w.

9. 후성유전학의 기초를 알기 쉽게 설명한 책으로는 네사 캐리의 《유전자는 네가 한 일을 알고 있다(The Epigenetics Revolution)》(이충호 역, 해나무, 2015)를 추천한다. 싯다르타 무케르지의 《유전자의 내밀한 역사》는 유전자에 대해 훨씬 광범위하게 서술했지만, 역시 후성유전학에 상당한 부분을 할애했다.

10. R. Briggs and T. J. King, "Transplantation of Living Nuclei from Blastula Cells into Enucleated Frogs' Eggs," *Proceedings of the National Academy of Sciences (PNAS) of the United States of America* 38, no. 5 (May 1952): 455–63, https://doi.org/10.1073/pnas.38.5.455.

11. "Sir John B. Gurdon: Biographical," Nobel Prize online, 2023년 8월 7일 접속, https://www.nobelprize.org/prizes/medicine/2012/gurdon/biographical/.

12. J. B. Gurdon and N. Hopwood, "The Introduction of Xenopus Laevis into Developmental Biology: Of Empire, Pregnancy Testing and Ribosomal Genes," *International Journal of Developmental Biology* 44, no. 1 (2000): 43–50.

13. J. B. Gurdon, "The Developmental Capacity of Nuclei Taken from Intestinal Epithelium Cells of Feeding Tadpoles," *Development* 10, no. 4 (December 1, 1962): 622–40, https://doi.org/10.1242/dev.10.4.622.

14. I. Wilmut et al., "Viable Offspring Derived from Fetal and Adult Mammalian Cells," *Nature* 385, no. 6619 (February 27, 1997): 810–13, https://doi.org/10.1038/385810a0.

15. M. J. Evans and M. H. Kaufman, "Establishment in Culture of Pluripotential Cells from Mouse Embryos," *Nature* 292, no. 5819 (July 9, 1981): 154–56, https://doi.org/10.1038/292154a0; G. R. Martin, "Isolation of a Pluripotent Cell Line from Early Mouse Embryos Cultured in Medium Conditioned by Teratocarcinoma Stem Cells," *Proceedings of the National Academy of Sciences (PNAS) of the United States of America* 78, no. 12 (December 1, 1981): 7634–38, https://doi.org/10.1073/pnas.78.12.7634.

16. Shinya Yamanaka, "Shinya Yamanaka: Biographical," Nobel Prize online, https://www.nobelprize.org/prizes/medicine/2012/yamanaka/biographical/.

17. *lac* 발현/억제 시스템은 1960년대에 자크 모노와 프랑수아 자코브가 발견했다. 이들은 박테리오파지에서 또 다른 유전자 스위치를 발견한 앙드레 르보프와 함께 1965년 노벨상을 수상했다. 이 부분에 관련된 역사는 다음 출처를 참고. M. Lewis, "A Tale of Two Repressors," *Journal of Molecular Biology* 409, no. 1 (May 27, 2011): 14–27, https://doi.org/10.1016/j.jmb.2011.02.023.

18. 영국 유전학자 에이드리언 버드는 메틸화가 주로 CG 반복서열이 고립되어 존재하는 곳에 일어난다는 사실을 입증했다. C는 G와 결합하므로, CpG 밀집 영역에서 한쪽 가닥에 있는 C와 G는 다른 쪽 가닥의 G와 C에 결합한다. 따라서 각각의 C는 반대쪽 가닥의 C와 대각선으로 마주보게 된다. 세포에서 CpG 밀집 지역에

메틸화가 일어날 때는, 양쪽 가닥의 C가 메틸화된다. 세포가 분열되자마자 DNA 분자는 한 개가 아니라 두 개가 된다. 각각의 DNA는 C가 메틸화된 원래의 가닥과, C가 메틸화되지 않은 새로운 가닥으로 이루어진다. 그런데 반대쪽 가닥의 C가 메틸화되었을 때 대각선으로 마주보는 메틸화되지 않은 C에만 메틸기를 추가하는 특수한 메틸 전달 효소가 있다. 이 효소를 가하면 결국 두 가닥 모두 원래 DNA와 똑같은 위치에 정확히 메틸화된 DNA를 얻을 수 있다.

19. E. W. Tobi et al., "DNA Methylation as a Mediator of the Association Between Prenatal Adversity and Risk Factors for Metabolic Disease in Adulthood," *Science Advances* 4, no. 1 (January 31, 2018): eaao4364, https://doi.org/10.1126/sciadv.aao4364; Carl Zimmer, "The Famine Ended 70 Years Ago, But Dutch Genes Still Bear Scars," *New York Times* online, January 31, 2018, https://www.nytimes.com/2018/01/31/science/dutch-famine-genes.html; Mukherjee, *The Gene*, and Carey, *The Epigenetics Revolution*.

20. 스티브 호바스와 후성유전적 시계를 알기 쉽게 설명한 출처로는 다음을 추천한다. Ingrid Wickelgren, "Epigenetic 'Clocks' Predict Animals' True Biological Age," *Quanta*, 2022년 8월 17일 최종 수정, https://www.quantamagazine.org/epigenetic-clocks-predict-animals-true-biological-age-20220817/. 호바스의 배경에 대한 일부 기술은 이 논문에서 인용했다.

21. M. E. Levine et al., "An Epigenetic Biomarker of Aging for Lifespan and Healthspan," *Aging* 10, no. 4 (April 2018): 573–91, https://doi.org/10.18632/aging.101414.

22. S. Horvath and K. Raj, "DNA Methylation-Based Biomarkers and the Epigenetic Clock Theory of Ageing," *Nature Reviews Genetics* 19, no. 6 (June 2018): 371–84, https://doi.org/10.1038/s41576-018-0004-3.

23. 예컨대 다음 출처를 참고. G. Hannum et al., "Genome-wide Methylation Profiles Reveal Quantitative Views of Human Aging Rates," *Molecular Cell* 49, no. 2 (January 24, 2013): 359–67, https://doi.org/10.1016/j.molcel.2012.10.016.

24. 예컨대 다음 출처를 참고. C. Kerepesi et al., "Epigenetic Clocks Reveal a Rejuvenation Event During Embryogenesis Followed by Aging," *Science Advances* 7, no. 26 (June 25, 2021): eabg6082, https://doi.org/10.1126/sciadv.

abg6082; C. Kerepesi et al., "Epigenetic Aging of the Demographically Non-Aging Naked Mole-Rat," *Nature Communications* 13, no. 1 (January 17, 2022): 355, https://doi.org/10.1038/s41467-022-27959-9.

25. R. Kucharski et al., "Nutritional Control of Reproductive Status in Honeybees Via DNA Methylation," *Science* 319, no. 5871 (March 28, 2008): 1827–30, https://doi.org/10.1126/science.1153069; M. Wojciechowski et al., "Phenotypically Distinct Female Castes in Honey Bees Are Defined by Alternative Chromatin States During Larval Development," *Genome Research* 28, no. 10 (October 2018): 1532–42, https://doi.org/10.1101/gr.236497.118.

26. L. Moore et al., "The Mutational Landscape of Human Somatic and Germline Cells," *Nature* 597, no. 7876 (September 2021): 381–86, https://doi.org/10.1038/s41586-021-03822-7.

27. Kirkwood, *Time of Our Lives*, 167–78.

28. 최근 예로 다음 출처를 참고. A. Lima et al., "Cell Competition Acts as a Purifying Selection to Eliminate Cells with Mitochondrial Defects During Early Mouse Development," *Nature Metabolism* 3, no. 8 (August 2021): 1091–108, https://doi.org/10.1038/s42255-021-00422-7. 신체가 결함이 있는 배아를 거부하는 기전은 그 밖에도 다양하다.

29. 케임브리지의 과학자 아짐 수라니는 수정란이 정상적으로 발달해 새로운 동물이 되려면 부계와 모계의 생식세포에서 유래한 핵들이 필요함을 최초로 입증했다. 또한 그는 우리의 게놈에 무작위적이고, 환경에 의해 유도되며, 유해할 가능성이 있는 후성유전적 변화가 일어난다는 개념을 처음 제안하고 이를 "후성유전적 돌연변이epimutation"라고 명명했다. 저자와의 인터뷰(2022년 2월 10일).

30. Joanna Klein, "Dolly the Sheep's Fellow Clones, Enjoying Their Golden Years," *New York Times* online, July 26, 2016, https://www.nytimes.com/2016/07/27/science/dolly-the-sheep-clones.html, reports on K. D. Sinclair et al., "Healthy Ageing of Cloned Sheep," *Nature Communications* 7 (July 26, 2016): 12359, https://doi.org/10.1038/ncomms12359. 2017년 복제 동물들을 광범위하게 분석한 결과 일괄적으로 수명이 짧거나 특정한 문제가 나타나지는 않는 것으로 드러났다. 이는 일부 복제 동물이 자연적으로 수정된 동물과 똑같은 수명과 건강한 삶을 누릴 것임을 시사한다. J. P. Burgstaller and G.

Brem, "Aging of Cloned Animals: A Mini-Review," *Gerontology* 63, no. 5 (August 2017): 417 – 25, https://doi.org/10.1159/000452444.

31. T. A. Rando and H. Y. Chang, "Aging, Rejuvenation, and Epigenetic Reprogramming: Resetting the Aging Clock," *Cell* 148, no. 1/2 (January 20, 2012): 46 – 57, https://doi.org/10.1016/j.cell.2012.01.003; J. M. Freije and C. López-Otín, "Reprogramming Aging and Progeria," *Current Opinion in Cell Biology* 24, no. 6 (December 2012): 757 – 64, https://doi.org/10.1016/j.ceb.2012.08.009.

6장 쓰레기 재활용

1. "Dementia," World Health Organization online, 2023년 3월 15일 최종 수정, https://www.who.int/news-room/fact-sheets/detail/dementia.

2. "Dementia Now Leading Cause of Death," BBC News online, 2016년 11월 14일 최종 수정, https://www.bbc.co.uk/news/health-37972141.

3. "One-Third of British People Born in 2015 'Will Develop Dementia,'" *Guardian* (US edition) online, 2015년 9월 21일 최종 수정, https://www.theguardian.com/society/2015/sep/21/one-third-of-people-born-in-2015-will-develop-dementia.

4. 알츠하이머병에 대해서는 흥미롭고 감동적인 다음 책을 추천한다. Joseph Jebelli, *In Pursuit of Memory: The Fight Against Alzheimer's* (London: John Murray, 2017). 저자는 어린 시절 알츠하이머병으로 고생하는 할아버지를 보며 자랐다.

5. R. J. Ellis, "Assembly Chaperones: A Perspective," *Philosophical Transactions of the Royal Society of London, Series B, Biological Sciences* 368, no. 1617 (March 25, 2013): 20110398, https://doi.org/10.1098/rstb.2011.0398.

6. M. Fournet, F. Bonté, and A. Desmoulière, "Glycation Damage: A Possible Hub for Major Pathophysiological Disorders and Aging," *Aging and Disease* 9, no. 5 (October 2018): 880 – 900, https://doi.org/10.14336/AD.2017.1121.

7. 미접힘 단백질 반응을 알기 쉽게 설명한 출처로는 다음을 참고. Evelyn Strauss,

"Unfolded Protein Response: 2014 Albert Lasker Basic Medical Research Award," Lasker Foundation online, 2023년 7월 7일 접속, https://lasker-foundation.org/winners/unfolded-protein-response/#achievement. 센서가 미접힘 단백질이 너무 많다는 것을 정확히 어떻게 감지하는지는 아직도 명백히 밝혀지지 않았다. 나는 이 분야의 리더 중 하나인 케임브리지 의학연구소 Cambridge Institute for Medical Research의 데이비드 론 박사와 이야기를 나눠보았다. 한 가지 아이디어는 정상적인 상태에서 일부 샤프롱 단백질(단백질 접힘을 돕는 단백질)이 아주 많이 존재해 센서에 결합할 수 있으며, 이때 센서는 휴지 상태를 유지한다는 것이다. 미접힘 단백질이 많아지면 이 샤프롱들은 일을 시작하기 위해 센서에서 분리되는데, 이로 인해 미접힘 단백질 반응이 시작된다는 것이다. S. Preissler and D. Ron, "Early Events in the Endoplasmic Reticulum Unfolded Protein Response," *Cold Spring Harbor Perspectives in Biology* 11, no. 4 (April 1, 2019): a033894, https://doi.org/10.1101/cshperspect.a033894.

8. A. Fribley, K. Zhang, and R. J. Kaufman, "Regulation of Apoptosis by the Unfolded Protein Response," in *Apoptosis: Methods and Protocols*, ed. P. Erhardt and A. Toth (Totowa, NJ: Humana Press, 2009), 191–204, https://doi.org/10.1007/978-1-60327-017-5_14.

9. K. D. Wilkinson, "The Discovery of Ubiquitin-Dependent Proteolysis," *Proceedings of the National Academy of Sciences (PNAS) of the United States of America* 102, no. 43 (October 17, 2005): 15280–82, https://doi.org/10.1073/pnas.0504842102. 프로테아솜의 발견과 그 공로로 아브람 헤르슈코, 아론 치에하노베르, 어윈 로즈가 노벨상을 수상한 이야기는 다음 출처를 참고. "Popular Information: The Nobel Prize in Chemistry 2004," Nobel Prize online, 2023년 7월 4일 접속, https://www.nobelprize.org/prizes/chemistry/2004/popular-information/.

10. I. Saez and D. Vilchez, "The Mechanistic Links Between Proteasome Activity, Aging and Age-Related Diseases," *Current Genomics* 15, no. 1 (February 15, 2014): 38–51, https://doi.org/10.2174/1389202915011140306113344.

11. K. Takeshig et al., "Autophagy in Yeast Demonstrated with Proteinase-Deficient Mutants and Conditions for Its Induction," *Journal of Cell Biology* 119, no. 2 (October 1992): 301–11, https://doi.org/10.1083/jcb.119.2.301; M. Tsukada and Y. Ohsumi, "Isolation and Characterization

of Autophagy-Defective Mutants of *Saccharomyces cerevisiae*," *FEBS Letters* 333, nos. 1/2 (October 25, 1993): 169 -74, https://doi.org/10.1016/0014-5793(93)80398-e.

12. 자가포식을 쉽게 설명한 출처는 다음과 같다. "The Nobel Prize in Physiology or Medicine 2016: Yoshinori Ohsumi," press release, Nobel Prize online, October 3, 2016, https://www.nobelprize.org/prizes/medicine/2016/press-release/.

13. 통합 스트레스 반응에 대한 두 건의 리뷰 논문은 다음과 같다. Harding, H. P. et al., "An integrated stress response regulates amino acid metabolism and resistance to oxidative stress," *Molecular Cell* 11, no. 3 (March 2003): 619 - 33, https://doi.org/10.1016/s1097-2765(03)00105-9; and Pakos-Zebrucka, K. et al. "The integrated stress response," *EMBO Reports* 17, no.10 (2016): 1374 -95, https://doi.org/10.15252/embr.201642195. 아미노산 공급이 끊긴 상태에서 이 반응을 발견한 이야기는 다음 출처를 참고. Dever, T. E. et al., "Phosphorylation of initiation factor 2 alpha by protein kinase GCN2 mediates gene-specific translational control of GCN4 in yeast," *Cell* 68. no. 3 (February 1992): 585 -96, https://doi.org/10.1016/0092-8674(92)90193-g. 미접힘 단백질 반응에 대해서는 다음 출처를 참고. Harding, H. P. et al., "PERK is essential for translational regulation and cell survival during the unfolded protein response," *Molecular Cell* 5, no. 5 (May 2000): 897-904, https://doi.org/10.1016/s1097-2765(00)80330-5.

14. M. Delépine et al., "*EIF2AK3*, Encoding Translation Initiation Factor 2-Alpha Kinase 3, Is Mutated in Patients with Wolcott-Rallison Syndrome," *Nature Genetics* 25, no. 4 (August 2000): 406 - 9, https://doi.org/10.1038/78085; H. P. Harding et al., "Diabetes Mellitus and Exocrine Pancreatic Dysfunction in *Perk*-/Mice Reveals a Role for Translational Control in Secretory Cell Survival," *Molecular Cell* 7, no. 6 (June 2001): 1153 -63, https://doi.org/10.1016/s1097-2765(01)00264-7.

15. S. J. Marciniak et al., "CHOP Induces Death by Promoting Protein Synthesis and Oxidation in the Stressed Endoplasmic Reticulum," *Genes & Development* 18, no. 24 (December 15, 2004): 3066 -77, https://doi.org/10.1101/gad.1250704; M. D'Antonio et al., "Resetting Translation-

al Homeostasis Restores Myelination in Charcot–Marie–Tooth Disease Type 1B Mice," *Journal of Experimental Medicine* 210, no. 4 (April 8, 2013): 821–38, https://doi.org/10.1084/jem.20122005; P. Tsaytler et al., "Selective Inhibition of a Regulatory Subunit of Protein Phosphatase 1 Restores Proteostasis," *Science* 332, no. 6025 (April 1, 2011): 91–94, https://doi.org/10.1126/science.1201396; H. Q. Jiang et al., "Guanabenz Delays the Onset of Disease Symptoms, Extends Lifespan, Improves Motor Performance and Attenuates Motor Neuron Loss in the SOD1 G93A Mouse Model of Amyotrophic Lateral Sclerosis," *Neuroscience* 277 (March 2014): 132–38, https://doi.org/10.1016/j.neuroscience.2014.03.047; I. Das et al., "Preventing Proteostasis Diseases by Selective Inhibition of a Phosphatase Regulatory Subunit," *Science* 348, no. 6231 (April 10, 2015): 239–42, https://doi.org/10.1126/science.aaa4484.

16. A. Crespillo–Casado et al., "PPP1R15A–Mediated Dephosphorylation of eIF2α Is Unaffected by Sephin1 or Guanabenz," *eLife* 6 (April 27, 2017): e26109, https://doi.org/10.7554/eLife.26109.

17. T. Ma et al., "Suppression of eIF2α Kinases Alleviates Alzheimer's Disease–Related Plasticity and Memory Deficits," *Nature Neuroscience* 16, no. 9 (September 2013): 1299–305, https://doi.org/10.1038/nn.3486.

18. Adam Piore, "The Miracle Molecule That Could Treat Brain Injuries and Boost Your Fading Memory," *MIT Technology Review* 124, no. 5 (September/October 2021): https://www.technologyreview.com/2021/08/25/1031783/isrib–molecule–treat–brain–injuries–memory/; C. Sidrauski et al., "Pharmacological Brake–Release of mRNA Translation Enhances Cognitive Memory," *eLife* 2 (2013): e00498,https://doi.org/10.7554/eLife.00498; C. Sidrauski et al., "The Small Molecule ISRIB Reverses the Effects of Eif2α Phosphorylation on Translation and Stress Granule Assembly," *eLife* 4 (2015): e05033, https://doi.org/10.7554/eLife.05033; A. Chou et al., "Inhibition of the Integrated Stress Response Reverses Cognitive Deficits After Traumatic Brain Injury," *Proceedings of the National Academy of Sciences (PNAS) of the United States of America* 114, no. 31 (July 10, 2017): E6420–E6426, https://doi.org/10.1073/

pnas.1707661114.

19. 나훔 소넨버그, 저자와 주고받은 이메일, 2023년 1월 12일.

20. D. M. Asher with M. A. Oldstone, *Carleton Gajdusek, 1923 – 2008: Biographical Memoirs* (Washington, DC: US National Academy of Sciences, 2013), http://www.nasonline.org/publications/biographical-memoirs/memoir-pdfs/gajdusek-d-carleton.pdf; Caroline Richmond, "Obituary: Carleton Gajdusek," *Guardian* (US edition) online, 2009년 2월 25일 최종 수정, https://www.theguardian.com/science/2009/feb/25/carleton-gajdusek-obituary.

21. 프랭크 맥팔레인 버넷은 면역계가 우리 자신의 세포와 외부 침입자를 어떻게 구별하는지 밝힌 공로로 1960년 피터 메더워와 함께 노벨상을 공동 수상했다.

22. Jay Ingram, *Fatal Flaws: How a Misfolded Protein Baffled Scientists and Changed the Way We Look at the Brain* (New Haven, CT: Yale University Press, 2013), 다음에서 인용. M. Goedert, "M. Prions and the Like," *Brain* 137, no. 1 (January 2014): 301 – 5, https://doi.org/10.1093/brain/awt179. 다음 출처도 참고. J. Farquhar and D. C. Gajdusek, eds., *Early Letters and Field-Notes from the Collection of D. Carleton Gajdusek* (New York: Raven Press, 1981).

23. J. Goodfield, "Cannibalism and Kuru," *Nature* 387 (June 26, 1997): 841, https://doi.org/10.1038/43043; R. Rhodes, "Gourmet Cannibalism in New Guinea Tribe," *Nature* 389 (September 4, 1997): 11, https://doi.org/10.1038/37853.

24. Ivin Molotsky, "Nobel Scientist Pleads Guilty to Abusing Boy," *New York Times* online, February 19, 1997, https://www.nytimes.com/1997/02/19/us/nobel-scientist-pleads-guilty-to-abusing-boy.html. 두 편의 논문이 가이듀섹의 대가족 사회학을 조망한 바 있다. C. Spark, "Family Man: The Papua New Guinean Children of D. Carleton Gajdusek," *Oceania* 77, no. 3 (November 2007): 355 – 69, and C. Spark, "Carleton's Kids: The Papua New Guinean Children of D. Carleton Gajdusek," *Journal of Pacific History* 44, no. 1 (June 2009): 1 – 19.

25. S. B. Prusiner, "Prions," *Proceedings of the National Academy of Sciences (PNAS) of the United States of America* 95, no. 23 (November 10, 1998): 13363 – 83, https://doi.org/10.1073/pnas.95.23.13363.

26. 베타-아밀로이드 가설에 대한 리뷰는 다음 출처를 참고. R. E. Tanzi and L. Bertram, "Twenty Years of the Alzheimer's Disease Amyloid Hypothesis: A Genetic Perspective," *Cell* 120, no. 4 (February 25, 2005): 545–55, https://doi.org/10.1016/j.cell.2005.02.008.

27. G. G. Glenner and C. W. Wong, "Alzheimer's Disease and Down's Syndrome: Sharing of a Unique Cerebrovascular Amyloid Fibril Protein," *Biochemical and Biophysical Research Communications* 122, no. 3 (August 16, 1984): 1131–35, https://doi.org/10.1016/0006-291x(84)91209-9.

28. A. Goate et al., "Segregation of a Missense Mutation in the Amyloid Precursor Protein Gene with Familial Alzheimer's Disease," *Nature* 349, no. 6311 (February 21, 1991): 704–6, https://doi.org/10.1038/349704a0; M. C. Chartier-Harlin et al., "Early-Onset Alzheimer's Disease Caused by Mutations at Codon 717 of the Beta-amyloid Precursor Protein Gene," *Nature* 353, no. 6347 (October 31, 1991): 844–46, https://doi.org/10.1038/353844a0.

29. Jebelli, *In Pursuit of Memory*.

30. P. Poorkaj et al., "Tau Is a Candidate Gene for Chromosome 17 Frontotemporal Dementia," *Annals of Neurology* 43, no. 6 (June 1998): 815–25, https://doi.org/10.1002/ana.410430617; M. Hutton et al., "Association of Missense and 5′-splice-site Mutations in Tau with the Inherited Dementia FTDP-17," *Nature* 393, no. 6686 (June 18, 1998): 702–5, https:// doi.org/10.1038/31508; M. G. Spillantini et al., "Mutation in the Tau Gene in Familial Multiple System Tauopathy with Presenile Dementia," *Proceedings of the National Academy of Sciences (PNAS) of the United States of America* 95, no. 13 (June 23, 1998): 7737–41, https://doi.org/10.1073/pnas.95.13.7737.

31. S. H. Scheres et al., "M. Cryo-EM Structures of Tau Filaments," *Current Opinion in Structural Biology* 64, 17–25 (2020). https://doi.org/10.1016/j.sbi.2020.05.011; M. Schweighauser et al., "Structures of α-synuclein Filaments from Multiple System Atrophy," *Nature* 585, no. 7825 (September 2020): 464–69, https:// doi.org/10.1038/s41586-020-2317-6; Y. Yang et al., "Cryo-EM Structures of Amyloid-β 42 Filaments from Human Brains," *Science* 375, no. 6577 (January 13, 2022): 167–72, https://doi.org/10.1126/

science.abm7285.

32. H. Zheng et al., "Beta-Amyloid Precursor Protein-Deficient Mice Show Reactive Gliosis and Decreased Locomotor Activity," *Cell* 81, no. 4 (May 19, 1995): 525 – 31, https://doi.org/10.1016/0092-8674(95)90073-x.

33. M. Goedert, M. Masuda-Suzukake, and B. Falcon, "Like Prions: The Propagation of Aggregated Tau and α-synuclein in Neurodegeneration," *Brain* 140, no. 2 (February 2017): 266 – 78, https://doi.org/10.1093/brain/aww230; A. Aoyagi et al., "Aβ and Tau Prion-like Activities Decline with Longevity in the Alzheimer's Disease Human Brain," *Science Translational Medicine* 11, no. 490 (May 1, 2019): eaat8462, https://doi.org/10.1126/scitranslmed.aat8462; M. Jucker and L. C. Walker, "Self-propagation of Pathogenic Protein Aggregates in Neurodegenerative Diseases," *Nature* 501, no. 7465 (September 5, 2013): 45 – 51, https://doi.org/10.1038/nature12481.

34. C. H. van Dyck et al., "Lecanemab in Early Alzheimer's Disease," *New England Journal of Medicine* 388, no. 1 (January 5, 2023): 9 – 21, https://doi.org/10.1056/nejmoa2212948; M. A. Mintun et al, "Donanemab in Early Alzheimer's Disease," *New England Journal of Medicine* 384 (May 6, 2021): 1691–1704, https://doi.org/ 10.1056/NEJMoa2100708. 보다 최근 논의는 다음 출처를 참고. S. Reardon, "Alzheimer's Drug Donanemab: What Promising Trial Means for Treatments," *Nature* 617 (May 4, 2023): 232 – 233, https://doi.org/10.1038/d41586-023-01537-5.

7장 적은 것이 많은 것이다

1. J. V. Neel, "Diabetes Mellitus: A 'Thrifty' Genotype Rendered Detrimental by 'Progress,'" *American Journal of Human Genetics* 14, no. 4 (December 1962): 353 – 62, https://www.ncbi.nlm.nih.gov/pmc/articles/PMC1932342/.

2. J. R. Speakman, "Thrifty Genes for Obesity and the Metabolic Syndrome—Time to Call Off the Search?," *Diabetes and Vascular Disease Research* 3, no. 1 (May 2006): 7 – 11, https://doi.org/10.3132/dvdr.2006.010; J. R. Speakman, "Evolutionary Perspectives on the Obesity Epidemic:

Adaptive, Maladaptive, and Neutral Viewpoints," *Annual Review of Nutrition* 33, no. 1 (July 2013): 289–317, https://doi.org/10.1146/annurev-nutr-071811-150711.

3. 2000년대 중반 이 분야를 기술한 두 건의 출처는 다음과 같다. E. J. Masoro, "Overview of Caloric Restriction and Ageing," *Mechanisms of Ageing and Development* 126, no. 9 (September 2005): 913–22, https://doi.org/10.1016/j.mad.2005.03.012, and B. K. Kennedy, K. K. Steffen, and M. Kaeberlein, "Ruminations on Dietary Restriction and Aging," *Cellular and Molecular Life Sciences* 64, no. 11 (June 2007): 1323–28, doi: 10.1007/s00018-007-6470-y.

4. R. Weindruch and R. L. Walford, *The Retardation of Aging and Disease by Dietary Restriction* (Springfield, IL: C. C. Thomas, 1988), 다음에서 인용. Kennedy, Steffen, and Kaeberlein, "Ruminations," 1323–28; L. Fontana and L. Partridge, "Promoting Health and Longevity Through Diet: From Model Organisms to Humans," *Cell* 161, no. 1 (March 26, 2015): 106–18, https://doi.org/10.1016/j.cell.2015.02.020.

5. R. J. Colman et al., "Caloric Restriction Delays Disease Onset and Mortality in Rhesus Monkeys," *Science* 325, no. 5937 (July 10, 2009): 201–4, https://doi.org/10.1126/science.1173635.

6. J. A. Mattison et al., "Impact of Caloric Restriction on Health and Survival in Rhesus Monkeys from the NIA Study," *Nature* 489, no. 7415 (September 13, 2012): 318–21, https:// doi.org/10.1038/nature11432. 함께 수록된 다음 논평도 참고. S. N. Austad, "Aging: Mixed Results for Dieting Monkeys," *Nature* 489, no. 7415 (September 13, 2012): 210–11, https://doi.org/10.1038/nature11484. 같은 저널의 관련 기사도 참고. A. Maxmen, "Calorie Restriction Falters in the Long Run," *Nature* 488, no. 7413 (August 30, 2012), 569, https://doi.org/10.1038/488569a.

7. Laura A. Cassiday, "The Curious Case of Caloric Restriction," *Chemical & Engineering News* online, 2009년 8월 3일 최종 수정, https://cen.acs.org/articles/87/i31/Curious-Case-Caloric-Restriction.html.

8. Gideon Meyerowitz-Katz, "Intermittent Fasting Is Incredibly Popular. But Is It Any Better Than Other Diets?," *Guardian* (US edition) online, 2020년

1월 1일 최종 수정, https://www.theguardian.com/commentisfree/2020/
jan/02/intermittent-fasting-is-incredibly-popular-but-is-it-any-bet-
ter-than-other-diets.

9. V. Acosta-Rodríguez et al., "Circadian Alignment of Early Onset Caloric
Restriction Promotes Longevity in Male C57BL/6J Mice," *Science* 376, no.
6598 (May 5, 2022): 1192–202, https://doi.org/10.1126/science.abk0297. 함
께 수록된 다음 논평도 참고. S. Deota and S. Panda, "Aligning Mealtimes to
Live Longer," *Science* 376, no. 6598 (May 5, 2022): 1159–60, https://doi.
org/10.1126/science.adc8824.

10. Matthew Walker, *Why We Sleep: The New Science of Sleep and Dreams*
(New York: Scribner, 2017). 특히 노화에 미치는 영향은 8장을 참고.

11. A. Vaccaro et al., "Sleep Loss Can Cause Death Through Accumulation of
Reactive Oxygen Species in the Gut," *Cell* 181, no. 6 (June 11, 2020): 1307–
28.e15, https://doi.org/10.1016/j.cell.2020.04.049. 알기 쉽게 기술한 다음 출
처도 참고. Veronique Greenwood, "Why Sleep Deprivation Kills," *Quanta*,
2020년 6월 4일 최종 수정, https://www.quantamagazine.org/why-sleep-
deprivation-kills-20200604/, and Steven Strogatz, "Why Do We Die With-
out Sleep?," *The Joy of Why* (podcast, transcription), March 22, 2022, https://
www.quantamagazine.org/why-do-we-die-without-sleep-20220322/.

12. C.-Y Liao et al., "Genetic Variation in Murine Lifespan Response to
Dietary Restriction: From Life Extension to Life Shortening," *Aging
Cell* 9, no. 1 (February 2010): 92–95, https://doi.org/10.1111/j.1474-
9726.2009.00533.x.

13. L. Hayflick, "Dietary Restriction: Theory Fails to Satiate," *Science* 329,
no. 5995 (August 27, 2010): 1014, https://www.science.org/doi/10.1126/
science.329.5995.1014; L. Fontana, L. Partridge, and V. Longo, "Di-
etary Restriction: Theory Fails to Satiate—Response," *Science* 329, no.
5995 (August 27, 2010): 1015, https://www.science.org/doi/10.1126/sci-
ence.329.5995.1015.

14. Saima May Sidik, "Dietary Restriction Works in Lab Animals, But It Might
Not Work in the Wild," *Scientific American* online, 2022년 12월 20일 최
종 수정, https://www.scientificamerican.com/article/dietary-restriction-

works-in-lab-animals-but-it-might-not-work-in-the-wild/.

15. Fontana and Partridge, "Promoting Health and Longevity," 106 – 18.

16. J. R. Speakman and S. E. Mitchell, "Caloric Restriction," *Molecular Aspects of Medicine* 32, no. 3 (June 2011): 159 – 221, https://doi.org/10.1016/j.mam.2011.07.001.

17. 라파마이신의 발견에 관한 흥미로운 역사는 다음 출처를 참고. 뒤로 이어지는 몇 개의 문단은 이 문서를 근거로 했다. Bethany Halford, "Rapamycin's Secrets Unearthed," *Chemical & Engineering News* online, 2016년 7월 18일 최종 수정, https://cen.acs.org/articles/94/i29/Rapamycins-Secrets-Unearthed. html. 다음 출처도 참고. David Stipp, "A New Path to Longevity," *Scientific American* online, 2012년 1월 1일 최종 수정, https://www.scientificameri-can.com/article/a-new-path-to-longevity/.

18. U. S. Neill, "A Conversation with Michael Hall," *Journal of Clinical Investigation* 127, no. 11 (November 1, 2017): 3916 – 17, https://doi.org/10.1172/jci97760; C. L. Williams, "Talking TOR: A Conversation with Joe Heitman and Rao Movva," *JCI Insight* 3, no. 4 (February 22, 2018): e99816, https://doi.org/10.1172/jci.insight.99816.

19. M. B. Ginzberg, R. Kafri, and M. Kirschner, "On Being the Right (Cell) Size," *Science* 348, no. 6236 (May 15, 2015): 1245075, https://doi.org/10.1126/science.1245075.

20. N. C. Barbet et al., "TOR Controls Translation Initiation and Early G1 Progression in Yeast," *Molecular Biology of the Cell* 7, no. 1 (January 1, 1996): 25 – 42, https://doi.org/10.1091/mbc.7.1.25. 초기 연구와 과학계가 세포 증식이 능동적으로 조절된다는 사실을 받아들이기까지의 어려움에 대한 홀의 회상은 다음 출처를 참고. M. N. Hall, "TOR and Paradigm Change: Cell Growth Is Controlled," *Molecular Biology of the Cell* 27, no. 18 (September 15, 2016): 2804 – 6, https://doi.org/10.1091/mbc.E15-05-0311.

21. D. Papadopoli et al., "mTOR as a Central Regulator of Lifespan and Aging," *F1000 Research* 8 (July 2, 2019): 998, https://doi.org/10.12688/f1000research.17196.1; G. Y. Liu and D. M. Sabatini, "mTOR at the Nexus of Nutrition, Growth, Ageing and Disease," *Nature Reviews Molecular Biology* 21, no. 4 (April 2020): 183 – 203, https://doi.org/10.1038/s41580-019-0199-y.

22. L. Partridge, M. Fuentealba, and B. K. Kennedy, "The Quest to Slow Ageing Through Drug Discovery," *Nature Reviews Drug Discovery* 19, no. 8 (August 2020): 513 – 32, https://doi.org/10.1038/s41573-020-0067-7.

23. D. E. Harrison et al., "Rapamycin Fed Late in Life Extends Lifespan in Genetically Heterogeneous Mice," *Nature* 460, no. 7253 (July 16, 2009): 392 – 95, https://doi.org/10.1038/nature08221. 함께 실린 논평도 참고. M. Kaeberlein and R. K. Kennedy, "Ageing: A Midlife Longevity Drug?," *Nature* 460, no. 7253 (July 16, 2009): 331 – 32, https://doi.org/10.1038/460331a.

24. F. M. Menzies and D. C. Rubinsztein, "Broadening the Therapeutic Scope for Rapamycin Treatment," *Autophagy* 6, no. 2 (February 2010): 286 – 87, https://doi.org/10.4161/auto.6.2.11078.

25. K. Araki et al., "mTOR Regulates Memory CD8 T-cell Differentiation," *Nature* 460, no. 7251 (July 2, 2009): 108 – 12, https://doi.org/10.1038/nature08155.

26. C. Chen et al. "mTOR Regulation and Therapeutic Rejuvenation of Aging Hematopoietic Stem Cells," *Science Signaling* 2, no. 98 (November 24, 2009): ra75, https://doi.org/10.1126/scisignal.2000559.

27. A. M. Eiden, "Molecular Pathways: Increased Susceptibility to Infection Is a Complication of mTOR Inhibitor Use in Cancer Therapy," *Clinical Cancer Research* 22, no. 2 (January 15, 2016): 277 – 83, https://doi.org/10.1158/1078-0432.ccr-14-3239.

28. A. J. Pagán et al., "mTOR-Regulated Mitochondrial Metabolism Limits Mycobacterium-Induced Cytotoxicity, *Cell* 185, no. 20 (September 29, 2022): 3720 – 38, e13, https://doi.org/10.1016/j.cell.2022.08.018.

29. 마이클 홀, 저자와 주고받은 이메일, 2022년 9월 29일.

30. K. E. Creevy et al., "An Open Science Study of Ageing in Companion Dogs," *Nature* 602, no. 7895 (February 2022): 51 – 57, https://doi.org/10.1038/s41586-021-04282-9.

31. M. V. Blagosklonny and M. N. Hall, "Growth and Aging: A Common Molecular Mechanism," *Aging* 1, no. 4 (April 20, 2009): 357 – 62, https://doi.org/10.18632/aging.100040.

1. A. M. Herskind et al., "The Heritability of Human Longevity: A Popula-tion-Based Study of 2,872 Danish Twin Pairs Born 1870 – 1900," *Human Genetics* 97, no. 3 (March 1996): 319 – 23, https://doi.org/10.1007/BF02185763.

2. 그들의 관점과 계획은 1971년 프랜시스 크릭과 시드니 브레너가 작성한 다음 보고서에 요약되어 있다. F. H. C. Crick and S. Brenner, *Report to the Medical Research Council: On the Work of the Division of Molecular Genetics, Now the Division of Cell Biology, from 1961 – 1971* (Cambridge, UK: MRC Laboratory of Molecular Biology, November 1971), https://profiles.nlm.nih.gov/spotlight/sc/catalog/nlm:nlmuid-101584582X71-doc.

3. 이 연구로 브레너는 2002년 이전 동료인 존 설스턴, 로버트 호르비츠와 함께 노벨 생리의학상을 공동 수상했다. "The Nobel Prize in Physiology or Medicine 2002," Nobel Prize online, 2023년 7월 22일 접속, https://www.nobelprize.org/prizes/medicine/2002/summary/.

4. 데이비드 허쉬, 저자와 주고받은 이메일, 2022년 8월 1일.

5. D. B. Friedman and T. E. Johnson, "A Mutation in the *age-1* Gene in *Caenorhabditis elegans* Lengthens Life and Reduces Hermaphrodite Fer-tility," *Genetics* 118, no. 1 (January 1, 1988): 75 – 86, https://doi.org/10.1093/genetics/118.1.75.

6. T. E. Johnson, "Increased Life-Span of age-1 Mutants in *Caenorhabditis elegans* and Lower Gompertz Rate of Aging," *Science* 249, no. 4971 (August 24, 1990): 908 – 12, https://doi.org/10.1126/science.2392681.

7. 데이비드 스팁의 책 *The Youth Pill: Scientists at the Brink of an Anti-Aging Revolution* (New York: Penguin, 2010)에는 빨리 노화하는 돌연변이 종의 발견을 둘러싼 역사, 인물, 과학이 흥미롭게 설명되어 있다.

8. 케니언과 존슨이 직접 그들의 발견을 설명한 두 건의 출처가 있다. C. Kenyon, "The First Long-Lived Mutants: Discovery of the Insulin/IGF-1 Pathway for Ageing," *Philosophical Transactions of the Royal Society B: Biological Sciences* 366, no. 1561 (January 12, 2001): 9 – 16, https://doi.org/10.1098/

rstb.2010.0276, and T. E. Johnson, "25 Years After age-1: Genes, Interventions and the Revolution in Aging Research," *Experimental Gerontology* 48, no. 7 (July 2013): 640–43, https://doi.org/10.1016/j.exger.2013.02.023.

9. C. Kenyon et al., "A *C. elegans* Mutant That Lives Twice as Long as Wild Type," *Nature* 366, no. 6454 (December 2, 1993): 461–64, https://doi.org/10.1038/366461a0.

10. Stipp, *Youth Pill*.

11. 같은 책.

12. 몇몇 주요 유전자의 발견에 관한 중요한 논문은 다음과 같다. (*daf-2*) K. D. Kimura, H. A. Tissenbaum, and G. Ruvkun, "*daf-2*, an Insulin Receptor-Like Gene That Regulates Longevity and Diapause in *Caenorhabditis elegans*," *Science* 277, no. 5328 (August 15, 1997): 942–46, https://doi.org/10.1126/science.277.5328.942; (*age-1*은 *daf-23*과 동일한 유전자임이 밝혀졌다), J. Z. Morris, H. A. Tissenbaum, and G. Ruvkun, "A Phosphatidylinositol-3-OH Kinase Family Member Regulating Longevity and Diapause in *Caenorhabditis elegans*, *Nature* 382, no. 6591 (August 8, 1996): 536–39, https://doi.org/10.1038/382536a0; (daf-16), S. Ogg et al., "The Fork Head Transcription Factor DAF-16 Transduces Insulin-like Metabolic and Longevity Signals in *C. elegans*," *Nature* 389, no. 6654 (October 30, 1997): 994–99, https://doi.org/10.1038/40194, and K. Lin et al., "daf-16: An HNF-3/Forkhead Family Member That Can Function to Double the Life-Span of *Caenorhabditis elegans*," *Science* 278, no. 5341 (November 14, 1997): 1319–22, https://doi.org/10.1126/science.278.5341.1319.

13. C. J. Kenyon, "The Genetics of Ageing," *Nature* 464, no. 7288 (March 25, 2010): 504–12, https://doi.org/10.1038/nature08980.

14. H. Yan et al., "Insulin Signaling in the Long-Lived Reproductive Caste of Ants," *Science* 377, no. 6610 (September 1, 2022): 1092–99, https://doi.org/10.1126/science.abm8767.

15. E. Cohen et al., "Opposing Activities Protect Against Age-Onset Proteotoxicity," *Science* 313, no. 5793 (September 15, 2006): 1604–10, https://doi.org/10.1126/science.1124646.

16. D. J. Clancy et al., "Extension of Life-span by Loss of CHICO, a *Drosophi*-

la Insulin Receptor Substrate Protein," *Science* 292, no. 5514 (April 6, 2001): 104–6, https://doi.org/10.1126/science.1057991.

17. M. Holzenberger et al., "IGF-1 Receptor Regulates Lifespan and Resistance to Oxidative Stress in Mice," *Nature* 421, no. 6919 (January 9, 2003): 182–87, https://doi.org/10.1038/nature01298; G. J. Lithgow and M. S. Gill, "Physiology: Cost-Free Longevity in Mice," *Nature* 421, no. 6919 (January 9, 2003): 125–26, https://doi.org/10.1038/421125a.

18. D. A. Bulger et al., "*Caenorhabditis elegans* DAF-2 as a Model for Human Insulin Receptoropathies," *G3 Genes|Genomes|Genetics* 7, no. 1 (January 1, 2017): 257–68, https:// doi.org/10.1534/g3.116.037184.

19. Y. Suh et al., "Functionally Significant Insulin-like Growth Factor I Receptor Mutations in Centenarians," *Proceedings of the National Academy of Sciences (PNAS) of the United States of America* 105, no. 9 (March 4, 2008): 3438–42, https://doi.org/10.1073/pnas.0705467105; T. Kojima et al., "Association Analysis Between Longevity in the Japanese Population and Polymorphic Variants of Genes Involved in Insulin and Insulin-like Growth Factor 1 Signaling Pathways," *Experimental Gerontology* 39, nos. 11/12 (November/December 2004): 1595–98, https://doi.org/10.1016/j.exger.2004.05.007.

20. 다음 논문의 참고문헌을 참고. Kenyon, "Genetics of Ageing," 504–12.

21. S. Honjoh et al., "Signalling Through RHEB-1 Mediates Intermittent Fasting-Induced Longevity in *C. elegans*," *Nature* 457, no. 7230 (February 5, 2009): 726–30, https://doi.org/10.1038/nature07583.

22. B. Lakowski and S. Hekimi, "The Genetics of Caloric Restriction in *Caenorhabditis elegans*," *Proceedings of the National Academy of Sciences (PNAS) of the United States of America* 95, no. 22 (October 27, 1998): 13091–96, https://doi.org/10.1073/pnas.95.22.13091.

23. D. W. Walker et al., "Evolution of Lifespan in *C. elegans*," *Nature* 405, no. 6784 (May 18, 2000): 296–97, https://doi.org/10.1038/35012693.

24. 2022년 8월 11일 저자가 스티븐 오라힐리와 나눈 대화.

25. H. R. Bridges et al., "Structural Basis of Mammalian Respiratory Complex I Inhibition by Medicinal Biguanides," *Science* 379, no. 6630 (January 26,

2023): 351–57, https://www.science.org/doi/10.1126/science.ade3332.

26. G. Rena, D. G. Hardie, and E. R. Pearson, "The Mechanisms of Action of Metformin," *Diabetologia* 60, no. 9 (September 2017): 1577–85, https://doi.org/10.1007/s00125-017-4342-z; T. E. LaMoia and G. I. Shulman, "Cellular and Molecular Mechanisms of Metformin Action," *Endocrine Reviews* 42, no. 1 (February 2021): 77–96, https://doi.org/10.1210/endrev/bnaa023.

27. L. C. Gormsen et al., "Metformin Increases Endogenous Glucose Production in Non-Diabetic Individuals and Individuals with Recent-Onset Type 2 Diabetes," *Diabetologia* 62, no. 7 (July 2019): 1251–56, https://doi.org/10.1007/s00125-019-4872-7.

28. H. Wu et al., "Metformin Alters the Gut Microbiome of Individuals with Treatment-Naive Type 2 Diabetes, Contributing to the Therapeutic Effects of the Drug," *Nature Medicine* 23, no. 7 (July 2017): 850–58, https://doi.org/10.1038/nm.4345.

29. A. P. Coll et al., "GDF15 Mediates the Effects of Metformin on Body Weight and Energy Balance," *Nature* 578, no. 7795 (February 2020): 444–48, https://doi.org/10.1038/s41586-019-1911-y.

30. A. Martin-Montalvo et al., "Metformin Improves Healthspan and Lifespan in Mice," *Nature Communications* 4 (2013): 2192, https://doi.org/10.1038/ncomms3192.

31. C. A. Bannister et al., "Can People with Type 2 Diabetes Live Longer Than Those Without? A Comparison of Mortality in People Initiated with Metformin or Sulphonylurea Monotherapy and Matched, Non-Diabetic Controls," *Diabetes, Obesity and Metabolism* 16, no. 11 (November 2014): 1165–73, https://doi.org/10.1111/dom.12354.

32. M. Claesen et al., "Mortality in Individuals Treated with Glucose-Lowering Agents: A Large, Controlled Cohort Study," *Journal of Clinical Endocrinology & Metabolism* 101, no. 2 (February 1, 2016): 461–69, https://doi.org/10.1210/jc.2015-3184.

33. L. Espada et al., "Loss of Metabolic Plasticity Underlies Metformin Toxicity in Aged *Caenorhabditis Elegans*," *Nature Metabolism* 2, no. 11 (November 2020): 1316–31, https://doi.org/10.1038/s42255-020-00307-1.

34. A. R. Konopka et al., "Metformin Inhibits Mitochondrial Adaptations to Aerobic Exercise Training in Older Adults," *Aging Cell* 18, no. 1 (February 2019): e12880, https://doi.org/10.1111/acel.12880.

35. Y. C. Kuan et al., "Effects of Metformin Exposure on Neurodegenerative Diseases in Elderly Patients with Type 2 Diabetes Mellitus," *Progress in Neuropsychopharmacol and Biological Psychiatry* 79, pt. B (October 3, 2017): 1777–83 (2017), https://doi.org/10.1016/j.pnpbp.2017.06.002.

36. "The Tame Trial: Targeting the Biology of Aging: Ushering a New Era of Interventions," American Federation for Aging Research (AFAR) online, 2023년 8월 1일 접속, https://www.afar.org/tame-trial.

37. 과렌티가 어떻게 이 연구에 뛰어들었으며, 그의 연구실에서 초기에 무엇을 발견했는지에 관해서는 그의 저서에 자세히 설명되어 있다. Lenny Guarente, *Ageless Quest: One Scientist's Search for Genes That Prolong Youth* (Cold Spring Harbor, NY: Cold Spring Harbor Press, 2003).

38. M. Kaeberlein, M. McVey, and L. Guarente, "The SIR2/3/4 Complex and SIR2 Alone Promote Longevity in *Saccharomyces cerevisiae* by Two Different Mechanisms," *Genes and Development* 13, no. 19, October 1, 1994, 2570–80, https:// doi.org/10.1101/gad.13.19.2570.

39. B. Rogina and S. L. Helfand, "Sir2 Mediates Longevity in the Fly Through a Pathway Related to Calorie Restriction," *Proceedings of the National Academy of Sciences (PNAS) of the United States of America* 101, no. 45 (November 2004): 15998–6003, https://doi.org/10.1073/Pnas.040418410; H. A. Tissenbaum and L. Guarente, "Increased Dosage of a Sir-2 Gene Extends Lifespan in *Caenorhabditis Elegans*," *Nature* 410, no. 6825 (March 8, 2001): 227–30, https://doi.org/10.1038/35065638.

40. S. Imai et al., "Transcriptional Silencing and Longevity Protein Sir2 Is an NAD-Dependent Histone Deacetylase," *Nature* 403, no. 6771 (February 17, 2000): 795–800, https://doi.org/10.1038/35001622; W. Dang et al., "Histone H4 Lysine 16 Acetylation Regulates Cellular Lifespan," *Nature* 459, no. 7248 (June 11, 2009): 802–7, https://doi.org/10.1038/nature08085.

41. S. J. Lin, P. A. Defossez, and L. Guarente, "Requirement of NAD and *SIR2* for Life-span Extension by Calorie Restriction in *Saccharomyces cere-*

visiae," *Science* 289, no. 5487 (September 22, 2000): 2126 – 28, https://doi.
org/10.1126/science.289.5487.2126; Rogina and Helfand, "Sir2 Mediates
Longevity in the Fly," 15998 – 6003.

42. L. Guarente and C. Kenyon, "Genetic Pathways That Regulate Ageing
in Model Organisms," *Nature* 408, no. 6809 (November 9, 2000): 255 – 62,
https://doi.org/10.1038/35041700.

43. K. T. Howitz. et al., "Small Molecule Activators of Sirtuins Extend *Sac-charomyces cerevisiae* Lifespan," *Nature* 425, no. 6809 (November 9, 2000):
191 – 96, https://doi.org/10.1038/nature01960.

44. J. A. Baur et al., "Resveratrol Improves Health and Survival of Mice on
a High-Calorie Diet," *Nature* 444, no. 7117 (November 16, 2006): 337 – 42,
https://doi.org/10.1038/nature05354; M. Lagouge et al., "Resveratrol Im-proves Mitochondrial Function and Protects Against Metabolic Disease
by Activating SIRT1 and PGC-1alpha," *Cell* 127, no. 6 (December 15, 2006):
1109 – 22, https://doi.org/10.1016/j.cell.2006.11.013.

45. M. Kaeberlein et al., "Sir2-Independent Life Span Extension by Calorie
Restriction in Yeast," *PLoS Biology* 2, no. 9 (September 2004): E296, https://
doi.org/10.1371/journal. pbio.0020296.

46. M. Kaeberlein et al., "Substrate-Specific Activation of Sirtuins by Resver-atrol," *Journal of Biological Chemistry* 280, no. 17 (April 2005): 17038 – 45,
https://doi.org/10.1074/jbc.M500655200.

47. M. Pacholec et al., "SRT1720, SRT2183, SRT1460, and Resveratrol Are Not
Direct Activators of SIRT1," *Journal of Biological Chemistry* 285, no. 11
(March 2010): 8340 – 51, https://doi.org/10.1074/jbc.M109.088682.

48. John La Mattina, "Getting the Benefits of Red Wine from a Pill? Not Like-ly," *Forbes* online, 2013년 3월 19일 최종 수정, https://www.forbes.com/
sites/johnlamattina/2013/03/19/getting-the-benefits-of-red-wine-from-a-pill-not-likely/.

49. B. P. Hubbard et al., "Evidence for a Common Mechanism of SIRT1 Reg-ulation by Allosteric Activators," *Science* 339, no. 6124 (March 8, 2013):
1216 – 19, https://doi.org/10.1126/science.1231097; H. Yuan and R. Mar-morstein, "Red Wine, Toast of the Town (Again)," *Science* 339, no. 6124

(March 8, 2013): 1156 – 57, https://doi.org/10.1126/science.1236463.

50. R. Strong et al., "Evaluation of Resveratrol, Green Tea Extract, Curcumin, Oxaloacetic Acid, and Medium–Chain Triglyceride Oil on Life Span of Genetically Heterogeneous Mice," *Journals of Gerontology: Series A* 68, no. 1 (January 2013): 6 – 16, https://doi.org/10.1093/gerona/gls070.

51. P. Fabrizio et al., "Sir2 Blocks Extreme Life–span Extension," *Cell* 123, no. 4 (November 18, 2005): 655 – 67, https://doi.org/10.1016/j.cell.2005.08.042; 함께 실린 논평도 참고. B. K. Kennedy, E. D. Smith, and M. Kaeberlein, "The Enigmatic Role of Sir2 in Aging," *Cell* 123, no. 4 (November 18, 2005): 548 – 50, https://doi.org/10.1016/j.cell.2005.11.002.

52. C. Burnett et al., "Absence of Effects of Sir2 Overexpression on Lifespan in *C. elegans and Drosophila*," *Nature* 477, no. 7365 (September 21, 2011): 482 – 85, https://doi.org/10.1038/nature10296; K. Baumann, "Ageing: A Midlife Crisis for Sirtuins," *Nature Reviews Molecular Cell Biology* 12, no. 11 (October 21, 2011): 688, https://doi.org/10.1038/nrm3218; D. B. Lombard et al., "Ageing: Longevity Hits a Roadblock," *Nature* 477, no. 7365 (September 21, 2011): 410 – 11, https://doi.org/10.1038/477410a; M. Viswanathan and L. Guarente, "Regulation of *Caenorhabditis elegans* lifespan by *sir-2.1* Transgenes," *Nature* 477, no. 7365 (September 21, 2011): E1 – 2, https://doi.org/10.1038/nature10440.

53. R. Mostoslavsky et al., "Genomic Instability and Aging–like Phenotype in the Absence of Mammalian SIRT6," *Cell* 124, no. 2 (January 24, 2006): 315 – 29, https://doi.org/10.1016/j.cell.2005.11.044; E. Michishita et al. "SIRT6 Is a Histone H3 Lysine 9 Deacetylase That Modulates Telomeric Chromatin," *Nature* 452, no. 7186 (March 27, 2008): 492 – 96, https://doi.org/10.1038/nature06736; A. Roichman et al., "SIRT6 Overexpression Improves Various Aspects of Mouse Healthspan," *Journals of Gerontology: Series A* 72, no. 5 (May 1, 2017): 603 – 15, https://doi.org/10.1093/gerona/glw152; X. Tian et al., "SIRT6 Is Responsible for More Efficient DNA Double–Strand Break Repair in Long–Lived Species," *Cell* 177, no. 3 (April 18, 2019): 622 – 38.e22, https://doi.org/10.1016/j.cell.2019.03.043.

54. C. Brenner, "Sirtuins Are Not Conserved Longevity Genes," *Life Metab-*

olism 1, no. 2 (October 2022), 122 – 33, https://doi.org/10.1093/lifemeta/loac025.

55. P. Belenky, K. L. Bogan, and C. Brenner, "NAD+ Metabolism in Health and Disease," *Trends in Biochemical Sciences* 32, no. 1 (January 2017): 12 – 19, https://doi.org/10.1016/j.tibs.2006.11.006.

56. H. Massudi et al., "Age-Associated Changes in Oxidative Stress and NAD+ Metabolism in Human Tissue," *PLoS One* 7, no. 7 (2012): e42357, https://doi.org/10.1371/journal. pone.0042357; X. H. Zhu et al., "In Vivo NAD Assay Reveals the Intracellular NAD Contents and Redox State in Healthy Human Brain and Their Age Dependences," *Proceedings of the National Academy of Sciences (PNAS) of the United States of America* 112, no. 9 (February 17, 2015): 2876 – 81, https://doi.org/10.1073/pnas.1417921112; A. J. Covarrubias et al., "NAD+ Metabolism and Its Roles in Cellular Processes During Ageing," *Nature Reviews Molecular Cell Biology* 22, no. 2 (February 2021): 119 – 41, https://doi.org/10.1038/s41580-020-00313-x.

57. H. Zhang et al., "NAD+ Repletion Improves Mitochondrial and Stem Cell Function and Enhances Life Span in Mice," *Science* 352, no. 6292 (April 28, 2016): 1436 – 43, https://doi.org/10.1126/science.aaf2693. 함께 실린 논평도 참고. L. Guarente, "The Resurgence of NAD+," *Science* 352, no. 6292 (April 28, 2016): 1396 – 97, https://doi.org/10.1126/science.aag1718; K. F. Mills et al., "Long-Term Administration of Nicotinamide Mononucleotide Mitigates Age-Associated Physiological Decline in Mice," *Cell Metabolism* 24, no. 6 (December 13, 2016): 795 – 806, https://doi.org/10.1016/j.cmet.2016.09.013.

58. 찰스 브레너, 저자와 주고받은 이메일, 2023년 1월 22일.

59. Partridge, Fuentealba, and Kennedy, "Quest to Slow Ageing," 513 – 32.

60. Global News Wire, "Nicotinamide Mononucleotide (NMN) Market Will Turn Over USD 251.2 to Revenue to Cross USD 953 Million in 2022 to 2028 Research by Business Opportunities, Top Companies, Opportunities Planning, Market-Specific Challenges," August 19, 2022, https://www.globenewswire.com/en/news-release/2022/08/19/2501489/0/en/Nicotinamide-Mononucleotide-NMN-Market-will-Turn-over-USD-251-2-

to-Revenue-to-Cross-USD-953-million-in-2022-to-2028-Research-by-Business-Opportunities-Top-Companies-opportunities-p.html.

9장 우리 몸속의 밀항자

1. Martin Weil, "Lynn Margulis, Leading Evolutionary Biologist, Dies at 73," *Washington Post* online, November 26, 2011, https://www.washington-post.com/local/obituaries/lynn-margulis-leading-evolutionary-biolo-gist-dies-at-73/2011/11/26/gIQAQ 5dezN_story.html.

2. Lynn Margulis, "Two Hit, Three Down— The Biggest Lie: David Ray Grif-fin's Work Exposing 9/11," in Dorion Sagan, ed., *Lynn Margulis: The Life and Legacy of a Scientific Rebel* (White River Junction, VT: Chelsea Green, 2012), 150–55.

3. Joanna Bybee, "No Subject Too Sacred," in Sagan, ed. *Lynn Margulis*, 156–62.

4. L. Sagan, "On the Origin of Mitosing Cells," *Journal of Theoretical Biology* 14, no. 3 (March 14, 1967): 255–74, https://doi.org/10.1016/0022-5193(67)90079-3.

5. ATP는 막을 사이에 두고 존재하는 양성자 농도차에 의해 만들어진다는 아이디어는 피터 미첼이 제안했으며, 처음에는 큰 논란이 되었다. 그는 연구를 계속해 마침내 1978년에 노벨상을 수상했다. Royal Swedish Academy of Sciences, "The Nobel Prize in Chemistry 1978: Peter Mitchell," press release, October 17, 1978. 다음 웹사이트에서 볼 수 있다. Nobel Prize online, https://www.nobelprize.org/prizes/chemistry/1978/press-release/. 1997년 노벨화학상의 일부는 실제로 ATP를 만들어내는 분자 터빈을 발견한 폴 보이어와 존 워커에게 돌아갔다. 노벨 위원회 보도자료는 이들의 업적을 탁월하게 기술했다. Royal Swedish Academy of Sciences, "The Nobel Prize in Chemistry 1997: Paul D. Boyer, John E. Walker, Jens C. Skou," press release, October 15, 1997. 다음 웹사이트에서 볼 수 있다. Nobel Prize online, https://www.nobelprize.org/prizes/chemistry/1997/press-release/.

6. F. Du et al., "Tightly Coupled Brain Activity and Cerebral ATP Metabolic

Rate," *Proceedings of the National Academy of Sciences (PNAS) of the United States of America* 105, no. 17 (April 29, 2008): 6409–14, https://doi.org/10.1073/pnas.0710766105. 이 논문을 알기 쉽게 설명한 출처는 다음을 참고. N. Swaminathan, "Why Does the Brain Need So Much Power?," *Scientific American* online, April 29, 2008, https://www.scientificamerican.com/article/why-does-the-brain-need-s/.

7. Ian Sample, "UK Doctors Select First Women to Have 'Three-Person Babies,'" *Guardian* (US edition) online, 2018년 2월 1일 최종 수정, https://www.theguardian.com/science/2018/feb/01/permission-given-to-create-britains-first-three-person-babies.

8. J. Valades et al, "ER Lipid Defects in Neuropeptidergic Neurons Impair Sleep Patterns in Parkinson's Diseases," *Neuron* 98, no. 6 (June 27, 2018): 1155–69, https://doi.org/10.1016/j.neuron.2018.05.022.

9. N. Sun, R. J. Youle, and T. Finkel, "The Mitochondrial Basis of Aging," *Molecular Cell* 61, no. 5 (March 3, 2016): 654–66, https://doi.org/10.1016/j.molcel.2016.01.028.

10. D. Harman, "Origin and Evolution of the Free Radical Theory of Aging: A Brief Personal History, 1954–2009," *Biogerontology* 10, no. 6 (December 2009): 773–81, https://doi.org/10.1007/s10522-009-9234-2.

11. R. S. Sohal and R. Weindruch, "Oxidative Stress, Caloric Restriction, and Aging," *Science* 273, no. 5271 (July 5, 1996): 59–63, https://doi.org/10.1126/science.273.5271.59.

12. E. R. Stadtman, "Protein Oxidation and Aging," *Free Radical Research* 40, no. 12 (December, 2006): 1250–58, https://doi.org/10.1080/10715760600918142.

13. S. E. Schriner et al., "Extension of Murine Life Span by Overexpression of Catalase Targeted to Mitochondria," *Science* 308, no. 5730 (June 24, 2005): 1909–11, https://doi.org/10.1126/science.1106653.

14. J. Hartke et al., "What Doesn't Kill You Makes You Live Longer—Longevity of a Social Host Linked to Parasite Proteins," *bioRxiv* (2022): https://doi.org/10.1101/2022.12.23.521666.

15. A. Rodríguez-Nuevo et al., "Oocytes Maintain ROS-free Mitochondrial

Metabolism by Suppressing Complex I," *Nature* 607, no. 7920 (July 2022): 756 – 61, https://doi.org/10.1038/s41586-022-04979-5.

16. G. Bjelakovic et al., "Mortality in Randomized Trials of Antioxidant Supplements for Primary and Secondary Prevention: Systematic Review and Metaanalysis," *Journal of the American Medical Association (JAMA)* 297, no. 8 (2007): (February 28, 2007): 842 – 57, https://doi.org/10.1001/jama.297.8.842.

17. S. Hekimi, J. Lapointe, and Y. Wen, "Taking a 'Good' Look at Free Radicals in the Aging Process," *Trends in Cell Biology* 21, no. 10 (October 2011): 569 – 76, https://doi.org/10.1016/j.tcb.2011.06.008. 이 증거에 대한 수준 높은 논의는 다음 출처를 참고. López-Otín et al., "Hallmarks of Aging," 1194 – 217, and A. Bratic and N. G. Larsson, "The Role of Mitochondria in Aging," *Journal of Clinical Investigation* 123, no. 3 (March 2013): 951 – 57, https://doi.org/10.1172/JCI64125.

18. 다음 논문의 참고문헌을 참고. Bratic and Larsson, "Role of Mitochondria," 951–57.

19. V. I. Pérez et al., "The Overexpression of Major Antioxidant Enzymes Does Not Extend the Lifespan of Mice," *Aging Cell* 8, no. 1 (February 2009): 73 –75, https://doi.org/10.1111/j.1474-9726.2008.00449.x.

20. W. Yang and S. Hekimi, "A Mitochondrial Superoxide Signal Triggers Increased Longevity in *Caenorhabditis elegans*," *PLoS Biology* 8, no. 12 (December 2010): e1000556, https://doi.org/10.1371/journal.pbio.1000556.

21. B. Andziak et al., "High Oxidative Damage Levels in the Longest-Living Rodent, the Naked Mole-Rat," *Aging Cell* 5, no. 6 (December 2006): 463 – 71, https://doi.org/10.1111/j.1474-9726.2006.00237.x; F. Saldmann et al., "The Naked Mole Rat: A Unique Example of Positive Oxidative Stress," *Oxidative Medicine and Cellular Longevity* 2019 (February 7, 2019): 4502819, https://doi.org/10.1155/2019/450281.9.

22. V. Calabrese et al., "Hormesis, Cellular Stress Response and Vitagenes as Critical Determinants in Aging and Longevity," *Molecular Aspects of Medicine* 32, nos. 4 – 6 (August – December 2011): 279 – 304, https://doi.org/10.1016/j.mam.2011.10.007.

23. A. Trifunovic et al., "Premature Ageing in Mice Expressing Defective Mitochondrial DNA Polymerase," *Nature* 429, no. 6990 (May 27, 2004): 417–23, https://doi.org/10.1038/nature02517. 다음 출처에서 이 논문과 이듬해 발표된 몇 편의 다른 논문을 묶어 요약했다. L. A. Loeb, D. C. Wallace, and G. M. Martin, "The Mitochondrial Theory of Aging and Its Relationship to Reactive Oxygen Species Damage and Somatic MtDNA Mutations," *Proceedings of the National Academy of Sciences (PNAS) of the United States of America* 102, no. 52 (December 19, 2005): 18769–70, https://doi.org/10.1073/pnas.0509776102.

24. E. F. Fang et al., "Nuclear DNA Damage Signalling to Mitochondria in Ageing," *Nature Reviews Molecular Cell Biology* 17, no. 5 (May 2016): 308–21, https://doi.org/10.1038/nrm.2016.14; R. H. Hämäläinen et al., "Defects in mtDNA Replication Challenge Nuclear Genome Stability Through Nucleotide Depletion and Provide a Unifying Mechanism for Mouse Progerias," *Nature Metabolism* 1, no. 10 (October 2019): 958–65, https://doi.org/10.1038/s42255-019-0120-1.

25. T. E. S. Kauppila, J. H. K. Kauppila, and N. G. Larsson, "Mammalian Mitochondria and Aging: An Update," *Cell Metabolism* 25, no. 1 (January 10, 2017): 57–71, https://doi.org/10.1016/j.cmet.2016.09.017.

26. N. Sun, R. J. Youle, and T. Finkel, "The Mitochondrial Basis of Aging," *Molecular Cell* 61, no. 5 (March 3, 2016): 654–66, https://doi.org/10.1016/j.molcel.2016.01.028.

27. C. Franceschi et al., "Inflamm-aging. An Evolutionary Perspective on Immunosenescence," *Annals of the New York Academy of Sciences* 908, no. 1 (June 2000): 244–54, https://doi.org/10.1111/j.1749-6632.2000.tb06651.x.

28. N. P. Kandul et al., "Selective Removal of Deletion-Bearing Mitochondrial DNA in Heteroplasmic Drosophila," *Nature Communications* 7 (November 14, 2016): art. 13100, https://doi.org/10.1038/ncomms13100.

29. M. Morita et al., "mTORC1 Controls Mitochondrial Activity and Biogenesis Through 4E-BP-Dependent Translational Regulation," *Cell Metabolism* 18, no. 5 (November 5, 2013): 698–711, https://doi.org/10.1016/j.cmet.2013.10.001.

30. B. M. Zid et al., "4E-BP Extends Lifespan upon Dietary Restriction by Enhancing Mitochondrial Activity in *Drosophila*," *Cell* 139, no. 1 (October 2, 2009): 149-60, https://doi.org/10.1016/j.cell.2009.07.034.

31. C. Cantó and J. Auwerx, "PGC-1α, SIRT1 and AMPK, an Energy Sensing Network That Controls Energy Expenditure," *Current Opinion in Lipidology* 20, no. 2 (April 2009): 98-105, https://doi.org/10.1097/mol.0b013e-328328d0a4.

32. C. Cantó and J. Auwerx, "PGC-1α, SIRT1 and AMPK, an Energy Sensing Network That Controls Energy Expenditure," *Current Opinion in Lipidology* 20, no. 2 (April 2009): 98-105, https://doi.org/10.1097/mol.0b013e-328328d0a4.

33. Sun, Youle, and Finkel, "Mitochondrial Basis of Aging," 654-66; J. L. Steiner et al., "Exercise Training Increases Mitochondrial Biogenesis in the Brain," *Journal of Applied Physiology* 111, no. 4 (October 2011): 1066-71, https://doi.org/10.1152/japplphysiol.00343.2011.

34. Z. Radak, H. Y. Chung, and S. Goto, "Exercise and Hormesis: Oxidative Stress-Related Adaptation for Successful Aging," *Biogerontology* 6, no. 1 (2005): 71-75, https://doi.org/10.1007/s10522-004-7386-7.

35. G. C. Rowe, A. Safdar, and Z. Arany, "Running Forward: New Frontiers in Endurance Exercise Biology," *Circulation* 129, no. 7 (February 18, 2014): 798-810, https://doi.org/10.1161/circulationaha.113.001590.

36. J. B. Stewart and N. G. Larsson, "Keeping mtDNA in Shape Between Generations," *PLoS Genetics* 10, no. 10 (October 9, 2014): e1004670, https://doi.org/10.1371/journal.pgen.1004670.

37. Y. Bentov et al., "The Contribution of Mitochondrial Function to Reproductive Aging," *Journal of Assistive Reproduction and Genetics* 28, no. 9 (September 2011): 773-83, https://doi.org/10.1007/s10815-011-9588-7.

10장 통증과 뱀파이어의 피

1. M. Serrano et al., "Oncogenic *ras* Provokes Premature Cell Senescence Associated with Accumulation of p53 and p16[INK4a]," *Cell* 88, no. 5 (March 7, 1997): 593–602, https://doi.org/10.1016/s0092-8674(00)81902-9; M. Narita and S. W. Lowe, "Senescence Comes of Age," *Nature Medicine* 11, no. 9 (September 2005): 920–22, https://doi.org/10.1038/nm0905-920.

2. M. Demaria et al., "An Essential Role for Senescent Cells in Optimal Wound Healing Through Secretion of PDGF-AA," *Developmental Cell* 31, no. 6 (December 22, 2014): 722–33, https://doi.org/10.1016/j.devcel.2014.11.012; M. Serrano, "Senescence Helps Regeneration," *Developmental Cell* 31, no. 6 (December 22, 2014): 671–72, https://doi.org/10.1016/j.devcel.2014.12.007.

3. 리뷰 논문들은 노화에서 노쇠 세포의 역할에 대해 포괄적인 지식을 제공한다. J. Campisi and F. d'Adda di Fagagna, "Cellular Senescence: When Bad Things Happen to Good Cells," *Nature Reviews Molecular Cell Biology* 8, no. 9 (September 2007): 729–40, https://doi.org/10.1038/nrm2233; J. M. van Deursen, "The Role of Senescent Cells in Ageing," *Nature* 509, no. 7501 (May 22, 2014): 439–46, https://doi.org/10.1038/nature13193; J. Gil, "Cellular Senescence Causes Ageing," *Nature Reviews Molecular Cell Biology* 20 (July 2019): 388, https://doi.org/10.1038/s41580-019-0128-0.

4. D. J. Baker et al., "Clearance of p16[Ink4a]-Positive Senescent Cells Delays Ageing-Associated Disorders," *Nature* 479, no. 7372 (November 2, 2011): 232–36, https://doi.org/10.1038/nature10600; D. J. Baker et al., "Naturally Occurring p16(Ink4a) Positive Cells Shorten Healthy Lifespan," *Nature* 530, no. 7589 (February 11, 2016): 184–89, https://doi.org/10.1038/nature16932. 다음 논평도 참고. E. Callaway, "Destroying Worn-out Cells Makes Mice Live Longer," *Nature* (February 3, 2016): https://doi.org/10.1038/nature.2016.19287.

5. M. Xu et al., "Senolytics Improve Physical Function and Increase Lifespan in Old Age," *Nature Medicine* 24, no. 8 (August 2018): 1246–56, https://doi.org/10.1038/s41591-018-0092-9.

6. Donavyn Coffey, "Does the Human Body Replace Itself Every 7 Years?," Live Science, 2022년 7월 22일 최종 수정, https://www.livescience.

com/33179-does-human-body-replace-cells-seven-years.html; P.
Heinke et al., "Diploid Hepatocytes Drive Physiological Liver Renewal
in Adult Humans," *Cell Systems* 13, no. 6 (June 15, 2022): 499–507.e12,
https://doi.org/10.1016/j.cels.2022.05.001; K. L. Spalding et al., "Dynamics
of Hippocampal Neurogenesis in Adult Humans," *Cell* 153, no. 6 (June 6,
2013): 1219–27, https://doi.org/10.1016/j.cell.2013.05.002; A. Ernst et al.,
"Neurogenesis in the Striatum of the Adult Human Brain," *Cell* 156, no. 5
(February 27, 2014): 1072–83, https://doi.org/10.1016/j.cell.2014.01.044.

7. 줄기세포 고갈에 대한 포괄적인 논의는 다음 출처를 참고. López-Otín
et al., "Hallmarks of Aging," 1194–217, https://doi.org/10.1016/
j.cell.2013.05.039.

8. A. Ocampo et al., "In Vivo Amelioration of Age-Associated Hallmarks by
Partial Reprogramming," *Cell* 167, no. 7 (December 15, 2016): 1719–33.e12,
https://doi.org/10.1016/j.cell.2016.11.052.

9. K. C. Browder et al., "In Vivo Partial Reprogramming Alters Age-Asso-
ciated Molecular Changes During Physiological Aging in Mice," *Nature
Aging* 2, no. 3 (March 2022): 243–53, https://doi.org/10.1038/s43587-022-
00183-2; D. Chondronasiou et al., "Multi-omic Rejuvenation of Naturally
Aged Tissues by a Single Cycle of Transient Reprogramming," *Aging Cell*
21, no. 3 (March 2022): e13578, https://doi.org/10.1111/acel.13578; D. Gill
et al., "Multi-omic Rejuvenation of Human Cells by Maturation Phase
Transient Reprogramming," *eLife* 11 (April 8, 2022): e71624, https://doi.
org/10.7554/eLife.71624.

10. Y. Lu et al., "Reprogramming to Recover Youthful Epigenetic Informa-
tion and Restore Vision," *Nature* 588, no. 7836 (December 2020): 124–29,
https://doi.org/10.1038/s41586-020-2975-4; 또한 다음을 보라. K. Servick,
"Researchers Restore Lost Sight in Mice, Offering Clues to Reversing Ag-
ing," *Science* online, 2020년 12월 2일 최종 수정, https://doi.org/10.1126/
science.abf9827.

11. J.-H. Yang et al., "Loss of Epigenetic Information as a Cause of Mam-
malian Aging," *Cell* 186, no. 2 (January 19, 2023), https://doi.org/10.1016/
j.cell.2022.12.027.

12. R. B. S. Harris, "Contribution Made by Parabiosis to the Understanding of Energy Balance Regulation," *Biochimica et Biophysica Acta (BBA)—Molecular Basis of Disease* 1832, no. 9 (September 2013): 1449–55, https://doi.org/10.1016/j.bbadis.2013.02.021.

13. C. M. McCay, F. Pope, and W. Lunsford, "Experimental Prolongation of the Life Span," *Journal of Chronic Diseases* 4, no. 2 (August 1956): 153–58, https://www.sciencedirect.com/science/article/abs/pii/0021968156900157. 이 분야를 개괄한 다음 출처에서 인용했다. M. Scudellari, "Ageing Research: Blood to Blood," *Nature* 517, no. 7535 (January 22, 2015): 426–29, https://doi.org/10.1038/517426a.

14. Scudellari, "Ageing Research," 426–29.

15. M. J. Conboy, I. M. Conboy, and T. A. Rando, "Heterochronic Parabiosis: Historical Perspective and Methodological Considerations for Studies of Aging and Longevity," *Aging Cell* 12, no. 3 (June 2013): 525–30, https://doi.org/10.1111/acel.12065.

16. S. A. Villeda et al., "The Ageing Systemic Milieu Negatively Regulates Neurogenesis and Cognitive Function," *Nature* 477, no. 7362 (August 31, 2011): 90–94, https://doi.org/10.1038/nature10357; S. A. Villeda et al., "Young Blood Reverses Age-Related Impairments in Cognitive Function and Synaptic Plasticity in Mice," *Nature Medicine* 20, no. 6 (June 2014): 659–63, https://doi.org/10.1038/nm.3569.

17. Conboy, Conboy, and Rando, "Heterochronic Parabiosis," 525–30.

18. J. Rebo et al, "A Single Heterochronic Blood Exchange Reveals Rapid Inhibition of Multiple Tissues by Old Blood," *Nature Communications* 7, no. 1 (June 10, 2016): art. 13363, https://doi.org/10.1038/ncomms13363.

19. Rebecca Robbins, "Young-Blood Transfusions Are on the Menu at Society Gala," *Scientific American* online, 2018년 3월 2일 최종 수정, https://www.scientificamerican.com/article/young-blood-transfusions-are-on-the-menu-at-society-gala/.

20. Scott Gottlieb, "Statement from FDA Commissioner Scott Gottlieb, M.D., and Director of FDA's Center for Biologics Evaluation and Research Peter Marks, M.D., Ph.D., Cautioning Consumers Against Receiving Young

Donor Plasma Infusions That Are Promoted as Unproven Treatment for Varying Conditions," U.S. Food and Drug Administration, press release, February 19, 2019, https://www.fda.gov/news-events/press-announcements/statement-fda-commissioner-scott-gottlieb-md-and-director-fdas-center-biologics-evaluation-and-0.

21. Emily Mullin, "Exclusive: Ambrosia, the Young Blood Transfusion Startup, Is Quietly Back in Business," OneZero, 2019년 11월 8일 최종 수정, https://onezero.medium.com/exclusive-ambrosia-the-young-blood-transfusion-startup-is-quietly-back-in-business-ee2b7494b417.

22. J. M. Castellano et al., "Human Umbilical Cord Plasma Proteins Revitalize Hippocampal Function in Aged Mice," *Nature* 544, no. 7651 (April 27, 2017): 488–92, https://doi.org/10.1038/nature22067; H. Yousef et al., "Aged Blood Impairs Hippocampal Neural Precursor Activity and Activates Microglia Via Brain Endothelial Cell VCAM1," *Nature Medicine* 25, no. 6 (June 2019): 988–1000, https://doi.org/10.1038/s41591-019-0440-4.

23. F. S. Loffredo et al., "Growth Differentiation Factor 11 Is a Circulating Factor That Reverses Age-Related Cardiac Hypertrophy," *Cell* 153, no. 4 (May 9, 2013): 828–39, https://doi.org/10.1016/j.cell.2013.04.015; M. Sinha et al., "Restoring Systemic GDF11 Levels Reverses Age-Related Dysfunction in Mouse Skeletal Muscle," *Science* 344, no. 6184 (May 9, 2014): 649–52, https://doi.org/10.1126/science.1251152; L. Katsimpardi et al., "Vascular and Neurogenic Rejuvenation of the Aging Mouse Brain by Young Systemic Factors," *Science* 344, no. 6184 (May 9, 2014): 630–34, https://doi.org/10.1126/science.1251141. 칼 짐머가 다음 기사에서 이 발견을 아주 쉽게 설명했다. Carl Zimmer, "Young Blood May Hold Key to Reversing Aging," *New York Times* online, May 4, 2014, https://www.nytimes.com/2014/05/05/science/young-blood-may-hold-key-to-reversing-aging.html.

24. O. H. Jeon et al., "Systemic Induction of Senescence in Young Mice After Single Heterochronic Blood Exchange," *Nature Metabolism* 4, no. 8 (August 2022): 995–1006, https://doi.org/10.1038/s42255-022-00609-6.

25. A. M. Horowitz et al., "Blood Factors Transfer Beneficial Effects of Exer-

cise on Neurogenesis and Cognition to the Aged Brain," *Science* 369, no. 6500 (July 10, 2020): 167–73, https://doi.org/10.1126/science.aaw2622.

26. J. O. Brett et al., "Exercise Rejuvenates Quiescent Skeletal Muscle Stem Cells in Old Mice Through Restoration of Cyclin D1," *Nature Metabolism* 2, no. 4 (April 2020): 307–17, https://doi.org/10.1038/s42255-020-0190-0.

27. M. T. Buckley et al., "Cell Type–Specific Aging Clocks to Quantify Aging and Rejuvenation in Regenerative Regions of the Brain," *Nature Aging* 3 (January 2023): 121–37, https://www.nature.com/articles/s43587-022-00335-4.

28. David Averre and Neirin Gray Desai, "Tech Billionaire, 45, Who Spends $2 Million a Year Trying to Reverse His Ageing Reveals Latest Gadget He Uses That Puts His Body Through the Equivalent of 20,000 Sit Ups in 30 Minutes," *Daily Mail* (London) online, 2023년 4월 5일 최종 수정, https://www.dailymail.co.uk/news/article-11942581/Tech-billionaire-45-spends-2million-year-trying-reverse-ageing-reveals-latest-gadget.html; Orianna Rosa Royle, "Tech Billionaire Who Spends $2 Million a Year to Look Young Is Now Swapping Blood with His 17-Year-Old Son and 70-Year-Old Father," *Fortune* online, 2023년 5월 23일 최종 수정, https://fortune.com/2023/05/23/bryan-johnson-tech-ceo-spends-2-million-year-young-swapping-blood-17-year-old-son-talmage-70-father/; Alexa Mikhail, "Tech CEO Bryan Johnson admits he saw 'no benefits' after controversially injecting his son's plasma into his body to reverse his biological age," *Fortune*, July 8, 2023, https://fortune.com/well/2023/07/08/bryan-johnson-plasma-exchange-results-anti-aging/.

11장 미치광이일까, 선지자일까?

1. S. Bojic et al., "Winter Is Coming: The Future of Cryopreservation," *BMC Biology* 19, no. 1 (March 24, 2021): 56, https://doi.org/10.1186/s12915-021-00976-8.

2. Paul Vitello, "Robert C. W. Ettinger, a Proponent of Life After (Deep-Fro-

zen) Death, Is Dead at 92," *New York Times* online, July 29, 2011, https://www.nytimes.com/2011/07/30/us/30ettinger.html; Associated Press, "Cryonics Pioneer Robert Ettinger Dies," *Guardian* (US edition) online, 2011년 7월 26일 최종 수정, https://www.theguardian.com/science/2011/jul/26/cryonics-pioneer-robert-ettinger-dies.

3. "Elon Musk on Cryonics," 일론 머스크와 잭 레이타의 인터뷰, 유튜브 비디오, 2:09, 2020년 5월 4일 핵 클럽(Hack Club)에서 업로드. https://www.youtube.com/watch?v=MSIjNKssXAc.

4. Daniel Terdiman, "Elon Musk at SXSW: 'I'd Like to Die on Mars, Just Not on Impact,'" CNET, 2013년 3월 9일 최종 수정, https://www.cnet.com/culture/elon-musk-at-sxsw-id-like-to-die-on-mars-just-not-on-impact/.

5. 이 문제를 비롯해 냉동보존술의 일반적인 문제를 매우 신랄한 어조로 다룬 신경생물학자 마이클 헨드릭의 다음 기사를 참고. "The False Science of Cryonics," *MIT Technology Review*, September 15, 2015, https://www.technologyreview.com/2015/09/15/109906/the-false-science-of-cryonics.

6. 2023년 1월 12일 저자가 앨버트 카도나와 나눈 대화.

7. Owen Bowcott and Amelia Hill, "14-Year-Old Girl Who Died of Cancer Wins Right to Be Cryogenically Frozen," *Guardian* (US edition) online, 2016년 11월 18일 최종 수정, https://www.theguardian.com/science/2016/nov/18/teenage-girls-wish-for-preservation-after-death-agreed-to-by-court.

8. Alexandra Topping and Hannah Devlin, "Top UK Scientist Calls for Restrictions on Marketing Cryonics," *Guardian* (US edition) online, 2016년 11월 18일 최종 수정, https://www.theguardian.com/science/2016/nov/18/top-uk-scientist-calls-for-restrictions-on-marketing-cryonics.

9. Tom Verducci, "What Really Happened to Ted Williams?," *Sports Illustrated* online, 2003년 8월 18일 최종 수정, https://vault.si.com/vault/2003/08/18/what-really-happened-to-ted-williams-a-year-after-the-jarring-news-that-the-splendid-splinter-was-being-frozen-in-a-cryonics-lab-new-details-including-a-decapitation-suggest-that-one-of-americas-greatest-heroes-may-never-rest-in.

10. 다음 웹페이지의 참고문헌들을 참고. https://en.wikipedia.org/wiki/List_of_

people_who_arranged_for_cryonics. 내가 보낸 메일에 닉 보스트롬은 이렇게 답했다. "언론에 그렇게 보도되었더군요. 하지만 전반적인 제 입장은 제 장례식이나 기타 사후 조치에 대해 언급하지 않는 것입니다…" 2023년 1월 11자 이메일.

11. Antonio Regalado, "A Startup Is Pitching a Mind-Uploading Service That Is '100 Percent Fatal,'" *MIT Technology Review* online, 2018년 3월 13일 최종 수정, https://www.technologyreview.com/2018/03/13/144721/a-start-up-is-pitching-a-mind-uploading-service-that-is-100-percent-fatal/.

12. Sharon Begley, "After Ghoulish Allegations, a Brain-Preservation Company Seeks Redemption," *Stat* (online), January 30, 2019, https:// www.statnews.com/2019/01/30/nectome-brain-preservation-redemption.

13. Evelyn Lamb, "Decades-Old Graph Problem Yields to Amateur Mathematician," Quanta, 2018년 4월 17일 최종 수정, https://www.quantamagazine.org/decades-old-graph-problem-yields-to-amateur-mathematician-20180417/.

14. Aubrey de Grey, "A Roadmap to End Aging," TED Talk, July 2005, 22:35, https://www.ted.com/talks/aubrey_de_grey_a_roadmap_to_end_aging/.

15. A. D. de Grey et al., "Time to Talk SENS: Critiquing the Immutability of Human Aging," *Annals of the New York Academy of Sciences* 959, no. 1 (April 2002): 452–62, discussion 463, https://doi.org/10.1111/j.1749-6632.2002.tb02115.x; A. D. de Grey, "The Foreseeability of Real Anti-Aging Medicine: Focusing the Debate," *Experimental Gerontology* 38, no. 9 (September 1, 2013): 927–34, https://doi.org/10.1016/s0531-5565(03)00155-4.

16. H. Warner et al., "Science Fact and the SENS Agenda: What Can We Reasonably Expect from Ageing Research," *EMBO Reports* 6, no. 11 (November 2005): 1006–8, https://doi.org/10.1038/sj.embor.7400555.

17. Estep et al., "Life Extension Pseudoscience and the SENS Plan," *MIT Technology Review*, 2006, http://www2.technologyreview.com/sens/docs/estepetal.pdf; Sherwin Nuland, "Do You Want to Live Forever?," *MIT Technology Review* online, 2005년 2월 1일 최종 수정, https://www.technologyreview.com/2005/02/01/231686/do-you-want-to-live-forever/.

18. 리처드 밀러, 오브리 드 그레이에게 보내는 공개 서한, *MIT Technology Review* online, November 29, 2005, https://www.technologyreview.

com/2005/11/29/274243/debating-immortality/.

19. 다큐멘터리 〈영생을 추구하는 사람들The Immortalists〉에서 오브리 드 그레이가 한 말. 위의 글.

20. Analee Armstrong, "Anti-Aging Foundation SENS Fires de Grey After Allegations He Interfered with Investigation into His Conduct," Fierce Biotech, 2021년 8월 23일 최종 수정, https://www.fiercebiotech.com/biotech/anti-aging-foundation-sens-turfs-de-grey-after-allegations-he-interfered-investigation-into.

21. SENS Research Foundation, "Announcement from the SRF Board of Directors," news release, March 23, 2022, https://www.sens.org/announcement-from-the-srf-board-of-directors/.

22. "Meet the Team," LEV Foundation online, 2023년 8월 7일 접속, https://www.levf.org/team.

23. David Sinclair, 다음 출처에 인용됨. Antonio Regalado, "How Scientists Want to Make You Young Again," *MIT Technology Review* online, 2022년 10월 25일 최종 수정, https://www.technologyreview.com/2022/10/25/1061644/how-to-be-young-again/.

24. Catherine Elton, "Has Harvard's David Sinclair Found the Fountain of Youth," *Boston* online, 2019년 10월 29일 최종 수정, https://www.boston-magazine.com/health/2019/10/29/david-sinclair/.

25. David Sinclair and Matthew LaPlante, *Lifespan: Why We Age, and Why We Don't Have To* (New York: Atria Books, 2019). 이한음 역, 《노화의 종말》(부키, 2020). 이 책에 대한 날카로운 비판은 다음 출처를 참고. C. A. Brenner, "A Science-Based Review of the World's Best-Selling Book on Aging," *Archives of Gerontology and Geriatrics* 104 (January 2023): art. 104825, https://doi.org/10.1016/j.archger.2022.104825.

26. David Sinclair, "This Is Not an Advice Article," LinkedIn, 2018년 6월 25일 최종 수정, https://www.linkedin.com/pulse/advice-article-david-sinclair.

27. 수많은 예 중 하나로, 수혈 시 발견된 소견들을 근거로 설립된 기업들에 대해서 다음 출처를 참고. Rebecca Robbins, "Young-Blood Transfusions Are on the Menu at Society Gala," *Scientific American* online, 2018년 3월 2일 최종 수정, https://www.scientificamerican.com/article/young-blood-transfu-

sions-are-on-the-menu-at-society-gala/.

28. S. J. Olshansky, L. Hayflick, and B. A. Carnes, "Position Statement on Human Aging," *Journals of Gerontology: Series A* 57, no. 8 (August 1, 2002): B292-97, https://doi.org/10.1093/gerona/57.8.b292. 총 51명의 노화 과학자가 이 성명서에 공동 서명했으며, 세 명의 대표 저자들은 알기 쉽게 설명한 다음 요약본을 발표하기도 했다. "Essay: No Truth to the Fountain of Youth," *Scientific American* 286, no. 6 (June 2002): 92-95, https://doi.org/10.1038/scientificamerican0602-92.

29. 예컨대 다음 출처들을 참고. Todd Friend, "Silicon Valley's Quest to Live Forever," *New Yorker* online, 2017년 3월 27일 최종 수정, https://www.newyorker.com/magazine/2017/04/03/silicon-valleys-quest-to-live-forever; Anjana Ahuja, "Silicon Valley's Billionaires Want to Hack the Ageing Process," *Financial Times* online, 2021년 9월 7일 최종 수정, https://www.ft.com/content/24849908-ac4a-4a7d-b53c-847963ac1228; Anjana Ahuja, "Can We Defeat Death?," *Financial Times* online, 2021년 10월 29일 최종 수정, https://www.ft.com/content/60d9271c-ae0a-4d44-8b11-956cd2e484a9.

30. 이 말은 다음 출처에서 언급한 아이디어를 쉽게 표현한 것이다. Antonio Regalado, "Meet Altos Labs, Silicon Valley's Latest Wild Bet on Living Forever," *MIT Technology Review* online, 2021년 9월 4일 최종 수정, https://www.technologyreview.com/2021/09/04/1034364/altos-labs-silicon-valleys-jeff-bezos-milner-bet-living-forever/.

31. Yuri Milner, *Eureka Manifesto*, https://yurimilnermanifesto.org/.

32. Antonia Regalado, "Meet Altos Labs, Silicon Valley's Latest Wild Bet on Living Forever," *MIT Technology Review* online, 2021년 9월 4일 최종 수정, https://www.technologyreview.com/2021/09/04/1034364/altos-labs-silicon-valleys-jeff-bezos-milner-bet-living-forever/.

33. Hannah Kuchler, "Altos Labs Insists Mission Is to Improve Lives Not Cheat Death," *Financial Times* online, 2022년 1월 23일 최종 수정, https://www.ft.com/content/f3bceaf2-0d2f-4ec7-b767-693bf01f9630.

34. 저자는 2022년 6월 22일 케임브리지 대학 캠퍼스에서 열린 알토스 랩스의 창립 기념식에 참석했다.

35. 마이클 홀, 저자와 주고받은 이메일, 2021년 9월 2일.

36. 노화에 맞서기 위한 전략과 약물의 포괄적인 목록은 다음 출처에서 찾아볼 수 있다. Partridge, Fuentealba, and Kennedy, "Quest to Slow Ageing," 513 – 32.

37. M. Eisenstein, "Rejuvenation by Controlled Reprogramming Is the Latest Gambit in Anti-Aging," *Nature Biotechnology* 40, no. 2 (February 2022): 144 – 46, https://doi.org/10.1038/d41587-022-00002-4.

38. Olshansky, Hayflick, and Carnes, "Position Statement," B292 – 97.

39. K. S. Kudryashova et al., "Aging Biomarkers: From Functional Tests to Multi-Omics Approaches," *Proteomics* 20, nos. 5/6 (March 2020): art. E1900408, https://doi.org/10.1002/pmic.201900408; Buckley et al., "Cell Type – Specific Aging Clocks."

40. Kudryashova et al., "Aging Biomarkers: From Functional Tests to Multi-Omics Approaches"; Buckley et al., "Cell Type – Specific Aging Clocks."

41. A. D. de Grey, "The Foreseeability of Real Anti-Aging Medicine: Focusing the Debate," *Experimental Gerontology* 38, no. 9 (September 1, 2003): 927 – 34, https://doi.org/10.1016/s0531-5565(03)00155-4.

42. "Health State Life Expectancies, UK: 2018 to 2020," Office of National Statistics (UK) online, 2022년 3월 4일 최종 수정, https://www.ons.gov.uk/peoplepopulationandcommunity/healthandsocialcare/healthandlifeexpectancies/bulletins/health statelifeexpectanciesuk/latest.

43. Jean-Marie Robine, "Aging Populations: We Are Living Longer Lives, But Are We Healthier?," United Nations Department of Economic and Social Affairs, Population Division, online, September 2021, https://desapublications.un.org/file/653/download.

44. Oliver Wendell Holmes, *The Deacon's Masterpiece or the Wonderful One-Hoss Shay*, Cambridge, MA: Houghton, Mifflin, 1891. 하워드 파일이 삽화를 그렸다. 다음 웹사이트에서도 볼 수 있다. http://www.ibiblio.org/eldritch/owh/shay.html.

45. 펄스, 이메일, 2021년 11월 27일.

46. S. L. Andersen et al., "Health Span Approximates Life Span Among Many Supercentenarians: Compression of Morbidity at the Approximate Lim-

it of Life Span," *Journals of Gerontology: Series A* 67, no. 4 (April 2012): 395–405 (2012), https://doi.org/10.1093/gerona/glr223.

47. P. Sebastiani et al., "A Serum Protein Signature of APOE Genotypes in Centenarians," *Aging Cell* 18, no. 6 (December 2019): e13023, https://doi.org/10.1111/acel.13023; B. N. Ostendorf et al., "Common Germline Variants of the Human APOE Gene Modulate Melanoma Progression and Survival," *Nature Medicine* 26, no. 7 (July 2020): 1048–53, https://doi.org/10.1038/s41591-020-0879-3; B. N. Ostendorf et al., "Common Human Genetic Variants of APOE Impact Murine COVID-19 Mortality," *Nature* 611, no. 7935 (November 2022): 346–51, https://doi.org/10.1038/s41586-022-05344-2.

12장 과연 영원히 살아야 할까?

1. United Nations Department of Economic and Social Affairs, Population Division, *World Population Prospects* 2022: Summary of Results (New York: United Nations, 2022), https://www.un.org/development/desa/pd/sites/www.un.org.development.desa.pd/files/wpp2022_summary_of_results.pdf.

2. David E. Boom and Leo M. Zucker, "Aging Is the Real Population Bomb," *Finance & Development* online, June 2022, 58–61, https://www.imf.org/en/Publications/fandd/issues/Series/Analytical-Series/aging-is-the-real-population-bomb-bloom-zucker.

3. Veena Raleigh, "What Is Happening to Life Expectancy in England?," King's Fund online, 2022년 8월 10일 최종 수정, https://www.kingsfund.org.uk/publications/whats-happening-life-expectancy-england.

4. R. Chetty et al., "The Association Between Income and Life Expectancy in the United States, 2001–2014," *Journal of the American Medical Association* (JAMA) 315, no. 16 (April 26, 2016): 1750–66, https://doi.org/10.1001/jama.2016.4226.

5. V. J. Dzau and C. A. Balatbat, "Health and Societal Implications of Medi-

cal and Technological Advances," *Science Translational Medicine* 10, no. 463 (October 17, 2018): eaau4778, https://doi.org/10.1126/scitranslmed. aau4778; D. Weiss et al. "Innovative Technologies and Social Inequalities in Health: A Scoping Review of the Literature," *PLoS One* 13, no. 4 (April 3, 2018): e0195447 (2018), https://doi.org/10.1371/journal.pone.0195447; Fiona McMillan, "Medical Advances Can Exacerbate Inequality," *Cosmos* online, 2018년 10월 21일 최종 수정, https://cosmosmagazine.com/people/ medical-advances-can-exacerbate-inequality/.

6. D. R. Gwatkin and S. K. Brandel, "Life Expectancy and Population Growth in the Third World," *Scientific American* 246, no. 5 (May 1982): 57–65, https://doi.org/10.1038/scientificamerican0582-57.

7. 일론 머스크의 트윗, 2022년 8월 26일, https://twitter.com/elonmusk/status/1563020169160851456.

8. J. R. Goldstein and W. Schlag, "Longer Life and Population Growth," *Population and Development Review* 25, no. 4 (December 1999): 741–47, https://doi.org/10.1111/j.1728-4457.1999.00741.x.

9. 다음 글에서 인용한 폴 루트 올프의 말. Jenny Kleeman, "Who Wants to Live Forever? Big Tech and the Quest for Eternal Youth," *New Statesman* online, 2021년 10월 13일 최종 수정, https://www.newstatesman.com/longreads/2022/12/live-forever-big-tech-search-quest-eternal-youth-longread.

10. Angelique Chrisafis, "More Than 1.2 Million March in France over Plan to Raise Pension Age to 64," *Guardian* (US edition) online, 2023년 3월 7일 최종 수정, https://www.theguardian.com/world/2023/mar/07/nationwidestrikes-in-france-over-plan-to-raise-pension-age-to-64.

11. Annie Lowrey, "The Problem with the Retirement Age Is That It's Too High," *Atlantic* online, 2023년 4월 15일 최종 수정, https://www.theatlantic.com/ideas/archive/2023/04/social-security-benefits-france-pension-protests/673733/.

12. 다음 매체와의 인터뷰. Channel 4 (UK), May 27, 2005.

13. 가즈오 이시구로, 저자와 주고받은 이메일, 2021년 8월 6일.

14. T. A. Salthouse, "When Does Age-Related Cognitive Decline Begin?,"

Neurobiology of Aging 30, no. 4 (April 2009): 507 – 14, https://doi.
org/10.1016/j.neurobiolaging.2008.09.023; L. G. Nilsson et al., "Challenging
the Notion of an Early-Onset of Cognitive Decline," *Neurobiology of Ag-
ing* 30, no. 4 (April 2009): 521 – 24, discussion 530, https://doi.org/10.1016/
j.neurobiolaging.2008.11.013; T. Hedden and J. D. Gabrieli, "Insights into
the Ageing Mind: A View from Cognitive Neuroscience," *Nature Reviews
Neuroscience* 5, no. 2 (February 2004): 87 – 96, https://doi.org/10.1038/
nrn1323.

15. A. Singh-Manoux et al., "Timing of Onset of Cognitive Decline: Results
from Whitehall II Prospective Cohort Study," *BMJ* 344, no. 7840 (January 5,
2012): d7622, https://doi.org/10.1136/bmj.d7622.

16. D. Murman, "The Impact of Age on Cognition," *Seminars in Hearing* 36,
no. 3 (2015): 111 – 21, https://doi.org/10.1055/s-0035-1555115.

17. Household total wealth in Great Britain: April 2018 to March 2020,
Office of National Statistics, January 7 2022, https://www.ons.gov.uk/
peoplepopulationandcommunity/personalandhouseholdfinances/inco-
meandwealth/bulletins/totalwealthingreatbritain/april2018tomarch2020;
Donald Hays and Briana Sullivan, The Wealth of Households: 2020, Unit-
ed States Census Bureau, August 2022, https://www.census.gov/content/
dam/Census/library/publications/2022/demo/p70br-181.pdf.

18. D. Murman, "The Impact of Age on Cognition," *Seminars in Hearing* 36,
no. 3 (2015): 111 – 21, https://doi.org/10.1055/s-0035-1555115.

19. Tom Williams, "Oxford Professors 'Forced to Retire' Win Tribunal Case,"
Times Higher Education, March 17, 2023, https://www.timeshighereduca-
tion.com/news/oxford-professors-forced-retire-win-tribunal-case.

20. P. B. Moore, "Neutrons, Magnets, and Photons: A Career in Structural Bi-
ology," *Journal of Biological Chemistry* 287, no. 2 (January 2012): 805 – 18,
https://doi.org/10.1074/jbc.X111.324509.

21. V. Skirbekk, "Age and Individual Productivity: A Literature Survey" (MPIDR
working paper WP 2003 – 028, Max Planck Institute for Demographic Research, Ros-
tock, Ger., August 2003), https://www.demogr.mpg.de/papers/working/wp-
2003-028.pdf; C. A. Viviani. et al. "Productivity in Older Versus Younger

Заtkѕ1

фор21

Workers: A Systematic Literature Review," *Work* 68, no. 3 (2021): 577–618, https://doi.org/10.3233/WOR-203396.o.

22. P. A. Boyle et al., "Effect of a Purpose in Life on Risk of Incident Alzheimer Disease and Mild Cognitive Impairment in Community-Dwelling Older Persons," *Archives of General Psychiatry* 67, no. 3 (March 2010): 304–10, https://doi.org/10.1001/archgenpsychiatry.2009.208; R. Cohen, C. Bavishi, and A. Rozanski, "Purpose in Life and Its Relationship to All-Cause Mortality and Cardiovascular Events: A Meta-Analysis," *Psychosomatic Medicine* 78, no. 2 (February/March 2016): 122–33, https://doi.org/10.1097/PSY.0000000000000274.

23. A. Steptoe et al., "Social Isolation, Loneliness, and All-Cause Mortality in Older Men and Women," *Proceedings of the National Academy of Sciences (PNAS) of the United States of America* 110, no. 15 (March 25, 2013): 5797–801, https://doi.org/10.1073/pnas.1219686110; J. Holt-Lunstad et al., "Loneliness and Social Isolation as Risk Factors for Mortality: A Meta-Analytic Review," *Perspectives on Psychological Science* 10, no. 2 (March 2015): 227–37, https://doi.org/10.1177/1745691614568352.

24. Allison Arieff, "Life Is Short. That's the Point," *New York Times* online, August 18, 2018, https://www.nytimes.com/2018/08/18/opinion/life-is-short-thats-the-point.html.

25. *Report: Living to 120 and Beyond: Americans' Views on Aging, Medical Advances and Radical Life Extension* (Washington, DC: Pew Research Center, August 6, 2013), https://www.pewresearch.org/religion/2013/08/06/living-to-120-and-beyond-americans-views-on-aging-medical-advances-and-radical-life-extension/.

옮긴이의 말

중학교 때 한문 선생님은 우리를 가르치고 정년퇴임하셨다. 그러니까 65세, 어쩌면 60세였을 것이다. 나이에 걸맞지 않게 한문을 좋아했던 나는 수업에 집중하려고 했지만 번번이 실패했다. 선생님이 말씀하실 때마다 덜그럭거리는 틀니가 입 밖으로 튀어나올까 봐 마음이 조마조마했기 때문이다. 허옇게 센 머리에 얼굴에는 주름이 자글자글한 선생님은 무척 인자하셨지만, 구부정하게 선 채 잘 나오지 않는 쉰 목소리로 수업을 하기가 힘이 부치셨던 모양이다. 10분쯤 남으면 한자 쓰기 연습을 시킨 후 의자에 앉아 꾸벅꾸벅 조시곤 했다.

지금 80대 중반이 되신 내 아버지를 뵐 때마다 한문 선생님을 떠올린다. 이제는 80대 노인 중에도 그처럼 '노쇠한' 사람을 보기 어렵다. 100세 가까운 나이에도 비교적 건강하게 살아가는 어르신들이 얼마든지 있다. 50대인 나도 꽤 늦게까지 건강을 유지하며 글을 쓸 수 있으리라 기대한다. 20대인 내 딸들은 120살이나 150살까지 살 수도 있지 않을까?

수명이 길어지면서 장수와 노년 건강에 대한 관심이 크게 늘었다. 유례없는 불황에 시달리는 출판계에서도 노화에 관한 책은 해마다 베스트셀러 목록에 오른다. 언론 기사도 넘쳐나고, 자고 일어나면 노화 관련 유튜브나 팟캐스트, 블로그가 생긴다. 무병장수에 도움이 된다는 식품, 보충제, 건강보조제, 생약, 비타민이 어찌나 많은지 정신이 어질어질할 지경이다. 그 많은 책, 기사, 영상, 방송, 선전들은 어디까지 믿을 수 있을까?

이 책의 번역을 의뢰받았을 때 두 번 놀랐다. 저자가 벤키 라마크리슈난이었고, 주제가 노화와 죽음이었기 때문이다. 라마크리슈난은 리보솜의 구조와 기능을 밝힌 공로로 2009년 노벨 화학상을 수상하고, 영국 왕립학회장을 지낸 대학자다. 노벨상도 대단하지만, 왕립학회장은 정말 아무나 하는 것이 아니다. 아이작 뉴턴이 왕립학회 12대 회장이었으며, 라마크리슈난은 62대 회장이었다. 사실 재작년에 그의 첫 번째 저서《유전자 기계Gene Machine》를 인상 깊게 읽고 번역할까 생각했었다. 인도 출신 청년이 숱한 어려움을 헤치고 꿋꿋이 학문의 길을 걸어 마침내 생명의 가장 깊은 수수께끼 중 하나를 푸는 과정을 담담하게 묘사한 인간 드라마 속에 첨단 생물학이 버무려진 고급 논픽션이었다. 내심 신뢰하는 저자가 노화와 죽음에 관한 책을 쓰다니!

어쩌면 라마크리슈난은 우리나라에 잘 맞는 저자일 것이다.

일단 인도인으로서 어딘지 모르게 동양적 정서를 풍기는 데다, 특유의 꼬장꼬장한 기질로 비과학적인 사이비들, 터무니없는 이윤을 노리는 낯짝 두꺼운 과학계 인사들, 너무 일찍 너무 크게 성공한 탓에 졸부 티를 팍팍 내는 기술산업계 거물들을 사정없이 비판한다.(듣고 있나? 머스크, 페이지, 저커버그!) 생물학에 대한 이해가 깊은 것은 말할 것도 없고, 다방면에 박학다식한 데다 뭔가를 파고들면 끝장을 보는 성격으로 의문을 남겨놓는 법이 없는 동시에 전체를 아우르는 균형을 잃지 않는다. 이 책 또한 길지 않은 분량 속에 노화와 죽음에 관해 과학적으로 의미있는 사실을 빼놓지 않고 다룬다. 이 분야를 공부하고 싶은 독자라면 이 책을 안내서 삼아 관심 가는 주제를 더 깊이 파고드는 방식으로 시간과 노력을 아낄 수 있을 것이다.

책을 펼쳐보자. 전채 요리처럼 온갖 동물, 특히 포유동물의 수명과 노화에 관한 이야기가 등장한다. 신기한 동물의 세계를 거닐며 우리는 생명의 본질에 대해 다시 한번 생각하는 한편, 죽음과 노화라는 당연한 생물학적 현상 역시 진화라는 큰 틀에서 봐야 함을 깨닫는다. 입맛을 돋우었다면 이제 본격적으로 생명 현상을 탐구할 차례다. 주요리는 두말할 것도 없이 세포와 DNA와 단백질이다.

DNA에 관해서는 환경이 DNA를 변화시킬 수 있다는 발견에 뒤이어 DNA 복구기전이 밝혀진 역사를 짚는다. 세포 노쇠와 세포 자멸사를 슬쩍 건드린 후, 노화 및 죽음에 관해서는 DNA 말단 문제와 게놈을 유연하게 사용하는 기전이 중요하다고 명쾌하게 지적한다. 말단 문제란 텔로미어(말단소체)이며, 유연한 사용이란 DNA 메틸화와 아세틸화로 대표되는 후성유전을 말한다. 텔로미어 복원효소, 전사인자, 줄기세포, 생물복제 등 생물학의 굵직한 주제들이 등장하지만, 이런 개념을 발견한 사람들의 생생한 일대기를 함께 버무려 어렵거나 지루하지 않다. 오히려 와딩턴의 골짜기 비유를 통해 생물학적 시간은 왜 거꾸로 흐를 수 없는지 등의 철학적 질문을 궁구하는 독자들이 많으리라 기대한다.

이제 논의는 라마크리슈난 선생의 전문 분야인 단백질로 넘어간다. 단백질의 3차원 구조를 형성하는 '접힘'이 얼마나 중요한지 강조하면서 미접힘 단백질과 프리온 등이 알츠하이머병 같은 노화 관련 질병에서 어떤 의미를 갖는지 살피고, 세포 내에서 이런 단백질 이상에 대처하는 통합 스트레스 반응을 들여다본다.

비만이 몸에 나쁘다면 열량 제한(금식 또는 절식)은 건강에 좋을까? 그렇다! 그렇다면 마음껏 먹고도 열량 제한의 건강 효과를 누릴 수는 없을까? 이런 질문에서 시작하는 라파마이신과 TOR 이야기, 그리고 예쁜꼬마선충의 장수 유전자에서 출발하는 IGF 이야기는 그 자체로 흥미로운 지적 모험담일뿐더러, 나중에 그 모든 것이 하나로 통합되는 부분에 이르면 독자는 생명의 본질을 붙잡은 듯 엄청난 지적 희열을 느낄 것이다. 노화 및 죽음이란 결국 생명이 에너지를 다루는 방식과 깊은 연관이 있는 것이다! 일각에서 항노화제로 챙겨먹는 메트포민, 시르투인,

NAD 이야기도 흥미롭다.

'생명이 에너지를 다루는 방식'이라면 미토콘드리아를 빼놓을 수 없다. 단세포 생물 속에 다른 단세포 생물이 기생하면서 시작되었다는 미토콘드리아의 기원은 생각할수록 신기하지만, 노화 및 죽음과 떼려야 뗄 수 없는 항산화, 염증노화, 세포 노쇠(특히 줄기세포 노쇠) 등이 모두 미토콘드리아와 관련된다는 사실은 기나긴 진화의 역사 속에서 우리가 무엇을 얻고, 어떤 대가를 치렀는가 하는 성찰로 이어진다. 항산화제의 건강 관련 효과가 그리 믿을 만하지 않다는 사실도 덤으로 알고 넘어가자.

논의는 과학과 상업주의로 옮겨간다. 거액을 지불하고 젊은 이의 피를 수혈받는 부자들의 이야기, 인체냉동보존술, 마인드 업로딩, 공학적 노화방지 전략 등을 살펴보면 인간이 늙지 않고 죽지 않는다는 꿈을 이루기 위해 얼마나 무모해질 수 있는지 혀를 내두르게 된다. 하지만 내 중학 시절 한문 선생님의 이야기에서 보듯 인류는 수명과 건강 수명을 꾸준히 늘려왔으며, 불과 수십 년 전만 해도 상상할 수 없는 속도로 그런 변화가 일어나고 있는 것 역시 부정할 수 없다. 저자 역시 지나친 상업주의와 분수를 넘는 무모함을 신랄하게 비판하면서도 미래에 인류가 무엇을 성취할 것인지에 대해 섣불리 한계를 두지 않는다. "우리가 기술의 영향을 단기적으로는 과대평가하고 장기적으로는 과소평가하는 경향이 있다"는 말을 인용하며, "환멸과 불만의 겨울을 지나고 나면 결국 중요한 진보들을 이룰 것"으로 전망한다. 마지막 장의 제목을 '과연 영원히 살아야 할까?'라고 달면서

다가올 장수의 시대를, 그때 인간과 삶의 의미가 어떻게 변할지를 건전하고 상식적인 태도로 진지하게 생각해보자고 권유하는 것이다.

책을 옮기고, 몇 번을 다시 읽고, 라마크리슈난 선생께 직접 이메일을 보내 궁금한 점을 물으면서 삶과 죽음이라는 생물학의 영원한 화두를 깊이 생각할 기회를 가졌다는 데 감사한다. 인간은 대략 40조 개의 세포로 이루어져 있다고 한다. 그 세포 하나하나마다 헤아릴 수 없이 많은 단백질과 핵산과 다른 분자들이 조화롭게 상호작용하면서 생명이라는 장대한 서사시를 써낸다. 실로 모든 생명체 안에 우주만큼 광대하고 복잡하고 아름답고 위대한 질서가 흐르고 있다. 모든 생명체가 우주를 품고 있다면 세상에 하찮은 생명이 있을 수 있겠는가? 그렇다면 노화와 죽음의 과학은 실로 생명의 과학이 아닐까?

2024년 5월 제주에서 옮긴이

찾아보기

A-Z

age-1 212-214, 216, 228, 229
AIDS/HIV 244
APOE 유전자 APOE gene 315
B 세포 B cells 202
BRCA1 유전자 BRCA1 gene 98
CHICO 218
c-Myc 273
daf 213
daf-16 215, 216, 219, 220, 230
daf-2 214-216, 218-220, 229, 301
DNA (디옥시리보핵산 deoxyribonucleic acid) 29, 75-84, 120-151
　　단백질 상호작용 76-82, 108, 109
　　돌연변이 → '돌연변이' 항목 참조
　　백세인의 - 68
　　인간 게놈 프로젝트 120-124
　　전사인자 135-139, 216, 230
　　후성유전학 126-129, 139, 140, 143, 229
DNA 메틸화 DNA methylation 138-144, 273, 368, 369
DNA 복구 DNA repair 91-102, 146, 236, 254, 260, 273, 306
DNA 손상 반응 DNA damage response 99-102, 109-116, 145, 256, 265, 266, 270
DrTOR 196

eat-1 220
GDF11 (성장분화인자 growth differentiation factor 11) 279
IGF-1 (인슐린 유사 성장인자 insulin-like growth factor) 215, 217-223, 227, 230
〈MIT 테크놀로지 리뷰〉 MIT Technology Review 296
LEV 재단 LEV Foundation 297
livingto100.com 68
MRC 분자생물학 연구소 MRC Laboratory of Molecular Biology 209, 213, 290
mRNA (전령 RNA messenger RNA) 78-80, 135, 158, 166, 198, 199, 209, 228, 280
mTOR 196
p53 (종양 단백질 p53) 99, 100, 265
RNA (리보 핵산 ribonucleic acid) 78-80, 93, 94
SENS (공학적 노화방지전략 strategies for engineered negligible senescence) 295, 296
SIR 단백질 SIR proteins 229-236
Sir2 229-235
SIRT1 231-233
SIRT6 235
T 세포 T cells 202
TOR (target of rapamycin) 194-212,

219, 220, 226-228, 236, 259, 306, 307
TOR1 194, 195
TOR2 194, 195
TTAGGG 112
TTGGGG 111, 112
X선 X-rays 85, 88, 91, 93, 97, 110
zTOR 196
9/11 공격 9/11 attacks (2001) 244

ㄱ

가쓰사부로, 야마기와 Katsusaburo, Yamagiwa 84
가이듀섹, 칼턴 Gajdusek, Carleton 170-173
가이아 가설 Gaia hypothesis 243
간헐적 단식 intermittent fasting 186
갈라파고스 거북 Galapagos tortoises 53, 54
감염병 infectious diseases 61, 173, 174, 183
강황 turmeric 234
개 dogs 204, 217
개구리 frogs 131
개미 ants 58, 144, 145, 217, 254
개체결합 parabiosis 275-280
거던, 존 Gurdon, John 129-133, 135
거머, 존 Gummer, John 173
거짓 유전자 pseudogenes 124
게놈 genome 29, 229
　　인간 게놈 프로젝트 120-124
게놈의 수호자 Guardian of the Ge-nome → 'p53' 항목 참조
게이츠, 빌 Gates, Bill 303
게이츠, 프레더릭 Gates, Frederick 91
계몽주의 Enlightenment 13

고정지능 'crystallized abilities' 331
고흐, 빈센트 반 van Gogh, Vincent 63, 64
골, 조지프 Gall, Joseph 111
골관절염 osteoarthritis 158, 265
골다공증 osteoporosis 98
곰퍼츠, 벤저민 Gompertz, Benjamin 54
곰퍼츠의 법칙 Gompertz's law 55, 59, 65
과렌티, 레너드 Guarente, Leonard 228-233, 235, 236, 301
과일과 야채 fruits and vegetables 255
관절염 arthritis 135, 158, 262, 265
관절통 joint pain 265
광우병 bovine spongiform encepha-lopathy 173
광우병 mad cow disease 173
구글 Google 168, 329
구아닌 guanine 77
그라이더, 캐럴 Greider, Carol 113
그린란드 상어 Greenland sharks 47, 53, 56
글라스, 로버트 Glasse, Robert 171
글락소스미스클라인 GlaxoSmithKline 232, 233
글래드스턴 연구소 Gladstone Institute 136
글리세롤 glycerol 286
금식 fasting 182, 186
기근 famine 139, 140, 143
기대수명 life expectancy 15, 38, 48, 49, 52, 60, 62-67, 294, 299, 303, 315, 322-326, 337
　　건강 불평등과 - 303, 322, 323
　　탈출 속도 294
기독교 Christianity 12, 182

길항적 다면발현 antagonistic pleiotropy 36, 220

ㄴ

나무 trees 45, 46, 83
나비 butterflies 44, 46
나치 독일 Nazi Germany 61, 108
낙태/유산 abortion 26, 134
낫형 적혈구 빈혈 sickle-cell anemia 125
냉동 보존 cryopreservation 285, 286, 292
네덜란드 대기근 생존자 Dutch famine survivors 139, 143
네덜란드느릅나무병 Dutch elm disease 83
〈네이처〉 Nature (journal) 214, 230, 278
넥톰 Nectome 293
노동과 은퇴 work and retirement 326-337
노쇠 senescence. 또한 '세포 노쇠' 항목 참조
　노화 징후를 거의 나타내지 않음 54, 55, 295
　용어 사용 106
노쇠 세포 제거제 senolytics 27, 268
노스캐롤라이나 대학 University of North Carolina 192
노인 차별 ageism 334, 335
〈노화〉 Aging (journal) 205
노화 aging 15-20, 24, 25, 70, 71, 143
　- 이론 33-38, 70, 71, 220, 251-259, 261
노화 과학 gerontology 16, 236, 295, 296, 299, 306, 310, 312

노화 시계 aging clock 32, 41, 132, 143-151
노화 징후를 거의 나타내지 않음 negligible senescence 54, 55, 295
노화의 유리기 이론 free-radical theory of aging 251-256, 294
녹차 추출물 green tea extract 234
뇌 brain 332
　냉동보존술과 - 285-294
　수면과 - 186, 187
　스크래피와 - 174
　- 외상 168
　-의 진화 10, 14, 339
　쿠루와 - 171-174
　포도당과 - glucose and 221, 222, 237
뇌사 brain death 25, 251, 288-290
뇌졸중 strokes 67, 70, 150, 269, 337, 341
뉴사우스웨일스 대학 University of New South Wales 230
뉴잉글랜드 백세인 연구 New England Centenarian Study 67, 614
뉴클레오솜 nucleosome 141
뉴클레오티드 nucleotides 77, 200
뉴턴, 아이작 Newton, Isaac 45, 342, 410
니체, 프리드리히 Nietzsche, Friedrich 255
니코틴 모노뉴클레오티드 nicotine mononucleotide (NMN) 237, 238, 298
니코틴산(니아신) nicotinic acid (niacin) 236
니코틴아미드 리보사이드 nicotinamide riboside (NR) 237, 238
니코틴아미드 아데닌 디뉴클레오티드

nicotinamide adenine dinucle-otide (NAD) 229, 230, 236-238, 298,309

닉슨, 리처드 Nixon, Richard 343

ㄷ

다나카, 카네 Tanaka, Kane 67
다우어 dauer 210-213, 215, 216, 218
다운스, 아서 Downes, Arthur 91
다윈, 찰스 Darwin, Charles 30, 31, 41, 54, 126
단백질 proteins 17, 75-82, 155-170
　또한 개별 단백질 항목들 참조
　미접힘 단백질 반응 161, 167, 169, 176, 177, 372
단세포 유기체 unicellular organisms 242-244
당뇨병 diabetes 183, 220-226
　기대수명과 - 60, 310, 312
　네덜란드 대기근 생존자 139, 140
　메트포민과 - 220-226
　발생률 66
　식이 제한과 - 184, 188
　줄기세포 치료 149
당화 glycosylation 161
대사 metabolism 48, 49, 51, 100, 183
　유리기와 - 251-255
대영 박물관 British Museum 284
대장균 Escherichia coli 137, 138
〈더 스파크〉 Spark, The 86
데비, 가네시 Devy, Ganesh 340
덴마크 쌍둥이 연구 Danish twin study 208
도브잔스키, 테오도시우스 Dobzhansky, Theodosius 32
도시 cities 22-24, 26-28, 47, 74, 75

도쿄 대학 Tokyo University 164
도킨스, 리처드 Dawkins, Richard 120
돌리 (양) Dolly 132, 149
돌연변이 mutation 33, 35, 82-88, 96, 97, 270
　방사선과 - 85-93
　암과 - 82-88, 98, 265
　이로운 돌연변이 212-220
　질병 원인 124, 125, 175, 223, 256
돌연변이 축적설 mutation accumulation theory of aging 36
동맥경화 atherosclerosis, 38, 223, 316
동물유전학 연구소 Institute for Animal Genetics 86
드 그레이, 오브리 de Grey, Aubrey 292, 294-298, 301, 312, 338
드 뒤브, 크리스티앙 de Duve, Christian 163
드라큘라 Dracula 264, 274, 281
디옥시리보스 deoxyribose 76, 78, 93
딥마인드 DeepMind 329

ㄹ

라마르크, 장 바티스트 Lamarck, Jean-Baptiste 30, 126
라이크, 볼프 Reik, Wolf 272, 274
라파 누이 Rapa Nui 191, 205
라파마이신 rapamycin 191-197, 201-205, 220, 225-227, 236, 259, 307
래스키, 론 Laskey, Ron 159
래트 rats 46, 52, 184, 188, 275-277
　벌거숭이두더지쥐 naked mole rats 52, 53, 57-59, 101, 144
랜도, 토마스 Rando, Thomas 276-280
랭커노 병원 연구소 Lankenau Hospital Research Institute 127

러브록, 제임스 Lovelock, James 243
런던 London 22, 74
레드와인 red wine 231, 232, 234
레몬즙 lemon juice 160
레스베라트롤 resveratrol 231-234,
   297, 298
레티노산 retinoic acid 254
로슬린 연구소 Roslin Institute 132
로제타 스톤 Rosetta Stone 284
록펠러 대학 Rockefeller University
   104, 108, 163, 193
루뱅 가톨릭 대학 Catholic University
   of Leuven 163
루브쿤, 게리 Ruvkun, Gary 214, 215
루빈, 리 Rubin, Lee 279
루크레티우스 Lucretius 33
리보솜 ribosomes 23, 78, 80, 158,
   159, 198
리보스 ribose 78, 93, 246
리서전스 웰니스 Resurgence Wellness
   281
리센코, 트로핌 Lysenko, Trofim 86
리소좀 lysosomes 23, 163-165, 200
린네 학회(런던) Linnean Society of
   London 30, 31
린달, 토마스 Lindahl, Tomas 93-95,
   97
린덴바움, 셜리 Lindenbaum, Shirley
   171

ㅁ

마굴리스, 린 Margulis, Lynn 243, 244
마굴리스, 토머스 Margulis, Thomas
   243
마우스 mice 46, 52, 53, 58, 167, 168,
   176, 177, 184, 186-188, 201-204,

232-236, 253-256
   IGF-1과 - 218
   TOR와 라파마이신 201-204
   개체결합 275-279
   노쇠 세포 267, 268
   시르투인 232-237
   야마나카 인자 272, 273
   열량 제한 184-186
마음껏 먹기 ad libitum diet 184-189,
   227, 232
마이크로RNA microRNAs 214
만능성 줄기세포 pluripotent stem
   cells 127, 128, 134, 135, 269, 271
말단 복제 문제 end replication prob-
   lem 109
매케이, 클라이브 McCay, Clive 275,
   276
매클린톡, 바버라 McClintock, Barbara
   110
매킨타이어, 로버트 McIntyre, Robert
   293
맥길 대학 McGill University 168
맨해튼 프로젝트 Manhattan Project 89
머독, 루퍼트 Murdoch, Rupert 333
머스크, 일론 Musk, Elon 288, 303, 325
머스터드 가스 mustard gas 88, 93
멀러, 허먼 Muller, Hermann 85-88,
   91, 97, 110
《멋진 신세계》(올더스 헉슬리) Brave
   New World (Huxley) 314
메더워, 피터 Medawar, Peter 35, 36
메레슈코프스키, 콘스탄틴 Meresc-
   hkowski, Konstantin 243, 244
메이요 클리닉 Mayo Clinic 267
메이저 미첼 앵무새 Mitchell's cocka-
   toos 53, 56
메트포민 metformin 220, 223-227,

298, 307, 311

메트포민으로 노화를 해결하자 Targeting Aging with Metformin (TAME) 226

메티오닌 methionine 188

메틸화 methylation 138-144, 273, 368, 369

멜버른 대학 University of Melbourne 110

면역계 immune system 36, 79, 102, 194, 202, 266, 275

모건, 토머스 Morgan, Thomas 85

모드리치, 폴 Modrich, Paul 97

모레라, 마리아 브라니아스 Morera, Maria Branyas 67

모바, 라오 Movva, Rao 193, 194

몸의 크기와 수명 body size and life span 47, 49-53, 56-59, 217, 218

무어, 피터 Moore, Peter 334, 335

무어헤드, 폴 Moorhead, Paul 106, 107

무효소 당화 glycation 161

므두셀라 Methuselah 63

《므두셀라의 동물원》 (스티븐 오스태드) Methuselah's Zoo (Austad) 313

미 국립 노화연구소 National Institute on Aging (NIA) 185, 211, 225

미 국립 암 연구소 National Cancer Institute 191

미 국립 인간 게놈 연구센터 National Center for Human Genome Research 122

미 국립보건원 National Institutes of Health (NIH) 122, 211

미국 식품의약국 Food and Drug Administration (FDA) 238, 278, 298, 301, 310, 311

미국 자연사박물관 American Museum of Natural History 44

미시간 대학 University of Michigan 296

미접힘 단백질 반응 unfolded protein response 161, 167, 169, 176, 177, 372

미토콘드리아 DNA mitochondrial DNA 249, 253, 256-261

미토콘드리아 mitochondria 23, 244-262
  에너지 생산 245-251

밀너, 유리 Milner, Yuri 303, 304

밀러, 리처드 Miller, Richard 296

ㅂ

바이든, 조 Biden, Joe 333

바이러스 viruses 17, 124, 166, 173, 174, 202

바이스만, 아우구스트 Weismann, August 31

바이스만 장벽 Weismann barrier 31, 352

바젤 대학 University of Basel 193

바질레이, 니르 Barzilai, Nir 226

박쥐 bats 52, 53, 56-58

발작 seizures 178

방부 처리 embalming 289, 293

방사선 radiation 85-93

배란 ovulation 147

배반포 blastocysts 26, 127-129

배수성 ploidy 96

배수체 diploid 96

배아 embryos 26, 27, 105, 106, 128, 129, 133, 134, 136, 144, 147, 261

배아 줄기세포 embryonic stem cells (ES cells) 128, 134, 136, 150, 271

백내장 cataracts 55, 59, 161
백세인 centenarians 67, 68, 314-316
백신 vaccines 60, 79, 202, 203
백혈병 leukemia 116
뱀파이어 전설 vampire myth 277
버드, 에이드리언 Bird, Adrian 368
벌 bees 144, 145
벌거숭이두더지쥐 naked mole rats 52, 53, 57-59, 101, 144
범고래 killer whales 38, 40
베넷, 맥팔레인 Burnet, MacFarlane 170, 171, 375
베르, 폴 Bert, Paul 275
베이조스, 제프 Bezos, Jeff 303
베타-카로틴 beta-carotene 254
벤터, 크레이그 Venter, J. Craig 121-123
벨 연구소 Bell Labs 305
벨몬테, 후안 카를로스 이스피수아 Belmonte, Juan Carlos Izpisua 272, 274
보스트롬, 닉 Bostrom, Nick 292
보펠, 제임스 Vaupel, James 62, 63
부동성 유전자 'drifty genes' 183
부펜슈타인, 로셸 Buffenstein, Rochelle 58
부호화 서열 coding sequence 81, 198
북극고래 bowhead whales 47, 53, 56
북방표범개구리 Rana pipiens 129
분자생물학 molecular biology 18, 77
불가사리 starfish 45, 133
불교 Buddhism 12
불사(불멸) immortality 11-14, 45, 46, 105, 106, 338
불사 해파리 immortal jellyfish 45, 46, 59
불평등 inequality 308, 322, 323

붉은털원숭이 rhesus monkeys 185
브레너, 시드니 Brenner, Sydney 208-213, 362, 382
브레너, 찰스 Brenner, Charles 237, 298
브레인트리 페이먼트 솔루션스 Braintree Payment Solutions 281
브룩헤이븐 연구소 Brookhaven National Laboratory 90
브릭스, 로버트 Briggs, Robert 127, 129, 131
브린, 세르게이 Brin, Sergey 303
블라고스콜로니, 미하일 Blagosklonny, Mikhail 205
블랙번, 엘리자베스 Blackburn, Elizabeth 110-112
블런트, 토머스 Blunt, Thomas 91
블레어, 토니 Blair, Tony 120, 123
비글호 Beagle, HMS 54
비료 fertilizers 60, 61
비만 obesity 60, 66, 140, 183, 184, 187, 189, 221, 232, 260, 275
비숍, 한스 Bishop, Hans 303
비지, 얀 Vijg, Jan 64-66
비타민 B3 vitamin B3 236
비타민 C vitamin C 254
비타민 E vitamin E 254

ㅅ

사이먼, 폴 Simon, Paul 159
〈사이언스〉 Science (journal) 212, 234
〈사이언티픽 아메리칸〉 Scientific American (journal) 105
사이토카인 cytokines 266
《사자의 서》 Egyptian Book of the Dead 10

사회 안전망 social safety nets 321
산도즈 Sandoz 193, 194
산자르, 아지즈 Sancar, Aziz 92, 97
샌타페이 연구소 Santa Fe Institute 47
산화 oxidation 238, 252, 253, 255, 260
살림 유전자 housekeeping genes 137
살해 T 세포 killer T cells 202
상처 치유 wound healing 189, 266
새 birds 51, 170
생물복제 cloning 132, 133, 135, 148-150, 301
생물학적 불멸 biological immortality 45, 46
생물학적 표지자 biomarkers 179, 267, 309
생식샘 gonads 31
생식세포 germ line cell 31, 32, 83, 113, 146, 148, 254, 260, 261, 352
생어, 프레드 Sanger, Fred 110, 112, 334
생존자와 백세인 Survivors and centenarians 67
샤프롱 chaperones 159, 161, 216, 372
샤플리스, 칼 Sharpless, Karl 328
서트리스 파마슈티컬스 Sirtris Pharmaceuticals 231-233, 297
선충 nematodes 210, 211, 217, 218
설스턴, 존 Sulston, John 122, 123, 209, 362, 382
섬유 filaments 141, 176-179
섬유증 fibrosis 116, 125
세갈, 수렌 Sehgal, Suren 191
세계보건기구 World Health Organization (WHO) 310
세균 bacteria 41, 91, 92, 96-98, 105, 108, 121, 122, 159, 165, 166, 174, 190, 202, 205, 210, 242-249, 258, 261
세대 간 공정함 intergenerational fairness 335
세라노, 마누엘 Serrano, Manuel 272, 274
세이건, 칼 Sagan, Carl 243
세틀로우, 딕과 제인 Setlow, Dick and Jane 89, 97
세포 cells 22-29, 125, 126, 137
    DNA 손상 복구 91-102, 146, 306, 307
    단백질 75-82, 155-170
세포 내 공생 symbiogenesis 243, 244
세포 노쇠 cellular senescence 99, 106, 113, 114, 251, 257, 265-268, 270, 279, 280, 295, 309
세포 분열 cell division 22-24, 26, 94, 96, 99-102, 106-109, 113, 125, 127, 139, 141, 192, 197, 198, 234, 249, 250, 257, 265, 269, 369
    헤이플릭 한계 Hayflick limit 107, 108, 109, 113
〈세포 분자생물학〉 Molecular Biology of the Cell 198
세포 분화 cell differentiation 127, 129, 131, 132, 134, 136, 142, 150, 166, 262, 271
세포 소기관 organelles 163, 164, 200, 238, 244, 250, 258
세포 자멸사 apoptosis 27, 99, 100, 114, 362
세포 죽음 cell death 22-28, 75, 99-102, 268-270
세포질 cytoplasm 78, 127, 249, 258
셸터린 shelterin 114

소넨버그, 나훔 Sonenberg, Nahum 168, 198

소수성 hydrophobicity 156, 159, 160

소크 연구소 Salk Institute 272

쇼스타크, 잭 Szostak, Jack 111, 112

수렵채집인 hunter-gatherers 182

수면 sleep 69, 186, 187, 344

수명 life span 15, 38, 320, 321, 338, 339
  -의 자연 한계 48-50, 52, 53, 65, 68, 311, 312, 321, 337
  대사율과 - 48, 49
  신체 크기와 - 47, 49-53, 56-59, 217, 218
  최대 수명 15, 49, 50, 53, 62, 63, 66, 184, 188, 212, 232, 315

수명의 대사율 이론 metabolic rate theory of longevity 48, 49, 55, 56

수명지수 longevity quotient (LQ) 52-54, 57, 58

수정 fertilization 26, 31, 125-128, 135, 142, 146-148, 150, 160, 165, 166, 249, 261, 285, 325

수혈 blood transfusions 60, 274-281

슈퍼 백세인 supercentenarians 314-316

스와스모어 대학 Swarthmore College 89

스크래피 scrapie 174

스타틴 statins 225, 323, 340

스탈린, 이오시프 Stalin, Joseph 86

스탠퍼드 대학 Stanford University 276, 279

스트레스 stress 46, 69, 115, 140, 142, 145, 160, 164, 166-168, 198, 201, 216, 260, 267, 279, 345

스트렙토미세스 하이그로스코피쿠스 Streptomyces hygroscopicus 190, 191

스피크먼, 존 Speakman, John 183

《시녀 이야기》(마거릿 애트우드) Hand-maid's Tale, The (Atwood) 330

시르투인 sirtuins 231-236, 238, 272, 301

시안 西安 13

시차증 jet lag 186

시토신 cytosine 77, 138, 143

식욕 appetite 221, 224

식이 제한 diet 68, 184-189, 205, 344. '열량 제한' 항목 참조
  마음껏 먹기 184, 188, 226
  항산화제 254, 255, 300

신경 세포(뉴런) neurons
  개체결합 276-280
  메틸화 139, 142
  미토콘드리아와 - 248, 258
  인체냉동보존술 288-291
  자가포식 116
  재생 258, 268, 269, 276, 332
  줄기세포와 - 133, 137, 150
  커넥토믹스 289, 290
  크기 197
  타우 섬유 176

신경계 nervous system 26, 76, 187, 209, 210

신경변성 질환 neurodegenerative diseases 66, 98, 150, 155, 166, 177, 237. 개별 질환 항목들도 참조

심박수 heart rate 48, 49, 298

심장 발작 heart attacks 149, 251, 307, 341

심장(심혈관) 질환 heart (cardiovascular) disease
  기대수명과 - 62, 66, 312

레드 와인과 레스베라트롤 231, 232
　미토콘드리아 DNA와 - 256
　발생률 155
　비만과 - 183
　삶의 목표와 - 337
　수면 부족과 - 187
　스타틴과 - 225
　식이 제한과 - 184, 231
　줄기세포 치료와 - 149, 272
　치료 149, 155, 225, 272
싱클레어, 데이비드 Sinclair, David 231-234, 272, 273, 297, 298, 301
싱클레어, 업턴 Sinclair, Upton 305
쓰레기 DNA 'junk DNA' 124

ㅇ

아누비스 Anubis 10
아데노신 삼인산 adenosine triphosphate (ATP) 246-251
아데노신 이인산 adenosine diphosphate (ADP) 247
아데닌 adenine 77, 246
아리에프, 앨리슨 Arieff, Allison 339, 340
아미노산 amino acids 80, 156-160
아밀로이드 전구 단백질 amyloid precursor protein (APP) 175
아밀로이드-베타 amyloid-beta 174-179, 217
아스피린 aspirin 204, 224, 225, 341
아우에르바흐, 하를로테 Auerbach, Charlotte 87, 88
아이비 플라즈마 Ivy Plasma 278
아인슈타인 의과대학 Einstein College of Medicine 64, 226

아인슈타인, 알베르트 Einstein, Albert 14, 342
아키온 archaeon 244, 245
아프리카발톱개구리 African clawed frogs 131
안과 질환 eye diseases 55, 161
알바트로스 albatross 313
알츠하이머, 알로이스 Alzheimer, Alois 155, 174
알츠하이머병 Alzheimer's disease 155, 170, 183
　APOE 유전자와 - 315
　DNA 메틸화 143
　단백질 기능과 - 156, 162, 168
　메트포민과 - 226
　발생률 66, 155
　삶의 목표와 - 337
　수면 부족과 - 187
　아밀로이드-베타와 타우 단백질 174-179, 217
　줄기세포 치료 149, 150
알코어 수명연장재단 Alcor Life Extension Foundation 287
알토스 랩스 Altos Labs 169, 274, 303-305, 307
알트만, 샘 Altman, Sam 293
암 cancer 84-88, 343
　APOE 유전자와 - 315
　p53 (종양 단백질 P53) 99, 100, 265
　길항적 다면발현 이론 36
　기대수명과 - 62, 67, 312
　닉슨의 '암과의 전쟁' 343
　단백질과 - 158, 158, 178, 226
　벌거숭이두더지쥐와 - 58, 59
　수면 부족과 - 187
　식이 제한과 - 184, 188
　유전자, DNA와 - 84-88, 96-102,

116, 125, 135, 143, 145, 265, 266, 270, 271, 306, 307, 315

잠재적 약물 191, 195, 202, 203, 254, 273

텔로미어와 텔로머라아제 110–117, 145, 149

헤이플릭 한계와 – 106, 108, 113

암 연구소 Institute for Cancer Research 127

암브로시아 Ambrosia 278

애보트 래버러토리스 Abbott Laboratories 211

애트우드, 마거릿 Atwood, Margaret 330

액포 vacuole 165

앨라배마 대학 University of Alabama 40

야마나카, 신야 Yamanaka, Shinya 135, 136, 150, 307

야마나카 인자 Yamanaka factors 150, 151, 271–273, 307

《어느 수학자의 변명》(G. H. 하디) Mathematician's Apology, A (Hardy) 328

어마라, 로이 Amara, Roy 343, 344

언어 발달 language development 10

에너지 energy 245, 246

– 섭취와 체중 183

미토콘드리아에서의 – 생산 246–251

에든버러 대학 University of Edinburgh 86

에디슨, 토머스 Edison, Thomas 329

에런라이크, 바버라 Ehrenreich, Barbara 339

에모리 대학 윤리연구센터 Emory University Center for Ethics 326

에이어스트 래버러토리스 Ayerst Laboratories 190, 191

에틴거, 로버트 Ettinger, Robert 286, 287

엔트로피 entropy 49, 50

연어 salmon 33

열량 제한 caloric restriction (CR) 184–189, 205, 227, 300

IGF-1과 – 219, 220, 223, 227

Sir2, 시르투인과 – 229–236, 238

TOR와 – 199–201, 219, 220, 227

노화의 유리기 이론과 – 252

열량 제한 모방법 caloric restriction mimetics 230–234

열역학 제2법칙 second law of thermodynamics 50

염색체 chromosomes 23, 29, 78, 85, 95, 96, 108–116, 123, 141, 163, 248

염소처리 chlorination 60

염증 inflammation 102, 145, 158, 171, 202, 203, 237, 257, 258, 260, 264–267, 270, 307, 309

염증노화 'inflammaging' 258

영국 도보 횡단로 Coast-to-Coast Walk 264

영국 소고기 British beef 173

예쁜꼬마선충 Caenorhabditis elegans 33, 208–214, 362

예일 대학 Yale University 89, 111, 334

오라힐리, 스티브 O'Rahilly, Steve 221, 224

오스미, 요시노리 Ohsumi, Yoshinori 164

오스태드, 스티븐 Austad, Steven 40, 51–53, 57, 69, 70, 295, 312, 313

오스트리아코, 니카노 Austriaco, Nicanor 228

오크리지 국립연구소 Oak Ridge National Laboratory 89, 90

오픈AI OpenAI 293

옥수수 maize 110

옥스퍼드 대학 University of Oxford 130, 131, 334

올로브니코프, 알렉세이 Olovnikov, Alexey 109, 113

올샨스키, 제이 Olshansky, Jay 62, 63, 66, 68-70, 295

와딩턴, 콘래드 Waddington, Conrad 126-129, 132, 139, 412

와이스-코레이, 토니 Wyss-Coray, Tony 276-280

와이어스 래버러토리스 Wyeth Laboratories 191

와일스, 앤드루 Wiles, Andrew 328

왓슨, 제임스 Watson, James 77, 89, 108, 113, 122

외계 지성 extraterrestrial intelligence 287

요정증 leprechaunism 218

우라실 uracil 79, 94

《우리는 왜 잠을 자야 할까》(매슈 워커) Why We Sleep (Walker) 187

우생학 eugenics 35, 86, 108

우주 여행 space travel 288

운동 exercise 68, 225, 259, 260, 280, 290, 298, 344

울소프 저택 Woolsthorpe Manor 45

울프, 폴 루트 Wolpe, Paul Root 326, 333, 406

워싱턴 대학 University of Washington 204

워커, 매슈 Walker, Matthew 187

원자폭탄 투하 (히로시마, 나가사키) atomic bombings of Hiroshima and Nagasaki 89

월리스, 앨프리드 Wallace, Alfred 30, 126

월터, 피터 Walter, Peter 169, 274

웨스트, 제프리 West, Geoffrey 47-49

웨이저스, 에이미 Wagers, Amy 279

웰컴 재단 Wellcome Trust 121

위생 sanitation 22, 60

위스콘신 대학 University of Wisconsin 185

위스타 연구소 Wistar Institute 106

윌리엄스, 조지 Williams, George 36

윌리엄스, 테드 Williams, Ted 292

유당 lactose 137, 138

유대교 Judaism 12

유도 만능줄기세포 induced pluripotent cells (iPS cells) 136, 150, 271

유동지능 'fluid abilities' 331

《유레카 선언》(밀너) Eureka Manifesto (Milner) 304

유리기 free radicals 251-256

유방암 breast cancer 98, 125

유비퀴틴 ubiquitin 161, 162

유산 legacy 13, 14

유성생식 sexual reproduction 32, 41, 127, 146, 147, 325

유아 사망률 infant mortality 15, 60, 61, 312

유전가능성 heritability 31, 32, 75, 172, 175, 208, 209,

유전자 genes 29-37, 40-42, 45, 75-84, 99-102, 110, 120-151, 183, 184, 208-212, 340. 'DNA', 그리고 개별 유전자 항목들 참조

유전자 발현 gene expression 135, 214, 233, 235-237, 309

유한성 mortality 10-14, 62, 338, 339

은퇴 retirement 326-337

《음식을 변호함》(마이클 폴란) In De-
fense of Food: An Eater's Mani-
festo (Pollan) 344

의식 consciousness 14, 287, 288, 339

이스라엘 Israel 61

이스터섬 Easter Island 189, 191

이슬람 Islam 12, 182

이시구로, 가즈오 Ishiguro, Kazuo 329,
330

이집트인 Egyptians, ancient 9, 12,
285

인간 게놈 프로젝트 Human Genome
Project 120-124

《인간, 그 미지의 존재》(알렉시 카렐)
Man, the Unknown (Carrel) 107,
108

인공지능 artificial intelligence (AI)
303, 343

인구 과잉 overpopulation 323

인도 India 12, 74, 182, 193, 340

인산염 phosphates 76, 77, 92, 140,
246

인산화 phosphorylation 199, 216

인슐린 insulin 215-223

인지 저하 cognitive decline 331, 332.
'알츠하이머병', '치매' 항목 참조
삶의 목표와 - 337

인체냉동보존술 cryonics 286-292

인체냉동보존술 연구소 Cryonics Insti-
tute 286

인플루엔자균 Haemophilus influen-
zae 92, 121

일란성 쌍둥이 identical twins 26, 125,
143, 146

일리노이 대학 University of Illinois
58, 62

일릭서 파마슈티컬스 Elixir Pharma-
ceuticals 230

일주기 리듬 circadian rhythms 186,
187

일회용 신체 가설 disposable soma
hypothesis of aging 37, 220

임상시험 clinical trials 34, 169, 223,
226, 254, 278, 298, 301, 311

ㅈ

자가포식 autophagy 164-166, 200,
201, 250, 258, 259

자가포식소체 autophagosomes 164,
165

자기 인식 self-awareness 10

자동차 cars 46, 49, 168, 198, 245,
252, 313

자연선택 natural selection 30, 35, 126

자외선 조사 ultraviolet (UV) radiation
91, 92, 131

장기 기증 organ donations 24, 25

장수 동물 long-lived animals 51-59,
100, 101

저온 살균 pasteurization 60

저커버그, 마크 Zuckerberg, Mark 302,
303

저혈당 상태 hypoglycemia 221

적혈구 세포 red blood cells 128, 134

전기 electricity 245-248

전능성 totipotent 127

전사인자 transcription factor 135-
139, 216, 230

전염성 transmissibility 171-174

절약 유전자 'thrifty genes' 183

절제 수선 excision repair 92

《젊은 과학자에게》(피터 메더워) Advice to a Young Scientist (Medawar) 36
점핑 유전자 'jumping genes' 110
접합자 zygote 127, 148
정복자 윌리엄 William I the Conqueror 130
정자 sperm 26, 31, 128, 146, 147, 197, 210, 249, 261, 285
제1차 세계대전 World War I 61, 88
제2차 세계대전 World War II 87, 89, 139
제브라 피시 zebrafish 196, 203
제초제 herbicides 255
조로증 마우스 progeroid mice 267
조직 재생 tissue regeneration 114, 115, 133, 134, 267-274, 307
조현병 schizophrenia 125, 140
조혈 줄기세포 hematopoietic stem cells 134, 202, 270
존슨, 브라이언 Johnson, Bryan 281
존슨, 스티븐 Johnson, Steven 60
존슨, 탤메이즈 Johnson, Talmage 281
존슨, 톰 Johnson, Tom 211-214, 216, 228
종신 재직권 academic tenure 334
종양 억제 유전자 tumor suppressor genes 99-101, 266
《종의 기원》(찰스 다윈) On the Origin of Species (Darwin) 31, 121
좋은 엄마 가설 good mother hypothesis 39, 40
죽음 death 9-15, 24-28, 70, 338
  -에 대한 두려움 11, 16-18, 302, 311, 339, 340
  -의 원인 62, 155 각각의 원인들도 참조
  고대 이집트와 - 9, 10, 284, 285

뇌 25, 251, 288-290
대응 전략 11-15
세포 22-28, 75, 99-102, 268-270
탈출 속도 294
준슈퍼 백세인 semisupercentenarians 314
줄기세포 stem cells 114, 128, 134-137, 149, 150, 202, 257, 269, 270-273, 279, 280, 285, 295, 301, 307
중합효소 polymerase 96, 109, 256
증식 노화 replicative aging 228
《증언들》(마거릿 애트우드) Testaments, The (Atwood) 330
지가스, 빈센트 Zigas, Vincent 171
지연자와 백세인 Delayers and centenarians 67
지질 lipids 200, 222, 247, 250
지혜 wisdom 329, 332, 334
진시황 12, 13
진시황릉 Mausoleum of First Qin Emperor 13
진핵생물 eukaryotes 244
진화론 evolution 10, 14, 17, 28-42, 47, 50, 53, 126, 245, 266
질병 상태 압축 compression of morbidity 311-317, 321

ㅊ

창조성 creativity 330
챗GPT ChatGPT 293
청각 상실 hearing loss 256
체세포 somatic cells 31, 32
체외 수정 in vitro fertilization 285
초파리 fruit flies 37, 85, 88, 100, 259
축삭 axons 176, 197

출산율 birth rate 323-325
출생률 fertility rate 324
치매 dementia. 또한 '알츠하이머병' 항
　　목 참조
　　기대수명과 - 310
　　길항적 다면발현 이론 36
　　단백질 기능과 - 156, 160, 170,
　　258
　　메트포민과 - 226
　　발생률 66, 155
　　삶의 목표와 - 337
　　식이 제한, 운동과 - 184, 344
　　아밀로이드-베타와 타우 단백질
　　174-179, 217
치실 사용 flossing 68
친수성 hydrophilicity 156
침팬지 chimpanzees 39, 40, 172

ㅋ

카도나, 앨버트 Cardona, Albert 290
카렐, 알렉시 Carrel, Alexis 104-108
카마진, 제시 Karmazin, Jesse 278
카터, 하워드 Carter, Howard 9
칼망, 잔 Calment, Jeanne 63-67, 69,
　　70, 316
캐벌레인, 매트 Kaeberlein, Matt 204,
　　233
캘리코 라이프 사이언시스 Calico Life
　　Sciences 169
캘리포니아 주립대학 로스앤젤레스 캠
　　퍼스 University of California, Los
　　Angeles 51, 143
캘리포니아 주립대학 샌프란시스코 캠
　　퍼스 University of California, San
　　Francisco 113, 169, 173, 213
캘리포니아 주립대학 어바인 캠퍼스

University of California, Irvine
　　211
캘리포니아주 존엄사법 California's
　　End of Life Option Act 293
캠피시, 주디스 Campisi, Judith 279
커넥토믹스 connectomics 289, 290
커즈와일, 레이 Kurzweil, Ray 292
커크우드, 토머스 Kirkwood, Thomas
　　37
컬럼비아 칼리지 Columbia College 85
케네디, 브라이언 Kennedy, Brian 228,
　　233, 236
케니언, 신시아 Kenyon, Cynthia 212-
　　216, 230, 301
케이브, 스티븐 Cave, Stephen 11
케이프타운 대학 University of Cape
　　Town 131
케임브리지 대학 University of Cam-
　　bridge 35, 45, 111, 159, 209, 210,
　　221, 294
케임브리지 대학 식물원 Cambridge
　　University Botanic Garden 45
켈빈 경 Kelvin, Lord 296
코끼리 elephants 53, 100
코끼리거북 giant tortoises 53, 54, 101
코넬 대학 Cornell University 275
코넬 의과대학 Cornell Medical School
　　193
코로나 백신 Covid-19 vaccines 79
코로나 팬데믹 Covid-19 pandemic
　　17, 66, 183, 310
코케인 증후군 Cockayne syndrome
　　98
콘보이, 이리나와 마이클 Conboy, Irina
　　and Michael 276, 277, 279
콜드 스프링 하버 연구소 Cold Spring
　　Harbor Laboratory 121

콜로라도 대학 University of Colorado 210

쿠루 kuru 171-174, 177

쿠르쿠민 curcumin 234

크기와 수명 size and life span 47, 49-53, 56-59, 217, 218

크로마틴 chromatin 140-142, 229, 235

크로이츠펠트-야콥병 Creutzfeldt-Jakob disease 173

크루, 프랜시스 Crew, Francis 86, 87

크릭, 프랜시스 Crick, Francis 77, 89, 209

큰수염박쥐 Brandt's bats 57

《클라라와 태양》(가즈오 이시구로) Klara and the Sun (Ishiguro) 330

클라우스너, 리처드 Klausner, Richard 303-305, 311, 313

클라이버, 막스 Kleiber, Max 48

클라이버 법칙 Kleiber's law 48

클라크, 앨프리드 J. Clark, Alfred J. 88

클래스, 마이클 Klass, Michael 210, 211, 213

클린턴, 빌 Clinton, Bill 120, 123

킹, 토머스 King, Thomas 127, 129, 131

ㅌ

타고르, 라빈드라나드 Tagore, Rabindranath 44

타우 단백질 tau protein 176-178

탄수화물 carbohydrates 76, 222, 246

탈메틸효소 demethylases 139, 142

탈아세틸효소 deacetylases 142, 150, 229, 235

탈출 속도 escape velocity 294-297

《태양은 다시 떠오른다》(어니스트 헤밍웨이) Sun Also Rises, The (Hemingway) 25

테이-삭스병 Tay-Sachs disease 125

테트라히메나 Tetrahymena 111, 112

텍사스 대학 University of Texas 85

텔로머라아제 telomerase 113, 115, 116, 150

텔로미어 telomeres 110-117, 145, 149, 229, 235, 265, 266, 270, 295, 300

통합 스트레스 반응 integrated stress response (ISR) 167-169

통합 스트레스 반응 억제제 integrated stress response inhibitor (ISRIB) 168, 169

트랜스휴머니즘 transhumanism 287, 288, 291, 304

트럼프, 도널드 Trump, Donald 333

트립토판 tryptophan 188, 236

특이점 singularity 292

티민 thymine 77, 79, 91, 92, 94

티민 이량체 thymine dimers 91, 92

틸, 피터 Thiel, Peter 292, 303

ㅍ

파, 톰 Parr, Tom 63

파라셀수스 Paracelsus 203, 204

파상풍 tetanus 190

파스퇴르 연구소 Pasteur Institute 192

파킨슨병 Parkinson's disease 162, 176, 177

판 되르선, 얀 van Deursen, Jan 267

펄스, 토머스 Perls, Thomas 67, 68, 314

페니실린 penicillin 342

페르마의 마지막 정리 Fermat's Last
　　Theorem 328
페이지, 래리 Page, Larry 303
페이팔 PayPal 292
폐경 menopause 38-40, 98, 325
포도당 glucose 221, 222, 224, 236,
　　237, 274
포레이족 Fore tribe 171, 172
포식 predation 15, 34, 46, 47, 51, 56-
　　58, 217
포트, 퍼시벌 Pott, Percival 84
폴란, 마이클 Pollan, Michael 344
프라이스, 제임스 Fries, James 311, 313
프랑스 라일락(산양두) Galega officina-
　　lis 223
프로테아솜 proteasome 162-164
프루시너, 스탠리 Prusiner, Stanley 174
프리드먼, 데이비드 Friedman, David
　　212
프리온 prions 174, 177
프린스턴 대학 Princeton University 93
플랑크, 막스 Planck, Max 234
플레밍, 알렉산더 Fleming, Alexander
　　342
피셔, 로널드 Fisher, Ronald 34, 35
피셔, 캐슬린 Fischer, Kathleen 51
피시버그, 마이클 Fischberg, Michael
　　131
피토, 리처드 Peto, Richard 100
피토의 역설 Peto's paradox 100
픽병 Pick's disease 156

ㅎ

하드윅 숲 Hardwick Wood 44
하디, G. H. Hardy, G. H. 328
하디먼트, 올리버 존 Hardiment, Oliver

John 44
하먼, 데넘 Harman, Denham 251-253
하버 공정 Haber process 61
하버, 프리츠 Haber, Fritz 60, 61
하버드 대학 Harvard University 170,
　　192, 279, 297, 298
하버드 의과대학 Harvard Medical
　　School 111, 231
하워드 플랜더스, 폴 Howard-Flan-
　　ders, Paul 92
하이트먼, 조 Heitman, Joe 193-195
한국전쟁 Korean War 170
함피 Hampi 74, 75
항산화제 antioxidants 254, 255, 300
항생제 antibiotics 60, 64, 91, 190
해너월트, 필립 Hanawalt, Philip 92
핵 이식 nuclear transfer 131-133
허시, 데이비드 Hirsh, David 210, 211,
　　213
헉슬리, 올더스 Huxley, Aldous 314
헌팅턴병 Huntington's disease 35,
　　201
헤밍웨이, 어니스트 Hemingway,
　　Ernest 25
헤이 문학 페스티벌 Hay Literary Festi-
　　val 329
헤이플릭, 레너드 Hayflick, Leonard
　　106, 107, 114, 136, 188, 269
헤이플릭 한계 Hayflick limit 107, 108,
　　109, 113
혁신상 Breakthrough Prizes 304
혈액 blood 134, 137, 143, 221-223,
　　268, 270, 272, 274-281, 309
호그벤, 랜슬럿 Hogben, Lancelot 131
호르몬 보충제 hormone supplements
　　300
호메시스 hormesis 255, 259

호바스 노화 시계 Horvath aging clock 144, 309, 369

호바스, 스티브 Horvath, Steve 143, 144

호크스, 크리스틴 Hawkes, Kristen 39

호흡 respiration 210, 224, 236, 238, 246, 247, 252

홀, 마이클 Hall, Michael 192-194, 196-199, 203, 205, 306

홀, 사빈 Hall, Sabine 192

홀데인, J. B. S. Haldane, J. B. S. 34-36

홀렌더, 알렉산더 Hollaender, Alexander 89, 90

홈스, 올리버 웬들 Holmes, Oliver Wendell 313

화이자 Pfizer 233

환경인자 environmental factors 84-88, 125-129, 142, 143

활성 산소종 reactive oxygen species (ROS) 252, 254-256, 260

활성 효소 kinases 199, 200, 215

황반변성 macular degeneration 161

회피자와 백세인 Escapers and centenarians 67

효모 yeast 41, 105, 111, 112, 165, 188, 193-196, 201, 227-230, 233, 235, 255

후성유전적 시계 epigenetic clock 143-146

후성유전학 epigenetics 126-129, 139, 140, 143, 229

후에이마커르스, 얀 Hoeijmakers, Jan 98

흑색종 melanoma 116

흡연 smoking 64

히드라 hydra 45, 46, 50, 59, 355

히스톤 histone 102, 140-142, 229, 233, 236

히스톤 아세틸화와 탈아세틸화 histone acetylation and deacetylation 142, 150, 235

히틀러, 아돌프 Hitler, Adolf 86, 108

힌두교 Hinduism 12, 182